全国计算机技术与软件专业技术资格(水平)考试教程

网络工程师教程

第2版

希赛网软考学院　主编

電子工業出版社
Publishing House of Electronics Industry
北京•BEIJING

内容简介

本书由希赛网组织编写，作为全国计算机技术与软件专业技术资格（水平）考试中的网络工程师级别考试的辅导与培训教材，本书根据最新的网络工程师考试大纲，对历年考试试题进行了分析和总结，对考试大纲规定的内容进行重点细化和深入解读。

考生可通过阅读本书掌握考试大纲规定的知识点、考试重点和难点，熟悉考试方法、试题类型、试题的深度和广度、考试内容的分布，以及解答问题的方法和技巧。

图书在版编目（CIP）数据

网络工程师教程 / 希赛网软考学院主编. —2 版. —北京：电子工业出版社，2024.1
全国计算机技术与软件专业技术资格（水平）考试教程
ISBN 978-7-121-38175-1

Ⅰ. ①网… Ⅱ. ①希… Ⅲ. ①计算机网络－资格考试－自学参考资料 Ⅳ. ①TP393

中国国家版本馆 CIP 数据核字（2024）第 004408 号

责任编辑：孙学瑛
印　　刷：三河市君旺印务有限公司
装　　订：三河市君旺印务有限公司
出版发行：电子工业出版社
　　　　　北京市海淀区万寿路 173 信箱　　邮编：100036
开　　本：787×1092　1/16　印张：25.5　字数：605 千字
版　　次：2021 年 7 月第 1 版
　　　　　2024 年 1 月第 2 版
印　　次：2024 年 1 月第 1 次印刷
定　　价：99.00 元

凡所购买电子工业出版社图书有缺损问题，请向购买书店调换。若书店售缺，请与本社发行部联系，联系及邮购电话：（010）88254888，88258888。

质量投诉请发邮件至 zlts@phei.com.cn，盗版侵权举报请发邮件至 dbqq@phei.com.cn。

本书咨询联系方式：sxy@phei.com.cn。

前　言

全国计算机技术与软件专业技术资格（水平）考试（俗称“软考”）由国家人力资源和社会保障部、工业和信息化部主办，面向社会，用于考查计算机和软件专业技术人员的水平与能力。该考试客观且公正，得到了社会的广泛认可，并实现了中、日、韩三国互认。

本书紧扣考试大纲，采用了表格统计法，科学地研究每个知识点的命题情况，准确把握每个出题点的深浅；同时基于每个章节知识点分布统计分析的结果，科学地编写课后检测练习题，结构合理、重点突出且针对性强。

内容超值，针对性强

本书每章的内容分为知识图谱与考点分析、知识点突破、课后检测三个部分。

第一部分为知识图谱与考点分析，该部分对历年试题进行了统计分析，采用表格形式，形象、直观，使各考点“暴露无遗”。通过学习本部分内容，考生可以对考试的知识点分布及考试重点有整体的认识和把握。

第二部分为知识点突破，该部分对重要知识点的关键内容进行了提炼分析。考生通过阅读这一部分，可以熟悉考试要点的分布，以及解答问题的方法和技巧。

第三部分为课后检测，其中给出了多道试题，根据知识点突破部分的知识点统计和分析的结果来命题。这些试题用来检查考生学习前面两部分内容的效果。

作者权威，阵容强大

希赛网（www.educity.cn）专业从事人才培养、教育产品开发、教育图书出版，在职业教育方面具有极高的权威性，特别是在在线教育方面，稳居国内首位。希赛网的远程教育模式得到了国家教育部门的认可和推广。

希赛网是全国计算机技术与软件专业技术资格（水平）考试的顶级培训机构，拥有近40名资深软考辅导专家，负责高级资格的考试大纲制订工作，以及软考辅导教材的编写工作，共组织编写和出版了100多本软考教材，内容涵盖各个专业初级、中级和高级三个级别层次。希赛网的专家录制了软考培训视频教程、串讲视频教程、试题讲解视频教程、专题讲解视频教程共4个系列的软考视频。希赛网的软考教材、软考视频、软考辅导为考生助考、提高通过率做出了不可磨灭的贡献，在软考领域有口皆碑。特别是在高级资格和中级资格层次，无论是考试教材，还是在线辅导和面授，希赛网都独占鳌头。

本书由希赛网软考学院主编，由王勇和胡钊源牵头组织。

诸多帮助，诚挚致谢

在本书出版之际，要特别感谢全国软考办的命题专家们。本书编者在本书中引用了部分考试原题，使本书能够尽量方便读者的阅读。在本书的编写过程中，编者参考了许多相关的文献和书籍，在此对这些参考文献的作者表示感谢。

感谢电子工业出版社的孙学瑛老师，她在本书的策划、选题的申报、写作大纲的确定，以及编辑、出版等方面，付出了辛勤的劳动，给予了编者很多的支持和帮助。

感谢参加希赛网辅导和培训的学员，正是他们的想法汇成了本书写作的源动力，他们的意见使本书更加贴近读者的需求。

由于编者水平有限，且本书涉及的内容很广，书中难免存在错漏和不妥之处，诚恳地期望各位专家和读者不吝指正和帮助，对此，我们将十分感激。

希赛网

2024 年 1 月

目　　录

第 1 章

计算机硬件基础

根据对考试大纲的分析，以及对以往试题情况的分析，“计算机硬件基础”章节的分数为 1～3 分，占上午试题总分的 **3%左右**。从复习时间安排来看，请考生在 1 天之内完成本章的学习。

1.1 知识图谱与考点分析

本章是网络工程师考试的一个必考点，根据考试大纲，要求考生掌握以下几个方面的内容。

知识模块	知识点分布	重要程度
计算机科学记数	• 不同进制数据的转换	★
	• 原码、反码和补码	★★
计算机体系结构	• 处理器组成（包括 ALU、AC、PC 等）	★★
	• 指令系统（寻址方式、CISC、RISC）	★★★
	• 流水线	★★
	• 高速缓存（实现、性能分析）	★★
	• 主存（主存类型、主存容量计算）	★★★
	• 磁盘（接口类型）	★
	• 可靠性计算	★★

1.2 计算机科学记数

计算机科学记数模块考试内容主要包括进制转换、原码、反码和补码，考生对这些内容要有清晰的掌握。

1.2.1 不同进制数据的转换

数据的进制有二进制、八进制、十进制和十六进制等。网络工程师考试要求考生重点掌握这 4 种进制之间的数据转换方法。

R 进制，通常说法就是逢 R 进 1。R 进制数可以用的数码为 R 个，分别是 $0,1,2,\cdots,R-1$。例如，八进制数的基数为 8，即可以用的数码个数为 8，一位可以表示的数是 0,1,2,3,4,5,6,7。二进制数的基数为 2，一位可以表示的数是 0 和 1。对于十六进制数，一位可以表示的数为 0,1,2,3,4,5,6,7,8,9, A,B,C,D,E,F。

为了把不同进制的数分开表示，避免造成混淆，通常采用下标的方式来表示一个数的进制，如十进制数 18 表示为$(18)_{10}$，八进制数 17 表示为$(17)_8$。如果是十六进制数，则通常在数的后面加大写字母“H”来表示，如 ABH 表示十六进制数 AB。

1．其他进制数转十进制数

对于任意一个 R 进制数，它的每一位数值等于该位的数码乘以该位的权数。权数由一个幂 R^k 表示，即幂的底数是 R，指数为 k，k 与该位和小数点之间的距离有关。当该位位于小数点左边时，k 是该位和小数点之间数码的个数；当该位位于小数点右边时，k 是负值，其绝对值是该位和小数点之间数码的个数加 1。

例如，二进制数 11011.01 的值可计算如下：

$$11011.01=1\times2^4+1\times2^3+0\times2^2+1\times2^1+1\times2^0+0\times2^{-1}+1\times2^{-2}=16+8+2+1+1/4=27.25。$$

2．二进制数转八进制数

将二进制数转换为八进制数，以小数点为分界线，分别从右到左（整数部分）和从左到右（小数部分），将每 3 位二进制数转换为八进制数即可，最后不足 3 位的，则在最高位补 0（整数部分）或在最低位补 0（小数部分）。

例如，二进制数 1011110 转换为八进制数，则可以分为 3 段(001,011,110)，其对应的八进制数为(1,3,6)，因此，$(1011110)_2=(136)_8$。

3．二进制数转十六进制数

将二进制数转换为十六进制数，以小数点为分界线，分别从右到左（整数部分）和从左到右（小数部分），将每 4 位二进制数转换为十六进制数即可，最后不足 4 位的，则在最高位补 0（整数部分）或在最低位补 0（小数部分）。

例如，二进制数 1011110 转换为十六进制数，则可以分为 2 段(0101,1110)，其对应的十六进制数为(5,E)，因此，$(1011110)_2$=5EH。

1.2.2　原码、反码、补码和移码

一个数在计算机中的二进制表示形式，叫作这个数的机器数。机器数是带符号的，在计算机中，用一个数的最高位作为符号位，正数为 0，负数为 1。

因为第一位是符号位，所以机器数的形式值不等于真正的数值。

例如，对于机器数 10000011，其最高位 1 代表负，其真值是−3，而不是 131（10000011 转换成十进制数等于 131）。

1. 原码

原码是指符号位加上真值的绝对值，即用第一位表示符号，其余位表示值。例如，假设用 8 位表示一个数值，则+11 的原码是 00001011，-11 的原码是 10001011。

原码的缺点是原码直接参加运算可能会出现错误的结果。例如，$(1)_{10}+(-1)_{10}=0$。如果直接使用原码，则$(00000001)_2+(10000001)_2=(10000010)_2$，这样计算的结果是-2。所以，原码的符号位不能直接参与计算，必须和其他位分开，否则会让计算机的基础电路设计变得十分复杂。原码在“0”这个特殊的数值上，有“0000 0000”和“1000 0000”两个编码。

2. 反码

反码通常是用来由原码求补码或由补码求原码的过渡码。反码表示法和原码表示法一样，都是在数值前面增加了一位符号位（最高位为符号位），正数的反码与原码相同，负数的反码符号位为 1，其余各位为该数绝对值的原码按位取反得到的值。

例如，+11 的反码是 00001011，-11 的反码是 11110100。

反码在“0”这个特殊的数值上，有“0000 0000”和“1111 1111”两个编码。

3. 补码

在计算机系统中，数值一律用补码来表示和存储。原因在于，使用补码，可以将符号位和数值域统一处理；同时，加法和减法可以统一处理。补码能唯一地表示一个数值，解决了 0 可以用两个编码表示的问题。

补码表示法和原码表示法一样，都在数值前面增加了一位符号位（最高位为符号位），正数的补码与原码相同，负数的补码是该数的反码加 1，这个加 1 就是“补”。

例如，+11 的补码是 00001011，-11 的补码为 11110101。

其中，负数补码转原码，符号位保留，其余各位取反+1。

4. 移码

移码（又叫增码）是符号位取反的补码，一般用指数的移码减去 1 来作为浮点数的阶码，引入的目的是保证浮点数的机器零为全 0。

对于原码、反码和补码，假设用 n 位表示数值（二进制），则各种码制所表示数的范围如表 1-1 所示。

表 1-1　各种码制所表示数的范围

	定点整数	定点小数
原码	$-(2^{n-1}-1)\sim2^{n-1}-1$	$-(1-2^{-(n-1)})<X<1-2^{-(n-1)}$
反码	$-(2^{n-1}-1)\sim2^{n-1}-1$	$-(1-2^{-(n-1)})<X<1-2^{-(n-1)}$
补码	$-2^{n-1}\sim2^{n-1}-1$	$-1\leqslant X<1-2^{-(n-1)}$

1.2.3　课后检测

1. 采用 n 位补码（包含一个符号位）表示数据，可以直接表示（　　）。

A. 2^n　　B. -2^n　　C. 2^{n-1}　　D. -2^{n-1}

试题 1 解析：

补码的取值范围为-2^{n-1}～$2^{n-1}-1$。

试题 1 答案：D

2．若某计算机采用 8 位补码表示整型数据，则运算（　　）将产生溢出。

A．−127+1　　B．−127−1　　C．127+1　　D．127−1

试题 2 解析：

本题考查计算机中的数据表示和运算基础知识。

采用 8 位补码表示整型数据时，可表示的数据范围为−128～127，因此进行 127+1 的运算会产生溢出。

试题 2 答案：C

3．若某整数的 16 位补码为 FFFFH（H 表示十六进制），则该数的十进制值为（　　）。

A．0　　B．−1　　C．$2^{16}-1$　　D．$-2^{16}+1$

试题 3 解析：

正数的最前面一位是符号位，0 表示正，1 表示负。FFFF 的符号位是负数。负数的原码=负数的补码再次求补码。因此去掉符号位，7FFF 再次求补码，只要按位取反，再加 1 即可。因此 000 0000 0000 0000+1=000 0000 0000 0001，也就是−1。

试题 3 答案：B

4．将十进制数 47 和 0.25 分别表示为十六进制数，结果为（　　）。

A．2F、0.4　　B．2F、0.D　　C．3B、0.4　　D．3B、0.D

试题 4 解析：

十进制数 47 转二进制数为 101111，转十六进制数，整数部分从右到左每 4 位一组，为 2F。

十进制数 0.25 转二进制数为 0.01，转十六进制数，小数部分从左到右每 4 位一组，后面补 00，为 0.4。

试题 4 答案：A

1.3 计算机体系结构

在一台计算机中，硬件部分主要由输入系统、输出系统、运算器、控制器和存储器组成。

计算机体系结构模块考试内容主要包括计算机的组成、CPU 结构、指令系统、流水线技术等方面的知识。本部分的考题以知识性记忆为主，特别要求考生对指令的寻址方式、流水线的执行时间计算有清晰的掌握。

1.3.1 CPU 结构

CPU（中央处理器）的功能主要是解释计算机指令及处理计算机软件中的数据。CPU

是计算机中负责读取指令，对指令译码并执行指令的核心部件。CPU 主要包括两个部分，即运算器、控制器，还包括高速缓存及实现它们之间联系的数据和总线。

1. 运算器

运算器通常是由 ALU（算术逻辑单元，包括累加器、加法器等）、通用寄存器（不包括地址寄存器）等组成的。

ALU：进行算术运算和逻辑运算。

累加器（AC）：暂时存放 ALU 运算的结果信息。

数据缓冲寄存器：用来暂时存放由内存读出的一条指令或一个数据字。反之，当向内存存入一条指令或一个数据字时，也暂时将它们存放在数据缓冲寄存器中。

状态条件寄存器（PSW）：保存算术指令和逻辑指令运算的状态和程序的工作方式。

2. 控制器

控制器包含程序计数器（PC）、指令寄存器（IR）、指令译码器、时序部件等。

程序计数器（PC）：存放下一条指令的地址。

指令寄存器（IR）：用来保存当前正在执行的一条指令。

指令译码器：指令中的操作码经过指令译码器译码后，即可向控制器发出具体操作的特定信号。

时序部件：为指令的执行产生时序信号。

3. 总线

微型计算机通过系统总线将各部件连接到一起，实现了微型计算机内部各部件间的信息交换。

数据总线（DB）用于传输数据信息。

地址总线（AB）用于传输地址，地址总线的位数决定了 CPU 可直接寻址的内存空间大小。一般来说，若地址总线为 n 位，则可寻址空间为 2^n 字节。

控制总线（CB）用来传输控制信号和时序信号。

1.3.2 指令系统

指令系统是 CPU 所有指令的集合。通常来说，一条指令可分为操作码和地址码两部分，操作码确定指令的操作类型，地址码确定指令所要处理操作数的位置。

1. 寻址方式

指令系统采用不同寻址方式的目的是扩大可寻址空间并提高编程灵活性。常见的寻址方式如图 1-1 所示。

1）立即寻址

通常直接在指令的地址码部分给出操作数。

2）内存寻址

变址寻址：变址寄存器中的内容加地址码中的内容即可完成寻址。

直接寻址：在指令中直接给出参加运算的操作数或运算结果所存放的主存地址。

间接寻址：在指令中给出操作数地址的地址。

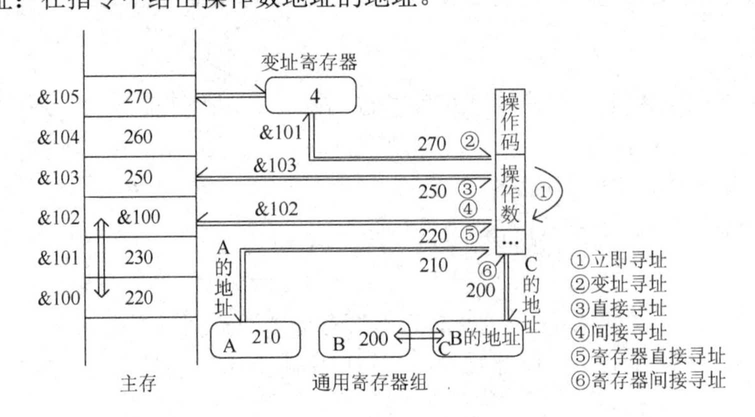

图 1-1　常见的寻址方式

3）寄存器寻址

寄存器直接寻址：指令在执行过程中所需要的操作数来源于寄存器。

寄存器间接寻址：寄存器存放的是操作数在主存的地址。

2. RISC 和 CISC

RISC 和 CISC 是目前设计制造 CPU 的两种典型技术，RISC 和 CISC 比较如表 1-2 所示。

表 1-2　RISC 与 CISC 比较

指令系统	指令	寻址方式	实现方式
RISC	指令种类少，使用频率接近，采用定长编码	只支持少量寻址方式，并且控制了访问内存的指令数量，增加了通用寄存器	硬布线逻辑控制
CISC	指令种类多，使用频率相差大，采用变长编码	支持多种寻址方式，访（主）存指令多	微程序控制

3. 流水线

流水线是指在程序执行时多条指令重叠进行操作的一种准并行处理实现技术，即可以同时为多条指令的不同部分进行工作，以提高各部件的利用率和指令的平均执行速度。

1）流水线指令执行时间

标准算法：T＝第一条指令执行所需时间+（指令条数-1）×流水线周期

流水线周期为指令执行阶段中执行时间最长的一段。

例如，指令流水线把一条指令的执行过程分为取指令、分析和执行 3 个部分，且 3 个部分的时间分别是 2ns、2ns 和 1ns。由于最长的是 2ns，因此 100 条指令全部被执行完毕所需要的时间是(2+2+1)+(100−1)×2=203ns。

2）流水线的技术指标

吞吐率：计算机中的流水线在特定的时间内可以处理的任务数量。TP=n/Tk（n 为指令条数，TK 为流水线方式时间），其中理论上的最大吞吐率是 1/流水线周期。

加速比：完成一批任务，不使用流水线所用的时间与使用流水线所用的时间之比。

S=TS/TK（TS 为顺序执行时间，TK 为流水线方式时间）。

流水线的效率：流水线的设备利用率。

1.3.3　存储系统

计算机的主存不能同时满足存取速度快、存储容量大和成本低的要求，在计算机中必须有速度由慢到快、容量由小到大的多级层次存储器，以最优的控制调度算法和合理的成本，构成存储系统。

离 CPU 越近的存储器，速度越快，每字节的成本越高，同时容量越小。首先是寄存器，速度最快，离 CPU 最近，成本最高，所以其个数、容量有限，其次是高速缓存（缓存也是分级的，有 L1、L2 等缓存），再次是主存（普通内存），最后是本地磁盘。

1. 存储方式

存储器中数据常用的存取方式有顺序存取、直接存取、随机存取和相联存取四种。

1）顺序存取

存储器中的数据以记录的形式进行组织，对数据的访问必须按特定的线性顺序进行。磁带存储器的存取方式就是顺序存取。

2）直接存取

共享读写装置，但是每个记录都有一个唯一的地址，共享的读写装置可以直接移动到目的数据块所在位置进行访问。访问时间与数据位置有关。磁盘存储器采用直接存取方式。

3）随机存取

、存储器的每一个可寻址单元都具有唯一的地址和读写装置，系统可以在相同的时间内对任意一个可寻址单元的数据进行访问，与先前的访问序列无关。主存采用随机存取方式。

4）相联存取

相联存取是一种随机存取的形式，但是选择哪个单元进行读写取决于其内容而不取决于其地址。高速缓存（Cache）采用相联存取方式进行存取。相联存储器是 Cache 的一部分，Cache 中有按内容寻址的相联存储器，用于存放与 Cache 中数据相对应的主存地址，可以快速检索、判断 CPU 读取的某个字当前是否存在于 Cache 中。

2. 存储设备

在传统意义上，存储器分为 RAM 和 ROM。

1）RAM 和 ROM

RAM 是随机存储器，数据可读可写，一旦掉电，数据将消失。ROM 是只读存储器，掉电后数据依然保存。

RAM 有静态和动态两种：

静态 RAM 只要上电后信息就不会丢失，无须刷新电路，功率较高，价格较高，常作为芯片中的 Cache 使用。

常用的动态 RAM 需要上电后，再定时刷新电路才能保持数据。动态 RAM 集成度高、存储密度高、成本低、功耗低，适用于大容量存储器，常用在内存中。

2）高速缓存

计算机在执行时，需要从主存中读取指令和数据，同时需要将外存的数据读入内存中，这些读取的过程都是造成计算机性能下降的瓶颈，为了尽可能减少速度慢的设备对速度快的设备的约束，可以使用 Cache。

Cache 改善系统性能的主要依据是程序的局部性原理。程序的局部性原理，简单地说就是，CPU 正在访问的指令和数据，可能以后会被多次访问，该指令和数据附近的内存区域，也可能会被多次访问。在第一次访问这一块区域时，将其复制到 Cache 中，以后访问该区域的指令或数据时，就不用再从主存中取出。由于 Cache 存储了频繁访问的内存中的数据，因此 Cache 与 Cache 单元地址转换的工作需要稳定且高速的硬件来完成。

3）磁盘

与计算机技术一样，存储技术也在不断发展。在现代计算机中，常见的存储介质包括机械磁盘、光盘、磁带和固态磁盘（SSD）等。

IDE 磁盘：也叫作电子集成驱动器，属于 PATA 磁盘。但是 PATA 磁盘现有的传输速率已经不能满足用户的需求。

SATA 磁盘：SATA（Serial ATA）磁盘又叫作串行接口 ATA 磁盘。在数据传输的过程中，数据线和信号线独立使用，并且传输的时钟频率保持独立，同以往的 PATA 磁盘相比，目前最新的版本是 SATA 3.0 磁盘，传输速率提升到 6Gbit/s。

SCSI 磁盘：SCSI 是一种专门为小型计算机系统设计的存储单元接口协议。SCSI 磁盘具有应用范围广、任务多、带宽大、CPU 占用率低，以及热插拔等优点，主要应用于企业级存储领域，早期用于企业、高端服务器和高档工作站中。

SAS 磁盘：串行连接 SCSI 磁盘的一种磁盘，利用了新一代的 SCSI 技术。与 SATA 磁盘相同，SAS 磁盘采用串行技术获得更高的传输速率，能支持更长的连接距离，提高抗干扰能力。SAS 磁盘向下兼容 SATA 磁盘，SAS 控制器可以和 SATA 磁盘连接。

NL-SAS 磁盘：是指采用了 SAS 磁盘的磁盘接口和 SATA 磁盘的盘体组成的磁盘。虽然可以接入 SAS 网络，但是 NL-SAS 磁盘的转速只有 7200r/min，而 SAS 磁盘的转速为 15000r/min，因此 NL-SAS 磁盘的性能比 SAS 磁盘的性能差。NL-SAS 磁盘一般用来存储不常用的数据。

FC 磁盘：通过光纤通道进行工作，具备较高的可靠性和性能。目前，高端存储产品使用 FC 磁盘，FC 磁盘能够大大提高磁盘系统的数据传输速率，但是价格昂贵。

SSD：固态磁盘，固态磁盘通常采用闪存作为存储芯片，闪存完全擦写一次叫作 1 次 P/E，因此闪存的寿命以 P/E 为单位。由于固态磁盘没有普通磁盘的旋转介质，因此抗震性极佳，其芯片的工作温度范围（-40～85℃）很大。固态磁盘相比于传统的机械磁盘在速度、噪声、体积、质量方面更具优势，但由于成本较高，长时间内固态磁盘和机械磁盘将会共存。

目前，服务器市场上采用的磁盘主要有三种，SATA 磁盘、SCSI 磁盘和 SAS 磁盘。其中 SATA 磁盘主要应用于低端服务器，SCSI 磁盘和 SAS 磁盘则面向中高端服务器。SSD 由于价格和寿命问题，在服务器市场没有占据主流，目前把 SSD 作为存储系统的 Cache 来减少内存对机械磁盘的访问延迟。

3. 存储计算

实际的存储器是由一片或多片存储芯片及控制电路构成的。芯片数量≥存储容量/存储芯片容量。

如果存储器有 256 个存储单元，那么它的地址编码为 0～255，对应的二进制数是 00000000～11111111，需要用 8 位二进制数来表示，也就是地址宽度为 8 位，需要 8 根地址线。存储器中所有存储单元的总和称为这个存储器的存储容量，存储容量的单位是 B、KB、MB、GB 和 TB 等，注意 1KB=1024B，1MB=1024KB，1GB=1024MB，以此类推。

例如，某存储器按字节编址，地址从 A4000H 到 CBFFFH，则表示有(CBFFF−A4000)+1 字节，即 28000H 字节，160KB。若用 16K×4bit 的存储器芯片构成该内存，则共需(160K×8)/(16K×4)=20 片。

1.3.4　系统可靠性

计算机系统是一个复杂的系统，而且影响其可靠性的因素非常繁复，很难直接对其进行可靠性分析。通过建立适当的数学模型，把大系统分割成若干子系统，可以简化分析过程。

1. 串联系统

假设一个系统由 n 个子系统组成，当且仅当所有的子系统都正常工作，系统才能正常工作，这种系统称为串联系统，如图 1-2 所示。

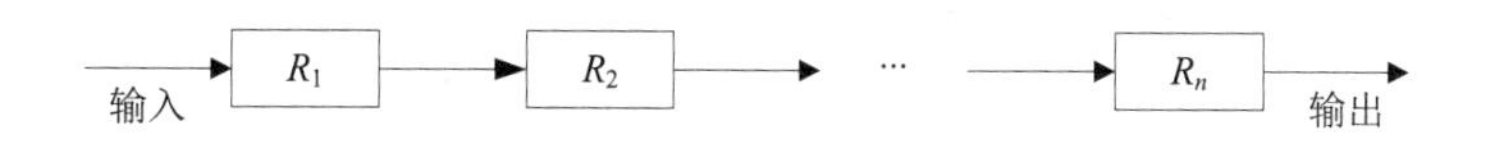

图 1-2　串联系统

设系统各个子系统的可靠性分别用 $R_1,R_2,\cdots,R_n$ 表示，则系统的可靠性 $R=R_1\times R_2\times\cdots\times R_n$。

2. 并联系统

假设一个系统由 n 个子系统组成，只要有一个子系统正常工作，系统就能正常工作，这种系统称为并联系统，如图 1-3 所示。

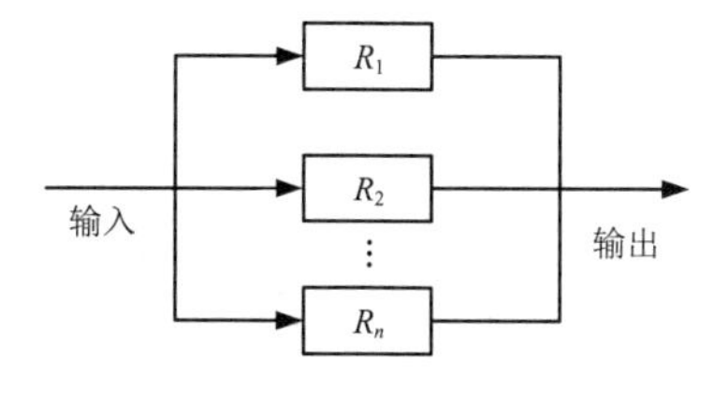

图 1-3　并联系统

设系统各个子系统的可靠性分别用 $R_1,R_2,\cdots,R_n$ 表示，则系统的可靠性 $R=1-(1-R_1)\times(1-R_2)\times\cdots\times(1-R_n)$。

1.3.5 课后检测

1．CPU 在执行算术运算或逻辑运算时，常将源操作数和结果暂存在（　　）中。

A．程序计数器（PC）　　B．累加器（AC）

C．指令寄存器（IR）　　D．地址寄存器（AR）

试题 1 解析：

累加寄存器（AC）通常简称为累加器，其功能是当运算器的算术逻辑单元（ALU）执行算术或逻辑运算时，为 ALU 提供一个工作区。累加器暂时存放 ALU 运算的结果信息。显然，运算器中至少要有一个累加器。

试题 1 答案：B

2．计算机在一个指令周期的过程中，为从内存读取指令操作码，首先要将（　　）的内容传到地址总线上。

A．指令寄存器（IR）　　B．通用寄存器（GR）

C．程序计数器（PC）　　D．状态寄存器（PSW）

试题 2 解析：

为了保证程序能够连续地执行下去，CPU 必须具有某些手段来确定下一条指令的地址。程序计数器存放的是下一条指令的地址。

试题 2 答案：C

3．在计算机系统中采用总线结构，便于实现系统的积木化构造，同时可以（　　）。

A．提高数据传输速率　　B．提高数据传输量

C．减少信息传输线的数量　　D．降低指令系统的复杂性

试题 3 解析：

总线是计算机中各部件相连的传输线。通过总线，各部件之间可以相互连接，而不是每两个部件之间相互直连，降低了计算机体系结构的设计成本，有利于新模块的扩展。

试题 3 答案：C

4．在机器指令的地址字段中，直接指出操作数本身的寻址方式称为（　　）。

A．隐含寻址　　B．寄存器寻址

C．立即寻址　　D．直接寻址

试题 4 解析：

立即寻址：直接在指令的地址码部分给出操作数。这种寻址方式的优点是不需要数据存储单元，缺点是通常仅仅用来指定一些精度要求不高的整型常数，数据的长度不能太长。

直接寻址：在指令中直接给出参加运算的操作数或运算结果所存放的主存地址，即在指令中直接给出有效地址。

寄存器寻址：指令在执行过程中所需要的操作数来源于寄存器，运算结果也写回到寄存器中。这种寻址方式在所有的 RISC 计算机及大部分的 CISC 计算机中得到广泛应用。寄

存器寻址有寄存器直接寻址与寄存器间接寻址之分。在寄存器间接寻址中，寄存器内存放的是操作数的地址，而不是操作数本身，即操作数是通过寄存器间接得到的，因此称为寄存器间接寻址。

试题4答案：C

5．下列关于流水线方式执行指令的叙述中，不正确的是（　　）。

A．流水线方式可提高单条指令的执行速度

B．流水线方式可同时执行多条指令

C．流水线方式提高了各部件的利用率

D．流水线方式提高了系统的吞吐率

试题5解析：

流水线方式并不能提高单条指令的执行速度。

试题5答案：A

6．流水线的吞吐率是指单位时间内流水线处理的任务数，如果各流水段的操作时间不同，则流水线的吞吐率是（　　）的倒数。

A．最短流水段操作时间　　B．各流水段的操作时间总和

C．最长流水段操作时间　　D．流水段数乘以最长流水段操作时间

试题6解析：

流水线处理机在执行指令时，把执行过程分为若干个流水段，若各流水段需要的时间不同，则流水线必须选择各流水段中时间较长者为流水段的处理时间。

在理想情况下，当流水线充满时，每一个流水段操作时间内，流水段处理机输出一个结果。

流水线的吞吐率是指单位时间内流水线处理机输出的结果的数目，因此流水线的吞吐率为一个流水段操作时间的倒数，即最长流水段操作时间的倒数。

试题6答案：C

7．将一条指令的执行过程分为取指令、分析和执行三步，按照流水方式执行，若取指令时间 $t_1=4\triangle t$、分析时间 $t_2=2\triangle t$、执行时间 $t_3=3\triangle t$，则执行完100条指令，需要的时间为（　　）$\triangle t$。

A．200　　B．300　　C．400　　D．405

试题7解析：

流水线执行时间的计算的算法：

T=第一条指令执行所需时间+（指令条数-1）×流水线周期

试题7答案：D

8．在程序执行过程中，Cache与主存的地址映像由（　　）。

A．硬件自动完成　　B．程序员调度

C．操作系统管理　　D．程序员与操作系统共同协调完成

试题8解析：

Cache为高速缓存，其改善系统性能的主要依据是程序的局部性原理。通俗地说，就是一段时间内，执行的语句常集中于某个局部。Cache正是通过将访问集中的来自内存的

内容放在速度更快的 Cache 上来提高性能的，因此 Cache 单元地址转换需要由稳定且高速的硬件来完成。

试题 8 答案：A

9．内存按字节编址。若用存储容量为 32K×8bit 的存储器芯片构成地址从 A0000H 到 DFFFFH 的内存，则至少需要（　　）片芯片。

A．4　　B．8　　C．16　　D．32

试题 9 解析：

存储区域空间为 DFFFF−A0000+1=40000H，按字节编址。

总容量为$(100\ 0000\ 0000\ 0000\ 0000)_2$B=$2^{18}$B=256KB，1B=8bit。

芯片数量为 256KB/(32K×8bit)=256K×8bit/(32K×8bit)=8 片。

试题 9 答案：B

10．某系统由图 1-4 所示的冗余部件构成。若每个部件的千小时可靠度都为 R，则该系统的千小时可靠度为（　　）。

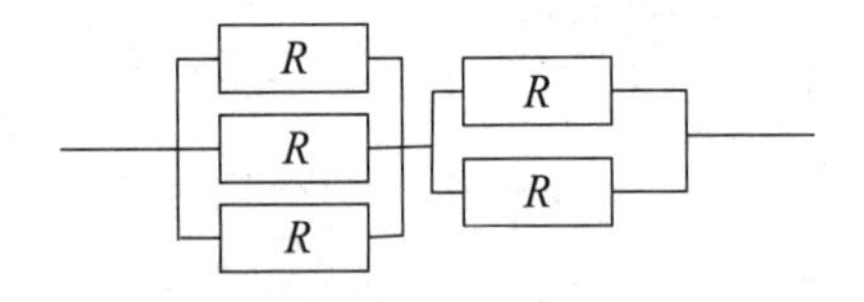

图 1-4　某系统

A．$(1-R^3)(1-R^2)$

B．$(1-(1-R)^3)(1-(1-R)^2)$

C．$(1-R^3)+(1-R^2)$

D．$(1-(1-R)^3)+(1-(1-R)^2)$

试题 10 解析：

因为该系统是两个并联系统串接而成的，所以可靠度是$(1-(1-R)^3)\times(1-(1-R)^2)$。

试题 10 答案：B

11．8086 微处理器中执行单元负责指令的执行，执行单元主要包括（　　）。

A．ALU 运算器、输入输出控制电路、状态寄存器

B．ALU 运算器、通用寄存器、状态寄存器

C．通用寄存器、输入输出控制电路、状态寄存器

D．ALU 运算器、输入输出控制电路、通用寄存器

试题 11 解析：

微处理器是由一片或少数几片大规模集成电路组成的 CPU。ALU 运算器、通用寄存器、状态寄存器、程序计数器、累加器等属于 CPU 中的部件。

试题 11 答案：B

第 2 章

操作系统

根据对考试大纲的分析，以及对以往试题情况的分析，“操作系统”章节的分数为 1～2 分，占上午试题总分的 **2%左右**。从复习时间安排来看，请考生在 1 天之内完成本章的学习。

2.1 知识图谱与考点分析

操作系统是网络工程师的一个综合部分的重要知识点，每次考试的分数为 1～2 分，主要涉及操作系统的进程管理、存储管理、文件管理、设备管理，对于操作系统的作业管理很少涉及。

根据考试大纲，要求考生掌握以下几个方面的内容。

知识模块	知识点分布	重要程度
进程管理	• 进程状态	★★
	• 死锁问题	★★
	• PV 操作	★
存储管理	• 页面置换算法	★★
文件管理	• 绝对路径和相对路径	★★
设备管理	• I/O 控制方式	★★

2.2 进程管理

操作系统的进程管理是指根据一定的策略将处理器交替地分配给系统内等待运行的程序。本部分内容主要包括进程状态、死锁问题与银行家算法、PV 操作等方面的知识点。

2.2.1 进程的状态

操作系统为了便于管理进程，按进程在运行过程中的不同状况，至少定义 3 种不同的进程状态。

运行态：进程占有处理器正在运行。

就绪态：进程具备运行条件，等待系统分配处理器以便运行。

等待态（阻塞态）：进程不具备运行条件，正在等待某个事件的完成。

一个进程在创建后将处于就绪态。在运行过程中，每个进程任一时刻只会处于上述 3 种状态之一。同时，在一个进程运行过程中，它的状态将会发生改变。进程三态模型及其状态转换如图 2-1 所示。

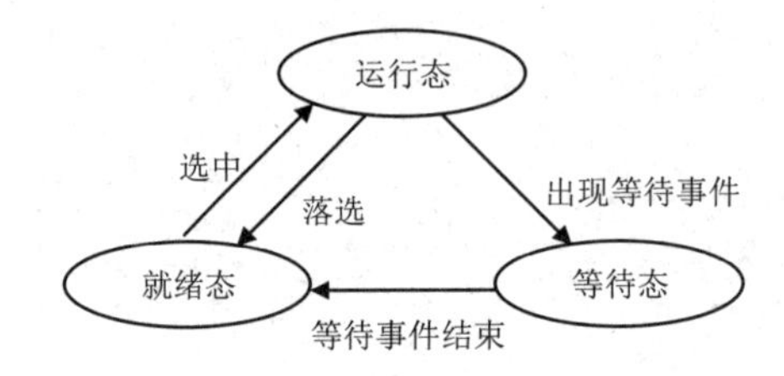

图 2-1　进程三态模型及其状态转换

运行态→等待态：处于运行态的进程在运行的过程中需要等待某一事件发生后，才能继续运行，于是该进程由运行态变成等待态，如等待 I/O 操作完成。

等待态→就绪态：处于等待态的进程，假如其等待的事件已经发生结束，则进程由等待态变成就绪态。

就绪态→运行态：当处于就绪态的进程被进程调度程序选中后，就分配到处理器中来运行，进程由就绪态变成运行态。

运行态→就绪态：处于运行态的进程在运行的过程中，因分给它的处理器时间片已用完而不得不让出处理器，于是进程由运行态变成就绪态。

2.2.2　进程的死锁

进程管理是操作系统的核心，如果设计不当，就会出现死锁的问题。如果一个进程在等待一个不可能发生的事件，则这个进程将死锁；如果一个或多个进程产生死锁，则会造成系统死锁。

如果在一个系统中以下 4 个条件同时成立，那么就能引起死锁。

互斥：至少有一个资源处于非共享模式，即一次只有一个进程可使用。如果另一个进程申请该资源，那么申请进程应等到该资源被释放为止。

占有和等待：一个进程应占有至少一个资源，并等待另一个资源，而该资源被其他进程占有。

非抢占：资源不能被抢占，即资源只能被进程在完成任务后自愿释放。

循环等待：有一组等待进程$\{P_0,P_1,\cdots,P_n\}$，P_0等待的资源被P_1占有，P_1等待的资源被P_2占有，…，P_{n-1}等待的资源被P_n占有，P_n等待的资源被P_0占有。

要想防止死锁的发生，其根本方法是使得上述的必要条件之一不存在，换言之，就是破坏其必要条件，使之永不成立。

解决死锁的策略包括死锁预防、死锁避免、死锁检测和死锁解除。

死锁预防：要求用户在申请资源时一次性申请所需要的全部资源，破坏占有和等待条件；将资源分层，得到上一层资源后，才能够申请下一层资源，破坏循环等待条件。死锁预防通常会降低系统的效率。

死锁避免：死锁避免是指进程在每次申请资源时判断这些操作是否安全，典型算法是银行家算法，但这种算法会增加系统的开销。

所谓银行家算法，是指在分配资源之前，先看清楚，资源分配下去后，是否会导致系统死锁。如果会死锁，则不分配，否则就分配。具体来说，银行家算法分配资源的原则总结如下。

（1）当一个进程对资源的最大需求量不超过系统中的资源数时可以接纳该进程。

（2）进程可以分期请求资源，但请求的总数不能超过最大需求量。

（3）当系统现有的资源不能满足进程所需资源数时，对进程的请求推迟分配，但必须使进程在有限的时间里得到资源。

假设系统中有三类互斥资源 R_1、R_2 和 R_3，可用资源数分别是 9、8 和 5。在 T_0 时刻，系统中有 P_1、P_2、P_3、P_4 和 P_5 五个进程，这些进程对资源的最大需求量和已分配资源数如表 2-1 所示。

表 2-1　进程对资源的最大需求量和已分配资源数

进程	资源					
	最大需求量			已分配资源数		
	R_1	R_2	R_3	R_1	R_2	R_3
P_1	6	5	2	1	2	1
P_2	2	2	1	2	1	1
P_3	8	0	1	2	1	0
P_4	1	2	1	1	2	0
P_5	3	4	4	1	1	3

进程按照 $P_1 \to P_2 \to P_4 \to P_5 \to P_3$ 的序列运行，系统状态安全吗？如果按照 $P_2 \to P_4 \to P_5 \to P_1 \to P_3$ 的序列运行呢？

在这个例子中，我们先看一下未分配的资源还有哪些。很明显，还有 2 个 R_1 未分配，1 个 R_2 未分配，而 R_3 全部分配完毕。

当按照 $P_1 \to P_2 \to P_4 \to P_5 \to P_3$ 的序列运行时，首先运行 P_1，这时由于其 R_1、R_2 和 R_3 的资源数都未分配够，因而开始申请资源，得到还未分配的 2 个 R_1、1 个 R_2。但其资源仍不足（没有 R_3），从而进入等待态，并且这时所有资源都已经分配完毕。因此，后续的进程都无法得到能够完成任务的资源，全部进入等待态，形成死循环，死锁发生了。

如果按照 $P_2 \to P_4 \to P_5 \to P_1 \to P_3$ 的序列运行，那么：

（1）首先运行 P_2，它还差 1 个 R_2，系统中还有 1 个未分配的 R_2，因此满足要求，P_2 能够顺利结束，释放出 2 个 R_1、2 个 R_2、1 个 R_3。这时，未分配的资源是 4 个 R_1、2 个 R_2、1 个 R_3。

（2）然后运行 P_4，它还差一个 R_3，而系统中刚好有一个未分配的 R_3，因此满足要求，

P_4也能够顺利结束，并释放出其资源。因此，这时系统就有 5 个 R_1、4 个 R_2、1 个 R_3……

按照这样的方式运行下去，会发现按这种序列可以顺利地完成所有的进程，而不会出现死锁现象。

注意：如果系统中有 N 个并发进程，若规定每个进程需要申请 R 个某类资源，则当系统提供 $K=N\times(R-1)+1$ 个同类资源时，无论采用何种方式申请使用，一定不会发生死锁。

死锁检测：死锁预防和死锁避免是事前措施，而死锁检测是指判断系统是否处于死锁状态，如果是，则执行死锁解除。

死锁解除：死锁解除是与死锁检测结合使用的，它使用的方式是剥夺，即将某进程所拥有的资源强行收回，分配给其他的进程。

2.2.3 进程的同步和互斥

计算机有了操作系统后性能大幅度提升，根本原因在于实现了进程的并发运行。多个并发的进程彼此之间围绕着紧俏的资源产生了两种关系：同步和互斥。可以通过 PV 操作结合信号量解决进程间的同步和互斥问题。

1. 同步

进程同步是进程之间的直接制约关系，是为完成某种任务而建立的两个或多个线程在某些位置上协调它们的工作次序而等待、传递信息所产生的制约关系。进程间的直接制约关系来源于它们之间的合作。

例如，进程 B 需要从缓冲区读取进程 A 产生的信息，当缓冲区为空时，进程 B 因为读取不到信息而被阻塞。只有当进程 A 产生信息放入缓冲区时，进程 B 才会被唤醒。

2. 互斥

进程互斥是进程之间的间接制约关系。当一个进程进入临界区使用临界资源时，另一个进程必须等待。只有当使用临界资源的进程退出临界区后，这个进程才会解除阻塞态。

例如，进程 B 需要访问打印机，但此时进程 A 占有了打印机，因此进程 B 会被阻塞，直到进程 A 释放了打印机资源，进程 B 才可以继续运行。

3. 信号量

信号量 S 可以直接理解成计数器，是一个整数。信号量的值仅能通过 PV 操作来改变。通过 PV 操作控制信号量来实现进程的同步和互斥。

4. PV 操作

PV 操作用于解决进程互斥和同步的问题。

PV 操作是分开来看的。

P 操作：$S=S-1$，若 $S\geqslant0$，则该进程继续运行，否则该进程进入等待队列。

V 操作：$S=S+1$，若 $S\leqslant0$，则唤醒等待队列中的一个进程。

在资源使用之前会执行 P 操作，之后会执行 V 操作。在互斥关系中，PV 操作在一个进程中成对出现，而在同步关系中，PV 操作在两个或多个进程中成对出现。

生产者—消费者问题是一个经典的进程同步和互斥问题，生产者生产物品，然后将物品放置在一个空缓冲区中供消费者消费。消费者从缓冲区中获得物品，然后释放缓冲区。当生产者生产物品时，如果没有空缓冲区可用，那么生产者必须等待消费者释放出一个空缓冲区。当消费者消费物品时，如果没有满的缓冲区，那么消费者将被阻塞，直到新的物品被生产出来。生产者—消费者 PV 操作如图 2-2 所示。

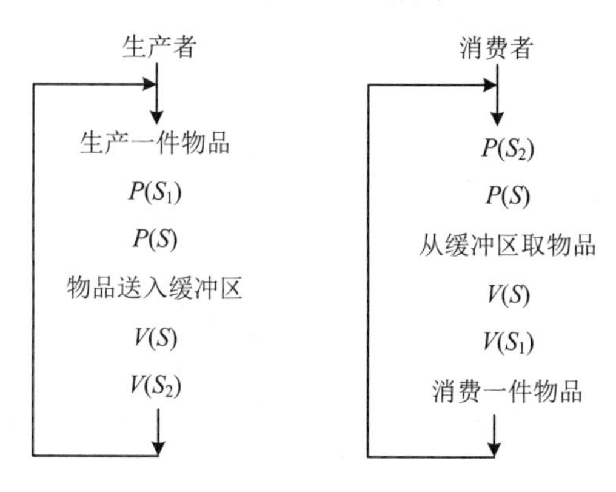

图 2-2　生产者—消费者 PV 操作

在图 2-2 中，S_1 的初值为缓冲区的空间大小（一开始缓冲区为空，站在生产者的角度来看可以存放 N 件物品，那么 S_1 的初值为 N）；S_2 的初值为 0（一开始缓冲区为空，站在消费者的角度来看，无物品可取，所以 S_2 的初值为 0）；S 属于互斥量，初值为 1（生产者和消费者必须互斥地访问缓冲区）。

2.2.4 课后检测

1. 假设系统中进程的三态模型如图 2-3 所示，那么图 2-3 中的 a、b 和 c 的状态分别为（　　）。

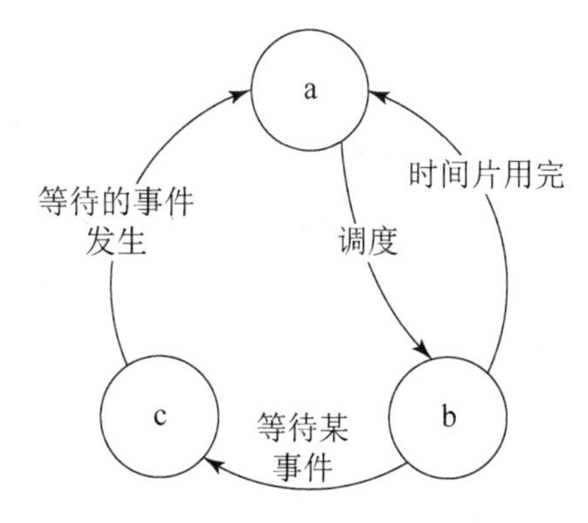

图 2-3　进程的三态模型

A．就绪态、运行态、阻塞态　　B．运行态、阻塞态、就绪态
C．就绪态、阻塞态、运行态　　D．阻塞态、就绪态、运行态

试题 1 解析：

本题考查操作系统进程管理方面的基础知识，正确答案是 A。因为进程具有三种基本

状态：运行态、就绪态和阻塞态。处于这三种状态的进程在一定条件下，其状态可以转换。当 CPU 空闲时，系统将根据某种调度算法选择处于就绪态的一个进程进入运行态；当 CPU 的一个时间片用完时，当前处于运行态的进程就进入了就绪态；进程从运行态进入阻塞态通常由于进程释放 CPU，等待系统分配资源或等待某些事件的发生，如执行了 P 操作，系统暂时不能满足其对某资源的请求，或者等待用户的输入信息等；当进程正在等待的事件发生时，进程从阻塞态进入就绪态，如 I/O 操作完成。

试题 1 答案：A

2．若在系统中有若干个互斥资源，6 个并发进程，每个进程需要 2 个互斥资源，那么使系统不发生死锁的互斥资源的最少数目为（　　）个。

A．6　　B．7　　C．9　　D．12

试题 2 解析：

如果系统中有 N 个并发进程，若规定每个进程需要申请 R 个某类资源，则当系统提供 $K=N\times(R-1)+1$ 个同类资源时，无论采用何种方式申请使用，一定不会发生死锁。本题 $K=6\times(2-1)+1=7$。

试题 2 答案：B

3．假设系统有 n 个进程共享资源 R，且资源 R 的可用数为 3，其中 $n\geqslant3$。若采用 PV 操作，则信号量 S 的取值范围应为（　　）。

A．$-1\sim n-1$　　B．$-3\sim3$　　C．$-(n-3)\sim3$　　D．$-(n-1)\sim1$

试题 3 解析：

例如，有 3 个某类资源，假设 4 个进程 A、B、C、D 要用该类资源，最开始 S=3，当 A 进入后，S=2；当 B 进入后，S=1；当 C 进入后，S=0，表明该类资源刚好用完。当 D 进入后，S=−1，表明有一个进程被阻塞了，当 A 用完该类资源时，进行 V 操作，S=0，释放该类资源，这时候，S=0，表明还有进程阻塞在该类资源上，于是唤醒下一个进程。

试题 3 答案：C

4．一个进程被唤醒，意味着该进程（　　）。

A．占有了 CPU　　B．变成了就绪态

C．优先级最大　　D．资源不可访问

试题 4 解析：

进程状态反映进程运行过程的变化，进程被唤醒就是激活这个进程，意味着它变为就绪态，也表示该进程具备运行条件，等待系统分配处理器以便运行。

试题 4 答案：B

2.3 存储管理

存储管理是指对存储器资源的管理，主要是指对内存和外存的管理。内存是处理器可以直接存取指令和数据的存储器，是计算机系统中的一种重要资源。在计算机工作时，程序处理的典型过程是 CPU 通过程序计数器中的值从内存中取得相应的指令，指令被译码后根据要求会从存储器中取得操作数。对操作数处理完成后，操作结果会存储到存储器中。在这个过程中，操作系统需要保证程序在运行中按照适当的顺序从正确的存储器单元中存取指令或数据，也就是说，操作系统需要有效管理存储器的存储空间，根据地址实现这些任务。

2.3.1 页式存储

页式存储是指通过引入进程的逻辑地址，把进程的逻辑地址空间与物理地址空间（实际物理存储位置）分离，从而增强存储管理的灵活性。我们把逻辑地址空间划分为一些相等的片，这些片称为页或页面。同样，物理地址空间被划分为同样大小的片，称为块。用户程序进入内存时，通过页表就可以将一页对应存入一个块中。这些块不必连续，所以内存利用率大大提高。

在页式存储系统中，指令所给出的逻辑地址分为两部分：逻辑页号和页内地址。其中逻辑页号与页内地址占多少位，与主存的最大容量、页的大小有关。

CPU 中的内存管理单元按逻辑页号查找页表（操作系统为每一个进程维护了一个从逻辑地址到物理地址的映射关系的数据结构，页表的内容就是该进程的逻辑地址到物理地址的一个映射）得到物理页号，将物理页号与页内地址相加形成物理地址。

2.3.2 页面置换算法

当程序的存储空间大于实际的内存空间时，程序难以运行。虚拟存储技术将实际内存空间和相对大得多的外存空间相结合，构成一个远远大于实际内存空间的虚拟存储空间，程序运行在这个虚拟存储空间中。实现虚拟存储的依据是程序的局部性原理，即程序在运行过程中经常体现出运行在某个局部范围内的特点，也就是说在一段时间内，整个程序的运行仅限于程序中的某一部分。

虚拟存储是指把一个程序所需要的存储空间分成若干页，程序运行用到的页就放在内存中，暂时不用的页就放在外存中，当用到外存中的页时，就把它们调到内存中，反之把它们送到外存中。所有的页不是一次性地全部调入内存的，而是部分调入的。

这就有可能出现下面的情况：要访问的页不在内存中，这时系统产生缺页中断。操作系统在处理缺页中断时，要把所需页从外存调入内存。如果这时内存中有空闲块，就可以直接调入该页；如果这时内存中没有空闲块，就必须先淘汰一个已经在内存中的页，腾出空间，再把所需页调入，即进行页面置换。

常用的页面置换算法有先进先出置换法（FIFO）、最佳置换法（OPT）和最近最少使用置换法（LRU）。

1. 先进先出置换法

先进先出置换法认为最早调入内存的页不再被使用的可能性要大于刚调入内存的页，因此，先进先出置换法总是淘汰在内存中停留时间最长的一页，即先进入内存的页，先被换出。

2. 最佳置换法

最佳置换法在为调入新页而必须预先淘汰某个老页时，所选择的老页应该以后不被使用，或者在最长的时间后才被使用。采用这种算法，能保证最小缺页率。

3. 最近最少使用置换法

最近最少使用置换法选择在最近一段时间内最久没有被使用过的页进行淘汰。

2.3.3 课后检测

1. 某进程有 4 页，页号为 0～3，页面变换表如图 2-4 所示。系统给该进程分配了 3 个存储块，当采用第二次机会页面置换法时，若访问的页 1 不在内存中，则这时应该淘汰的页为（　　）。

页号	页帧号	状态位	访问位	修改位
0	6	1	1	1
1	—	0	0	0
2	3	1	1	1
3	2	1	1	0

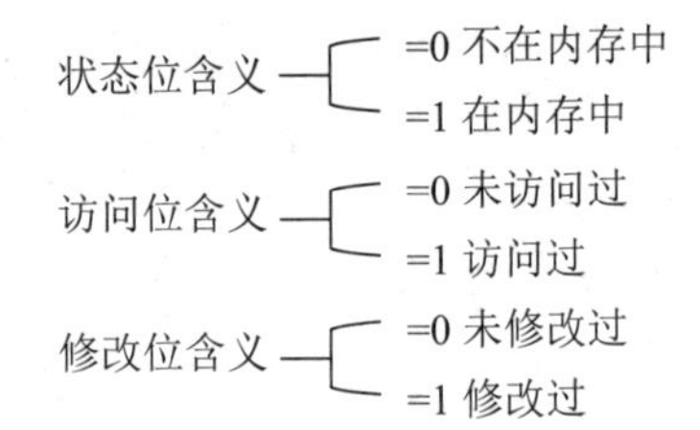

图 2-4　页面变换表

A. 页 0　　B. 页 1　　C. 页 2　　D. 页 3

试题 1 解析：

第二次机会页面置换法：先进先出置换法可能会把经常使用的页置换出去，为了避免这一问题，第二次机会页面置换法对该算法进行了简单的修改。

在页式存储管理方案中，当访问的页不在内存中时需要置换页。

首先置换访问位和修改位为 00 的页，其次置换访问位和修改位为 01 的页，再次置换访问位和修改位为 10 的页，最后置换访问位和修改位为 11 的页。

本题 3 个存储块，4 页。一开始 3 个存储块里面的页号是 0、2、3，现在需要访问页 1，也就是需要把页 0、页 2、页 3 中的一个置换出来。根据第二次机会页面置换法，先看访问位，访问位一样的话，再看修改位。因此把没有修改过的页 3 置换出来，所以答案是 D。

试题 1 答案：D

2. 某计算机系统的页大小为 4KB，进程的页表如表 2-2 所示。若进程的逻辑地址为 2D16H，则该地址经过变换后，其物理地址应为（　　）。

表 2-2　页表

页号	物理块号
0	1
1	3
2	4
3	6

A. 2048H　　B. 4096H　　C. 4D16H　　D. 6D16H

试题 2 解析：

页大小是 4KB（2 的 12 次方），逻辑地址是 2D16H，转为二进制地址是 0010 1101 0001 0110，那么后 12 位是页内地址，前 4 位是页号，通过查表得物理块号是 4，所以物理地址是 4D16H。

试题 2 答案：C

2.4 文件管理

文件管理是指对外部存储设备上以文件方式存储的信息的管理。文件控制块的集合称为文件目录，文件目录被组织成文件，称为目录文件。文件管理的一个重要方面是对文件目录进行组织和管理。文件系统一般采用一级目录结构、二级目录结构和多级目录结构。DOS 系统、UNIX 系统、Windows 系统都采用多级树形目录结构。

2.4.1 文件管理概念

图 2-5 所示为一个树形目录结构，其中方框代表目录，圆形代表文件。

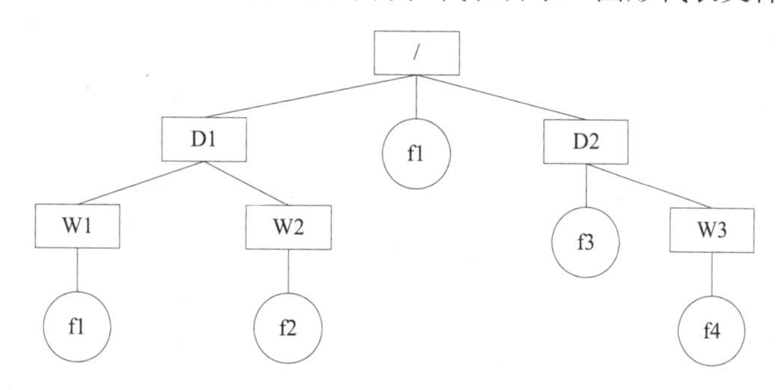

图 2-5 树形目录结构

在树形目录结构中，树的根节点为根目录，数据文件作为树叶，其他所有目录均作为树的节点。系统在建立每一个目录时，都会自动为它设定两个目录文件，一个是“.”，代表该目录自己；另一个是“..”，代表该目录的父目录，也就是上级目录。

从逻辑上讲，用户在登录到系统中之后，每时每刻都处在某个目录中，此目录被称作工作目录或当前目录。工作目录是可以随时改变的。

当对文件进行访问时，需要用到路径的概念。路径是指从树形目录结构中的某个目录到某个文件的一条道路。在树形目录结构中，从根目录到任何数据文件之间，只有一条唯一的道路，从根目录开始，把全部目录文件名与数据文件名依次用“/”连接起来，构成该数据文件的路径名，且每个数据文件的路径名是唯一的。这样，可以解决文件重名问题，不同路径下的同名文件不一定是相同的文件。例如，在图 2-5 中，根目录下的文件 f1 和 /D1/W1 目录下的文件 f1 可能是相同的文件，也可能是不相同的文件。

2.4.2 绝对路径和相对路径

用户在对文件进行访问时，要给出文件所在的路径。路径分为绝对路径和相对路径。绝对路径是指从根目录开始的路径，也称为完全路径；相对路径是指从用户工作目录开始的路径。应该注意到，在树形目录结构中到某一确定文件的绝对路径和相对路径均只有一条。绝对路径是确定不变的，相对路径随着用户工作目录的变化而不断变化。

用户在访问一个文件时，可以通过路径名来引用。例如，在图 2-5 中，如果工作目录是 D1，则访问文件 f2 的绝对路径是/D1/W2/f2，相对路径是 W2/f2；如果工作目录是 W1，则访问文件 f2 的绝对路径仍然是/D1/W2/f2，但相对路径变为../W2/f2。

“../”表示上级目录，“../../”表示上上级的目录，以此类推。

2.4.3 课后检测

1．在 Windows 系统中，设 E 盘的根目录下存在 document1 文件夹，用户在该文件夹下创建了 document2 文件夹，当前文件夹为 document1。若用户将 test.docx 文件存放在 document2 文件夹中，则该文件的绝对路径为（　　），在程序中能正确访问该文件且效率较高的方式为（　　）。

（1）A．\document1\　　B．E:\document1\ document2
　　C．document2\　　D．E:\document2\ document1

（2）A．\document1\test.docx　　B．document1\ document2\test.docx
　　C．document2\test.docx　　D．E:\document1\ document2\test.docx

试题 1 解析：

用户在对文件进行访问时，要给出文件所在的路径。路径分为绝对路径和相对路径。绝对路径是指从根目录开始的路径，也称为完全路径；相对路径是指从用户工作目录开始的路径。应该注意到，在树形目录结构中到某一确定文件的绝对路径和相对路径均只有一条。绝对路径是确定不变的，相对路径随着用户工作目录的变化而不断变化。

用户要访问一个文件时，可以通过路径名来引用。如果工作目录是 document1，则访问 test.docx 文件的绝对路径是 E:\document1\document2，相对路径是 document2\test.docx。

试题 1 答案：B、C

2．在操作系统文件管理中，通常采用（　　）来组织和管理外存中的信息。

A．字处理程序　　B．设备驱动程序
C．文件目录　　D．语言翻译程序

试题 2 解析：

本题考查的是操作系统文件管理方面的基础知识。

存放在磁盘空间上的各类文件必须进行编目，这样操作系统才能实现文件的管理，这与图书馆中的藏书需要编目录、一本书需要分章节是类似的。用户总是希望能“按名存取”文件中的信息。为此，文件系统必须为每一个文件建立目录项，即为每个文件配置用于描述和控制文件的数据结构，记载该文件的基本信息，如文件名、文件存放的位置、文件的物理结构等。这个数据结构称为文件控制块（FCB），文件控制块的有序集合称为文件目录。

试题 2 答案：C

2.5 设备管理

设备管理是指对除 CPU、主存和控制台外的所有设备的管理。这些设备通常称为外部设备或 I/O 设备。

2.5.1 设备管理概念

设备管理是指对计算机 I/O 设备的管理，其主要任务有三个，第一个任务是选择和分配 I/O 设备，以便进行数据传输操作；第二个任务是控制 I/O 设备和 CPU（或内存）之间的数据传输；第三个任务是为用户提供一个友好的透明接口，将用户和设备硬件特性分开，使用户在编制应用程序时不必涉及具体设备，系统按用户要求控制设备工作。这个接口为新增加的用户设备提供一个与系统核心相连接的入口，以便用户开发新的设备管理程序。设备管理可以提高设备和设备之间、CPU 和设备之间，以及进程和进程之间的并行操作度，使操作系统获得更高的效率。

2.5.2 传输控制方式

设备管理的主要任务之一是控制 I/O 设备和 CPU（或内存）之间的数据传输，常用的数据传输控制方式一般分为 5 种：程序查询方式、程序中断方式、DMA 方式、I/O 通道控制方式和 I/O 处理机方式。

1. 程序查询方式

程序查询方式比较简单，要求 CPU 不断使用指令检测方法来获取 I/O 设备的工作状态。由于 CPU 的速度远远高于 I/O 设备，因此 CPU 在绝大部分时间内都处于等待 I/O 设备的过程中，CPU 的运行效率极低。在程序查询方式下，CPU 和 I/O 设备只能串行工作，但是程序查询方式管理简单，在要求不高的场合可以采用。

2. 程序中断方式

某一 I/O 设备的数据准备就绪后，它会“主动”向 CPU 发出中断请求信号，请求 CPU 暂时中断目前正在执行的程序转而进行数据传输；当 CPU 响应这个中断请求时，便暂停执行主程序，自动转去执行该设备的中断服务程序；当中断服务程序执行完毕（数据交换结束）后，CPU 又回到原来的主程序继续执行。

程序中断方式虽然大大提高了主机的利用率，但是它以字（节）为单位进行数据传输，每完成一个字（节）的传输，控制器便要向 CPU 请求一次中断（进行保存现场、恢复现场等工作），仍然占用了 CPU 的许多时间。这种方式对于高速的块设备的 I/O 控制显然不适合。

3. DMA 方式

DMA 方式是一种完全由硬件执行 I/O 数据传输的工作方式。DMA 方式既要考虑中断的响应，又要节约中断开销。在 DMA 方式下，DMA 控制器代替 CPU 完全接管对总线的控制，数据传输不经过 CPU，直接在内存和 I/O 设备之间成批进行。

DMA 方式的优点：速度快，CPU 不参加传输操作，省去了 CPU 取指令、取数、送数等操作，也没有保存现场、恢复现场之类的工作。

DMA 方式的缺点：批量数据传输前的准备工作，以及传输结束后的处理工作，仍由 CPU 通过执行管理程序来承担，DMA 控制器只负责具体的数据传输工作。CPU 仍然摆脱不了管理和控制 I/O 设备的沉重负担，难以充分发挥高速运算的能力。

4. I/O 通道控制方式

I/O 通道是一个具备特殊功能的处理器，可以代替 CPU 管理控制 I/O 设备的独立部件。I/O 通道有自己的指令和程序，专门负责数据输入输出的传输控制，CPU 在将“传输控制”功能下放给 I/O 通道后，只负责“数据处理”功能。I/O 通道与 CPU 分时使用主存，实现了 CPU 内部运算与 I/O 设备的并行工作。

5. I/O 处理机方式

I/O 处理机采用专用的小型通用计算机，可完成 I/O 通道所完成的 I/O 控制，还可完成码制转换、格式处理、检错纠错等操作，若具有相应的运算处理部件、缓冲部件，还可形成 I/O 程序所必需的程序转移手段。I/O 处理机基本独立于主机工作。在多数系统中，通常配置多台 I/O 处理机，分别承担 I/O 控制、通信、维护等任务。

目前单片机、微型机多采用程序查询方式、程序中断方式和 DMA 方式。I/O 通道控制方式和 I/O 处理机方式一般用在大中型计算机中。

2.5.3 课后检测

1．在计算机工作过程中，遇到突发事件，要求 CPU 暂时停止正在执行的程序，转去为突发事件服务，服务完毕，再自动返回原程序继续执行，这个过程称为（　　），其处理过程中保存现场的目的是（　　）。

（1）A．阻塞　　B．中断
　　C．动态绑定　　D．静态绑定

（2）A．防止丢失数据　　B．防止对其他部件造成影响
　　C．返回继续执行原程序　　D．为中断处理程序提供数据

试题 1 解析：

通常在程序中安排一条指令，发出 START 信号来启动 I/O 设备，然后机器继续执行程序。当 I/O 设备完成数据传输的准备后，便向 CPU 发出中断请求信号。CPU 接到请求后若可以停止正在执行的程序，则在一条指令执行完后，转而执行中断服务程序，完成传输数据工作，通常传输一个字或一个字节，传输完毕后仍返回执行原来的程序。

试题 1 答案：B、C

2．在 I/O 控制方法中，采用（　　）可以使得设备与主存间的数据传输无须 CPU 干预。

A．程序查询方式　　B．程序中断方式

C．DMA 方式　　D．总线控制方式

试题 2 解析：

本题考查数据传输控制方式的基础知识。

计算机中主机与 I/O 设备间进行数据传输的控制方式有程序查询方式、程序中断方式、DMA 方式等。

在程序查询方式下，CPU 执行程序控制数据的输入输出过程。

在程序中断方式下，I/O 设备准备好输入数据或接收数据时向 CPU 发出中断请求信号，CPU 若决定响应该请求，则暂停正在执行的任务，转而执行中断服务程序进行数据的输入输出处理，之后回去执行原来被中断的任务。

在 DMA 方式下，CPU 只需向 DMA 控制器下达指令，让 DMA 控制器来处理数据的传输，数据传输完毕把信息反馈给 CPU，这在很大程度上减轻了 CPU 的负担，可以大大节省系统资源。

试题 2 答案：C

3．当用户通过键盘或鼠标进入某应用系统时，通常最先获得键盘或鼠标输入信息的是（　　）。

A．命令解释　　B．中断处理

C．用户登录　　D．系统调用

试题 3 解析：

当用户通过键盘或鼠标进入某应用系统时，通常最先获得键盘或鼠标输入信息的是程序中断方式，即当 CPU 进行主程序操作时，I/O 设备的数据已存入接口的数据输入寄存器，或者接口的数据输出寄存器已空，由 I/O 设备通过接口电路向 CPU 发出中断请求信号，CPU 在一定的条件下，暂停正在执行的主程序，转去执行相应能够进行 I/O 操作的子程序，待 I/O 操作执行完毕之后，CPU 继续执行原来被中断的主程序。这样 CPU 就避免了把大量时间耗费在等待、查询状态信号的操作上，工作效率大大提高。能够向 CPU 发出中断请求信号的设备或事件称为中断源。

试题 3 答案：B

4．在下列功能中，不属于操作系统内核功能的是（　　）。

A．存储管理　　B．设备管理

C．文件管理　　D．版本管理

试题 4 解析：

操作系统五大管理功能：进程管理、存储管理、文件管理、设备管理、作业管理。

试题 4 答案：D

5．使用 DMA 不可以实现数据（　　）。

A．从内存到外存的传输

B．从硬盘到光盘的传输

C．从内存到 I/O 接口的传输

D．从 I/O 接口到内存的传输

试题 5 解析：

DMA（Direct Memory Access，直接内存访问）被用于内存和内存之间或内存和外部设备之间的高速数据传输。

试题 5 答案：B

第3章 系统开发和项目管理

根据对考试大纲的分析，以及对以往试题情况的分析，“系统开发和项目管理”章节的分数为2～3分，占上午试题总分的**3%左右**。从复习时间安排来看，请考生在1天之内完成本章的学习。

3.1 知识图谱与考点分析

系统开发和项目管理是网络工程师的一个综合部分的重要知识点，每次考试的分数为2～3分，主要涉及软件生命周期、软件开发模型、软件设计概念、软件测试概念、进度管理等内容。

根据考试大纲，要求考生掌握以下几个方面的内容。

知识模块	知识点分布	重要程度
软件生命周期	• 软件生命周期概念	★
软件开发模型	• 瀑布模型	★★
	• 演化模型、增量模型	★★
	• 喷泉模型	★
	• V模型	★
软件设计概念	• 总体设计	★★
	• 详细设计	★
软件测试概念	• 动态测试	★★
	• 静态测试	★
进度管理	• 甘特图	★★
	• 计划评审图	★★★

3.2 软件基本概念

计算机软件按其功能分为系统软件和应用软件两大类，其中系统软件的主要功能是对整个计算机系统进行调度、管理、监控及服务等，包括操作系统、程序设计语言、故障诊断程序、监控程序、数据库、各类接口软件和工具组等。应用软件是指用户利用计算机及其提供的系统软件为解决各种实际问题而编制的计算机程序，是指除系统软件外的所有软件，由各种应用软件包和面向问题的各种应用程序组成。

3.2.1 程序设计语言

像人之间交往需要语言一样，与计算机交往也要使用相互理解的语言，以便人把意图告诉计算机，计算机把工作结果告诉人。人用来同计算机交往的语言叫作程序设计语言，程序设计语言通常分为机器语言、汇编语言和高级语言三类。

1. 机器语言

每种型号的计算机都有自己的指令系统，也叫作机器语言，每条指令都对应一串二进制代码。机器语言是计算机唯一能够识别并直接执行的语言，所以与其他程序设计语言相比，其执行效率较高。

用机器语言编写的程序叫作机器语言程序，由于机器语言中每条指令都是一串二进制代码，因此可读性差、不易记忆；编写程序既难又烦琐、容易出错；程序的调试和修改难度也很大，总之，机器语言不易掌握和使用。此外，因为机器语言直接依赖于机器，所以在某种计算机上编写的机器语言程序不能在另一种计算机上使用，也就是说可移植性差。

2. 汇编语言

为了更方便地使用计算机，20 世纪 50 年代初，出现了汇编语言。汇编语言不再使用难以记忆的二进制代码编程，而是使用比较容易识别、记忆的助记符号，所以汇编语言又叫作符号语言。汇编语言只是将机器语言用符号表示而已，也是面向机器的一种低级语言，或者说，汇编语言是符号化了的机器语言。

用汇编语言编写的程序称为汇编语言源程序，计算机不能直接识别、执行它，必须先把汇编语言源程序翻译成机器语言程序（称为目标程序），然后才能执行。这个翻译过程是由事先存放在机器里的汇编程序完成的，叫作汇编过程。

3. 高级语言

低级语言是对计算机硬件直接进行操作的语言，包括机器语言和汇编语言，用这种语言编写程序对程序员的要求比较高，程序员必须了解计算机内部结构。现在一般用高级语言编写程序。高级语言是一种用表达各种意义的“词”和“数学公式”按照一定的“语法规则”编写程序的语言，也称高级程序设计语言或算法语言。这里的“高级”是指这种语言与自然语言和数学公式相当接近，而且不依赖于计算机的型号，通用性好。

高级语言的使用，大大提高了编写程序的效率，改善了程序的可读性。用高级语言编写的程序称为高级语言源程序，计算机是不能直接识别和执行的，要用翻译的方法把高级语言源程序翻译成等价的机器语言程序（称为目标程序）才能执行。

把高级语言源程序翻译成机器语言程序的方法有“编译”和“解释”两种。

编译方式是指当用户将高级语言源程序输入计算机后，编译程序便把高级语言源程序整个地翻译成用机器语言表示的与之等价的目标程序，计算机再执行该目标程序，以完成高级语言源程序要处理的运算并取得结果。例如，将高级语言（如C++）源程序作为输入，进行编译转换，产生机器语言的目标程序，然后让计算机去执行这个目标程序，得到计算结果。

解释方式是指当高级语言源程序进入计算机后，解释程序边扫描边解释，逐句输入逐句解释，计算机一句句执行，并不产生目标程序。例如，将高级语言（如BASIC）源程序作为输入，解释一句后就提交计算机执行一句，并不产生目标程序。解释程序执行速度很慢，若高级语言源程序中出现循环，则解释程序重复地解释并提交执行这一组语句，造成很大浪费。编译程序与解释程序最大的区别之一在于前者产生目标程序，而后者不产生；此外，前者产生的目标程序的执行速度比解释程序的执行速度要快；后者人机交互性好，适于初学者使用。

3.2.2 课后检测

1．对高级语言源程序进行编译或解释的过程可以分为多个阶段，解释方式不包含（　　）。

A．词法分析　　B．语法分析　　C．语义分析　　D．目标程序生成

试题1解析：

编译和解释是语言处理的两种基本方式。编译过程包括词法分析、语法分析、语义分析、中间程序生成、程序优化和目标程序生成等阶段，以及符号表管理和出错处理阶段。解释过程在词法、语法和语义分析方面与编译过程的工作原理基本相同，但是在运行用户程序时，它直接执行高级语言源程序或高级语言源程序的内部形式。

这两种语言处理方式的根本区别是，在编译方式下，机器上运行的是与高级语言源程序等价的目标程序，高级语言源程序和编译程序都不参与目标程序的执行过程；而在解释方式下，解释程序和高级语言源程序（或其某种等价表示）要参与目标程序的执行过程，执行目标程序的控制权在解释程序。解释程序解释高级语言源程序时不产生独立的目标程序，编译程序则需要将高级语言源程序编译成独立的目标程序。

试题1答案：D

3.3 软件生命周期

整个软件生命周期划分为若干个阶段，每个阶段都有自己明确的任务，可以让规模大、结构复杂和管理烦琐的软件开发的整个过程变得容易控制和管理。

3.3.1 软件生命周期阶段

软件生命周期是指一个软件历经计划、需求分析、总体设计、详细设计、编码、测试、维护直至淘汰的整个过程。

计划阶段：包括问题定义和可行性分析。在这个阶段，必须清楚的问题是，我们要解决用户什么问题，这个问题有没有可行的解决办法，如果有解决办法，则需要多少成本、资源、时间等。要弄清楚这些问题，就要进行问题定义和可行性分析，并且制订项目开发计划。计划阶段的参与人员有用户、项目负责人、系统分析师，该阶段产生的文档有可行性分析报告和项目开发计划。

需求分析阶段：需求分析阶段的任务不是具体地解决问题，而是确定软件的功能、性能、数据、界面等要求，从而确定软件的逻辑模型。该阶段的参与人员有用户、项目负责人、系统分析师，产生的文档有软件需求说明书。

总体设计阶段：在总体设计阶段，开发人员需要将各项功能需求转换成相应的体系结构，也就是每个模块都和某些功能需求相对应。因此，总体设计就是设计软件的结构，明确软件由哪些模块组成，这些模块的层次结构是怎么样的，这些模块之间的调用关系又是怎么样的，每个模块的功能是什么。同时要设计该软件的数据库结构。总体设计阶段的参与人员有系统分析师和软件设计师，该阶段产生的文档有总体设计说明书。

详细设计阶段：详细设计阶段的主要任务是对每个模块完成的功能进行具体描述，也就是要知道每个模块的控制结构是怎么样的，先做什么，后做什么，有什么样的条件判定等，用相应的工具把这些控制结构表示出来。详细设计阶段的参与人员有软件设计师和程序员，产生的文档有详细设计文档。

编码阶段：把每个模块的控制结构用程序代码表示出来。

测试阶段：测试是保证软件质量的重要手段，其主要方式是在设计测试用例的基础上检查软件的各个组成部分。测试阶段的参与人员通常是专业的测试人员，产生的文档有软件测试计划和软件测试报告。

维护阶段：维护阶段是软件生命周期中时间最长的阶段。软件交付给用户使用之后，就进入维护阶段，它可以持续几年甚至几十年。软件在运行过程中由于各方面的原因，可能需要对它进行修改。例如，可能是运行中发现了软件隐含的错误而需要修改，也可能是为了适应变化的软件工作环境而需要进行适当的变更，还可能是因为用户业务发生变化而需要扩充和增强软件的功能等。

3.3.2　课后检测

1．确定软件的模块划分及模块之间的调用关系是（　　）阶段的任务。

A．需求分析　　B．总体设计　　C．详细设计　　D．编码

试题 1 解析：

需求分析阶段的主要任务是解决系统做什么的问题，即弄清楚问题的要求，包括需要输入什么数据，需要得到什么结果，最后应输出什么。

总体设计阶段的主要任务是把需求分析得到的结果转换为软件结构和数据结构，即将一个复杂系统按功能进行模块划分，建立模块的层次结构及调用关系，确定模块间的接口及人机界面、确定数据的结构特性及进行数据库的设计等。

详细设计是在总体设计的基础上更细致的设计，包括具体的业务对象设计、功能逻辑

设计、界面设计等。详细设计阶段是系统实现的依据，需要更多地考虑设计细节。

编码阶段的任务是编写程序代码，具体实现系统。

试题 1 答案：B

3.4　软件开发模型

采用合适的软件开发模型，可以很好地指导我们的开发工作，可以让复杂的开发工作变得容易控制。主要的软件开发模型有瀑布模型、演化模型、增量模型、喷泉模型、V 模型、螺旋模型等。

3.4.1　瀑布模型

瀑布模型：瀑布模型也称为生命周期模型，是生命周期法中常用的软件开发模型。瀑布模型把软件开发的过程分为软件计划、需求分析、软件设计、程序编码、软件测试和运行维护 6 个活动，规定了它们自上而下、相互衔接的固定次序，如同瀑布流水，逐级下落。瀑布模型如图 3-1 所示。

瀑布模型是最早出现的软件开发模型，在软件工程中占有重要的地位，它提供了软件开发过程的基本框架。瀑布模型的本质是"一次通过"，即每个活动只进行一次，最后得到软件产品，过程就是利用本活动应完成的内容，给出本活动的工作成果，作为输出传给下一个活动；对本活动实施的工作进行评审，如果工作得到认可，那么继续下一个活动，否则返回前项，甚至更前项的活动进行返工。

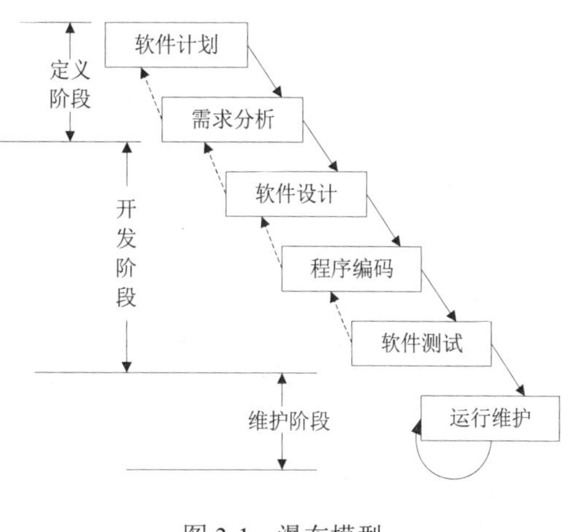

图 3-1　瀑布模型

瀑布模型有利于大型软件开发过程中人员的组织与管理，有利于软件开发方法和工具的研究与使用，提高了大型软件开发的质量和效率。然而软件开发的实践表明，上述各个活动之间并非完全是自上而下的，而是呈线性图式的，因此，瀑布模型存在严重的缺陷。

（1）由于开发模型呈线性，所以当开发成果尚未经过测试时，用户无法看到软件。这样，软件与用户见面的时间间隔较长，增加了一定的风险。

（2）当软件开发前期未发现的错误传到后面的开发活动中时，可能会扩散，进而可能导致整个软件开发失败。

（3）瀑布模型是围绕需求分析的，通常用户一开始并不知道他们需要的是什么，需求是在整个项目进程中通过双向交互不断明确的，但是瀑布模型强调一开始就精准捕获需求进行设计。

3.4.2 演化模型和增量模型

对于许多需求不够明确的项目，比较适合采用这种方法：快速地建立一个能够反映用户主要需求的软件原型，先让用户在计算机上使用它，了解其概要，再根据反馈的结果进行修改，这样能够充分体现用户的参与和决策。原型化人员对软件原型的实施很重要，衡量他们的重要标准是，能否从用户的模糊描述中快速地获取实际的需求。这种软件原型分为三类：抛弃模型、演化模型和增量模型。其中抛弃模型在系统真正实现以后就被抛弃。

1. 演化模型

演化模型的主要步骤是首先开发系统的一个核心功能，使得用户可以与开发人员一同确认该功能，这样开发人员将会得到第一手的经验，然后根据用户的反馈进一步开发其他功能或进一步扩充该功能，直到建立一个完整的系统为止。演化模型的特点基本上与增量模型一致，但对演化模型的管理是一个难点，也就是说，我们很难确认整个系统的里程碑、成本和时间基线。

2. 增量模型

增量模型与演化模型一样，本质上是迭代的，但与演化模型不一样的是其强调每一个增量均发布一个可操作产品。采用增量模型的优点是人员分配灵活，刚开始不用投入大量人力资源。如果核心产品很受欢迎，则可增加人力实现下一个增量。当配备的人员不能在设定的期限内完成产品时，增量模型提供了一种先推出核心产品的途径。这样即可先发布部分功能给用户，相当于给用户打了一针镇静剂。此外，增量模型能够有计划地管理技术风险。

3.4.3 喷泉模型

如图 3-2 所示，喷泉模型不像瀑布模型一样，需要在分析活动结束后才开始设计活动，设计活动结束后才开始编码活动。喷泉模型强调无间隙，也就是各个活动之间没有明显的界限，开发人员可以同步进行开发。喷泉模型的优点是可以提高软件项目开发效率，节省开发时间，适用于面向对象的软件开发过程；缺点是在各个开发阶段存在重叠现象，需要大量的开发人员，难以进行项目管理。

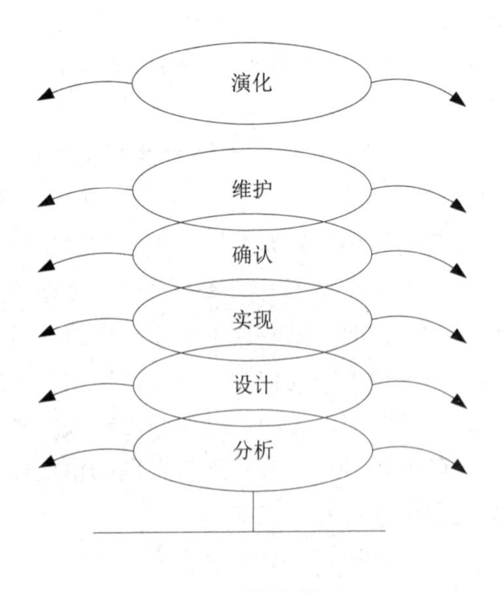

图 3-2　喷泉模型

3.4.4 V 模型

V 模型主要说明测试活动是如何与分析活动和设计活动相联系的。在软件开发模型中，测试活动常常作为亡羊补牢的事后行为，但也有以测试活动为中心的软件开发模型，那就是 V 模型。V 模型只得到软件业内比较模糊的认可。

V 模型如图 3-3 所示。

（1）单元测试的主要目的是发现编码过程中可能存在的各种错误。例如，用户输入验证过程中边界值的错误。

（2）集成测试的主要目的是发现详细设计中可能存在的问题，尤其是检查各单元与其他程序部分之间的接口上可能存在的错误。

（3）系统测试主要针对总体设计，检查系统作为一个整体是否有效地得到运行。例如，在产品配置中是否达到了预期的高性能。

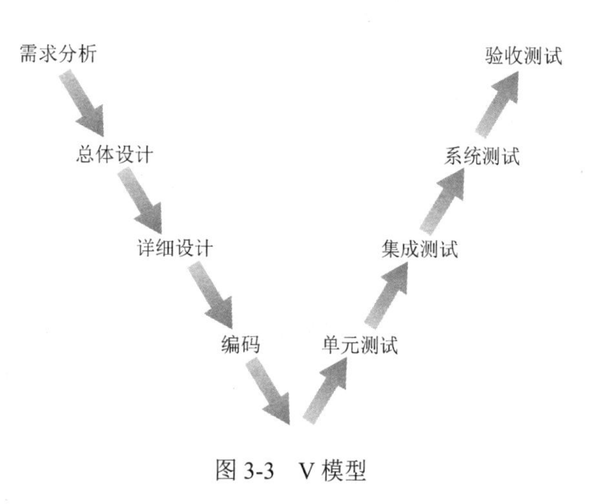

图 3-3 V 模型

（4）验收测试通常由业务专家或用户进行，以确认产品是否真正符合用户业务上的需要。

3.4.5 螺旋模型

螺旋模型将瀑布模型和演化模型相结合，综合了两者的优点，并增加了风险分析。如图 3-4 所示，螺旋模型以原型为基础，沿着螺线自内向外旋转，每旋转一圈都要经过制订计划、风险分析、实施工程、用户评估等活动，从而开发原型的一个新版本。经过若干次螺旋上升的过程，得到最终的系统。螺旋模型的核心在于不需要在刚开始的时候就把所有事情都定义得清清楚楚。开发人员可以轻松上阵，定义最重要的功能，实现它，然后听取用户的意见，之后进入下一阶段。如此不断轮回重复，直到得到满意的产品为止。

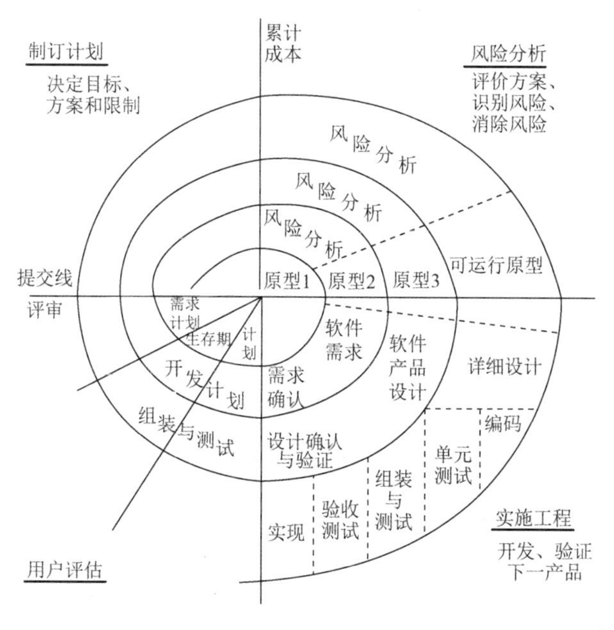

图 3-4 螺旋模型

3.4.6 课后检测

1．假设某软件公司与用户签订合同开发一个软件系统，系统的功能有较清晰的定义，并且用户对交付时间有严格要求，则该系统的开发适宜采用（　　）。

A．瀑布模型　　B．原型模型　　C．V 模型　　D．螺旋模型

试题 1 解析：

瀑布模型是最早出现的软件开发模型，在软件工程中占有重要的地位，提供了软件开发过程的基本框架。瀑布模型的本质是“一次通过”，即每个活动只进行一次，最后得到软件产品，也称作线性顺序模型或生命周期模型，其过程是从上一个活动接收该活动的工作对象作为输入，利用这一输入实施本活动应完成的内容，给出本活动的工作成果，作为输出传给下一个活动；对本活动实施的工作进行评审，若工作得到认可，则继续下一个活动，否则返回前项，甚至更前项的活动进行返工。

瀑布模型有利于大型软件开发过程中人员的组织与管理，有利于软件开发方法和工具的研究与使用，提高了大型软件开发的质量和效率。如果需求十分明确的话，建议采用瀑布模型。

试题 1 答案：A

2．软件开发的增量模型（　　）。

A．适用于需求被清晰定义的情况

B．是一种能够快速构造可运行产品的好模型

C．适用于大规模团队开发的项目

D．是一种不适用于商业产品的创新模型

试题 2 解析：

增量模型与演化模型一样，本质上是迭代的，但与演化模型不一样的是其强调每一个增量均发布一个可操作产品。采用增量模型的优点是人员分配灵活，刚开始不用投入大量人力资源。如果核心产品很受欢迎，则可增加人力实现下一个增量。当配备的人员不能在设定的期限内完成产品时，增量模型提供了一种先推出核心产品的途径。这样即可先发布部分功能给用户，相当于给用户打了一针镇静剂。此外，增量模型能够有计划地管理技术风险，是一种能够快速构造可运行产品的好模型。

试题 2 答案：B

3.5 软件设计概念

软件设计主要包括总体设计和详细设计。

3.5.1 总体设计

总体设计也称为概要设计，负责将软件需求转化为数据结构和软件的系统结构。例如，如果采用结构化设计，则将从宏观的角度将软件划分成各个组成模块，并确定模块的功能

及模块之间的调用关系。

在结构化设计方法中，模块化是一个很重要的概念，它是指将一个待开发的软件分解成若干个小的简单部分——模块，每个模块可以独立地开发、测试。模块化的目的是使程序的结构清晰，容易进行测试和修改。模块独立是指每个模块完成一个相对独立的子功能，并且与其他模块之间的联系很简单。保持模块的高度独立性是设计时的一个很重要的原则。通常我们用耦合（模块之间联系的紧密程度）和内聚（模块内部各元素之间联系的紧密程度）两个标准来衡量，我们的目标是高内聚、低耦合。

模块的内聚类型通常可以分为 7 种，根据内聚度从高到低排序如表 3-1 所示。

表 3-1　模块的内聚类型

内聚类型	描述
功能内聚	完成一个单一功能，各个部分协同工作，缺一不可
顺序内聚	处理元素相关，而且必须顺序执行
通信内聚	所有处理元素集中在一个数据结构的区域上
过程内聚	处理元素相关，而且必须按特定的次序执行
时间内聚	所包含的任务必须在同一时间间隔内执行（如初始化模块）
逻辑内聚	完成逻辑上相关的一组任务
偶然内聚	完成一组没有联系或联系松散的任务

与此相对应，模块的耦合类型通常也分为 7 种，根据耦合度从低到高排序如表 3-2 所示。

表 3-2　模块的耦合类型

耦合类型	描述
非直接耦合	没有直接联系，互相不依赖对方
数据耦合	借助参数表传递简单数据
标记耦合	一个数据结构的一部分借助于模块接口传递
控制耦合	模块间传递的信息中包含用于控制模块内部逻辑的信息
外部耦合	与软件以外的环境有关
公共耦合	多个模块引用同一个全局数据区
内容耦合	一个模块访问另一个模块的内部数据；一个模块不通过正常入口转到另一个模块的内部；两个模块有一部分程序代码重叠；一个模块有多个入口

在模块分解时需要注意：保持模块的大小适中；尽可能减小调用的深度；直接调用分解模块的个数应该尽量多，但调用其他模块的个数不宜过多；保证模块是单入口、单出口的；模块的作用域应该在控制域之内；模块的功能应该是可预测的。

3.5.2　详细设计

详细设计也称为低层设计，将对结构表示进行细化，得到详细的数据结构与算法。如果采用结构化设计，则详细设计的任务是为每个模块进行设计。

详细设计确定应该如何具体地实现所要求的系统，得出对目标系统的精确描述。详细设计采用自顶向下、逐步求精的设计方式和单入口、单出口的控制结构。在详细设计中，经常使用的工具包括程序流程图、盒图、PAD 图（问题分析图）、PDL（伪码）。

总的来说，在整个软件设计过程中，需要完成以下工作任务。

（1）制定规范，作为设计的共同标准。

（2）完成软件系统结构的总体设计，将复杂系统按功能划分为模块的层次结构，然后确定模块的功能，以及模块间的调用关系、模块间的组成关系。

（3）设计处理方式，包括算法、性能、周转时间、响应时间、吞吐量、精度等。

（4）设计数据结构。

（5）可靠性设计。

（6）编写设计文档，包括总体设计说明书、详细设计说明书、数据库设计说明书、用户手册、初步的测试计划等。

（7）设计评审，主要是对设计文档进行评审。

在详细设计阶段，必须根据要解决的问题，做出设计的选择。例如，半结构化决策问题适合用交互式计算机软件来解决。

3.5.3 课后检测

1．软件设计时需要遵循抽象、模块化、信息隐蔽和模块独立原则。在划分软件系统模块时，应尽量做到（　　）。

A．高内聚、高耦合　　　　B．高内聚、低耦合

C．低内聚、高耦合　　　　D．低内聚、低耦合

试题 1 解析：

内聚性是指一个软件模块内部的相关性，耦合性是指不同软件模块之间的相关性，或者说依赖性。所谓高内聚，是指一个软件模块由相关性很强的代码组成，只负责完成一个任务，即单一责任原则。所谓低耦合，是指不同软件模块之间通过稳定的接口交互，不需要关心模块内部如何实现。高内聚和低耦合是相互矛盾的，分解粒度越粗的系统耦合度越低，分解粒度越细的系统内聚度越高，过度低耦合的软件系统，软件模块内部不可能高内聚，而过度高内聚的软件模块之间必然是高度依赖的。软件设计时应尽量做到高内聚、低耦合。

试题 1 答案：B

2．在软件设计阶段，划分模块的原则是，一个模块的（　　）。

A．作用范围应该在其控制范围之内

B．控制范围应该在其作用范围之内

C．作用范围与控制范围互不包含

D．作用范围与控制范围不受任何限制

试题 2 解析：

模块的作用范围应在其控制范围之内。模块的控制范围包括它本身及其所有的从属模块。模块的作用范围是指模块内一个判定的作用范围，凡是受这个判定影响的所有模块都属于这个判定的作用范围。如果一个判定的作用范围包含在这个判定所在模块的控制范围

之内，则这种结构是简单的，否则，这种结构是不简单的。

试题2答案：A

3．模块A、B和C包含相同的5个语句，这些语句之间没有联系。为了避免重复，把这5个语句抽取出来组成一个模块D，则模块D的内聚类型为（　　）内聚。

A．功能　　B．通信　　C．逻辑　　D．巧合

试题3解析：

内聚按内聚度从低到高有以下几种类型。

偶然内聚（巧合内聚）：如果一个模块的各成分之间毫无联系，则称为偶然内聚，也就是说模块完成一组任务，这些任务之间的联系松散，实际上没有什么联系。

逻辑内聚：模块内完成若干个逻辑相似的功能，通过参数确定该模块完成哪一个功能。

时间内聚：把需要同时执行的动作组合在一起形成的模块称为时间内聚模块。

过程内聚：一个模块完成多个任务，这些任务必须按特定的次序执行。

通信内聚：模块内所有处理元素都在同一个数据结构上操作，或者各处理元素使用相同的输入数据或产生相同的输出数据。

顺序内聚：如果一个模块的各处理元素和同一个功能密切相关且必须顺序执行，则前一个功能元素的输出是下一个功能元素的输入。

功能内聚：模块的所有处理元素共同完成一个功能，缺一不可。

试题3答案：D

4．模块A直接访问模块B的内部数据，则模块A和模块B的耦合类型为（　　）。

A．数据耦合　　B．标记耦合　　C．公共耦合　　D．内容耦合

试题4解析：

解析：软件工程中对象之间的耦合度是指对象之间的依赖程度。指导、使用和维护对象的主要问题是对象之间的多重依赖性。对象之间的耦合度越高，维护成本越高。因此对象的设计应使类和构件之间的耦合度最低。耦合类型按耦合度由低到高分别是非直接耦合、数据耦合、标记耦合、控制耦合、外部耦合、公共耦合、内容耦合。当一个模块直接修改或操作另一个模块的数据，或者直接访问另一个模块时，就发生了内容耦合。

试题4答案：D

3.6 软件测试概念

软件测试是软件质量保证的主要手段之一，在将软件交付给用户之前所必须完成的步骤就是软件测试。目前，软件的正确性证明暂时没有更好的办法，软件测试仍是发现软件错误和缺陷的主要手段。软件测试的目的是在软件投入生产运行之前，尽可能多地发现软件产品（主要是指程序）中的错误和缺陷。

软件测试不仅是为了找出错误。通过分析错误产生的原因和错误的分布特征，可以帮助项目管理者发现当前所采用的软件的缺陷，以便改进。同时，软件测试能帮助我们设计出有针对性的测试方法，改善测试的有效性。

3.6.1 动态测试

动态测试是指通过运行程序发现错误，分为黑盒测试、白盒测试和灰盒测试。不管哪一种测试，都不能做到穷尽测试，只能选取少量有代表性的输入数据，以期用较少的代价暴露出较多的程序错误。这些被选出来的数据就是测试用例（一个完整的测试用例应该包括输入数据和期望的输出结果）。

（1）黑盒测试：把测试对象看作一个黑盒子，测试人员完全不考虑程序的内部结构和处理过程，只在软件的接口处进行测试，依据需求规格说明书，检查程序是否满足功能要求。因此，黑盒测试又称为功能测试或数据驱动测试。常用的黑盒测试用例的设计方法有等价类划分法、边值分析法、错误猜测法、因果图法和功能图法等。

（2）白盒测试：把测试对象看作一个打开的盒子，测试人员需要了解程序的内部结构和处理过程，以检查处理过程的细节为基础，对程序中尽可能多的逻辑路径进行测试，检验内部控制结构和数据结构是否有错，实际的运行状态与预期的状态是否一致。由于白盒测试是结构测试，所以测试对象基本上是源程序，以程序的内部逻辑为基础设计测试用例。常用的白盒测试用例的设计方法有基本路径测试法、循环覆盖测试法、逻辑覆盖测试法。

（3）灰盒测试：灰盒测试是一种介于白盒测试与黑盒测试之间的测试，它关注输出对于输入的正确性，同时关注内部表现，但这种关注不像白盒测试那样详细且完整，而只是通过一些表征性的现象、事件及标志来判断程序内部的运行状态。

3.6.2 静态测试

静态测试是指测试程序不在机器上运行，而采用人工检测和计算机辅助静态分析的手段对程序进行检测。在静态分析中进行人工测试的主要方法有桌前检查法（程序员自查）、代码审查法和代码走查法。经验表明，使用静态测试能够有效地发现 30%～70%的逻辑设计和编码错误。

值得说明的是，使用静态测试的方法可以实现白盒测试。例如，使用人工检查代码的方法来检查代码的逻辑问题，属于白盒测试的范畴。

为了保证系统的质量和可靠性，应力求在分析、设计等各个开发阶段结束前，对软件进行严格的技术评审。软件测试是为了发现错误而执行程序的过程。

3.6.3 测试分类

根据测试的目的、阶段的不同，可以把测试分为单元测试、集成测试、确认测试、系统测试和验收测试。

1．单元测试

单元测试又称为模块测试，是针对软件设计的最小单位（程序模块）进行正确性检验的测试。单元测试的目的在于检查每个程序单元能否正确实现详细设计说明书中的模块功能、性能、接口和设计约束等要求，发现各模块内部可能存在的各种错误。单元测试通常在软件详细设计阶段完成。

2．集成测试

集成测试又称为组装测试。集成测试将已通过单元测试的模块集成在一起，主要测试模块之间的协作性。集成测试通常在软件总体设计阶段完成。

3．确认测试

确认测试又称为有效性测试，主要验证软件的功能、性能及其他特性是否与用户要求（需求）一致。确认测试通常在软件需求分析阶段完成。

4．系统测试

如果项目不仅包含软件，还包含硬件和网络等，则要将软件与外部支持的硬件、I/O 设备、数据等其他系统元素结合在一起，在实际运行环境下，对计算机系统的一系列集成与确认进行测试。系统测试的主要内容包括功能测试、健壮性测试、性能测试、用户界面测试、安全性测试、安装与反安装测试等。系统测试通常在软件需求分析阶段完成。

5．验收测试

验收测试是检验软件产品的最后一关，在这个环节，测试主要从用户的角度着手。验收测试是一个确定产品能否满足合同/用户需求的测试。

不管是哪个阶段的测试，一旦测试出问题，就要进行修改。修改之后，为了检查这个修改是否会引起其他错误，还要对这个修改进行测试，这种测试称为回归测试或退化测试。

3.6.4　课后检测

1．当使用白盒测试方法时，确定测试用例应根据（　　）和指定的覆盖标准。

A．程序的内部逻辑　　B．程序结构的复杂性

C．使用说明书　　D．程序的功能

试题 1 解析：

白盒测试又称为结构测试或逻辑驱动测试，是按照程序内部的结构测试程序的，通过测试来检测产品内部动作是否按照设计规格说明书的规定正常进行，检测程序中的每条通路是否都能按预定要求正确工作。因此白盒测试必须根据覆盖标准和程序的内部逻辑来进行。

试题 1 答案：A

2．系统测试将软件系统与硬件、I/O 设备和网络等其他元素结合，对整个软件系统进行测试。（　　）不是系统测试的内容。

A．路径测试　　B．可靠性测试　　C．安装测试　　D．安全性测试

试题 2 解析：

常见的系统测试包括恢复测试、安全性测试、强度测试、性能测试、可靠性测试和安装测试等。路径测试又称为逻辑驱动测试、结构测试、白盒测试，用以对软件系统内部进行逻辑测试，属于单元测试的内容。

试题 2 答案：A

3．一个项目为了修正一个错误而进行了变更。这个错误被修正后，却引起以前可以正确运行的代码出错。（　　）最可能发现这一问题。

A．单元测试　　B．验收测试　　C．回归测试　　D．安装测试

试题 3 解析：

在软件生命周期中的任何一个阶段，只要软件发生了改变，就可能给该软件带来问题。软件的改变可能是因为发现了错误并做了修改，也可能是因为在集成或维护阶段加入了新的模块。当软件中所含错误被发现时，如果错误跟踪与管理系统不够完善，就可能会遗漏对这些错误的修改；开发者对错误理解得不够透彻，也可能导致所做的修改只修正了错误的外在表现，而没有修复错误本身，从而造成修改失败；修改还有可能产生副作用，从而导致软件未被修改的部分产生新的问题，使本来工作正常的部分产生错误。在有新代码加入软件的时候，除新代码中有可能含有错误外，新代码还有可能给原有的代码带来影响。因此，每当软件发生变化时，我们必须重新测试现有的功能，以便确定修改是否达到了预期的目的，检查修改是否损害了原有的正常功能。同时，需要补充新的测试用例来测试新的或被修改了的功能。为了验证修改的正确性及其影响，需要进行回归测试。

试题 3 答案：C

3.7 项目管理

项目管理是指为了使软件项目按照预定的成本、进度、质量顺利完成，而对人员（People）、产品（Product）、过程（Process）和项目（Project）进行分析和管理的活动。在网络工程师考试中常考的是项目管理中的进度管理。

3.7.1 进度管理

进度管理是指在项目实施过程中，对各阶段的进展程度和项目最终完成的期限所进行的管理。项目的进度计划和工作的实际进展情况，通常表现为各个任务之间的进度依赖关系，因此通常使用图表的方式来说明。

1．甘特图

甘特图（Gantt 图）使用水平线段表示任务的工作阶段，线段的起点和终点分别对应任务的开工时间和完成时间，线段的长度表示完成任务所需的时间。跟踪甘特图在甘特图的基础上，加上一个表示现在时间的纵线，可以直观地看出进度是否延误。甘特图的优点在于表明了各任务的计划进度和当前进度，能动态地反映项目进展；缺点在于难以反映多个任务之间存在的复杂逻辑关系。

2．计划评审图

计划评审图（PERT 图）是一种网络图，描述各个任务之间的关系，可以明确表达任务之间的依赖关系，即哪些任务完成后才能开始另一些任务，以及如期完成整个项目的关键路径，但是不能清晰地描述各个任务之间的并行关系。

PERT 图中的某些任务可以并行地进行，所以完成项目的最短时间是从开始顶点到结束顶点的最长路径长度，称从开始顶点到结束顶点的最长（工作时间之和最大）路径为关键路径（临界路径），关键路径上的任务称为关键任务。在一条路径中，若每个任务的时间之和等于项目工期，则这条路径是关键路径。

关键路径法（CPM）可以借助 PERT 图和各任务所需的时间（估计值），计算每一个任务的最早或最迟开始和结束时间。

松弛时间（Slack Time）是指在不影响完工的前提下可能被推迟完成的最长时间（松弛时间=关键路径的时间-包含某任务最长路径所需要的时间），关键路径上的任务的松弛时间为 0 。

例如，在图 3-5 中，一共有 3 条路径，分别是 ABEG、ACFG 和 ABDFG，其路径长度分别为 16、17 和 21。因此，图 3-5 的关键路径为 ABDFG。如果图 3-5 是代表某项目的 PERT 图（单位为天），则该项目的工期为 21 天。

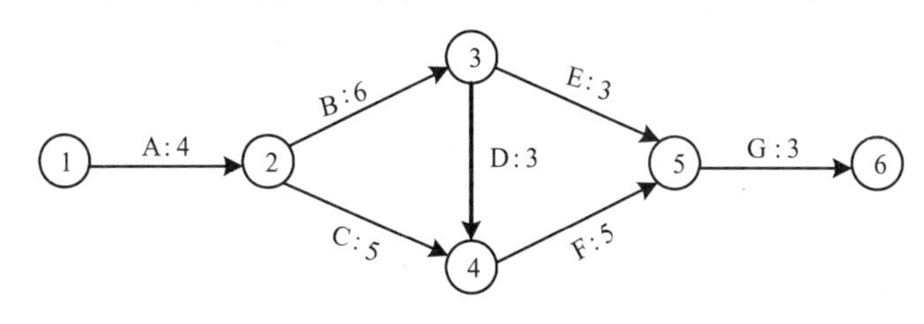

图 3-5 PERT 图

3.7.2 课后检测

1．某软件项目的活动图如图 3-6 所示，其中顶点表示项目里程碑，连接顶点的边表示包含的活动，边上的数字表示活动的持续天数，则完成该项目的最短时间为（　　）天。活动 EH 和活动 IJ 的松弛时间分别为（　　）天。

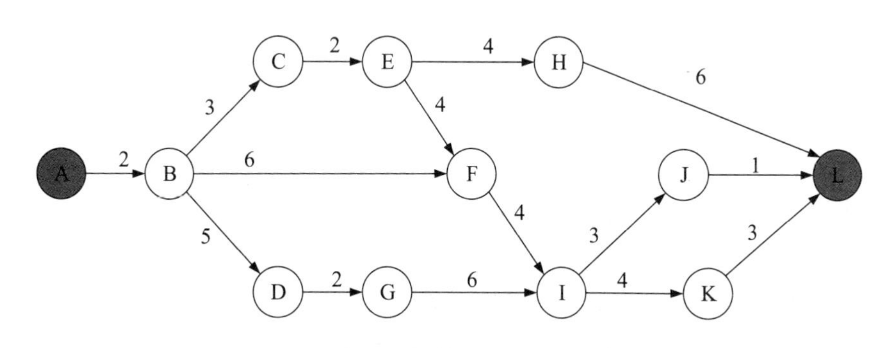

图 3-6 软件项目活动图

（1）A．17　　B．19　　C．20　　D．22

（2）A．3 和 3　　B．3 和 6　　C．5 和 3　　D．5 和 6

试题 1 解析：

PERT 图中的某些活动可以并行地进行，所以完成工程的最短时间是从开始顶点到结束顶点的最长路径长度，从开始顶点到结束顶点的最长（工作时间之和最大）路径为关键路径，关键路径上的活动为关键活动。

本题关键路径为 ABDGIKL 和 ABCEFIKL，共 22 天。

活动 EH 的松弛时间是 22-(2+3+2+4+6)=5 天。

活动 IJ 的松弛时间是 22-(2+5+2+6+3+1)=3 天。

试题 1 答案：D、C

2．某软件项目的活动图如图 3-7 所示，其中顶点表示项目里程碑，连接顶点的边表示包含的活动，边上的数字表示活动的持续时间（天）。完成该项目的最短时间为（　　）天。由于某种原因，现在需要同一个开发人员完成活动 BC 和活动 BD，则完成该项目的最短时间为（　　）天。

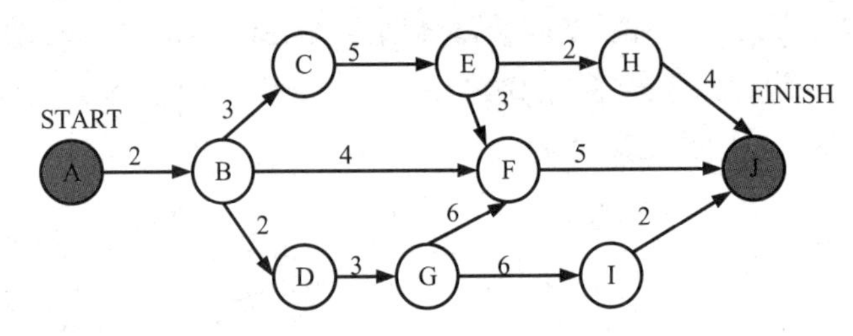

图 3-7　软件项目活动图

（1）A．11　　B．18　　C．20　　D．21

（2）A．11　　B．18　　C．20　　D．21

试题 2 解析：

关键路径：最长的一段（ABCEFJ=ABDGFJ=18 天），活动 BD、BC 只能由同一个人来完成，因此最快的方式为，先完成 BD 再完成 BC（相当于此时，关键路径 ABCEFJ 上的活动推迟了 2 天完成，因此此时项目完成的最短时间为 20 天）。

试题 2 答案：B、C

3．以下关于进度管理工具 Gantt 图的叙述中，不正确的是（　　）。

A．能清晰地表达每个任务的开始时间、结束时间和持续时间

B．能清晰地表达任务之间的并行关系

C．不能清晰地确定任务之间的依赖关系

D．能清晰地确定影响进度的关键任务

试题 3 解析：

Gantt 图的优点是直观表明各个任务的计划进度和当前进度，能动态地反映软件开发进展的情况，是小型项目中常用的工具；缺点是不能显式地描绘各个任务间的依赖关系，关键任务也不明确。

试题 3 答案：D

4．进度安排的常用图形描述方法有 Gantt 图和 PERT 图。Gantt 图不能清晰地描述（　　）；PERT 图可以给出哪些任务完成后才能开始另一些任务。在图 3-8 所示的 PERT 图中，6 号任务的最迟开始时间是（　　）。

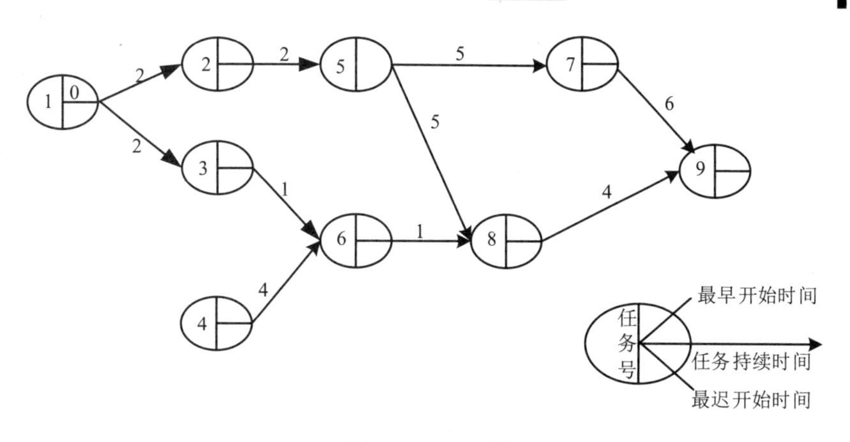

图 3-8　PERT 图

（1）A．每个任务从何时开始　　　　B．每个任务到何时结束
　　C．每个任务的进展情况　　　　D．各任务之间的依赖关系

（2）A．0　　　　B．3　　　　C．10　　　　D．11

试题 4 解析：

Gantt 图以图示的方式通过活动列表和时间刻度形象地表示出任何特定项目的活动顺序与持续时间。Gantt 图思想简单，基本是一幅线条图，横轴表示时间，纵轴表示活动（项目），线条表示在整个期间计划和实际的活动完成情况。Gantt 图直观地表明任务计划在什么时候进行，以及实际进展与计划要求的对比。管理者可由此极为便利地弄清一个任务（项目）还剩下哪些工作要做，并可评估工作是提前的还是滞后的，抑或是正常进行的。计算如下：先计算每个任务的最早时间，2 号的最早开始时间是 0+2=2，5 号的最早开始时间是 2+2=4，7 号的最早开始时间是 4+5=9，3 号的最早开始时间是 0+2=2，4 号的最早开始时间是 0。在 6 号的两个前驱任务 3 号、4 号中取最迟的，则是 4 号；在 8 号的两个前驱任务 5 号、6 号中取最迟的，则是 9 号，在 9 号的两个前驱任务 7 号、8 号中取最迟的，则是 15 号。

接下来计算最迟开始时间，9 号的最迟开始时间是 15，就是最早开始时间，因为 9 号是最后一个任务了，所以倒过来计算 7 号的最迟开始时间是 15-6=9，8 号的最迟开始时间是 15-4=11，8 号的前驱任务是 6 号，因此 6 号的最迟开始时间是 11-1=10。其余以此类推即可。

试题 4 答案：D、C

第4章

知识产权

根据对考试大纲的分析，以及对以往试题情况的分析，“知识产权”章节的分数为1～2分，占上午试题总分的**1%**左右。从复习时间安排来看，请考生在1天之内完成本章的学习。

4.1 知识图谱与考点分析

知识产权有两类：一类是著作权（也称为版权、文学产权），另一类是工业产权（也称为产业产权）。

著作权是指自然人、法人或其他组织对文学、艺术和科学作品依法享有的财产权利和精神权利的总称，主要包括著作权及与著作权有关的邻接权。通常我们说的知识产权主要是指计算机软件著作权和作品登记权。

工业产权是指工业、商业、农业、林业和其他产业中具有实用经济意义的一种无形财产权，由此看来“产业产权”的名称更为贴切。工业产权主要包括专利权与商标权。

知识产权是网络工程师的一个综合部分的必考知识点，每次考试的分数为1～2分，主要涉及著作权、专利权、商标权等内容。

根据考试大纲，要求考生掌握以下几个方面的内容。

知识模块	知识点分布	重要程度
著作权	• 著作权的保护期限 • 产权人的确定 • 侵权判定	★★ ★★★ ★★★
商标权	• 商标权的归属	★★
专利权	• 专利权的归属	★★

4.2 著作权

依照《中华人民共和国著作权法》规定，自作品完成创作之日起，著作权人即拥有著作权。著作权也称版权，是指作者及其他权利人对文学、艺术和科学作品享有的人身权和财产权的总称。

著作权人对其创作的产品，享有以下几种权利。

（1）发表权，即决定作品是否公之于众的权利。

（2）署名权，即表明作者身份，在作品上署名的权利。

（3）修改权，即修改或授权他人修改作品的权利。

（4）保护作品完整权，即保护作品不受歪曲、篡改的权利。

（5）复制权，即以印刷、复印、拓印、录音、录像、翻录、翻拍等方式将作品制作一份或者多份的权利。

（6）发行权，即以出售或赠与方式向公众提供作品的原件或复制件的权利。

（7）出租权，即有偿许可他人临时使用电影作品和以类似摄制电影的方法创作作品、计算机软件的权利，计算机软件不是出租的主要标的的除外。

（8）展览权，即公开陈列美术作品、摄影作品的原件或复制件的权利。

（9）表演权，即公开表演作品，以及用各种手段公开播送作品的表演的权利。

（10）放映权，即通过放映机、幻灯机等技术设备公开再现美术、摄影、电影和以类似摄制电影的方法创作的作品等的权利。

（11）广播权，即以无线方式公开广播或传播作品，以有线传播或转播的方式向公众传播广播的作品，以及通过扩音器或其他传输符号、声音、图像的类似工具向公众传播广播的作品的权利。

（12）信息网络传播权，即以有线或无线方式向公众提供作品，使公众可以在其个人选定的时间和地点获得作品的权利。

（13）摄制权，即以摄制电影或以类似摄制电影的方法将作品固定在载体上的权利。

（14）改编权，即改变作品，创作出具有独创性的新作品的权利。

（15）翻译权，即将作品从一种语言文字转换成另一种语言文字的权利。

（16）汇编权，即将作品或作品的片段通过选择或编排，汇集成新作品的权利。

（17）应当由著作权人享有的其他权利。

4.2.1 著作权保护期限

根据相关规定，著作权的保护是有一定期限的。

1．著作权属于公民

署名权、修改权、保护作品完整权的保护期没有任何限制，永远属于保护范围。而发表权、使用权和获得报酬权的保护期为作者终生及其死亡后的50年（第50年的12月31日）。作者死亡后，著作权依照继承法进行转移。

2．著作权属于单位

发表权、使用权和获得报酬权的保护期为50年（首次发表后的第50年的12月31日），若50年内未发表的，不予保护。当单位变更、终止后，著作权人的著作权由承受其权利义务的单位享有。

4.2.2 著作权人的确定

《中华人民共和国著作权法》规定，著作权属于作者，另有规定的除外。创作作品的公民是作者。对于由法人或其他组织主持，代表法人或其他组织意志创作，并由法人或其他组织承担责任的作品，将法人或其他组织视为作者。著作权归属如表 4-1 所示。

表 4-1　著作权归属

<table>
<tr><th colspan="2">情况说明</th><th>判断说明</th><th>归属</th></tr>
<tr><td rowspan="3">作品</td><td rowspan="3">职务作品</td><td>利用单位的物质技术条件进行创作并由单位承担责任的</td><td>除署名权外其他著作权归单位</td></tr>
<tr><td>有合同约定，其著作权属于单位</td><td>除署名权外其他著作权归单位</td></tr>
<tr><td>其他</td><td>作者拥有著作权，单位有权在业务范围内优先使用</td></tr>
<tr><td rowspan="3">软件</td><td rowspan="3">职务作品</td><td>属于本职工作中明确规定的开发目标</td><td>单位享有著作权</td></tr>
<tr><td>属于从事本职工作活动的结果</td><td>单位享有著作权</td></tr>
<tr><td>使用了单位资金、专用设备、未公开的信息等物质和技术条件，并由单位或组织承担责任的软件</td><td>单位享有著作权</td></tr>
<tr><td rowspan="4">作品
软件</td><td rowspan="2">委托创作</td><td>有合同约定，著作权归委托方</td><td>委托方</td></tr>
<tr><td>合同中未约定著作权归属</td><td>创作方</td></tr>
<tr><td rowspan="2">合作开发</td><td>只进行组织并提供咨询意见、物质条件或进行其他辅助工作</td><td>不享有著作权</td></tr>
<tr><td>共同创作的</td><td>共同享有，按人头比例
成果可分割的可分开申请</td></tr>
</table>

除此之外，如果遇到作者身份不明的情况，那么作品原件的所有人可以行使除署名权外的著作权，直到作者身份明确。

4.2.3 侵权判定

对是否侵犯了知识产权的判断通常是显而易见的，但是如下比较特殊的情况考生容易混淆和出错。

（1）口述作品（包括即兴演说、授课和法庭辩论等以口头语言形式表现的作品）、摄影作品及示意图受著作权保护。

（2）对于作品而言，以下行为不侵权：个人学习、介绍或评论时引用；在各种形式的新闻报道中引用；学校教学与研究及图书馆陈列用的少量复制件；执行公务使用；免费表演已发表作品；将汉字作品翻译成为少数民族文字或改为盲文出版。

（3）对于作品而言，公开表演及播放需要另外授权。例如，在商场公开播放正版的音乐及 VCD 是侵权行为。而且版权人对作品享有保护作品完整权，这一点不容忽视。

（4）对于软件产品而言，要注意保护只是针对计算机软件和文档，并不包括开发软件所用的思想、处理过程、操作方法或数学概念等；另外，以学习和研究为目的所做的少量复制与修改，为保护合法获得的产品所做的少量复制也不侵权。

（5）若国家出现紧急状态或非常情况，可以为了公共利益强制实施发明和实用新型专利的许可。

最后，要提醒考生在侵权判断的题目中，如果给出的条件没有明确说明双方的约定情况，并且答案中出现“是否侵权，应根据甲乙双方协商情况而定”，通常这才是正确答案。

如果想了解更多的内容，请考生阅读《中华人民共和国著作权法》《计算机软件保护条例》《中华人民共和国专利法》《中华人民共和国商标法》《中华人民共和国反不正当竞争法》，以及相应的实施细则。

4.2.4　课后检测

1．在著作权中，（　　）的保护期不受限制。

A．发表权　　B．发行权　　C．署名权　　D．展览权

试题 1 解析：

《中华人民共和国著作权法》对著作权的保护期进行了如下规定：著作权中的署名权、修改权、保护作品完整权的保护期不受限制。

试题 1 答案：C

2．王某是某公司的软件设计师，完成某项软件开发后按公司规定进行软件归档。以下有关该软件的著作权的叙述中，正确的是（　　）。

A．著作权应由公司和王某共同享有

B．著作权应由公司享有

C．著作权应由王某享有

D．除署名权外，著作权的其他权利由王某享有

试题 2 解析：

由法人或其他组织主持，代表法人或其他组织意志创作，并由法人或其他组织承担责任的作品，著作权由法人或其他组织完整地享有。

试题 2 答案：B

3．李某购买了一张有注册商标的应用软件光盘，则李某享有（　　）。

A．注册商标专用权　　B．该光盘的所有权

C．该软件的著作权　　D．该软件的所有权

试题 3 解析：

购买光盘，只拥有光盘的所有权。

试题 3 答案：B

4．甲公司接受乙公司委托开发了一项应用软件，双方没有订立任何书面合同。在此情形下，（　　）享有该软件的著作权。

A．甲公司　　B．甲、乙公司共同

C．乙公司　　D．甲、乙公司均不

试题 4 解析：

本题考查著作权相关的内容。

在委托开发时，未订立任何书面合同，著作权应为开发者所有。

试题 4 答案：A

5. 某软件公司参与开发管理系统软件的程序员张某，辞职到另一公司任职，于是该项目负责人将该管理系统软件上开发者的署名更改为李某（接张某工作）。该项目负责人的行为（　　）。

A. 侵犯了张某开发者身份权（署名权）

B. 不构成侵权，因为程序员张某不是软件著作权人

C. 只是行使管理者的权利，不构成侵权

D. 不构成侵权，因为程序员张某现已不是项目组成员

试题 5 解析：

我国《中华人民共和国著作权法》虽然历经数次修改，但是有关署名权内容的规定，却一直没变，自 1991 年沿用至今。我国现行《中华人民共和国著作权法》规定：署名权，即表明作者身份，在作品上署名的权利。

试题 5 答案：A

6. 软件设计师王某在其公司的某一综合信息管理系统软件开发工作中承担了大部分程序设计工作。该系统交付用户，投入试运行后，王某辞职离开公司，并带走了该综合信息管理系统的源程序，拒不交还公司。王某认为，综合信息管理系统源程序是他独立完成的，他是综合信息管理系统源程序的软件著作权人。王某的行为（　　）。

A. 侵犯了公司的软件著作权　　B. 未侵犯公司的软件著作权

C. 侵犯了公司的商业秘密权　　D. 不涉及侵犯公司的软件著作权

试题 6 解析：

王某完成的软件由于是公司安排的任务，在公司完成的，所以会被界定为职务作品，这个作品的软件著作权归公司拥有。

试题 6 答案：A

7. 甲公司购买了一个工具软件，并使用该工具软件开发了新的名为“恒友”的软件，甲公司在销售新软件的同时，向用户提供该工具软件的复制件，则该行为（　　）。甲公司未对“恒友”软件注册商标就开始推向市场，并获得用户的好评。三个月后，乙公司也推出名为“恒友”的类似软件，并对之进行了商标注册，则其行为（　　）。

（1）A. 侵犯了著作权　　B. 不构成侵权行为

C. 侵犯了专利权　　D. 属于不正当竞争

（2）A. 侵犯了著作权　　B. 不构成侵权行为

C. 侵犯了商标权　　D. 属于不正当竞争

试题 7 解析：

提供工具软件的复制品，属于侵犯著作权。类似软件产品和注册商标，不构成侵权。

试题 7 答案：A、B

8. 我国由（　　）主管全国软件著作权登记管理工作。

A. 国家版权局　　B. 国家新闻出版署

C. 国家知识产权局　　D. 地方知识产权局

试题 8 解析：

根据计算机软件著作权登记办法（2002 年），国家版权局主管全国软件著作权登记管理工作。

试题 8 答案：A

4.3 商标权

商标权是指商标主管机关依法授予商标所有人对其注册商标受国家法律保护的专有权。商标是用以区别商品和服务不同来源的商业性标志，由文字、图形、字母、数字、三维标志、颜色组合或上述要素的组合构成。

根据《中华人民共和国商标法》规定，商标权有效期为 10 年，自核准注册之日起计算，期满前 12 个月内申请续展，在此期间内未能申请的，可再给予 6 个月的宽展期。续展可无限重复进行，每次续展注册的有效期为 10 年，自该商标上一届有效期满次日起计算。期满未办理续展手续的，注销其注册商标。

4.3.1 商标权的归属

关于商标权的归属规定如下。

（1）谁先申请谁拥有（除知名商标的非法抢注）。

（2）同时申请，谁先使用（需要提供证据）谁拥有。

（3）无法提供证据，协商归属，无效时进行抽签。

4.3.2 课后检测

1. 甲、乙两厂生产的产品类似，且产品都拟使用 B 商标。两厂于同一天向商标局申请商标注册，且申请注册前两厂均未使用 B 商标。在此情形下，（　　）能核准注册。

A. 甲厂　　B. 由甲、乙厂抽签确定的厂

C. 乙厂　　D. 甲、乙两厂

试题 1 解析：

商标权取得的原则有以下三种。

（1）使用原则。

使用原则，即使用取得商标权原则，是指商标权因商标的使用而自然产生，商标权根据商标使用事实而得以成立。

（2）注册原则。

注册原则，即注册取得商标权原则，是指商标权因注册事实而成立，只有注册商标才能取得商标权。

（3）混合原则。

混合原则，即折中原则，是指在确定商标权的成立时，兼顾使用与注册两种事实，商标权既可因注册而产生，也可因使用而成立。

试题 1 答案：B

4.4 专利权

专利权（Patent Right），简称“专利”，是发明创造人或其权利受让人对特定的发明创造在一定期限内依法享有的独占实施权，是知识产权的一种。

执行本单位的任务或主要利用本单位的物质技术条件所完成的发明创造为职务发明创造。职务发明创造申请专利的权利属于该单位；申请被批准后，该单位为专利权人。非职务发明创造，申请专利的权利属于发明人或设计人；申请被批准后，该发明人或设计人为专利权人。利用本单位的物质技术条件所完成的发明创造，单位与发明人或设计人订有合同，对申请专利的权利和专利权的归属做出约定的，从其约定。

4.4.1 专利权的归属

两个或两个以上的申请人分别就同样的发明创造申请专利的，专利权授予原则是谁先申请谁拥有，否则需要协商归属。

专利权解决的办法一般有以下两种。

（1）两个申请人作为一件专利申请的共同申请人。

（2）其中一方放弃权利并从另一方得到适当的补偿。

4.4.2 课后检测

1．甲、乙两人在同一天就同样的发明创造提交了专利申请，专利局将分别向各申请人通报有关情况，并提出多种可能采用的解决办法，以下说法中，不可能采用的是（　　）。

A．甲、乙作为共同申请人

B．甲或乙一方放弃权利并从另一方得到适当的补偿

C．甲、乙都不授予专利权

D．甲、乙都授予专利权

试题 1 解析：

专利权谁先申请谁拥有，若同时申请则协商归属，但不能同时驳回双方的专利申请。按照《中华人民共和国专利法》的基本原则，对于同一个发明创造只能授予一个专利权。

试题 1 答案：D

第5章 数据通信技术

根据对考试大纲的分析，以及对以往试题情况的分析，“数据通信技术”章节的分数基本维持在 3 分，占上午试题总分的 **4%**左右。从复习时间安排来看，请考生在 2 天之内完成本章的学习。

5.1 知识图谱与考点分析

数据通信是随着计算机技术和通信技术的发展，两者之间的相互渗透与结合而兴起的一种新的通信方式。

数据通信技术是网络工程师的一个综合部分的必考知识点，通过分析历年的考试题和根据考试大纲，要求考生掌握以下几个方面的内容。

知识模块	知识点分布	重要程度
信道技术	• 奈奎斯特定理	★★★
	• 香农定理	★★★
	• 信道复用技术	★★★
信号技术	• 调制技术	★★
	• PCM 技术	★★★
	• 编码技术	★★★
差错控制	• 校验技术概念	★★
	• 奇偶校验	★
	• 海明校验	★★★
	• 循环冗余校验	★★★

5.2 信道技术

数据通信会涉及信息、数据、信号的概念。信息是客观事物的属性和相互联系特性的表现，它反映了客观事物的存在形式或运动状态。数据是信息的载体，是信息的表现形式。

信号是数据在传输过程的具体物理表示形式，具有确定的物理描述。传输介质是通信中传输信息的载体，又称为信道。

通过系统传输的信号一般有模拟信号和数字信号两种。

模拟信号是一个连续变化的物理量，即在时间特性上幅度（信号强度）的取值是连续的，一般用连续变化的电压表示。随着传输距离的增加，噪声累积越来越多，致使传输质量严重下降。

数字信号是离散的，即在时间特性上幅度的取值是有限的离散值，一般用脉冲序列来表示。数字信号是人为抽象出来的在时间上不连续的信号。在传输过程中，数字信号虽然受到噪声的干扰，但当信噪比恶化到一定程度时，可以在适当的距离采用判决再生的方法，再生成没有噪声干扰的和原发送端一样的数字信号，所以可实现长距离、高质量的传输。

数据通信的目的是传递信息，在一次通信中产生和发送信息的一端称为信源；接收信息的一端称为信宿，信源和信宿之间的通信线路称为信道。信道最重要的一个特性就是信道容量，即信道上数据所能够达到的传输速率。与信道相关的概念如下。

（1）带宽：发送器和传输介质的特性限制下的带宽，通常用赫兹表示（对于模拟信道而言，其信道带宽 W=最高频率 f_2−最低频率 f_1）。通常来说，信道电路制成后带宽就决定了，因此信道电路是影响信道传输速率的客观性因素。

（2）噪声：信息在传输过程中可能会受到外界的干扰，这种干扰称为“噪声”，它会降低信道的传输速率。

在数据通信技术中，人们一方面通过研究新的传输介质来降低噪声的影响；另一方面通过研究更先进的数据调制技术，来更加有效地利用信道的带宽。这引出了一个历年考试常常出现的考点，即计算信道的数据传输速率。

5.2.1 奈奎斯特定理

奈奎斯特推导出在理想信道（无噪声干扰）的情况下最高码元的传输速率的公式：$B=2W$。传输速率超过此上限，就会出现严重的码间串扰问题，使得接收端对码元的识别成为不可能。波特是码元的传输速率的单位，它说明每秒传输多少个码元。码元的传输速率也称为调制速率、波特率，反映信号波形变换的频繁程度。

比特是信息量的单位，比特率和波特率在数量上有一定的关系。如果一个码元（取 2 个离散值）只携带 1 比特的信息量，则比特率和波特率的数值相等。如果一个码元取 4 个离散值，则代表该码元携带 2 比特的信息量。

具体的换算公式为 $R=B\log_2 N$（R 为比特率，B 为波特率，N 为码元种类）。码元的种类取决于使用的调制技术，关于调制技术的更多细节，参见后面的知识点。

5.2.2 香农定理

香农用信息论的理论推导出了带宽受限且有噪声干扰的信道的极限信息传输速率 $C=W\log_2(1+S/N)$。在使用香农定理时，由于 S/N（信噪比）的比值通常太大，因此通常使用分贝数（dB）来表示，即 X（dB）$=10\lg(S/N)$。

当信息传输速率低于极限信息传输速率时，就一定可以找到某种方法来实现无差错的传输。

要注意的是，由奈奎斯特定理和香农定理得出的结论不能够直接比较，因为其假设条件不同。在香农理论中，香农实际考虑了调制技术的影响，但高效的调制技术往往会使出错的可能性更大，因此会有一个极限，故香农定理的计算方式忽略采用的调制技术。

5.2.3 信道复用

多路复用技术把多个低速信道组合成一个高速信道，可以有效地提高数据链路的利用率。

多路复用的原理如图 5-1 所示。

图 5-1 多路复用的原理

1. 多路复用技术分类

信道多路复用技术按照实现的方式和原理可以分为空分复用、频分复用、时分复用、波分复用和码分复用。表 5-1 所示为多路复用技术的特性与应用。

表 5-1 多路复用技术的特性与应用

复用技术		特点与描述	典型应用
SDM（空分复用）		通过信号在空间上的分离来达到信道的复用	光缆
FDM（频分复用）		在一条传输介质上使用多个不同频率的模拟载波信号进行传输，每个载波信号形成一个不重叠且相互隔离（不连续）的频带，接收端通过带通滤波器来分离信号	无线广播系统 有线电视系统（CATV） 宽带局域网 模拟载波系统
TDM	同步时分复用	每个子信道按照时间片轮流占用带宽，每个传输时间划分为固定大小的周期，即使带宽不使用也不能够给其他子信道使用	T1/E1 等数字载波系统 ISDN 用户网络接口 SONET/SDH（同步光纤网络/同步数字体系）
	统计时分复用	是对同步时分复用的改进，固定大小的周期可以根据子信道的需求动态地分配	ATM
WDM（波分复用）		与 FDM 相同，只不过不同子信道使用不同波长的光波而非频率来承载	用于光纤通信
CDMA（码分复用）		依靠不同的编码来区分各路原始信号的一种复用方式，主要和各种多址技术（诸如码分多址 CDMA，频分多址 FDMA、时分多址 TDMA 和同步码分多址 SCDMA）结合产生各种接入技术，包括无线和有线接入	CDMA、TDS-CDMA 和 WCDMA 等移动通信系统

2．数字传输系统复用标准

早期通信中使用的时分复用传输系统主要是准同步数字系列（PDH）的，PDH 传输系统的原理、组成与应用地区如表 5-2 所示。

表 5-2　PDH 传输系统的原理、组成与应用地区

名称	原理与组成	应用地区
T1 载波	采用同步时分复用技术将 24 个话音通路复合在一条 1.544Mbit/s 的高速信道上	美国和日本
T2 载波	由 4 个 T1 载波时分复用而成，传输速率达到 6.312Mbit/s	美国和日本
T3 载波	由 7 个 T2 载波时分复用而成，传输速率达到 44.736Mbit/s	美国和日本
T4 载波	由 6 个 T3 载波时分复用而成，传输速率达到 274.176Mbit/s	美国和日本
E1 载波	E1 载波的一个时分复用帧（其长度 T=125μs）共划分为 32 个相等的时隙，时隙的编号为 CH0～CH31。其中时隙 CH0 用来帧同步，时隙 CH16 用来传输信令，剩下时隙 CH1～CH15 和时隙 CH17～CH31 共 30 个时隙用作 30 个话路。每个时隙传输 8bit，因此共传输 256bit。每秒传输 8000 帧，因此 E1 载波的数据传输速率是 2.048Mbit/s	欧洲发起，除美、日外的其他地区
E2 载波	8.488Mbit/s	
E3 载波	34.368Mbit/s	
E4 载波	139.264Mbit/s	

5.2.4　课后检测

1．电话信道的频率为 0～4kHz，若信噪比为 30dB，则信道容量为（　　）kbit/s，要达到此容量，至少需要（　　）个信号状态。

（1）A．4　　B．20　　C．40　　D．80

（2）A．4　　B．8　　C．16　　D．32

试题 1 解析：

由香农定理 $C=W\log_2(1+S/N)$，又因为 X（dB）=10lg(S/N)，所以 C=40kbit/s，回到奈奎斯特定理，如果 $R=2W\log_2 N$，则算出 N=32。

试题 1 答案：C、D

2．设信号的波特率为 800Baud，采用幅度－相位复合调制技术，由 4 种幅度和 8 种相位组成 16 种码元，则信道的数据传输速率为（　　）。

A．1600bit/s　　B．2400bit/s　　C．3200bit/s　　D．4800bit/s

试题 2 解析：

波特率表示单位时间内传输的码元数目。

数据传输速率（比特率）表示单位时间内传输的比特数目。

码元可以用 $n$bit 来表示，题目中提到有 16 种码元，则用 4bit 就可以表示，则数据传输速率为 800×4=3200bit/s。

试题 2 答案：C

3．E1 载波的基本帧由 32 个子信道组成，其中子信道（　　）用于传输控制信令。

A．CH0 和 CH2　　B．CH1 和 CH15　　C．CH15 和 CH16　　D．CH0 和 CH16

试题 3 解析：

E1 载波的一个时分复用帧（其长度 T=125μs）共划分为 32 个相等的时隙，时隙的编号为 CH0～CH31。其中时隙 CH0 用来帧同步，时隙 CH16 用来传输信令，剩下时隙 CH1～CH15 和时隙 CH17～CH31 共 30 个时隙用作 30 个话路。

试题 3 答案：D

4. E1 载波的数据传输速率是（　　）Mbit/s，E3 载波的数据速传输率是（　　）Mbit/s。

（1）A．1.544　　B．2.048　　C．8.448　　D．34.368

（2）A．1.544　　B．2.048　　C．8.448　　D．34.368

试题 4 解析：

E1 载波的一个时分复用帧（其长度 T=125μs）共划分为 32 个相等的时隙，时隙的编号为 CH0～CH31。其中时隙 CH0 用来帧同步，时隙 CH16 用来传输信令，剩下时隙 CH1～CH15 和时隙 CH17～CH31 共 30 个时隙用作 30 个话路。每个时隙传输 8bit，因此共传输 256bit。每秒传输 8000 帧，因此 E1 载波的数据传输速率是 2.048Mbit/s。E3 载波是 16 个 E1 载波复用的载波。

试题 4 答案：B、D

5．5 个数据传输速率为 64kbit/s 的信道按统计时分复用方式在一条主线路上传输，主线路的开销为 4%，假定每个子信道的利用率为 90%，那么这些信道在主线路上占用的带宽为（　　）kbit/s。

A．128　　B．248　　C．300　　D．320

试题 5 解析：

在统计时分复用情况下，由于每个子信道只有 90%的时间忙，所以复用信道的数据传输速率平均为 5×64kbit/s×90%=288bit/s，又由于主线路的开销为 4%，用户数据占到 96%，所以复用信道的带宽应为 288kbit/s÷96%=300kbit/s。

试题 5 答案：C

6．若八进制信号的波特率为 4800Baud，则信道的数据传输速率为（　　）kbit/s。

A．9.6　　B．14.4　　C．19.2　　D．38.4

试题 6 解析：

数据传输速率 R 和波特率 B 的具体换算公式为：$R=B\log_2 N$。

八进制信号传输，$N=8$，$R=3B$。

试题 6 答案：B

5.3 信号技术

由于信息在信道中进行传输前必须转换为信号，这就必然涉及各种调制编码技术。信号传输方式如表 5-3 所示。

表 5-3　信号传输方式

传输方式	描述	主要工作方式
模拟数据 模拟传输	以模拟传输系统传输模拟数据信息。最早的电话系统是典型应用	基带传输、频带传输（调幅 AM、调频 FM、调相 PM）
模拟数据 数字传输	将模拟信号转化为数字信号后，就可以使用数字传输和交换技术	在通信应用中，使用数字信号对模拟数据编码的典型应用是在程控电话交换系统的用户接口设备上，采用脉冲编码调制（PCM）
数字数据 模拟传输	常用调制与解调技术	幅度键控（ASK）、相移键控（PSK）、频移键控（FSK）、数字调幅调相（APK）、正交调幅（QAM）
数字数据 数字传输	直接使用数字信号表示数字数据并传输	单极性码、双极性码，归零码、不归零码，绝对码、相对码（差分编码）

5.3.1　调制技术

所谓调制就是进行波形变换，更严格地讲，就是进行频谱变换，将基带数字信号的频谱变换为适合在模拟信道中传输的频谱。

基本的调制技术包括幅度键控（ASK）、频移键控（FSK）和相移键控（PSK）等，其特性如表 5-4 所示。

表 5-4　各种调制技术的特性

调制技术	说明	码元种类
ASK	用恒定的载波振幅值表示一个数（通常是 1），无载波表示另一个数	2
FSK	用载波频率（f_c）附近的两个频率（f_1、f_2）表示两个不同值，f_c恰好为中值	2
PSK	用载波的相位来表示数据值	2
DPSK	差分相移键控，调制信号前后码元之间载波相对相位的变化来传输信息，又分为 2DPSK 和 4DPSK	2DPSK 为 2 4DPSK 为 4
BIT/SK	二值相移键控，两个不同的相位固定表示 0 和 1	2
QPSK	正交相移键控，利用载波的不同相位差来表示输入的数字信息，规定了 4 种载波相位，分别为 45°、135°、225°、315°	4
QAM	正交调幅，其幅度和相位同时变化	

5.3.2　脉冲编码调制技术

模拟信号必须转变为数字信号，才能在数字信道上传输，这个过程称为脉冲编码调制（PCM）技术。PCM 要经过取样、量化和编码三个步骤。

1. 取样

取样是指每隔一定时间，取模拟信号的当前值作为样本，该样本代表了模拟信号在某一时刻的瞬时值。经过一系列的取样，取得的连续样本可以用来代替模拟信号在某一区间随时间变化的值。那么究竟以什么样的频率取样，才可以从取样脉冲信号中无失真地恢复出原来的信号呢？

奈奎斯特取样定理：如果取样速率大于模拟信号最高频率的 2 倍，则可以用得到的样本恢复原来的模拟信号。

2．量化

量化是指把经过取样得到的瞬时值幅度离散，即用一组规定的电平，把瞬时值用最接近的电平值来表示，离散值的个数决定了量化的精度。

3．编码

编码是指将量化后的样本值按照相应的编码技术变成相应的二进制代码。

在实际应用中，我们希望取样的频率不要太高，以免编码解码器的工作频率太快，我们也希望量化的等级不要太多，满足需要就可以了，以免得到的数据量太大。例如，对话音数字化的时候，话音的最高频率为 4kHz，取样频率是 8kHz。对话音样本量化用 128 个等级，因此每个样本用 7 位二进制数字来表示。在数字信道传输这种数字化的话音信号的速率为 7×8000= 56kbit/s。

5.3.3 编码技术

在数字信道中传输计算机数据时，要对计算机中的数字信号重新编码进行基带传输。二进制数字信息在传输过程中可采用不同的编码，这些编码的抗噪性和定时能力各不相同。

1．基本编码

基本的编码方法有极性编码（见图 5-2）、归零性编码和双相编码（见图 5-3）。

0 1 1 0 1 0 0 1 1
+
0 单极性码
−
+
0 极性码
−
+
0 双极性码
−

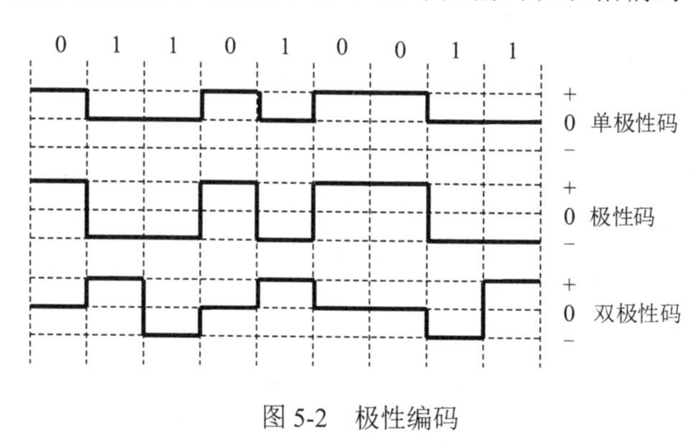

图 5-2 极性编码

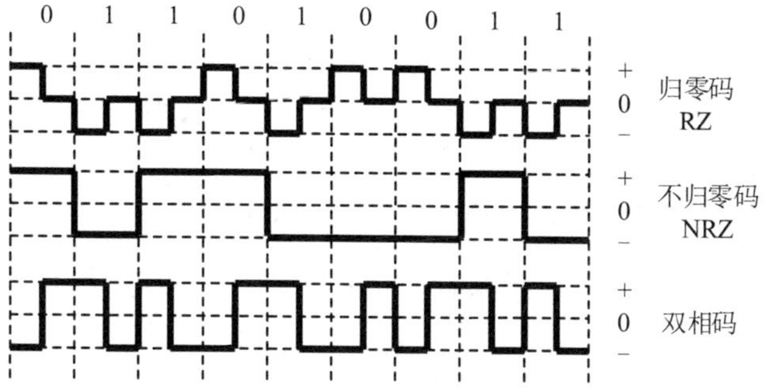

0 1 1 0 1 0 0 1 1
+
0 归零码
RZ
−
+
0 不归零码
NRZ
−
+
0 双相码
−

图 5-3 归零性编码和双相编码

1）极性编码

极性包括正极和负极两种，单极性码是只使用一个极性，再加零电平（正极表示 0，零电平表示 1）的编码；极性码是使用两个极性（正极表示 0，负极表示 1）的编码；双极性码是使用正负两极和零电平（其中一种典型的双极性码是信号交替反转码，它用零电平表示 0，用 1 使电平在正、负极间交替翻转）的编码。

在极性编码方法中，始终使用某一特定的电平来表示特定的数，因此当连续发送多个 1 或 0 时，无法直接根据信号判断出个数。要解决这个问题需要引入时钟信号。

2）归零性编码

归零码是指码元中间的信号回归到零电平的编码，不归零码则不回归零电平（当为 1 时电平翻转，0 时不翻转），这也称为差分机制。值得注意的是，这里讲的不归零码实际上是不归零反转码，还有一种是常规的不归零码，就是用高电平表示 1，低电平表示 0 的编码。

3）双相编码

通过不同方向的电平翻转（从低到高表示 0，从高到低表示 1）表示 0 和 1，这样不仅可以提高抗干扰性，还可以实现自同步。双相编码是曼彻斯特编码的基础。

2．应用性编码

应用性编码主要有曼彻斯特编码、差分曼彻斯特编码、MLT-3 编码、4B/5B 编码、8B/6T 编码和 8B/10B 编码等。

1）曼彻斯特编码和差分曼彻斯特编码

曼彻斯特编码和差分曼彻斯特编码如图 5-4 所示。

曼彻斯特编码是一种双相编码。在曼彻斯特编码方法中，每位的中间有一次跳变，位于中间的跳变既用作时钟信号，又用作数据信号；从高跳变到低跳变表示 0，从低跳变到高跳变表示 1。（某些教程关于此部分内容有相反的描述，即从高跳变到低跳变表示 1，从低跳变到高跳变表示 0，这也是正确的）。曼彻斯特编码可以实现自同步，常用于以太网（IEEE 802.3 10Mbit/s 以太网）。

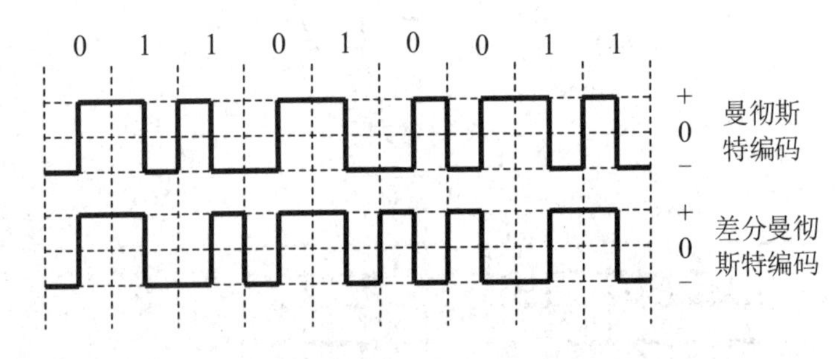

图 5-4　曼彻斯特编码和差分曼彻斯特编码

差分曼彻斯特编码在每个时钟周期的中间都有一次电平跳变，这次跳变用来同步。在每个时钟周期的起始处，跳变则说明该位是 0，不跳变则说明该位是 1。这里有个记忆技巧，主要看两个相邻的波形，如果后一个波形和前一个的波形相同，则该位是 0，如果波形不同，则该位是 1。差分曼彻斯特编码常用于令牌环网。

注意： 曼彻斯特编码作为一种数字信号的编码是一个码元对应一个高电平或一个低电平的。而差分曼彻斯特编码是用相邻两个电平来表示 1bit 的，使用曼彻斯特编码和差分曼彻斯特编码时，每传输 1bit 的信息，要求线路上有 2 次电平状态变化，所以这两种编码方法的效率只有 50%。

2）MLT-3 编码

在 100Base-TX 网络中采用 MLT-3 编码方法，MLT-3 编码规则如下。

（1）如果下一个比特是 0，则输出值与前面的值相同（遇 0 不变）。

（2）如果下一个比特是 1，则输出值要有一个转变（遇 1 变化）：如果前面的输出值是 $+V$ 或 $-V$，则下一个输出值为 0；如果前面的输出值是 0，则下一个输出值与上一个非零值符号相反。

MLT-3 编码如图 5-5 所示。

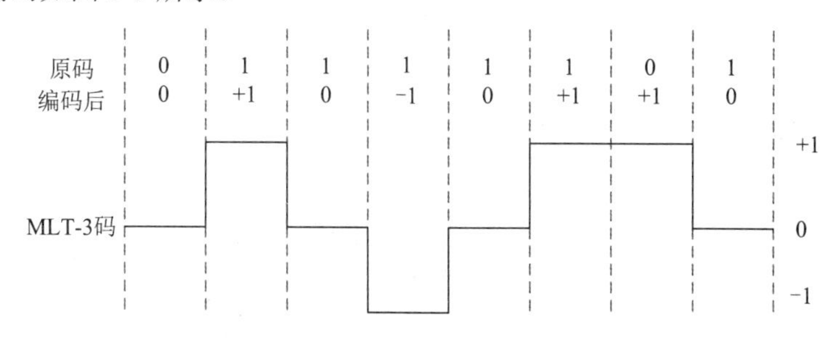

图 5-5 MLT-3 编码

3）4B/5B 编码、8B/6T 编码和 8B/10B 编码

因为编码效率不高，所以在带宽资源宝贵的广域网，以及速率要求更高的局域网中，上述编码方法难以应对。于是出现了 *m*B*n*B 编码，也就是将 *m* 比特编码成 *n* 波特（代码位）。

常见 *m*B*n*B 编码方案的比较如表 5-5 所示。

表 5-5 常见 *m*B*n*B 编码方案的比较

编码方案	说明	效率	典型应用
4B/5B	每次对 4 位数据进行编码，将其转为 5 位符号	1.25 波特/位	100Base-FX 标准、100Base-TX 标准、FDDI
8B/10B	每次对 8 位数据进行编码，将其转为 10 位符号	1.25 波特/位	1000Base-X 标准
8B/6T	每次对 8 位数据进行编码，将其转为 6 个三进制位数据	0.75 波特/位	100Base-T4 标准

4B/5B 编码的特点是将要发送的数据流每 4bit 作为一个组，然后按照 4B/5B 编码规则将其转换成相应 5bit 码，并且通过 NRZ-I（非归零反相）方式传输。5bit 码共有 32 种组合，但只采用其中对应 4bit 码的 16 种组合，其他的 16 种组合或未用或用作控制码，以表示帧的开始和结束、光纤线路的状态（静止、空闲、暂停）等。

5.3.4 同步技术

在网络通信过程中，通信双方交换数据需要高度协同工作。为了正确解释信号，接收方必须确切地知道信号应当何时接收和处理，因此定时是至关重要的。在计算机网络中，定时的过程称为位同步。位同步是指接收方按照发送方发送的每个位的起止时刻和速率来接收数据，否则会产生误差。通常可以采用同步或异步的传输方式对位进行同步处理。

1．异步传输

在异步传输方式中，每传输一个字符（5～8 位），就在该字符代码前加一位起始位，表示该字符代码的开始。在字符和校验码后加一位停止位，以示该代码的结束。起始位编码为“0”，持续 1 位的时间，停止位编码为“1”，持续 1～2 位的时间。当不发送数据时，发送端连续地发送停止码“1”。接收端一旦接收到从 1 到 0 的信号跳变，便知道要开始新字符的发送，利用这种极性的改变可启动定时机构，实现同步。

异步传输设备易于安装，维护简单且成本低；但由于每一个字符都引入起始位和停止位，所以控制开销大、效率低、速率低，常用于低速传输。

2．同步传输

同步传输以固定的时钟节拍来发送数据信号，在一个串行的数据流中，各信号码元之间的相对位置是固定的。

同步传输的比特分组要大得多。同步传输不是独立地发送每个字符的，而是把它们组合起来一起发送的。我们将这些组合称为数据帧，简称为帧。

帧的第一部分是一组同步字符，这是一个独特的比特串，类似于前面提到的起始位，用于通知接收方一个帧已经到达，这组同步字符同时能确保接收方的采样速度和比特的到达速度保持一致，使收发双方进入同步状态。

帧的最后一部分是一个帧结束标记。与同步字符一样，帧结束标记是一个独特的比特串，类似于前面提到的停止位，用于表示在下一帧开始之前没有其他即将到达的数据了。同步传输通常要比异步传输快得多。

5.3.5 双工技术

通信双方信息交互的方式有三种：单工方式、半双工方式、全双工方式。通信方式比较如表 5-6 所示。

表 5-6 通信方式比较

通信方式	描述	示例
单工方式	在单工方式中，通信是单向进行的，就像单行道。一条链路的两个站点中只有一个可以发送，另一个只能接收	键盘和传统监视器
半双工方式	每个站点都可以发送和接收，但是不能同时发送和接收。当其中一个站点在发送时，另一个站点只能接收，反之亦然	对讲机和民用无线电
全双工方式	两个方向的信号共享链路带宽。在全双工方式下，两个站点可以同时进行发送和接收	以太网全双工系统

5.3.6 课后检测

1．设信号的波特率为 1000Baud，信道支持的最大数据传输速率为 2000bit/s，则信道采用的调制技术为（　　）。

A．BIT/SK　　B．QPSK　　C．BFSK　　D．4B/5B

试题 1 解析：

比特率和波特率的具体的换算公式为 $R=B\log_2 N$。

根据题目，现在 $R=2B$，说明 $N=4$，QPSK（正交相移键控或四相相移键控）利用载波的 4 种不同相位差来表示输入的数字信息，规定了 4 种载波相位，分别为 45°、135°、225°和 315°。在 QPSK 中，每次调制可传输 2bit 信息。在选项中只有 QPSK 的码元种类数是 4。

试题 1 答案：B

2．图 5-6 所示的调制方式是（　　），若数据传输速率为 1kbit/s，则载波速率为（　　）bit/s。

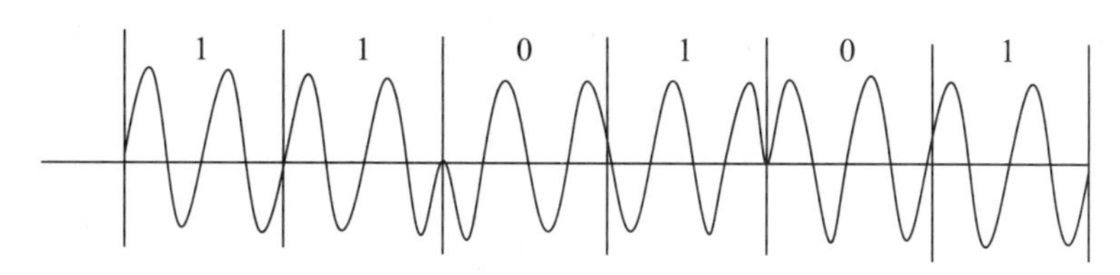

图 5-6　调制方式示意图

（1）A．DPSK　　B．BIT/SK　　C．QPSK　　D．MPSK

（2）A．1000　　B．2000　　C．4000　　D．8000

试题 2 解析：

根据图形可知，该调制方式是以载波的相对初始相位变化来实现数据的传输的，并且初始相位与前一个码元发生 180°变化为 0，无变化为 1。因此可知采用的调制技术为 DPSK（差分相移键控）。对应的码元速率和二进制数据速率相同，而载波速率为其两倍。

试题 2 答案：A、B

3．假设模拟信号的频率为 10MHz～16MHz，采样频率必须大于（　　），才能使得到的样本信号不失真。

A．8MHz　　B．10MHz　　C．20MHz　　D．32MHz

试题 3 解析：

奈奎斯特取样定理：如果取样速率大于模拟信号最高频率的 2 倍，则可以用得到的样本恢复原来的模拟信号。

试题 3 答案：D

4．采用双极性编码进行数据传输，若接收的波形如图 5-7 所示，则出错的是第（　　）位。

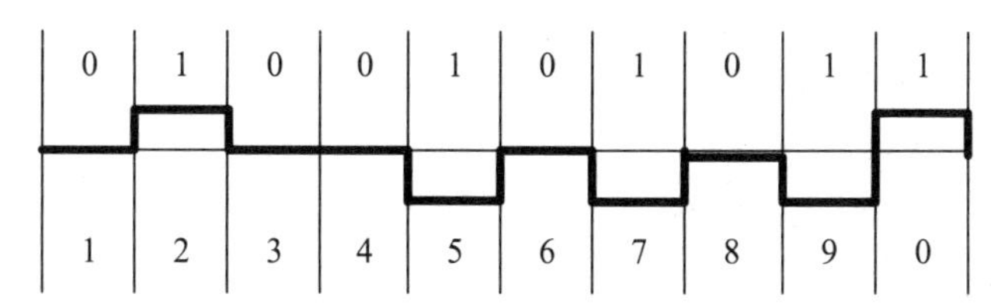

图 5-7　双极性编码示意图

A．2　　B．5　　C．7　　D．9

试题 4 解析：

在双极性编码中，0 用零电平表示，1 用电平翻转表示。由图 5-6 可知第 7 位出错。

试题 4 答案：C

5．以下关于曼彻斯特编码的描述中，正确的是（　　）。

A．每个比特都由一个码元组成　　B．检测比特前沿的跳变来区分 0 和 1

C．用电平的高低来区分 0 和 1　　D．不需要额外传输同步信号

试题 5 解析：

曼彻斯特编码与差分曼彻斯特编码均属于双相编码，即每个比特都有电平跳变，包含一个低电平码元和一个高电平码元，这一电子跳变信息被用于提供自同步信息。

在曼彻斯特编码方法中，用高电平到低电平的跳变表示数据“0”，用低电平到高电平的跳变表示数据“1”。

差分曼彻斯特编码规则是，每个比特的中间有一个电子跳变，但利用每个码元的开始是否有跳变来表示“0”或“1”，若有跳变则表示“0”，若无跳变则表示“1”。

试题 5 答案：D

6．在异步通信中，每个字符包含 1 位起始位、7 位数据位、1 位奇偶位和 1 位终止位，每秒传输 100 个字符，采用 DPSK 调制方式，则码元速率为（　　），有效数据速率为（　　）。

（1）A．200Baud　　B．500Baud　　C．1000Baud　　D．2000Baud

（2）A．200bit/s　　B．500bit/s　　C．700bit/s　　D．1000bit/s

试题 6 解析：

在异步通信中，每个字符包含 1 位起始位、7 位数据位、1 位奇偶位和 1 位终止位，每秒传输 100 个字符，采用 DPSK 调制方式，则码元速率为 1000Baud，有效数据速率为 700bit/s。

试题 6 答案：C、C

7．假设一个 10Mbit/s 的适配器使用曼彻斯特编码方法向链路发送全为 1 的比特流，则从适配器发出的信号每秒将有（　　）次跳变。

A．1000 万　　B．500 万　　C．2000 万　　D．没有跳变

试题 7 解析：

在曼彻斯特编码方法中，传输每一位的电信号中间都有一次跳变，该跳变既作为时钟信号，又作为数据信号。因此每秒 10Mbit，跳变的次数为 10M 次，即 10000000 次（1000 万次）。

试题 7 答案：A

8．若采用 QAM 调制的无噪声理想信道带宽为 2MHz，最大数据传输速率为 28Mbit/s，则该信道采用的调制方式是（　　）。

A．QAM-128　　B．QAM-64　　C．QAM-32　　D．QAM-16

试题 8 解析：

根据奈奎斯特定理，$B=2W$。$R=B\log_2 N$，代入参数 $28=4\log_2 N$，$N=128$。

试题 8 答案：A

5.4 差错控制

在数据传输中，由于受到噪声干扰，出现随机性错误是不可避免的，因此需要采用有效的差错控制方法。在数据通信中，常用的方法是检错和纠错。

检错仅能检测误码，纠错则兼有检错和纠错能力，当发现不可纠正的错误时可以发出错误指示。

5.4.1 码距和检错、纠错的关系

在一个编码系统中，将一个码字变成另一个码字时必须改变的最小位数称为码字之间的距离，简称码距。例如，一个编码系统的码距就是整个编码系统中任意两个码字的最小距离。若一个编码系统有四种编码，分别为 0000、0011、1100 和 1111，则此编码系统中 0000 与 1111 的码距为 4；0000 与 0011 的码距为 2，这是此编码系统的最小码距。因此该编码系统的码距为 2。

大家要了解以下两个概念。

（1）在一个码组内为了检测 e 个误码，要求最小码距应该满足 $d \geqslant e+1$。

（2）在一个码组内为了纠正 t 个误码，要求最小码距应该满足 $d \geqslant 2t+1$。

要想实现检错和纠错，就必须扩大编码系统的码距。在实际中，我们可以通过用户信息+校验码的方式来组成检错码或纠错码，实现码距的扩大。常见的检错方法有奇偶校验、CRC，纠错方法有海明校验等。

5.4.2 奇偶校验

奇偶校验码是最简单的检错码，由于校验起来比较容易而被广泛采用。这种码的校验关系可以用一个简单的方程来表示。设要传输的用户比特信息为 $C_1C_2C_3C_4C_5$，其中校验码 C_i 取值“0”或“1”。

经过编码以后变成 6bit 编码码字，其中校验位 $C6$ 应满足下列奇偶校验关系：

$$C_1 + C_2 + C_3 + C_4 + C_5 + C_6 = 0\text{（或 1）}$$

算式中的加法是模 2 加法。上式的右边等于 0，称为偶校验，此时等式的左边含偶数个 1；上式的右边等于 1，称为奇校验，此时等式的左边含奇数个 1。

在接收端，将收到的 $C_1,C_2,\cdots,C_6$ 码组进行累加，检查其是否符合奇偶校验关系。如果收到的码组符合奇偶校验关系，则认为传输没有错。实际上，它可能是错的。因为，如果偶数位发生错误，则接收端根据奇偶校验关系仍然认为没有错误。奇偶校验码可以发现所有奇数位的错误。在上例中，信息位数 $k=5$，码组位数 $n=6$，所以编码率 $R_c=5/6$。奇偶校验码的编码率可以做得很高。

5.4.3 海明校验

海明校验在数据中间加入几个校验码，使码距均匀扩大，将数据的每个二进制位分配

在几个奇偶校验组里，当某一位出错时，就会引起几个校验位的值发生变化。

海明码个数为K，有2^K个校验信息，1个校验信息用来指出没有错误，其余2^K-1个用来指出错误发生在哪一位，满足$m+k+1\leqslant 2^K$。

对于海明码校验位存放位置，一般情况下，是放置在2的幂次位上的，即"1,2,4,8, 16…"。

以信息码101101100为例，并采用偶校验，如图5-8所示。

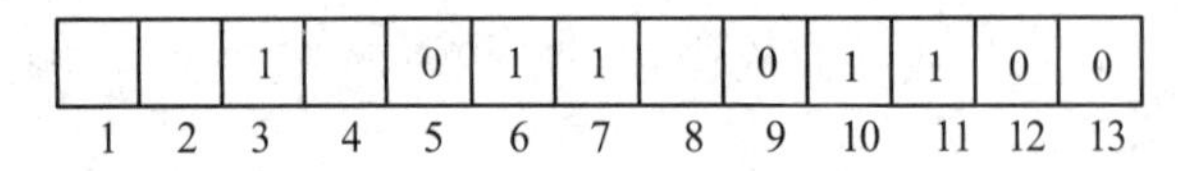

图5-8　信息码

海明码的监督关系式有以下几种。

（1）$B_1 \oplus B_3 \oplus B_5 \oplus B_7 \oplus B_9 \oplus B_{11} \oplus B_{13}=0$；

（2）$B_2 \oplus B_3 \oplus B_6 \oplus B_7 \oplus B_{10} \oplus B_{11}=0$；

（3）$B_4 \oplus B_5 \oplus B_6 \oplus B_7 \oplus B_{12} \oplus B_{13}=0$；

（4）$B_8 \oplus B_9 \oplus B_{10} \oplus B_{11} \oplus B_{12} \oplus B_{13}=0$。

由监督关系式可以看出，信息位B_3受校验位B_1、B_2的监督，信息位B_5受校验位B_1、B_4的监督，信息位B_6受校验位B_2、B_4的监督，信息位B_7受校验位B_1、B_2、B_4的监督，以此类推。假设有14位，那么第14位应该受校验位B_2、B_4、B_8监督，所以可以算出B_1、B_2、B_4、B_8的值。

将结果填入，得到经过差错编码的数据串，如图5-9所示。

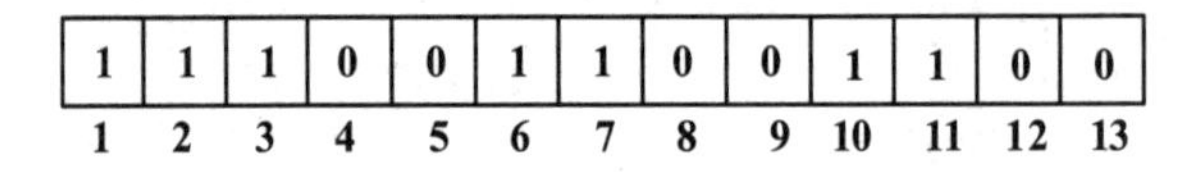

图5-9　数据串

如果给出一个加入了海明码的信息，并说明有一位错误，则可以采用基本相同的方法找出这个错误的位。

例如，监督关系式目前为

（1）$B_1 \oplus B_3 \oplus B_5 \oplus B_7 \oplus B_9 \oplus B_{11} \oplus B_{13} = 1 \oplus 1 \oplus 0 \oplus 1 \oplus 0 \oplus 0 \oplus 0 =1$；

（2）$B_2 \oplus B_3 \oplus B_6 \oplus B_7 \oplus B_{10} \oplus B_{11} = 1 \oplus 1 \oplus 1 \oplus 1 \oplus 1 \oplus 0 =1$；

（3）$B_4 \oplus B_5 \oplus B_6 \oplus B_7 \oplus B_{12} \oplus B_{13} = 0 \oplus 0 \oplus 1 \oplus 1 \oplus 0 \oplus 0 =0$；

（4）$B_8 \oplus B_9 \oplus B_{10} \oplus B_{11} \oplus B_{12} \oplus B_{13} =0 \oplus 0 \oplus 1 \oplus 0 \oplus 0 \oplus 0=1$。

我们可以判断出只有B_{11}出错，才会导致（1）、（2）、（3）监督关系式出错，因此只需要把第11位恢复即可。

5.4.4　循环冗余校验

海明校验过于复杂，而循环冗余校验（CRC）的实现原理十分简单，因此广泛地应用于计算机网络上的差错控制。

CRC码基于CRC生成多项式，若原始报文为11001010101，则生成多项式x^4+x^3+x+1。

在计算时，首先在原始报文的后面添加若干个 0（个数等于校验位的位数，生成多项式的最高幂次是校验位的位数，本题使用该生成多项式产生的校验位的位数为 4）作为被除数，除以生成多项式所对应的二进制数（根据其幂次的值决定，得到 11011，因为生成多项式中除没有 x^2 之外，其他幂次都有）。然后使用模 2 除法，得到的商就是校验码。最后将 0011 添加到原始报文的后面就是结果，即 110010101010011，如图 5-10 所示。

检查信息码是否出现了 CRC 错误的计算方法很简单，只需要用待检查的信息码作为被除数，除以生成多项式。如果能够整除，则说明没有错误；否则有错误。另外，要注意当 CRC 检查出错误时，CRC 不会纠错，通常会让信息的发送方重发一遍。CRC 的检错能力：r 位的校验码能检查出所有长度小于或等于 r 位的突发性连续差错。

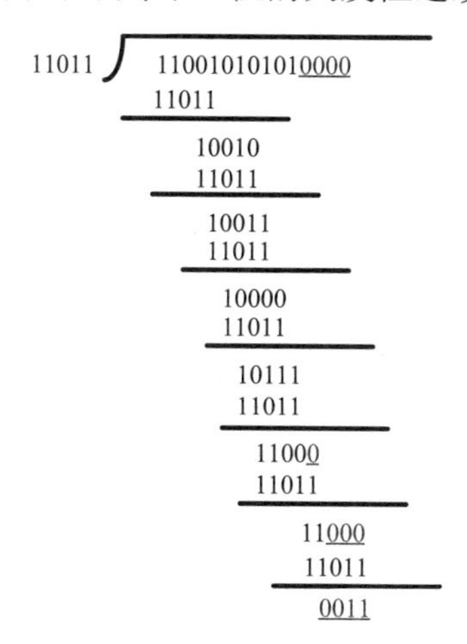

图 5-10 计算 CRC 码

5.4.5 课后检测

1．一对有效码字之间的海明距离是（　　）。如果信息有 10 位，要求纠正 1 位错，按照海明校验规则，最少需要增加的校验位是（　　）位。

（1）A．两个码字的比特数之和　　B．两个码字的比特数之差

C．两个码字之间相同的位数　　D．两个码字之间不同的位数

（2）A．3　　B．4　　C．5　　D．6

试题 1 解析：

码距就是两个码字 C_1 与 C_2 之间不同的比特数，如 1100 与 1010 的码距为 2，1111 与 0000 的码距为 4。

校验码个数为 K，有 2^K 个校验信息，1 个校验信息用来指出没有错误，其余 2^K-1 个校验信息用来指出错误发生在哪一位，但也可能是校验位错误，所以满足 $m+k+1\leqslant 2^K$。

如果信息有 10 位，要求纠正 1 位错，按照海明校验规则，最少需要增加的校验位是 4 位。

试题 1 答案：D、B

2．以下关于采用一位奇校验方法的叙述中，正确的是（　　）。

A．若所有奇数位出错，则可以检测出该错误但无法纠正错误

B．若所有偶数位出错，则可以检测出该错误并加以纠正

C．若有奇数个数据位出错，则可以检测出该错误但无法纠正错误

D．若有偶数个数据位出错，则可以检测出该错误并加以纠正

试题 2 解析：

奇偶校验码是一个表示给定位数的二进制数中 1 的个数是奇数或偶数的二进制数，奇偶校验码是最简单的检错码。如果传输过程中包括校验位在内的奇数个数据位发生改变，那么奇偶校验码将出错，表示传输过程中有错误发生。因此，奇偶校验码是一种检错码，由于没有办法确定哪一位出错，所以不能进行错误校正。

试题 2 答案：C

3．海明码是一种纠错码，海明检验方法为需要校验的数据位增加若干校验位，校验位的值取决于某些被校位的数据，当被校位数据出错时，可根据校验位的值的变化找到出错位，从而纠正错误。对于 32 位的数据，至少需要增加（ ）位校验位才能构成海明码。

以 10 位数据为例，其海明码表示为 $D_9D_8D_7D_6D_5D_4P_4D_3D_2D_1P_3D_0P_2P_1$，其中 D_i（$0\leqslant i\leqslant 9$）表示数据位，P_j（$1\leqslant j\leqslant 4$）表示校验位，数据位 D_9 由 P_4、P_3 和 P_2 进行校验（从右至左 D_9 的位序为 14，即等于 8+4+2，因此用第 8 位的 P_4、第 4 位的 P_3 和第 2 位的 P_2 校验），数据位 D_5 由（ ）进行校验。

（1）A．3　　B．4　　C．5　　D．6

（2）A．P_4P_1　　B．P_4P_2　　C．$P_4P_3P_1$　　D．$P_3P_2P_1$

试题 3 解析：

海明不等式：校验码个数为 K，有 2^K 个校验信息，1 个校验信息用来指出没有错误，满足 $m+k+1\leqslant 2^K$。所以 32 位的数据位，需要 6 位校验码。

第二问考查的是海明校验的规则，构造监督关系式和校验码的位置相关。

数据位 D_9 受到 P_4、P_3、P_2 的监督（14=8+4+2），那么 D_5 受到 P_4、P_2 的监督（10=8+2）。

试题 3 答案：D、B

4．CRC 码是数据链路层常用的检错码，若生成多项式为 x^5+x^3+1，传输数据为 10101110，则得到的 CRC 码是（ ）。

A．01000　　B．01001　　C．1001　　D．1000

试题 4 解析：

要计算 CRC 码，需要根据 CRC 生成多项式进行。原始报文为 10101110，其生成多项式为 x^5+x^3+1。在计算时，首先在原始报文的后面添加若干个 0（个数为生成多项式的最高次幂数，也是最终校验位的位数。上式中，校验位的位数应该为 5）作为被除数，然后除以生成多项式所对应的二进制数（由生成多项式的幂次决定，此题中除数应该为 101001），最后使用模 2 除法，得到的余数为 CRC 码 01000。

试题 4 答案：A

第6章

网络体系结构

根据对考试大纲的分析，以及对以往试题情况的分析，“网络体系结构”章节的分数基本维持在 2 分，占上午试题总分的 **3%左右**。从复习时间安排来看，请考生在 1 天之内完成本章的学习。

6.1 知识图谱与考点分析

计算机网络和协议是计算机网络知识体系的基础之一，是深入学习与理解网络知识的前提，具有一定的重要性。

通过分析历年的考试题和根据考试大纲，要求考生掌握以下几个方面的内容。

知识模块	知识点分布	重要程度
计算机网络基本概念	• 网络的组成 • 网络的性能参数 • 协议的概念	★ ★★★ ★★
OSI 参考模型	• 各层功能 • SAP 概念	★★★ ★
TCP/IP 体系结构	• 各层功能 • 各层协议	★★ ★★★

6.2 计算机网络基本概念

计算机网络是一个通信网络，各计算机之间通过通信媒体、通信设备进行数字通信。在此基础上，各计算机可以通过网络共享计算机上的硬件资源、软件资源和数据资源。

6.2.1 计算机网络的组成

从计算机网络各组成部件的功能来看，各部件主要完成两种功能，即网络通信和资源共享。把计算机网络中实现网络通信功能的设备及其软件的集合称为通信子网，把其中实现资源共享功能的设备及其软件的集合称为资源子网。

通信设备、网络通信协议、通信控制软件等属于通信子网，通信子网是网络的内层，负责信息的传输，主要为用户提供数据的传输、转接、加工和变换等功能。资源子网由网络的服务器、工作站、共享的打印机和其他设备及相关软件组成。

6.2.2 计算机网络的性能

计算机网络性能参数指标包括速率、带宽、吞吐量、时延、信道利用率等。

1. 速率

网络技术中的速率是指连接在计算机网络上的主机在数字信道上传输数据的速率，也称为数据率或比特率。速率是计算机网络中最重要的一个性能指标。速率的单位是 bit/s 或 bps（比特每秒）。

2. 带宽

“带宽”有以下两种不同的意义。

（1）带宽本来是指某个信号具有的频带宽度。信号的带宽是指该信号所包含的各种不同频率成分所占据的频率范围。例如，在传统的通信线路上传输的电话信号的标准带宽是 3.1kHz（300Hz～3.4kHz 是话音的主要成分的频率范围）。这种意义的带宽的单位是赫（或千赫、兆赫和吉赫等）。

（2）在计算机网络中，带宽用来表示网络的通信线路所能传输数据的能力，因此网络带宽表示在单位时间内从网络中的某一点到另一点所能通过的“最高数据率”。这种意义的带宽的单位是比特每秒，记为 bit/s 或 bps。

3. 吞吐量

吞吐量表示在单位时间内通过某个网络（或信道、接口）的数据量。吞吐量经常用于对现实世界中的网络的一种测量，以便知道实际上到底有多少数据量能够通过网络。显然，吞吐量受网络的带宽或网络的额定速率的限制。例如，对于一个 100Mbit/s 的以太网，其额定速率是 100Mbit/s，那么这个数值也是该以太网的吞吐量的绝对上限值。因此，对 100Mbit/s 的以太网，其典型的吞吐量可能只有 70Mbit/s。有时吞吐量还可用每秒传输的字节数或帧数来表示。

4. 时延

时延是指数据从网络（或链路）的一端传输到另一端所需的时间。网络中的时延是由传输时延、传播时延、处理时延和排队时延等组成的。

1）传输时延

传输时延是主机或路由器发送数据帧所需要的时间，也就是从发送数据帧的第一个比特算起，到该帧的最后一个比特发送完毕的所需时间。传输时延也可以称为发送时延。传输时延=数据帧长度（bit）/发送速率（bit/s）。

2）传播时延

传播时延是指电磁波在信道中传播一定的距离需要花费的时间。传播时延=信道长度（m）/电磁波在信道上的传播速率（m/s）。

注意：电磁波在自由空间的传播速率是光速，即 3.0×10^5km/s。电磁波在网络传输媒介中的传播速率比在自由空间低一些，在铜线电缆中的传播速率约为 2.0×10^5km/s。在卫星通信中，传播时延为 270ms。

3）处理时延

主机或路由器在收到分组时，要花费一定的时间进行处理，因此产生了处理时延。

4）排队时延

分组在经过网络传输时，会经过许多路由器。分组在进入路由器之前要先在输入队列中排队等待处理。在路由器确定了转发接口后，还要在输出队列中排队等待转发。这就产生了排队时延。

这样数据在网络中经历的总时延=传输时延+传播时延+处理时延+排队时延。

5. 信道利用率

信道利用率指出某信道有百分之几的时间是被利用的。

6.2.3 网络协议

通过通信信道和设备互连起来的多个不同地理位置的计算机系统，要使其能协同工作实现信息交换和资源共享，它们之间必须具有共同的语言。交流什么、怎样交流及何时交流，都必须遵循某种互相都能接受的规则。

网络协议是指为进行计算机网络中的数据交换而建立的规则、标准或约定的集合。网络协议总是指某一层协议，准确地说，它是为同等实体之间的通信制定的有关通信规则的集合。

网络协议的三个要素如下。

语义：涉及用于协调与差错处理的控制信息。

语法：涉及数据及控制信息的格式、编码及信号电平等。

定时：涉及速度匹配和排序等。

6.2.4 课后检测

1．在地面上相距 2000km 的两地之间通过电缆传输 4000bit 的数据包，数据传输速率为 64kbit/s，从开始发送到接收完成需要的时间为（　　）。

A．48ms　　B．640ms　　C．32.5ms　　D．72.5ms

试题 1 解析：

一个数据包从开始发送到接收完成的时间包含发送时间 t_f 和传播时间 t_p 两部分，可以计算如下。

对电缆信道来说，t_p=2000km÷(200km/ms)=10ms，t_f=4000bit÷64kbit/s=62.5ms，t_p+t_f=72.5ms。

试题 1 答案：D

2．以太网的最大帧长为 1518 字节，每个数据帧前面有 8 字节的前导字段，帧间隔为 9.6μs，在 100Base-T 网络中发送 1 帧需要的时间为（　　）。

A．123μs　　B．132μs　　C．12.3ms　　D．13.2ms

试题 2 解析：

发送 1 帧需要的时间=帧长/带宽，帧长为(1518+8)×8=12208bit，带宽为 100Mbit/s，所以计算结果是 12208bit÷(100×10^6bit/s)=122.08μs，再加上帧间隔 9.6μs，约等于 132μs。

试题 2 答案：B

6.3　OSI 参考模型

Internet 是一个极为复杂的系统，其中有大量的应用程序和网络协议及各种类型的端系统。Internet 采用了分层结构，如果某层对其上面的层提供相同的服务，并且使用来自下面的层的相同服务，当该层的功能发生变化时，该系统的其余部分就可以保持不变。在计算机网络发展的早期，一些大的计算机公司在开展计算机网络研究和产品开发的同时，纷纷提出各种网络体系结构与网络协议。缺乏国际标准将会使技术的发展处于混乱状况，盲目竞争可能导致多种技术标准并存但不兼容的状态，给用户带来不便。

在制定网络国际标准方面，国际标准化组织（ISO）提出了著名的“开放系统互连（OSI）参考模型”，采用分层结构描述网络功能结构。但 OSI 参考模型并没有提供一个可以实现的方法，只是描述了一些概念，用来协调进程间通信标准的制定。

6.3.1　OSI 参考模型层次结构

OSI 参考模型包括了体系结构、服务定义和协议规范三级抽象。OSI 参考模型的体系结构定义了一个七层模型，用以进行进程间的通信，并作为一个框架来协调各层标准的制定；OSI 参考模型的服务定义描述了各层所提供的服务，以及层与层之间的抽象接口和交互用的服务原语；OSI 参考模型各层的协议规范，精确地定义了应当发送何种控制信息及何种过程来解释该控制信息。OSI 参考模型如图 6-1 所示。

OSI 参考模型将系统分成了七层，从下到上分别为物理层（Physical Layer，PHL）、数据链路层（Data Link Layer，DLL）、网络层（Network Layer，NL）、传输层（Transport Layer，TL）、会话层（Session Layer，SL）、表示层（Presentation Layer，PL）和应用层（Application Layer，AL）。

1．物理层

物理层提供相邻设备间的比特流传输。物理层利用物理通信介质为上一层（数据链路层）提供一个物理连接，通过物理连接透明地传输比特流。

透明传输是指经实际电路后传输的比特流没有变化，任意组合的比特流都可以在这个电路上传输，物理层并不知道比特的含义。物理层要考虑的是如何发送“0”和“1”，以及接收端如何识别。

2．数据链路层

数据链路层负责在两个相邻的节点间的线路上无差错地传输以帧为单位的数据，每帧包括一定的数据和必要的控制信息，当接收节点接收到的数据出错时，要通知发送方重发，直到这一帧无误地到达接收节点。数据链路层负责把一条有可能出错的实际链路变成让网络层看来好像没有出错的链路。

3．网络层

网络中通信的两台计算机之间可能要经过多个节点和链路，还可能要经过多个通信子网。网络层数据的传输单位是分组(Packet)。网络层的任务是选择合适的路由，使发送站的传输层发下来的分组能够正确无误地按照地址找到目的站并交付目的站的传输层，这也是网络层的寻址功能。

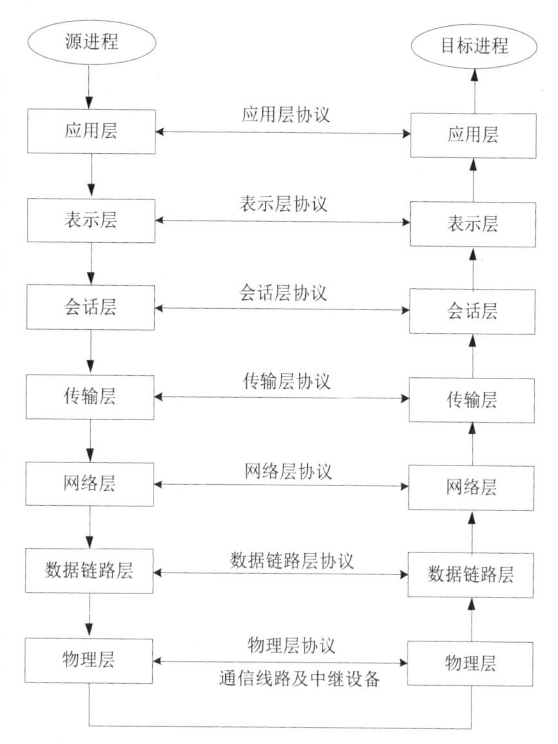

图 6-1　OSI 参考模型

4．传输层

传输层的任务是根据通信子网的特性最佳地利用网络资源，并以可靠和经济的方式为两个端系统的会话层之间建立一条传输连接，透明地传输报文。

传输层向上一层提供一个可靠的端系统到端系统的服务，使会话层不知道传输层以下的数据通信的细节。

5．会话层

会话层虽然不参与具体的数据传输，但它对数据进行管理，为互相合作的进程提供一套会话设施，组织和同步进程的会话活动，并管理它们的数据交换过程。

6．表示层

表示层向应用进程提供信息表示方式，使不同表示方式的系统之间能进行通信。表示层还负责数据的加密和压缩。

7．应用层

应用层为应用程序提供服务以保证通信。应用层主要为软件程序提供接口，让软件程序能使用网络服务。

6.3.2　数据封装和解封装

封装就是网络节点把要传输的数据用特定的协议打包后传输。多数协议是通过在原有数据前加上封装头来实现的，一些协议还要在原有数据后加上封装尾，这样原有数据就成为负载。在发送方处，OSI 参考模型的每层都对上层数据进行封装，以保证数据能够正确无误地传到目的地；在接收方处，每层对本层的封装数据进行解封装，并传给上一层，以便数据被上一层理解。

6.3.3 服务访问点

N 实体向(*N*+1)实体提供服务，(*N*+1)实体向 *N* 实体请求服务，从概念上讲，这是通过位于 *N* 层和(*N*+1)层的界面上的服务访问点（SAP）来实现的。SAP 是一个访问工具，由一组服务元素和抽象操作组成，并由(*N*+1)实体在该点调用。我们把 *N* 层中提供 *N* 服务的 *N* 实体称为 *N* 服务提供者，把调用 *N* 服务的(*N*+1)实体称为 *N* 服务用户，如图 6-2 所示。

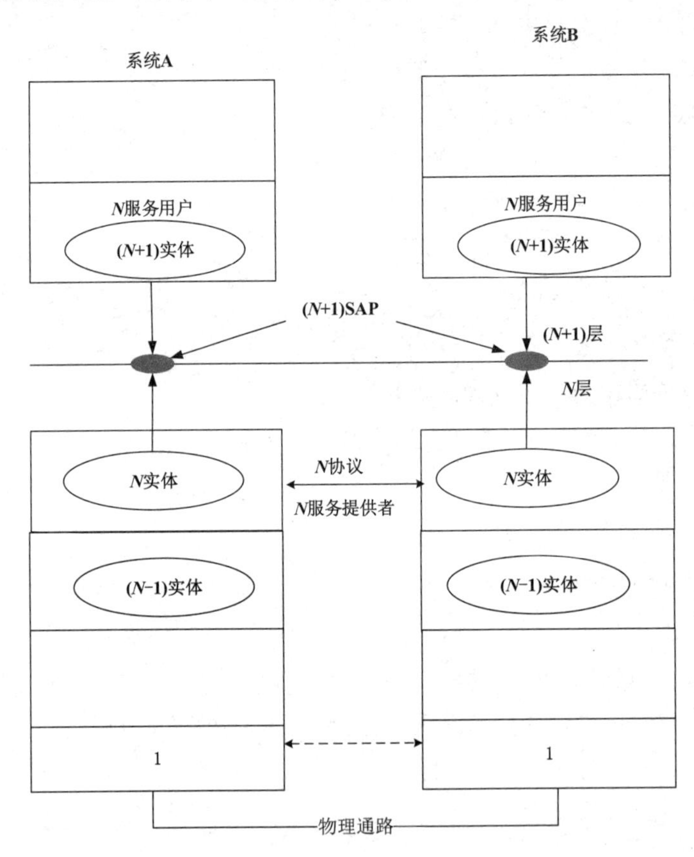

图 6-2 服务访问点

在 OSI 环境内，信息传输可以发生在一层已建立起连接的对等实体之间，也可以发生在同一开放系统相邻子系统的实体之间。因此，采用不同类型的数据单元来表示不同传输方式的信息。

N 协议数据单元（NPDU）：已建立起连接的同层对等 *N* 实体间交换信息的单元。

N 服务数据单元（NSDU）：在相邻两层实体间交换信息，使服务提供者与服务用户交换信息。

N 接口数据单元（NIDU）：在$(N+1)$层与 N 层边界上，把$(N+1)$实体与 N 实体交换的信息称为 N 接口数据。

6.3.4 课后检测

1．网络协议是计算机网络和分布系统中互相通信间的（　　）交换信息时必须遵守的规则的集合。

A．相邻层实体　　B．对等层实体　　C．同一层实体　　D．不同层实体

试题 1 解析：

网络协议是计算机网络和分布系统中互相通信间的对等层实体交换信息时必须遵守的规则的集合。

试题 1 答案：B

2．以太网中的帧属于（　　）协议数据单元。

A．物理层　　B．数据链路层　　C．网络层　　D．应用层

试题 2 解析：

数据链路层负责在两个相邻的节点间的线路上无差错地传输以帧为单位的数据。

试题 2 答案：B

3．在 OSI 参考模型中，（　　）在物理线路上提供可靠的数据传输服务。

A．物理层　　B．数据链路层　　C．网络层　　D．传输层

试题 3 解析：

传输层：传输连接的建立与释放、映射传输地址到网络地址、流量/差错控制、分段与重组。

网络层：分组路由的选择、网络连接的多路复用、差错的检测与恢复。

数据链路层：传送以帧为单位的信息、帧定界与同步、流量/差错控制，实现进程到进程的可靠连接。数据链路层为了对数据进行有效的差错控制，采用一种称为“帧”的数据块进行传输。

物理层：提供物理链路、二进制比特流的透明传输。

试题 3 答案：B

6.4 TCP/IP 体系结构

OSI 参考模型是国际标准化组织为了实现设备互连而提出的一个纯理论的框架性的概念。因为 OSI 参考模型比较严格、过于复杂，加之推出的时间相对较晚，所以目前还没有完全按照 OSI 参考模型实现的网络。随着 Internet 的迅速发展，TCP/IP 体系结构开始普及，成为实际应用最广泛的一种网络模型。

TCP/IP 体系结构是一种层次结构，共分为 4 层。OSI 参考模型与 TCP/IP 体系结构对比如表 6-1 所示。

表6-1　OSI参考模型与TCP/IP体系结构对比

OSI参考模型	TCP/IP体系结构
应用层	应用层
表示层	
会话层	
传输层	传输层
网络层	网络互连层
数据链路层	网络接口层
物理层	

6.4.1　TCP/IP层次结构和协议

TCP/IP体系结构各层的功能简介如下。

网络接口层：提供IP数据包的发送和接收功能。该层使用的协议为各通信子网本身固有的协议。例如，以太网的802.3协议、令牌环网的802.5协议及分组交换网的X.25协议等。

网络互连层：提供计算机间的分组传输功能。①高层数据的分组生成；②底层数据包的分组组装；③处理路由、流控、拥塞等问题。IP协议提供统一的地址格式和IP数据包格式，以消除各通信子网的差异，从而为信息发送方和接收方提供透明通道。

传输层：提供应用程序间的通信功能。①格式化信息流；②进行可靠传输。TCP提供面向连接的可靠的字节流传输；UDP提供无连接的不可靠的数据包传输。

应用层：提供常用的应用程序。应用层协议有HTTP、FTP、SMTP、POP3、Telnet、DNS、SNMP、RIP、DHCP等。其中HTTP、FTP、SMTP、POP3、Telnet的传输层承载协议是基于TCP的，DNS、SNMP、RIP、DHCP的传输层承载协议是基于UDP的。

6.4.2　课后检测

1．TCP/IP网络中的（　　）实现应答、排序和流控功能。

A．数据链路层　B．网络层　C．传输层　D．应用层

试题1解析：

传输层提供应用程序间的通信功能。①格式化信息流；②进行可靠传输。

试题1答案：C

2．在TCP中，采用（　　）来区分不同的应用进程。

A．接口号　B．IP地址　C．协议类型　D．MAC地址

试题2解析：

在TCP中，采用接口号来区分不同的应用进程。

试题2答案：A

第 7 章

局域网技术

根据对考试大纲的分析，以及对以往试题情况的分析，“局域网技术”章节的分数基本维持在 8 分，占上午试题总分的 **10%左右**。从复习时间安排来看，请考生在 4 天之内完成本章的学习。

7.1 知识图谱与考点分析

计算机网络按照其覆盖的范围进行分类，可以分为局域网（LAN）、城域网（MAN）和广域网（WAN）。局域网技术常见又简单，由于应用广泛，已成为网络技术中不可忽视的部分。

通过分析历年的考题和根据考试大纲，要求考生掌握以下几个方面的内容。

知识模块	知识点分布	重要程度
局域网基本概念	• 局域网特点 • 局域网体系结构 • 局域网拓扑结构 • 局域网传输介质	★ ★★ ★★ ★★★
以太网技术	• CSMA/CD 协议 • 以太网帧结构 • 冲突域和广播域 • 高速以太网 • 交换式以太网	★★★ ★★★ ★★★ ★★★ ★★★
虚拟局域网	• VLAN 的分类 • IEEE 802.1q 标准 • VLAN 的接口类型 • VLAN 的信息传输 • MUX VLAN	★★★ ★★★ ★★★ ★★ ★★
生成树协议	• 生成树协议概念 • 接口的状态 • 快速生成树协议 • 多生成树协议	★★★ ★★★ ★★ ★

续表

知识模块	知识点分布	重要程度
链路聚合	• 链路聚合概念	★★★
级联和堆叠	• 级联概念	★★
	• 堆叠概念	★★★
无线局域网	• 无线局域网关键通信技术	★★
	• 无线局域网 CSMA/CA 协议	★★★
	• 无线局域网标准	★★★
	• 无线局域网的安全	★★★
	• 无线局域网组网	★★

7.2 局域网基本概念

局域网（LAN）是指在某一区域内（一般是方圆几千米以内）由多台计算机互连形成的计算机组。局域网可以实现文件管理、应用软件共享、打印机共享、工作组内的日程安排、电子邮件和传真通信服务等功能。局域网是封闭型的，可以由办公室内的两台计算机组成，也可以由一家公司内的上千台计算机组成。

7.2.1 局域网特点

在当今的计算机网络技术中，局域网技术已经占据了相当显著的地位。局域网通常具备以下特点。

（1）地理分布范围较小，一般为数百米至数千米的区域范围，可覆盖一幢大楼、一所校园或一家企业的办公室。

（2）数据传输速率高，早期的局域网的数据传输速率一般为 10Mbit/s～100Mbit/s，目前 1000Mbit/s 的局域网非常普遍，可适用于如话音、图像、视频等各种业务数据信息的高速交换。

（3）数据误码率低，这是因为局域网通常采用短距离基带传输，可以使用高质量的传输介质，从而提高数据传输质量。

7.2.2 局域网体系结构

由于局域网只是一个短距离内的计算机通信网，不存在路由选择问题，因此它不涉及网络层，只需要考虑 OSI 参考模型的低两层。然而，局域网的种类繁多，其介质访问控制方式各不相同。为了使局域网的数据链路层不会过分复杂，有必要将数据链路层分成两个子层：介质访问控制层（MAC）和逻辑链路控制层（LLC）。由此，数据链路层更容易实现向上提供的服务与介质、拓扑等因素无关的统一特性。IEEE 802 参考模型与 OSI 参考模型对比关系如图 7-1 所示。

IEEE 802 标准规定局域网的低三层的功能如下。

物理层与 OSI 参考模型的物理层相对应，但所采用的具体协议标准的内容直接与传输介质有关。

MAC 具体管理通信实体接入信道并建立数据链路的控制过程。

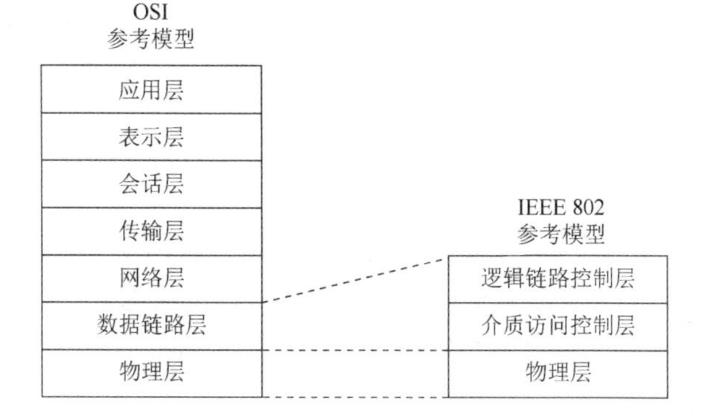

图 7-1 IEEE 802 参考模型与 OSI 参考模型对比关系

LLC 提供一个或多个服务访问点，以复用的形式建立多点对多点的数据通信连接，并具备寻址、差错控制、顺序控制和流量控制等功能。这些功能基本上与 HDLC 规程一致。此外，LLC 提供本属于 OSI 参考模型中网络层提供的两项服务，即无连接的数据包服务和面向连接的虚电路服务。

目前，IEEE 已经制定的局域网标准有 10 多个，主要的标准如下。

IEEE 802.1 标准，定义了局域网标准概述、体系结构及网络互连、网络管理等。

IEEE 802.2 标准，定义了逻辑链路控制层（LLC）的功能与服务。

IEEE 802.3 标准，定义了带冲突检测的载波监听多路访问（Carrier Sense Multiple Access with Collision Detection，CSMA/CD）的总线介质访问控制方法和物理层规范。

IEEE 802.4 标准，定义了令牌总线（Token Bus）方式的介质访问控制方法和物理层规范。

IEEE 802.5 标准，定义了令牌环（Token Ring）方式的介质访问控制方法和物理层规范。

IEEE 802.6 标准，定义了城域网（MAN）介质访问控制方法和物理层规范。

IEEE 802.7 标准，定义了宽带技术。

IEEE 802.8 标准，定义了光纤技术。

IEEE 802.9 标准，定义了在 MAC 和物理层上的话音和数据综合局域网技术。

IEEE 802.10 标准，定义了可操作的局域网安全标准规范。

IEEE 802.11 标准，定义了无线局域网的 MAC 和物理层规范。

IEEE 802.12 标准，定义了 100Mbit/s 高速以太网按需优先的介质访问控制协议。

IEEE 802.15 标准，定义了无线个人网（Wireless Personal Area Network，WPAN）。

IEEE 802.16 标准，定义了宽带无线访问规范。

7.2.3 局域网拓扑结构

局域网可按网络拓扑结构分类，局域网的网络拓扑结构主要有星形拓扑结构、总线拓扑结构、环形拓扑结构和网状拓扑结构。

1．星形拓扑结构

如图 7-2 所示，在直观上很容易理解，一个星形拓扑结构的网络就像一张蜘蛛网，中间是一个枢纽（网络交换设备），所有的节点都被连接到这个枢纽上，最终组成一个星形的拓扑结构的网络。

2．总线拓扑结构

如图 7-3 所示，一个采用总线拓扑结构方式的网络，是由一条共享的通信线路把所有节点连接在一起的，这条共享的通信线路可以是一根同轴电缆。

总线拓扑结构是我们目前常见的，也极具代表性的拓扑结构。例如，我们现在广泛使用的以太网（Ethernet）就采用了总线拓扑结构。

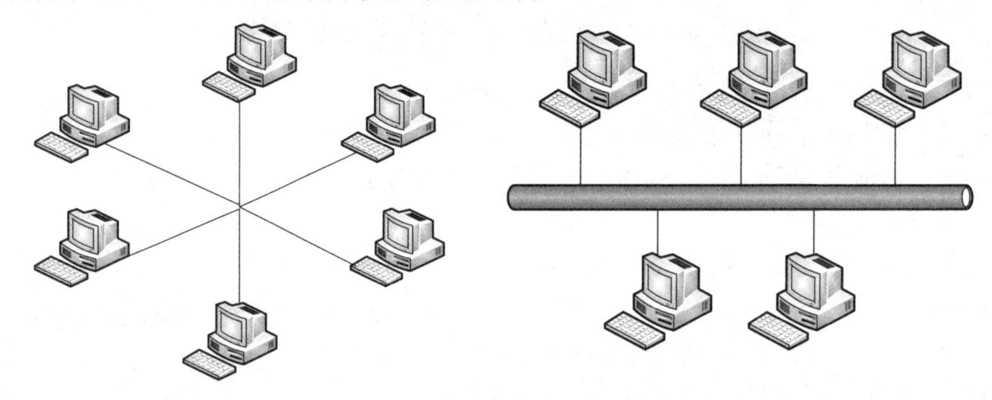

图 7-2　星形拓扑结构　　　　图 7-3　总线拓扑结构

3．环形拓扑结构

如图 7-4 所示，一个采用环形拓扑结构方式的网络，也是由一条共享的通信线路把所有节点连接在一起的。但与总线拓扑结构不同的是，环形拓扑结构中的共享线路是闭合的，即它把所有的节点最终排列成了一个环，每个节点只与其两个邻居节点直接相连。若一个节点想要给另一个节点发送信息，则该信息必须经过它们之间的所有节点。

环形拓扑结构的网络代表是令牌环网。令牌环网的数据发送过程如下。

（1）当网络空闲时，只有一个令牌在环路上绕行。令牌是一个特殊的帧格式，其中包含一位“令牌/数据帧”标志位，标志位为“0”表示该令牌为可用的空令牌，标志位为“1”表示有节点正在占用该令牌发送数据帧。

（2）当一个节点要发送数据时，必须等待并获得一个令牌，将令牌的标志位置为“1”，随后便可发送数据。

（3）环路中的每个节点都边转发数据，边检查数据帧中的目的地址，若为本节点的地址，便读取其中所携带的数据。

（4）当所传数据被目的节点的计算机接收后，所传数据就会被从网络中除去，令牌被重新置为“空”的状态。令牌环网的缺点是需要维护令牌，一旦失去令牌就无法工作，需要选择专门的节点监视和管理令牌。随着以太网技术发展迅速，令牌环网存在固有缺点，导致令牌在整个计算机局域网中已不多见，原来提供令牌环网设备的厂商多数退出了市场。

令牌环网在小负载时，存在等待令牌的时间，效率较低；在大负载时，对各节点公平访问且效率高。

4. 网状拓扑结构

图 7-5 所示为全连接的网状拓扑结构，其中任何节点彼此之间都由一根物理通信线路相连。因此任何节点出现故障都不会影响到其他节点。但是采用这种拓扑结构方式的网络的布线比较麻烦，而且网络建设的成本很高，控制方法很复杂，在现实中一般很少见到这种局域网网络。

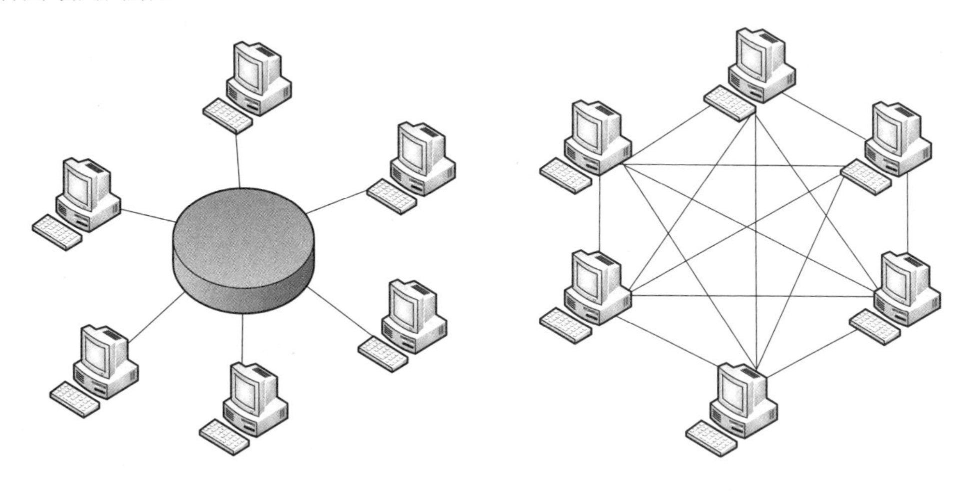

图 7-4　环形拓扑结构　　　图 7-5　全连接的网状拓扑结构

7.2.4 局域网传输介质

传输介质分为导向传输介质和非导向传输介质。在导向传输介质中，电磁波沿着固定介质传输。而在非导向传输介质中，电磁波在自由空间中传输。

1. 同轴电缆

在局域网发展初期，曾广泛使用同轴电缆，但随着技术的进步，局域网采用了双绞线作为传输介质。目前，同轴电缆主要用在有线电视网的小区内。有两种广泛使用的同轴电缆，一种是 50Ω 电缆，用于数字传输，由于多用于基带传输，因此也叫作基带同轴电缆；另一种是 75Ω 电缆，用于模拟传输，即宽带同轴电缆。这种区别是历史原因造成的，而不是技术原因或生产厂家。通信行业一般用 50Ω 电缆，而电视行业、安防行业的视频传输，都用 75Ω 电缆。

2. 双绞线

模拟传输和数字传输都可以使用双绞线。为了提高双绞线的抗电磁干扰能力，可以在双绞线的外面加上一层用金属丝编织成的屏蔽层，这种双绞线叫作屏蔽双绞线（STP），价格比无屏蔽双绞线（UTP）要高。1991 年，美国电子工业协会和电信行业协议规定了用于室内传输数据的无屏蔽双绞线和屏蔽双绞线的标准，即 EIA/TIA-568 标准。

EIA/TIA-568A：白绿｜绿｜白橙｜蓝｜白蓝｜橙｜白棕｜棕

EIA/TIA-568B：白橙｜橙｜白绿｜蓝｜白蓝｜绿｜白棕｜棕

为了保证更好的兼容性，普遍采用 EIA/TIA-568B 标准来制作网线。

在快速以太网中，其实真正通信的只有 4 根线缆，其他线缆是为了兼容以前的电话通信而保留的。千兆以太网要用 8 根线缆来传输数据。

双绞线测试指标：主要测试指标包括衰减（Attenuation）、近端串扰（NEXT）、直流电阻、阻抗特性、衰减串扰比（ACR）和电缆特性（SNR）等。

3．光纤

光纤是光纤通信的传输介质。在发送端有光源，可以采用 LED 或半导体激光器，把电信号转变为光信号。在接收端采用光电二极管做成光检测器，当检测到光信号时，可以还原出电信号。

光纤分多模光纤和单模光纤两类，多模光纤和单模光纤的区别主要在于光的传输方式不同，当然带宽也不一样。多模光纤直径较大，不同波长和相位的光束沿光纤壁不停地反射着向前传输，造成色散，限制了两个中继器之间的传输距离和带宽。多模光纤的带宽约为 2.5Gbit/s。单模光纤的直径较小，光在其中直线传播，很少反射，所以色散减小、带宽增加，传输距离得到加长，但是与之配套的光端设备价格较高，单模光纤的带宽超过 10Gbit/s。

在应用中，选择多模光纤还是单模光纤的常见决定因素是距离。如果在 550m 之内（包括 550m），则首选多模光纤，因为 LED 发射/接收机比单模光纤需要的激光便宜得多。如果距离超过这个范围，则选择单模光纤。另外一个要考虑的问题是带宽，如果将来的应用可能包括传输大带宽数据信号，那么单模光纤将是更好的选择。

光纤布线系统基本的测试内容包括波长窗口参数、光纤布线链路的最大衰减限值、光回波损耗限值等。当对光纤进行检测时，常用的检测工具有红光笔、光功率计、光纤检测显微镜及光时域反射仪（OTDR）。

光纤衰减系数（也称光纤衰耗系数）是多模光纤和单模光纤最重要的特性参数之一，其在很大程度上决定了多模光纤和单模光纤通信的中继距离。光纤产生衰减的原因很多，主要有：吸收衰减，包括杂质吸收衰减和本征吸收衰减；散射衰减，包括线性散射衰减、非线性散射衰减和结构不完整散射衰减等；其他衰减，包括微弯曲衰减等。

光纤衰减系数的定义：每千米光纤对光信号功率的衰减值。其表达式为

$$\alpha(\lambda)=\frac{10}{L}\lg\frac{P_0}{P_L}(\mathrm{dB/km})$$

式中，L 为光纤的长度，以 km 为单位；P_0 为注入光纤的功率；P_L 为光纤传输距离 L 后的功率，以 mW 或μW 为单位。例如，P_0 功率比 P_L 功率大一倍，那么 10lg2 = 3dB。

dBm 是功率的表示方法，其与普通功率表示方法的换算公式为 dBm = 10 × lg (功率值/1mW)，也就是功率值与 1mW 的比值的分贝数。

如果光纤的输入功率和输出功率以 dBm 为单位，则光纤衰减系数为

$$\alpha(\lambda)=\frac{P_0 - P_L}{L}$$

7.2.5 课后检测

1．下列指标中，仅用于双绞线测试的是（　　）。

A．最大衰减限值　　　　　　B．波长窗口参数

C．光回波损耗限值　　　　　D．近端串扰

试题 1 解析：

近端串扰是指在双绞线内部一对线中，一条线与另一条线之间的信号耦合效应产生的串扰。

试题 1 答案：D

2．关于单模光纤，下面的描述中错误的是（　　）。

A．芯线由玻璃或塑料制成

B．比多模光纤直径小

C．光波在芯线中以多种反射路径传播

D．比多模光纤的传输距离远

试题 2 解析：

多模光纤：很多不同角度的入射的光线在一条光纤中传输，适用于近距离传输，一般约束在 550m。

单模光纤：如果光纤的直径减小到只有一个光的波长，则光纤可以一直向前传播，而不会产生多次反射，这样的光纤就称为单模光纤。单模光纤可以传输数十千米而不必采用中继器。

试题 2 答案：C

7.3 以太网技术

在所有的局域网中，现在发展得较好且应用面较广的是采用 CSMA/CD 协议的以太网，这主要归功于其不断的发展，一是从共享式到交换式的发展，克服了负载提高所带来的瓶颈；二是速率从开始的 10Mbit/s，发展到 100 Mbit/s（IEEE 802.3u，快速以太网）、1000 Mbit/s（IEEE 802.3z），甚至 10000 Mbit/s（IEEE 802.3ae），满足了各种不同的应用需求。

7.3.1 CSMA/CD 协议

早期 10Mbit/s 共享式以太网的核心技术是带冲突检测的载波监听多路访问（CSMA/CD）协议。

在早期总线拓扑结构以太网中，如果一个节点要发送数据，它将以“广播”方式把数据从作为公共传输介质的总线上发送出去，这样连在总线上的所有节点都能“收听”到发

送节点发送的数据信号，不可避免地会发生冲突。为了有效地实现分布式多节点访问公共传输介质的控制策略，CSMA/CD 的发送流程可以简单地概括为：载波监听、冲突检测、发现冲突停止发送、随机延迟重发。

1．载波监听

每个以太网节点利用总线发送数据时，首先需要监听总线是否空闲。以太网的物理层标准规定发送的数据采用曼彻斯特编码方式。如果总线上已经没有数据在传输，则总线的电平将不会发生跳变，可以判断此时总线处于空闲状态。如果一个节点已准备好要发送的数据帧，并且总线此时处于空闲状态，则这个节点就可以“启动发送”。

根据监听到介质状态后采取的回避策略，可将载波监听算法分为三种，如表 7-1 所示。

表 7-1　载波监听算法

载波监听算法	信道空闲	信道忙	特点
非坚持型监听算法	立即发送	等待随机时间 N，再监听	减少了冲突，信道利用率降低
1-坚持型监听算法	立即发送	继续监听	提高信道利用率，增加了冲突
P-坚持型监听算法	以概率 P 发送	继续监听	有效平衡冲突和信道利用率，但复杂

2．冲突检测

冲突是指总线上同时出现两个或两个以上信号，它们叠加后的信号波形不等于任何节点输出的信号波形。检查从总线上接收到的信号波形，若接收到的信号波形不符合曼彻斯特编码规则，则说明已经出现了冲突。

3．发现冲突停止发送

载波监听只能够减小冲突发生的概率，但无法完全避免冲突。为了能够高效地实现冲突检测，在 CSMA/CD 协议中采用了边发边听的冲突检测方法，即发送者一边发送，一边接收，一旦发现结果不同，立即停止发送，并发出 Jamming（冲突）信号。正是因为采用了边发边听的检测方法，因此检测冲突所需的最长时间是网络传播时延的 2 倍。

由此引出了 CSMA/CD 总线网络中最小帧长度的计算关系式：

$$\frac{\text{最小帧长度（bit）}}{\text{数据传输速率（bit/s）}} \geqslant 2\times\frac{\text{任意两点间的最长距离（m）}}{\text{信号传播速度（200m/μs）}}$$

4．随机延迟重发

如果在发送数据的过程中检测出冲突，为了解决信道争用冲突，发送节点要进入停止发送数据、随机延迟重发的流程。

以太网采用截断二进制指数退避算法来解决冲突问题。截断二进制指数退避算法并不复杂，这种算法让发生冲突的节点在停止发送数据后，不是等待信道变为空闲状态后就立即再发送数据，而是推迟一个随机的时间后再发送数据。这样做是为了使重传时再次发生冲突的概率减小。具体的算法如下。

（1）确定基本退避时间，一般取争用期为 $2t$。

（2）从整数集合 $\{0,1,\cdots,(2^k-1)\}$ 中随机地取出一个数，记为 r。重传应退后的时间为 r

倍的争用期。上面的参数 k 按下面公式计算：

$$k = \min\{重传次数,10\}$$

可见，当重传次数不超过 10 时，参数 k 等于重传次数，但当重传次数超过 10 时，k 就不再增大而一直等于 10。

（3）当重传次数达到 16 仍不能成功时，表明同时打算发送数据的节点太多，导致连续发生冲突，此时应丢弃该数据帧，并向高层报告。

7.3.2　以太网帧结构

以太网帧结构如图 7-6 所示，包含的字段有前导字段、帧起始符、目的地址、源地址、长度/类型字段、数据字段、填充字段及校验和。这些字段中除数据字段的长度会变大外，其余字段的长度都是固定的。

7B	1B	2B或6B	2B或6B	2B	0～1500B	0～46B	4B
前导字段	帧起始符	目的地址	源地址	长度/类型字段	数据字段	填充字段	校验和

图 7-6　以太网帧结构

1．前导字段

前导字段的作用是让接收端的适配器在接收 MAC 帧时能够迅速调整时钟频率，与发送端的时钟同步。

2．帧起始符

帧起始符为 10101011，前 6 位的作用和前导字段一样，最后的两个连续的 1 告诉接收端适配器“MAC 帧的信息即将过来，请适配器做好接收准备”。

3．目的地址和源地址

目的地址和源地址都是 MAC 地址，表示发出数据帧的源设备和要到达的设备。单播 MAC 地址也叫作物理地址，这个地址固化在网卡适配器的 ROM 中，这种类型的 MAC 地址唯一地标识了以太网上的一个终端，该地址为全球唯一的硬件地址。IEEE 规定 MAC 地址第一个字段的最低位为 I/G 位。I/G 位为 1 的 MAC 地址是组播 MAC 地址，用来表示局域网上的一组终端设备。全 1 的 MAC 地址为广播 MAC 地址（FF-FF-FF-FF-FF-FF），用来表示局域网上的所有终端设备。

以太网网卡有过滤功能，网卡只接收发送给自己的数据帧，把数据帧解封装后交给上层处理，而把不是发送给自己的数据帧丢弃。网卡会比较数据帧的目的地址和自己的 MAC 地址是否一致。不过，有些网卡可以配置为混杂模式，也就是可以接收任意数据帧，而不考虑这个数据帧是不是发送给自己的。这类网卡经常用于一些网络协议分析工具中，如 Sniffer、Wireshark。

4．长度/类型字段

以太网 v2 标准定义的帧结构和 IEEE 802.3 标准定义的帧结构是不同的，主要在于

IEEE 802.3 标准中把以太网 v2 标准中的类型字段修改为长度字段。类型字段表示上层把数据交给 IP 协议还是 IPX 协议处理，长度字段表示数据部分的长度。实际上这两种格式可以并存，2B 可表示的数值范围是 0～65535，而长度字段的最大值是 1500（0x05DC），规定大于 1536（0x0600）的值表示协议类型。注意，现在市面上流行的数据帧都是以太网 v2 标准的 MAC 帧。

5. 数据字段和填充字段

以太网规定数据字段的长度范围为 46～1500B，当长度小于 46B 时，应该加以填充，填充就是在数据字段后面加入一个整数字节的填充字段，这样整个以太帧的最小长度为 64B。

6. 校验和

校验和用来检查数据帧在传输过程中是不是出现了差错，当发现差错后，直接丢弃该数据帧，由高层协议发起重传。

7.3.3 冲突域和广播域

冲突域是指连接在同一导线上的所有工作站的集合，或者说是同一物理网段上所有节点的集合或以太网上竞争同一带宽的节点的集合。这个区域代表了冲突在其中发生并传播的区域，这个区域可以被认为是共享段。在 OSI 参考模型中，冲突域被看作第一层的概念，连接同一冲突域的设备有 Hub、Repeater 或其他简单复制信号的设备。也就是说，用 Hub 或 Repeater 连接的所有节点可以被认为在同一个冲突域内，这些节点不会划分为冲突域。而第二层设备（交换机）和第三层设备（路由器）都可以划分为冲突域，当然也可以连接不同的冲突域。

广播域是指接收同样广播消息的节点的集合。例如，若在该集合中的任何一个节点传输一个广播帧，则所有其他能收到这个广播帧的节点都被认为是该集合的一部分。由于许多设备都极易产生广播帧，所以如果不维护，就会消耗大量的带宽，降低网络的效率。由于广播域被认为是 OSI 参考模型中的第二层概念，所以 Hub、交换机等这些第一、第二层设备连接的节点被认为都是在同一个广播域内的，路由器、三层交换机则可以划分为广播域，即可以连接不同的广播域。

7.3.4 高速以太网

随着计算机网络的不断应用，10Mbit/s 的网络传输速率实在无法满足日益增大的需求。这时人们开始寻求更高的网络传输速率，于是催生了高速以太网的开发需求。

1. 快速以太网

为了保护用户的投资，快速以太网（Fast Ethernet）是符合要求的新一代高速局域网。

快速以太网的数据传输速率为 100Mbit/s，和传统以太网具有相同的数据帧格式、相同的介质访问控制方法、相同的接口与相同的组网方法，只是把以太网每个比特的发送时间由 100ns 降低到了 10ns。

快速以太网规定了以下几种不同的物理层标准。

（1）100Base-TX 标准支持 2 对 5 类 UTP 或 2 对 1 类 STP。1 对 5 类 UTP 或 1 对 1 类 STP 就可以发送，而对应的另 1 对双绞线可以用于接收，因此 100Base-TX 系统是一个全双工系统，每个节点都可以同时以 100Mbit/s 的速率发送与接收。

（2）100Base-T4 标准支持 4 对 3 类 UTP，其中 3 对用于数据传输，1 对用于冲突检测。

（3）100Base-FX 标准支持 2 芯的多模或单模光纤。100Base-FX 系统主要用作高速主干网，从节点到 Hub 的距离可以达到 2km，是一种全双工系统。

（4）针对 100Base-T4 标准不能实现全双工操作的缺点，IEEE 开始制定 100Base-T2 标准。100Base-T2 标准采用 2 对音频或数据级 3 类、4 类或 5 类 UTP，1 对用于发送数据，另 1 对用于接收数据，可实现全双工操作。

2. 千兆以太网

千兆以太网（Gigabit Ethernet）的数据传输速率比快速以太网的数据传输速率快 10 倍，其数据传输速率达到 1000Mbit/s。千兆以太网保留着传统的 10Mbit/s 以太网的所有特征（相同的数据帧格式、相同的介质访问控制方法、相同的组网方法），只是将每个比特的发送时间由 100ns 降低到了 1ns。千兆以太网定义的物理层标准有以下几种。

（1）1000Base-T 标准使用的是 5 类 UTP，有效传输距离可以达到 100m。

（2）1000Base-X 标准是基于光纤通道的物理层标准，使用的传输介质有三种。

① 1000Base-CX 标准使用的是 STP，有效传输距离可以达到 25m。

② 1000Base-LX 标准使用的是多模光纤（芯径为 62.5μm、50μm）或单模光纤（芯径为 9μm），单模光纤有效传输距离可以达到 3000m。

③ 1000Base-SX 标准使用的是波长为 850nm 的多模光纤，有效传输距离可以达到 300～550m。

注意： 如果千兆以太网工作在半双工方式下，就必须进行冲突检测，采用的是载波延伸和分组突发的技术。当千兆以太网在全双工方式下工作时，不使用载波延伸和分组突发技术，因为此时没有冲突发生。

3. 万兆以太网

万兆以太网的主要特点如下。

（1）数据帧格式与之前的以太网（传统以太网、快速以太网、千兆以太网）完全相同。

（2）保留了 IEEE 802.3 标准对以太网最小帧长度和最大帧长度的规定。

（3）只在全双工方式下工作。

用于局域网的光纤万兆以太网标准有 10GBase-SR、10GBase-LR 和 10GBase-ER，其他标准有 10GBase-CX4 和 10GBase-T。

① 10GBase-SR。

10GBase-SR 中的“SR”是“Short Range”（短距离）的缩写，表示仅用于短距离连接。该标准支持编码方式为 64B/66B 的短波（波长为 850nm）多模光纤（MMF），有效传输距离为 2～300m。

② 10GBase-LR。

10GBase-LR 中的“LR”是“Long Range”（长距离）的缩写，表示主要用于长距离连接。该标准支持编码方式为 64B/66B 的长波（波长为 1310nm）单模光纤（SMF），有效传输距离为 2m～10km。

③ 10GBase-ER。

10GBase-ER 中的“ER”是“Extended Range”（超长距离）的缩写，表示连接距离可以非常长。该标准支持编码方式为 64B/66B 的超长波（波长为 1550nm）单模光纤（SMF），有效传输距离为 2m～40km。

④ 10GBase-CX4。

10GBase-CX4 对应的是 2004 年发布的 IEEE 802.3ak 万兆以太网标准。10GBase-CX4 使用 IEEE 802.3ae 标准中定义的 XAUI（万兆附加单元接口）和用于 InfiniBand 中的 4X 连接器，传输介质为“CX4 铜线”（其实就是一种 UTP），它的有效传输距离仅为 15m。

⑤ 10GBase-T。

10GBase-T 是一种使用双绞铜线连接（超 6 类或以上）的万兆以太网标准，数据链路层的有效带宽为 10Gbit/s，最远传输距离可达 100m。与 10GBase-T 对应的 IEEE 标准是 802.3an。

7.3.5 交换式以太网

以太网使用的 CSMA/CD 协议是一种竞争式的介质访问控制协议，在网络负载较小时，性能不错。如果网络负载很大，冲突就会很常见，并会导致网络性能的大幅下降。为了解决这一瓶颈问题，交换式以太网应运而生，核心是使用交换机代替集线器 Hub。

1．交换机的工作原理

交换机是一种基于 MAC 地址，能完成封装转发数据帧功能的网络设备。交换机和 Hub 的最大区别在于交换机在发送主机和接收主机之间形成了一个虚电路，使各接口设备能独立进行数据传输而不受其他设备的影响，对于交换机而言，每个接口都有一条独占的宽带。

以太网交换机是利用接口 / MAC 地址映射表进行数据交换的，交换机的“地址学习”是通过读取数据帧的源地址并记录数据帧进入交换机的接口号进行的。

2．交换机的数据帧转发方式

交换机的数据帧转发方式分为三类。

（1）直接交换方式（Cut-through Switching）。交换机只接收数据帧并检测目的地址，然后立即将该数据帧转发出去，而不用判断这帧数据是否出错。数据帧差错检测任务由节点完成。这种转发方式的优点是交换时延低；缺点是缺乏差错检测能力，不支持不同速率接口间的数据帧转发。

（2）存储转发交换方式（Store-and-forward Switching）。交换机需要接收数据帧并进行差错检测。如果接收的数据帧正确，则根据目的地址确定输出接口，然后转发出去。这种转发方式的优点是具有差错检测能力，并支持不同速率接口间的数据帧转发；缺点是交换时延高。

（3）改进直接交换方式（Segment-free Switching，又称无碎片转发方式）。改进直接交换方式是上述两种方式的结合。在接收到数据帧的前64B后，判断数据帧的头字段是否正确，如果正确则转发出去。长度小于64B的冲突碎片并不是有效的数据帧，应该被丢弃。这种转发方式对于短的数据帧来说，交换时延与直接交换方式比较接近；对于长的数据帧来说，由于只对数据帧的地址字段与控制字段进行差错检测，因此交换时延将会降低。

7.3.6 课后检测

1．某局域网采用CSMA/CD协议实现介质访问控制，数据传输速率为10Mbit/s，主机甲和主机乙之间的距离为2km，信号传播速度是200m/μs。若主机甲和主机乙发送数据时发生冲突，则从开始发送数据起，到两台主机均检测到冲突时刻为止，需要经过的最短时间是（　　）μs。

A．10　　　B．20　　　C．30　　　D．40

试题1解析：

在以太网中为了确保发送数据的节点在传输时能检测到可能存在的冲突，数据帧的传输时延要不小于2倍的传播时延：

$$\text{传输时延} \geqslant 2\times\frac{\text{任意两点间的最长距离（m）}}{\text{信号传播速度（200m/μs）}}$$

由此可以算出传输时延≥2×(2000÷200)=20μs。

当冲突刚好发生在链路中间时，时间是最短的，所以是20μs÷2=10μs。

试题1答案：A

2．两个节点采用截断二进制指数退避算法进行避让，三次冲突之后再次冲突的概率是（　　）。

A．0.5　　　B．0.25　　　C．0.125　　　D．0.0625

试题2解析：

以太网采用截断二进制指数退避算法来解决冲突问题。这种算法让发生冲突的节点在停止发送数据后，不是等待信道变为空闲状态后就立即再发送数据，而是推迟一个随机的时间后再发送数据。这样做是为了使重传时再次发生冲突的概率减小。具体的算法如下。

（1）确定基本退避时间，一般取争用期为$2t$。

（2）从整数集合$\{0,1,\cdots,(2^k-1)\}$中随机地取出一个数，记为r。重传应退后的时间为r倍的争用期。上面的参数k按下面公式计算：

$$k=\min\{\text{重传次数},10\}$$

可见，当重传次数不超过10时，参数k等于重传次数，但当重传次数超过10时，k就不再增大而一直等于10。

（3）当重传次数达到16仍不能成功时，表明同时打算发送数据的节点太多，导致连续发生冲突，此时应丢弃该数据帧，并向高层报告。

假设 a、b 两个节点发送数据，如果不小心同时发送了，就产生了冲突（此时是第一次冲突），产生了冲突就要重传，用截断二进制指数退避算法，就是在{0,1}内取值。此时可能发生冲突，也可能不发生冲突，如果发生冲突，说明 a 和 b 都取了同样的数。如果 a 和 b 都取了同样的数，那就产生了第二次冲突，产生冲突又得重传，此时的取值就是{0,1,2,3}。重传的话，可能发生冲突，如果发生冲突，就是第三次冲突，也就说明冲突已经发生了。第三次冲突出现，就要进行重传，取值是{0,1,2,3,4,5,6,7}。题目中问的是在这个取值下，发生冲突的概率，即 1/8。

试题 2 答案：C

3．以下关于 CSMA/CD 协议的叙述中，正确的是（　　）。

A．每个节点按照逻辑顺序占用一个时间片轮流发送

B．每个节点检查介质是否空闲，如果空闲则立即发送

C．每个节点想发就发，如果没有冲突则继续发送

D．得到令牌的节点发送，没有得到令牌的节点等待

试题 3 解析：

每个以太网节点利用总线发送数据时，首先需要监听总线是否空闲。以太网的物理层标准规定发送的数据采用曼彻斯特编码方式。如果总线上已经没有数据在传输了，则总线的电平将不会发生跳变，可以判断此时总线处于空闲状态。如果一个节点已经准备好要发送的数据帧，并且总线此时处于空闲状态，则这个节点就可以“启动发送”。

试题 3 答案：B

4．下列千兆以太网标准中，传输距离最短的是（　　）。

A．100Base-FX　　　　B．1000Base-CX

C．1000Base-SX　　　　D．1000Base-LX

试题 4 解析：

（1）1000 Base-T 标准使用的是 5 类 UTP，有效传输距离可以达到 100m。

（2）1000Base-X 标准是基于光纤通道的物理层标准，使用的传输介质有三种。

① 1000 Base-CX 标准使用的是 STP，有效传输距离可以达到 25m。

② 1000 Base-LX 标准使用的是多模光纤（芯径为 62.5μm、50μm）或单模光纤（芯径为 9μm），单模光纤有效传输距离可以达到 3000m。

③ 1000 Base-SX 标准使用的是波长为 850nm 的多模光纤，有效传输距离可以达到 300～550m。

此外，100Base-FX 标准是运行在光纤上的快速以太网标准，光纤类型可以是单模光纤或多模光纤。

试题 4 答案：B

5．以太网的最大帧长度为 1518B，每个数据帧前面有 8B 的前导字段，帧间隔时间为 9.6μs。传输 240000bit 的 IP 数据包，采用 100Base-TX 网络，需要的最短时间为（　　）。

A．1.23ms　　B．12.3ms　　C．2.63ms　　D．26.3ms

试题 5 解析：

IP 数据包的长度是 240000bit，一共 30000B，封装在以太帧里面，需要分片，一共分 20 片（实际应该是 21 片，此题以 20 片计算）。

每个以太帧的传输时间是(1518+8)×8÷100Mbit/s=0.00012208s。20 个以太帧的传输时间是 20×0.00012208=0.0024416s。

20 个以太帧中间会存在 20 个帧间隔时间，即 192μs。

所以总时间=2441.6+192=2633.6μs=2.63ms。

试题 5 答案：C

6．对于 100Base-TX 交换机，一个接口通信的数据传输速率（全双工）最大可以达到（　　）。

A．25Mbit/s　　B．50Mbit/s

C．100Mbit/s　　D．200Mbit/s

试题 6 解析：

全双工通信，即通信的双方可以同时发送和接收信息，所以带宽是 200Mbit/s。

试题 6 答案：D

7．IEEE 802.3ae 10Gbit/s 以太网标准支持的工作方式是（　　）。

A．单工　　B．半双工

C．全双工　　D．全双工和半双工

试题 7 解析：

万兆以太网标准于 2002 年正式完成，主要特点如下。

（1）数据帧格式与之前的以太网（10Mbit/s、100Mbit/s、1Gbit/s）完全相同。

（2）保留了 IEEE 802.3 标准对以太网最小帧长度和最大帧长度的规定。

（3）只在全双工方式下工作。

试题 7 答案：C

8．以太网的数据帧结构如图 7-7 所示，包含在 IP 数据包中的数据部分最长应该是（　　）B。

目的 MAC 地址	源 MAC 地址	协议类型	IP 头	数据	CRC

图 7-7　数据帧结构

A．1434　　B．1460

C．1480　　D．1500

试题 8 解析：

以太网规定数据字段的长度最小值为 46B，当长度小于此值时，应该加以填充。填充就是在数据字段后面加入一个整数字节的填充字段，最大值为 1500B，而除去 IP 头 20B 后，就是 1480B。

试题 8 答案：C

9．集线器与交换机的区别是（　　）。

A．集线器不能检测冲突，而交换机可以检测冲突

B．集线器是物理层设备，而交换机是数据链路层设备

C．交换机只有两个接口，而集线器是一种多接口交换机

D．交换机是物理层设备，而集线器是数据链路层设备

试题 9 解析：

使用集线器的以太网在逻辑上是一个总线网，各节点共享逻辑上的总线，使用的还是 CSMA/CD 协议。集线器工作在物理层，在集线器中不进行冲突检测，冲突检测只发生在节点上，如果两个接口同时有信号输入，那么所有的接口都不能收到正确的数据帧。集线器整体是一个冲突域。交换机也是一样的，冲突检测只发生在节点上，但冲突域局限于交换机的某个接口。

试题 9 答案：B

10．以下关于直接交换方式的叙述中，正确的是（　　）。

A．比存储转发交换方式速度要慢

B．存在坏帧传播的风险

C．接收到数据帧后简单存储，进行 CRC 后快速转发

D．采用软件方式查找节点进行转发

试题 10 解析：

直接交换方式不会进行存储转发，因此转发速度快，但存在无效帧或坏帧的问题。

试题 10 答案：B

11．以下千兆以太网标准中，支持 1000m 以上传输距离的是（　　）。

A．1000Base-T 标准　　B．1000Base-CX 标准

C．1000Base-SX 标准　　D．1000Base-LX 标准

试题 11 解析：

1000Base-T 标准使用 5 类 UTP，最大传输距离为 100m。

1000Base-CX 标准使用 STP，最大传输距离为 25m。

1000Base-SX 标准使用多模光纤，最大传输距离为 550m。

1000Base-LX 标准使用多模光纤或单模光纤，最大传输距离为 3000m。

试题 11 答案：D

12．IEEE 802.3z 是（　　）标准。

A．标准以太网　　B．快速以太网　　C．千兆以太网　　D．万兆以太网

试题 12 解析：

标准以太网——IEEE 802.3

快速以太网——IEEE 802.3u

千兆以太网——IEEE 802.3z、IEEE 802.3ab

万兆以太网——IEEE 802.3au

试题 12 答案：C

13．以下关于截断二进制指数退避算法的描述中，正确的是（　　）。

A．每次节点等待的时间是固定的，即上次的 2 倍

B．后一次退避时间一定比前一次长

C．发生冲突不一定是节点发生了资源抢占

D．通过扩大退避窗口杜绝了再次冲突

试题 13 解析：

退避的时间与冲突次数具有指数关系，冲突次数越多，退避的时间就可能越长，若达到限定的冲突次数，该节点就会停止发送数据。

试题 13 答案：D

7.4 虚拟局域网

在传统的交换式以太网中，所有的用户都在同一个广播域内，当网络规模较大时，广播包的数量会急剧增加，当广播包的数量达到总量的 30%时，网络的传输效率将会明显下降。特别是当网络设备出现故障后，会不停地向网络发送广播包，使网络通信陷于瘫痪状态。那么，应该怎么解决这一问题呢？

可以使用分隔广播域的方法来解决这一问题，分隔广播域有两种方法。

一是物理分隔，将网络从物理上划分为若干小的网络，然后使用能分隔广播域的路由设备将不同的网络连接起来实现通信。

二是逻辑分隔，将网络从逻辑上划分为若干小的虚拟网络，即虚拟局域网（VLAN）。VLAN 工作在 OSI 参考模型的数据链路层，一个 VLAN 就是一个交换网络，其中所有的用户在同一个广播域中，各 VLAN 通过路由设备连接实现通信。

但是使用物理分隔有许多的缺点，它使局域网的设计缺乏灵活性，如连接在同一台交换机上的用户只能划分在同一个网络中，而不能划分在多个不同的网络中。

VLAN 的产生主要是为了给局域网的设计增加灵活性，VLAN 使得网络管理员在划分工作组时，不再受限于用户所处的物理位置。

7.4.1 VLAN 的分类

根据 VLAN 的使用和管理的不同，可以将 VLAN 分为两种：静态 VLAN 和动态 VLAN。

1．静态 VLAN

静态 VLAN 也叫作基于接口的 VLAN，网络管理员需要在交换机上一个一个地进行接口配置，配置哪些接口属于哪个 VLAN。当一台主机连接上交换机的一个接口之后，该主机就进入了该接口所属的 VLAN，能够和该 VLAN 里的其他主机直接通信。静态 VLAN 的划分方法比较安全，配置起来比较简单。静态 VLAN 也有不方便的地方。例如，当有人员位置变动时，主机从一个办公室搬到另一个办公室，连接到另一台交换机上。如果所连接的交换机上接口的 VLAN 不是以前的那个 VLAN，就需要在新交换机上手动配置 VLAN。

随着移动办公的用户越来越多，不可能随时去对交换机的接口 VLAN 进行配置，所以我们要采用动态 VLAN。静态 VLAN 如图 7-8 所示。

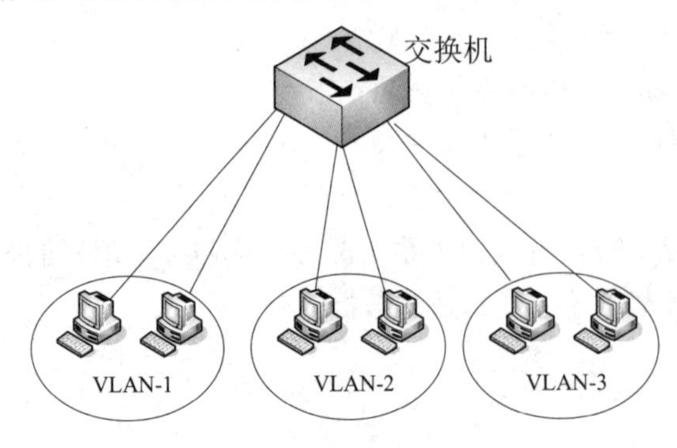

图 7-8　静态 VLAN

2．动态 VLAN

动态 VLAN 的划分方式主要有基于 MAC 地址划分 VLAN、基于网络协议划分 VLAN、基于策略划分 VLAN 三种。

1）基于 MAC 地址划分 VLAN

基于 MAC 地址划分 VLAN 是指当一台主机接入网络时，会先查询数据库表，看看主机属于哪个 VLAN，再根据主机的 MAC 地址将其分配到相应的 VLAN 中去，这种划分方式的缺点是在初始化时，所有的用户都必须进行配置，如果有几百个甚至上千个用户，则配置起来是非常繁杂的。用户一旦更换网卡设备，就必须重新配置。

2）基于网络协议划分 VLAN

基于网络协议划分 VLAN 是指根据每台主机的网络地址或协议类型（如果支持多协议）划分 VLAN。

3）基于策略划分 VLAN

基于策略划分 VLAN 是根据一定的策略进行 VLAN 划分的，可实现用户终端的即插即用功能，同时可为终端用户提供安全的数据隔离。这里的策略主要包括“基于 MAC 地址+IP 地址”组合策略和“基于 MAC 地址+IP 地址+接口”组合策略两种。

注意：划分 VLAN 后，同一个 VLAN 里的主机可以在第二层通信，而不同 VLAN 里的主机之间的通信必须通过第三层设备（路由器或三层交换机）。

7.4.2　IEEE 802.1q 标准

VLAN 的标准是 IEEE 802.1q 标准。IEEE 802.1q 标准的数据帧格式如图 7-9 所示。

DA	SA	Tag				Type	Data	CRC
		TPID	Priority	CFI	VLAN ID			

图 7-9　IEEE 802.1q 标准的数据帧格式

各字段解释如下。

DA：目的 MAC 地址。

SA：源 MAC 地址。

Type：协议类型。

Data：数据帧中所携带的用户数据。

CRC：校验和。

与标准的以太帧相比，IEEE 802.1q 标准加入 Tag 字段，加入 Tag 字段的目的是携带 VLAN 的信息，表明这个数据帧属于哪个 VLAN，以确定数据帧的属性。

其中 4B 的 Tag 字段包括：

（1）TPID，即标记协议 ID，占 16 位。

（2）TCI，即标记控制信息，包括 Priority、CFI 和 VLAN ID。

① Priority 定义数据帧的优先级。

② CFI，即规范格式标识符，指出 MAC 地址是以太网还是令牌环网。在以太网交换机中，规范格式标识符总是配置为 0。

③ VLAN ID，即 VLAN 标识符，指出数据帧的源 VLAN。系统一共支持 4096 个 VLAN。在默认情况下，交换机所有接口属于 VLAN-1，而 VLAN-0 和 VLAN-4095 为保留 VLAN，仅限系统使用，用户不能查看或使用。

7.4.3 VLAN 的接口类型

交换机的接口可以分为以下三种：Access 接口、Trunk 接口和 Hybrid 接口。

1. Access 接口

Access 接口即（用户）接入接口，该类型的接口只能属于 1 个 VLAN，一般用于连接计算机。

Access 接口在接收报文后，先判断该报文中是否有 VLAN 标记。如果没有 VLAN 标记，则打上该 Access 接口的默认 VLAN 标记（PVID）后继续转发；如果有 VLAN 标记，则默认直接丢弃。

Access 接口在发送报文时，会先将报文中的 VLAN 标记去掉，然后直接发送，所以 Access 接口发出去的报文都是不带 VLAN 标记的。

2. Trunk 接口

Trunk 接口即汇聚接口，该类型的接口可以属于多个 VLAN，可以接收和发送多个 VLAN 的报文，一般用于交换机之间或交换机与路由器之间的连接。在汇聚链路上流通数据帧时，Trunk 接口被附加了用于识别属于哪个 VLAN 的特殊信息。

在 Trunk 接口上发送报文时，先将要发送报文的 VLAN 标记与 Trunk 接口的 PVID 进行比较，如果与 PVID 相同，则从报文中去掉 VLAN 标记再发送；如果与 PVID 不相同，则直接发送。

3. Hybrid 接口

Hybrid 接口即混合接口，该类型的接口可以属于多个 VLAN，可以接收和发送多个

VLAN 的报文，可以用于交换机之间的连接，或者交换机与路由器之间的连接，也可以用于交换机与用户计算机之间的连接。

Hybrid 接口和 Trunk 接口的不同之处在于 Hybrid 接口允许多个 VLAN 的报文在发送时不打标记，而 Trunk 接口只允许默认 VLAN 的报文在发送时不打标记。Access 接口只属于 1 个 VLAN；Hybrid 接口和 Trunk 接口属于多个 VLAN，所以需要配置 PVID。在默认情况下，Hybrid 接口和 Trunk 接口的 PVID 为 VLAN-1。如果配置了接口的 PVID，当接口接收到不带 VLAN 标记的报文时，则将报文转发到属于 PVID 的接口；当接口发送带有 VLAN 标记的报文时，如果该报文的 VLAN 标记与接口 PVID 相同，则系统将去掉报文的 VLAN 标记，然后发送该报文。

如图 7-10 所示，连接计算机终端的接口为 Access 接口，交换机 1 和交换机 2 连接的接口一般为 Trunk 接口。

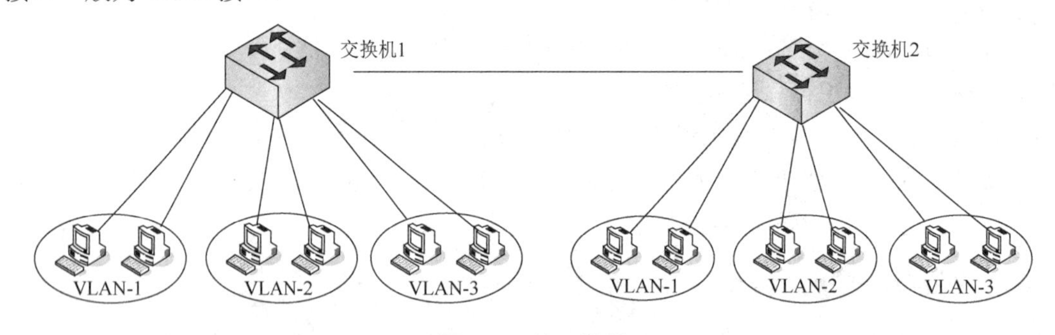

图 7-10　接口类型

7.4.4　VLAN 的信息传输

如果交换机收到的数据帧带有 VLAN 标记，但交换机上没有配置此 VLAN，那么交换机会把此数据帧丢弃。如果网络中交换机数量很多，需要配置的 VLAN 也很多，那么网络管理员需要在每台交换机上配置大量的 VLAN，工作量巨大。解决这个问题的方法就是通用的动态 VLAN 配置技术——GVRP。GVRP 是 GARP 的一种应用，用于注册和注销 VLAN 属性。

GARP 主要用于建立一种属性传输扩散的机制，以保证协议实体能够注册和注销该属性。GARP 作为一个属性注册协议的载体，可以用来传输属性。将 GARP 报文的内容映射成不同的属性即可支持不同的上层协议应用。

1．接口注册模式

GVRP 传输的 VLAN 注册信息既包括本地手动配置的静态注册信息，又包括来自其他设备的动态配置信息。GVRP 的接口注册模式包括 Normal 模式、Fixed 模式和 Forbidden 模式。

1）Normal 模式

Normal 模式：允许该接口动态注册或注销 VLAN 属性，传输动态 VLAN 和静态 VLAN 信息。

2）Fixed 模式

Fixed 模式：禁止该接口动态注册或注销 VLAN 属性，只允许传输静态 VLAN 信息，不允许传输动态 VLAN 信息。也就是说，被配置为 Fixed 模式的 Trunk 接口，即使允许所有 VLAN 通过，实际上能通过的 VLAN 也只是手动配置的静态 VLAN。

3）Forbidden 模式

Forbidden 模式：禁止该接口动态注册或注销 VLAN 属性，不允许传输除 VLAN-1 外的任何 VLAN 信息。也就是说，被配置为 Forbidden 模式的 Trunk 接口，即使允许所有 VLAN 通过，实际上能通过的 VLAN 也只是 VLAN-1。

2. 消息类型

GARP 应用实体之间的信息交换借助于消息的传输来完成，主要有三类消息起作用，分别为 Join 消息、Leave 消息和 LeaveAll 消息。

1）Join 消息

当一个 GARP 应用实体希望其他设备注册自己的属性信息时，它会对外发送 Join 消息；当收到其他 GARP 应用实体的 Join 消息或本设备静态配置了某些属性，需要其他 GARP 应用实体进行注册时，它也会对外发送 Join 消息。

2）Leave 消息

当一个 GARP 应用实体希望其他设备注销自己的属性信息时，它会对外发送 Leave 消息；当收到其他 GARP 应用实体的 Leave 消息注销某些属性或静态注销了某些属性后，它也会对外发送 Leave 消息。

3）LeaveAll 消息

每个 GARP 应用实体启动后，将同时启动 LeaveAll 定时器，当该定时器超时后，GARP 应用实体会对外发送 LeaveAll 消息。

LeaveAll 消息用来注销所有的属性，使其他 GARP 应用实体重新注册本实体上所有的属性信息，以此来周期性地清除网络中的垃圾属性（如某个属性已经被删除，但由于设备突然断电，并没有发送 Leave 消息来通知其他 GARP 应用实体注销此属性）。

3. 定时器

GARP 中用到了 4 个定时器，下面分别介绍它们的作用。

1）Join 定时器

Join 定时器用来控制 Join 消息（包括 JoinIn 消息和 JoinEmpty 消息）的发送。

为了保证 Join 消息能够可靠地传输到其他 GARP 应用实体，发送第一个 Join 消息后将等待一个 Join 定时器时间间隔，如果在一个 Join 定时器时间间隔内收到 JoinIn 消息，则不发送第二个 Join 消息；如果没收到，则再发送一个 Join 消息。每个接口维护独立的 Join 定时器。

2）Hold 定时器

Hold 定时器用来控制 Join 消息（包括 JoinIn 消息和 JoinEmpty 消息）和 Leave 消息（包括 LeaveIn 消息和 LeaveEmpty 消息）的发送。

当在 GARP 应用实体上配置属性或 GARP 应用实体接收到消息时，不会立刻将该消息传输到其他设备，而会等待一个 Hold 定时器时间间隔后再发送消息，设备将此 Hold 定时器时间间隔内接收到的消息尽可能封装成最少数量的报文，这样可以减少报文的发送量。如果没有 Hold 定时器，每来一个消息就发送一个，造成网络上报文量太大，既不利于网络的稳定，又不利于充分利用每个报文的数据容量。

每个接口维护独立的 Hold 定时器。Hold 定时器的值要小于或等于 Join 定时器值的一半。

3）Leave 定时器

Leave 定时器用来控制属性注销。

每个 GARP 应用实体接收到 Leave 或 LeaveAll 消息后会启动 Leave 定时器，如果在 Leave 定时器超时之前没有接收到该属性的 Join 消息，则属性会被注销。

网络中如果有一个 GARP 应用实体因为不存在某个属性而发送了 Leave 消息，并不代表所有的 GARP 应用实体都不存在该属性，因此不能立刻注销该属性，而是要等待其他 GARP 应用实体的消息。

例如，某个属性在网络中有两个源，分别在 GARP 应用实体 A 和 B 上，其他 GARP 应用实体通过协议注册了该属性。当把此属性从实体 A 上删除时，实体 A 发送 Leave 消息，由于实体 B 上还存在该属性，因此在接收到 Leave 消息之后，实体 B 会发送 Join 消息，以表示它还有该属性。其他 GARP 应用实体如果收到了实体 B 发送的 Join 消息，则该属性仍然被保留，不会被注销。只有当其他 GARP 应用实体等待两个 Join 定时器时间间隔以上仍没有收到该属性的 Join 消息时，才能认为网络中确实没有该属性了，所以要求 Leave 定时器的值大于 2 倍 Join 定时器的值。

每个接口维护独立的 Leave 定时器。

4）LeaveAll 定时器

每个 GARP 应用实体启动后，将同时启动 LeaveAll 定时器。当该定时器超时后，GARP 应用实体将先对外发送 LeaveAll 消息，再启动 LeaveAll 定时器，开始新的一轮循环。

接收到 LeaveAll 消息的 GARP 应用实体将重新启动所有的定时器，包括 LeaveAll 定时器。在自己的 LeaveAll 定时器再次超时之后才会再次发送 LeaveAll 消息，这样就避免了短时间内发送多个 LeaveAll 消息。

如果不同设备的 LeaveAll 定时器同时超时，就会同时发送多个 LeaveAll 消息，从而增加不必要的报文量。为了避免不同设备同时发生 LeaveAll 定时器超时，实际定时器运行的值应大于 LeaveAll 定时器的值，小于 1.5 倍 LeaveAll 定时器值的一个随机值。一次 LeaveAll 相当于全网所有属性的一次 Leave。由于 LeaveAll 影响范围很广，所以建议 LeaveAll 定时器的值不能太小，至少应该大于 Leave 定时器的值。

每个接口只在全局维护一个 LeaveAll 定时器。

7.4.5 MUX VLAN

MUX VLAN（Multiplex VLAN）提供了一种通过 VLAN 进行网络资源控制的机制。MUX VLAN 提供了一种在 VLAN 的端口间进行二层流量隔离的机制。

例如，在企业网络中，企业员工和企业客户可以访问企业的服务器。对于企业来说，希望企业员工之间可以互相交流，而企业客户之间是互相隔离的，不能互相访问。

为了实现所有用户都可访问企业服务器，可通过配置 VLAN 实现。如果企业规模很大，拥有大量的用户，那么就要为不能互相访问的用户都分配 VLAN，这不仅需要耗费大量的 VLAN ID，还增加了网络管理者的工作量和维护量。

通过 MUX VLAN 提供的二层流量隔离机制可以实现企业员工之间互相交流，而企业客户之间互相隔离。

MUX VLAN 分为 Principal VLAN 和 Subordinate VLAN，Subordinate VLAN 又分为 Separate VLAN 和 Group VLAN。

Principal VLAN（主 VLAN）：Principal Port 可以和 MUX VLAN 内的所有端口进行通信。

Separate VLAN（隔离型从 VLAN）：Separate Port 只能和 Principal Port 进行通信，和其他类型的端口实现完全隔离。每个 Separate VLAN 必须绑定一个 Principal VLAN。

Group VLAN（互通型从 VLAN）：Group Port 可以和 Principal Port 进行通信，同一组内的端口也可互相通信，但不能和其他 Group Port 或 Separate Port 通信。每个 Group VLAN 必须绑定一个 Principal VLAN。

7.4.6　课后检测

1．默认管理 VLAN 是（　　）。

A．VLAN-0　　B．VLAN-1

C．VLAN-10　　D．VLAN-100

试题 1 解析：

默认 VLAN 是 VLAN-1，也是管理 VLAN。

试题 1 答案：B

2．VLAN 之间的通信通过（　　）实现。

A．二层交换机　　B．网桥　　C．路由器　　D．中继器

试题 2 解析：

想让两台属于不同 VLAN 的主机之间能够通信，就必须使用路由器或三层交换机为 VLAN 之间进行路由。

试题 2 答案：C

3．以下关于 VLAN 标记的说法中，错误的是（　　）。

A．交换机根据目的地址和 VLAN 标记进行转发决策

B．当进入目的网段时，交换机删除 VLAN 标记，恢复原来的数据帧结构

C．添加和删除 VLAN 标记的过程处理速度较慢，会引入过高的时延

D．VLAN 标记对用户是透明的

试题 3 解析：

VLAN 标记操作在交换机上实现，是在第二层上实现的，并不会引入过高时延。

试题 3 答案：C

4．以下关于 VLAN 的叙述中，错误的是（　　）。

A．VLAN 把交换机划分成多个逻辑上独立的区域

B．VLAN 可以跨越交换机

C．VLAN 只能按交换机接口进行划分

D．VLAN 分隔了广播域，可以缩小广播风暴的范围

试题 4 解析：

VLAN 可以按交换机接口划分，但不是只能。

试题 4 答案：C

5．使用 IEEE 802.1q 标准，最多可以配置（　　）个 VLAN。

A．1022　　　　B．1024　　　　C．4094　　　　D．4096

试题 5 解析：

IEEE 802.1q 标准是 VLAN 中继协议的国际标准，IEEE 802.1q 标准会在数据帧准备通过干道时对数据帧的帧头进行编辑，在数据帧的帧头上放置单一的标记，以标记数据帧来自哪个 VLAN。当数据帧离开干道时，标记被去除。IEEE 802.1q 标准的标记字段占 12 位，支持 4096 个 VLAN 的识别，但 VLAN-0 用于识别数据帧的优先级，VLAN-4095 作为预留 VLAN，所以最多可以配置的 VLAN 个数为 4094。

试题 5 答案：C

6．在局域网中划分 VLAN，不同 VLAN 之间必须通过（　　）连接才能互相通信。属于各个 VLAN 的数据帧必须打上不同的（　　）。

（1）A．中继接口　B．动态接口　　C．接入接口　　D．静态接口

（2）A．VLAN 优先级　　　　B．VLAN 标记

　　C．用户标识符　　　　D．用户密钥

试题 6 解析：

VLAN Trunk 技术（虚拟局域网中继技术）的作用是让连接在不同交换机上的相同 VLAN 中的计算机互通。

如果两台交换机都配置有同一 VLAN 中的计算机，怎么办呢？我们可以通过 VLAN Trunk 技术来解决。

如果交换机 1 的 VLAN-1 中的计算机要访问交换机 2 的 VLAN-1 中的计算机，我们可以把两台交换机的级联接口配置为 Trunk 接口。当交换机把数据包从级联接口发出去时，会在数据包中做一个标记，以使其他交换机识别该数据包属于哪一个 VLAN。其他交换机收到这样一个数据包后，会将该数据包转发到标记中指定的 VLAN，从而完成了跨越交换机的 VLAN 内部数据传输。VLAN Trunk 技术目前有两种标准，ISL 标准和 IEEE 802.1q 标准，前者是 Cisco 专有技术，后者是 IEEE 的国际标准，除 Cisco 两者都支持外，其他厂商都只支持后者。

要实现 Trunk 链路需要将多台交换机之间的接口配置为 Trunk 模式（中继模式）。

试题 6 答案：A、B

7．GVRP 定义的 4 种定时器中默认值最小的是（　　）。

A．Hold 定时器　B．Join 定时器　C．Leave 定时器　D．LeaveAll 定时器

试题 7 解析：

GARP 消息发送的时间间隔是通过定时器实现的，GARP 定义了 4 种定时器，用于控制 GARP 消息的发送周期。

Hold 定时器：当 GARP 应用实体接收到其他设备发送的注册信息时，不会立即将该注册信息作为一条 Join 消息对外发送，而是启动 Hold 定时器，当该定时器超时后，GARP 应用实体将此时段内收到的所有注册信息放在同一个 Join 消息中向外发送，从而节省带宽资源。

Join 定时器：GARP 应用实体可以通过将每个 Join 消息向外发送两次来保证消息的可靠传输，当第一次发送的 Join 消息没有得到回复时，GARP 应用实体会第二次发送 Join 消息。两次 Join 消息发送之间的时间间隔用 Join 定时器来控制。

Leave 定时器：当一个 GARP 应用实体希望注销某属性信息时，将对外发送 Leave 消息，接收到该消息的 GARP 应用实体启动 Leave 定时器，如果在该定时器超时之前没有收到 Join 消息，则注销该属性信息。

LeaveAll 定时器：每个 GARP 应用实体启动后，将同时启动 LeaveAll 定时器，当该定时器超时后，GARP 应用实体将对外发送 LeaveAll 消息，以使其他 GARP 应用实体重新注册本实体上所有的属性信息。随后启动 LeaveAll 定时器，开始新的一轮循环。

4 个定时器配置的时间长度关系为 LeaveAll 定时器 > Leave 定时器 > 2 × Join 定时器 ≥ 4 × Hold 定时器。

试题 7 答案：A

8．关于 VLAN，说法错误的是（　　）

A．按每个连接到交换机设备的 MAC 地址定义 VLAN 成员的是动态 VLAN

B．VLAN 的划分不受用户所在的物理位置和物理网段的限制

C．VLAN 以交换式网络为基础

D．在 VLAN ID 标准范围内，可用于以太网的 VLAN ID 为 10～1000

试题 8 解析：

VLAN ID 的取值范围是 0～4095。由于 0 和 4095 为协议保留取值，因此 VLAN ID 的有效取值范围是 1～4094。

试题 8 答案：D

7.5 生成树协议

企业通常对网络的可靠性要求非常高，希望网络能不间断地运转，甚至忍受不了一年之内出现几分钟的网络故障。如此苛刻的要求，质量再好、品牌再大的网络产品也难以保证。所以，既能容忍网络故障，又能够从故障中快速恢复的网络设计是很有必要的。冗余

可以最大程度地满足这个要求。

普遍采用多台交换机来实现冗余的局域网结构，虽然能够提高网络的可靠性，但实际上这样的结构会因网络环路的出现而引起广播风暴和 MAC 地址表不稳定，导致网络性能降低。冗余交换网络示意图如图 7-11 所示。

在图 7-11 所示的网络中，可能产生如下的三种情况。

（1）广播风暴：显然，当 PCA 发出一个目的 MAC 地址为广播地址的 ARP 数据帧时，该数据帧会被无休止地转发。

（2）MAC 地址表不稳定：在图 7-11 中，即使单播，也有可能导致异常。交换机 SW1 可以在接口 B 上学习到 PCB 的 MAC 地址，但是由于交换机 SW2 会将 PCB 发出的数据帧向自己其他的接口转发，所以 SW1 也可能在接口 A 上学习到 PCB 的 MAC 地址。如此 SW1 会不停地修改自己的 MAC 地址表。这样就引起了 MAC 地址表的抖动（Flapping）。

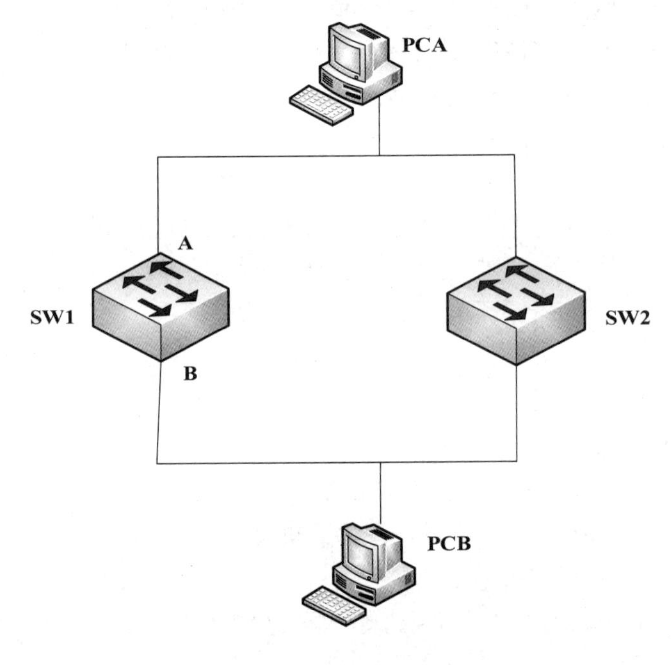

图 7-11　冗余交换网络示意图

（3）数据帧复制现象：在广播风暴的同时会将数据帧复制多份，不停地泛洪。

7.5.1　生成树协议概念

生成树协议（STP）通过在交换机之间传输桥接协议数据单元（BPDU）来相互告知交换机 ID、链路性质等信息，以确定根交换机，决定哪些接口处于转发状态，哪些接口处于阻断状态，以免引起网络环路。

STP 算法的收敛过程分为三步：选择根交换机→选择根接口→选择指定接口。

1. 选择根交换机

运行 STP 的交换机，会相互交换 BPDU。STP 交换机初始启动之后，都会认为自己是根交换机，并在发送给其他交换机的 BPDU 里面宣告自己是根交换机。交换机向网络中其他设备发送 BPDU 时，会比较 BPDU 里面的根交换机的 BID 和自己的 BID（交换机 ID），选择一台 BID 最小的交换机作为根交换机。

BID 是一个 8B 的字段：交换机优先级为 2B，交换机 MAC 地址为 6B，如图 7-12 所示。交换机优先级的默认值为 32768。如果想人为修改某台交换机为根交换机，可以通过相关命令修改其优先级，注意优先级的值最小的为根交换机，优先级的值是 4096 的倍数。

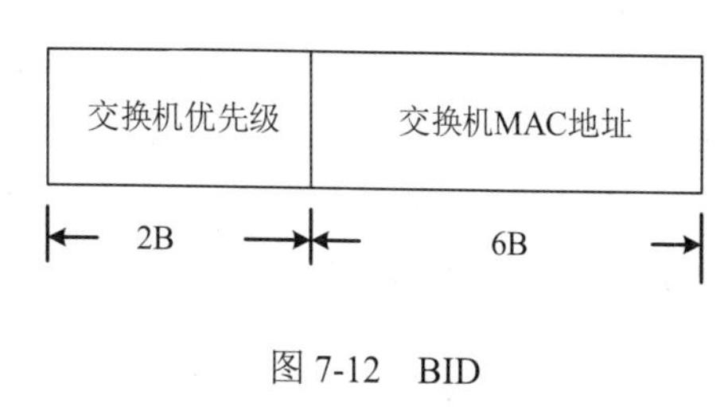

图 7-12　BID

2. 选择根接口

STP 会在每台非根交换机上建立一个根接口。

根接口的选择依据如下。

（1）接口到根交换机最小的根路径开销：根接口所连路径是非根交换机到根交换机之间开销最小的路径。根路径开销和传输链路的带宽有关，带宽越大，开销越小。例如，按照 IEEE 802.1d 标准，10Gbit/s 链路的开销是 2，1Gbit/s 链路的开销是 4，100Mbit/s 链路的开销是 19，10Mbit/s 链路的开销是 100。按照 IEEE 802.1t 标准，则对应的链路开销分别是 2000、20000、200000、2000000。此外还有厂商的私有标准。

（2）直连的交换机的 BID 最小：当一台交换机从两台交换机上分别收到一个 BPDU 时，此交换机就会比较收到的 BPDU 中的交换机谁的 BID 小，哪个接口收到的 BPDU 中交换机的 BID 小，则哪个接口是根接口。

（3）对端的接口 ID 最小：接口 ID 包括接口优先级和接口编号。接口优先级的取值范围是 0～255，默认值为 128。

3. 选择指定接口

STP 会在每个网段分别建立一个指定接口，根交换机上的所有接口都是指定接口。

指定接口的选择顺序如下。

（1）根路径开销最小（接口所在交换机到根交换机的开销）。

（2）接口所在的交换机的 BID 较小。

（3）本接口 ID 较小。

7.5.2 接口的状态

STP 中接口的状态包括阻塞状态、监听状态、学习状态和转发状态。

阻塞状态（Blocking）：不转发数据帧，接收 BPDU。

监听状态（Listening）：不转发数据帧，监听 BPDU，并进入生成树构造过程。

学习状态（Learning）：不转发数据帧，学习地址。

转发状态（Forwarding）：转发数据帧，学习地址。

注意： *学习状态结束后，那些依然是指定接口或根接口的接口将进入转发状态，其他的接口进入阻塞状态。*

接口由阻塞状态转换到转发状态通常需要 50s 的时间，这段时间也称为收敛时间。对于 STP 来说，收敛就意味着这样一种状态：所有的交换机的接口要么处于阻塞状态，要么处于转发状态。STP 的收敛时间可以通过配置生成树计时器来调整。但是在一般情况下，这个时间最好配置为默认值，因为这个时间可以保证 STP 有足够的时间来收集网络的信息。

7.5.3　快速生成树协议

快速生成树协议（RSTP）：RSTP 能够完成 STP 的所有功能，并且在网络结构发生变化时能更快地收敛网络。

RSTP 主要从两个方面实现快速收敛。

1．边缘接口

当接口没有连接到其他交换机，而直接与用户终端连接的时候，这个接口称为边缘接口。启用了边缘接口会直接进入转发状态，而不需要经过中间的其他状态。对交换机 A 的 f 0/1 接口来说，如果没有启用边缘接口，那么当 f 0/1 接口有计算机接入时，f 0/1 接口将立即进入监听状态，随后进入学习状态，最后进入转发状态，这需要 30s 的时间。接口一旦拥有边缘接口特性，当计算机接入时，接口就立即进入转发状态。

注意： *由于交换机无法自动判断接口是否和用户终端相连，所以用户需要手动把和终端连接的接口配置为边缘接口。*

2．根接口和指定接口的快速切换

根接口和指定接口这两个角色在 RSTP 中被保留，阻塞接口则变为替代接口和备份接口。RSTP 使用 BPDU 来决定接口的角色，接口类型通过比较接口中保存的 BPDU 来确定。

替代接口是指由于学习到其他交换机发送的配置 BPDU 报文而阻塞的接口，提供了从指定交换机到根交换机的另一条可切换路径，作为根接口的备份。备份接口是指由于学习到自己发送的配置 BPDU 报文而阻塞的接口，作为指定接口的备份，提供了另一条从根交换机到相应网段的备份路径。

7.5.4　多生成树协议

IEEE 802.1d 标准的提出要比 IEEE 802.1q 标准早，所以在 STP/RSTP 中并没有考虑 VLAN 因素。在计算 STP/RSTP 的时候，交换机上所有的 VLAN 共享一棵生成树，无法实现不同 VLAN 在多条 Trunk 链路上的负载均衡，当某条链路被阻塞后就不会承担任何流量，造成带宽的极大浪费。

多生成树协议（MSTP）在 IEEE 802.1s 标准中被定义，MSTP 既可以实现快速收敛，又可以弥补 STP 和 RSTP 的缺点。MSTP 能够让不同 VLAN 的流量沿着各自的路径转发，从而利用冗余链路提供了更好的负载分担机制。

MSTP 的“多生成树”包括两层含义：一是在一个交换网络中可以基于 VLAN 划分出多个生成树实例（STI）；二是在每个生成树实例中可以包括多个 VLAN，可以避免为每一

个 VLAN 维护一棵生成树而造成的巨大资源浪费，不用像 Cisco 的 PVST、PVST+协议一样一个 VLAN 对应一个生成树实例，增加系统开销。所以 MSTP 更适用于比较大的网络，能更方便地实现 VLAN 的负载均衡。

7.5.5 课后检测

1．STP 的作用是（　　）。

A．防止二层环路　　B．以太网流量控制

C．划分逻辑网络　　D．基于接口的验证

试题 1 解析：

产生网络环路会造成什么样的危害呢？

（1）广播风暴：广播风暴犹如自然界的飓风一样，是网络设计者需要极力避免的灾难之一，它可以在短时间内无情地摧毁整个网络，使得交换机处于极度忙碌的状态，交换机所做的工作就是转发广播帧，而正常的网络流量将会被阻塞。在用户的主机上，由于网卡被迫不断地处理大量的广播帧，因此呈现网络传输速率低或根本无法连通的现象。

广播风暴的原因除个别网卡出现故障外，交换环路也是一个重要的原因。另外不是所有的广播帧都是不正常的，有一些应用必须用到广播帧，如 ARP 解析。

（2）MAC 地址表不稳定，由两个方向上的广播帧造成。

（3）数据帧复制现象。

我们应利用 STP 来解决这个问题。

试题 1 答案：A

2．根据 STP，交换机 ID 最小的交换机被选为根交换机，交换机 ID 由（　　）B 的优先级和 6B 的（　　）组成。

（1）A．2　　B．4　　C．6　　D．8

（2）A．用户标识符　　B．MAC 地址

C．IP 地址　　D．接口号

试题 2 解析：

交换机 ID 是一个 8B 的字段：交换机优先级为 2B，交换机 MAC 地址为 6B。

交换机优先级取值范围为 0～65535，默认值为 32768；MAC 地址是交换机自身的 MAC 地址。

在根交换机上，所有的接口都会成为指定接口。指定接口不会被阻塞。

试题 2 答案：A、B

3．当局域网中更换交换机时，（　　）保证新交换机成为网络中的根交换机。

A．降低交换机优先级

B．改变交换机的 MAC 地址

C．降低交换机接口的根路径费用

D．为交换机指定特定的 IP 地址

试题 3 解析：

在 STP 中选举根交换机是根据 BID 进行的，选取 BID 最小的交换机为根交换机。BID 由交换机优先级和交换机 MAC 地址两部分组成。

试题 3 答案：A

4．由 IEEE 制定的最早的 STP 标准是（　　）。

A．IEEE 802.1d　　B．IEEE 802.1q

C．IEEE 802.1w　　D．IEEE 802.1s

试题 4 解析：

STP——IEEE 802.1d。

RSTP——IEEE 802.1w。

MSTP——IEEE 802.1s。

VLAN——IEEE 802.1q。

试题 4 答案：A

7.6 链路聚合

链路聚合又叫作接口聚合，可以形成以太网通道及 Eth-Trunk 链路。

7.6.1 链路聚合概念

链路聚合是指将交换机上的多条线路捆绑成一个组，相当于逻辑链路，组中活动的物理链路同时进行数据的转发，可以增大链路带宽。STP 将其看作同一个接口的链路。当组中有物理链路断掉时，流量将被转移到剩下的活动链路中去，只要组中还有活动链路，用户的流量就不会中断。

链路聚合的作用是根据需要灵活增加网络设备之间的带宽、增加网络设备之间连接的可靠性，可以实现负载均衡、节约成本。

两台交换机之间形成以太网通道可以静态绑定聚合，也可以根据 LACP 自动协商。

7.6.2 课后检测

1．以太网链路聚合技术是将（　　）。

A．多条逻辑链路聚合成一条物理链路

B．多条逻辑链路聚合成一条逻辑链路

C．多条物理链路聚合成一条物理链路

D．多条物理链路聚合成一条逻辑链路

试题 1 解析：

链路聚合是将交换机上的多条线路捆绑成一个组，相当于逻辑链路，组中活动的物理链路同时进行数据的转发，可以增大链路带宽。

试题 1 答案：D

7.7 级联和堆叠

当单一交换机所能提供的接口数量不足以满足网络计算机的需求时，必须有两台以上的交换机提供相应数量的接口，这就涉及交换机之间的连接问题。从根本上来讲，交换机之间的连接不外乎两种方式，一是级联，二是堆叠。

7.7.1 级联

级联可通过一根双绞线在任何网络设备厂商的交换机之间完成。交换机之间通过面板上的 Up-Link 接口级联。Up-Link 接口实际上是一个反接的 RJ-45 接口，将一台工业交换机的 Up-Link 接口接到另一台工业交换机的任何一个 RJ-45 接口，即实现工业交换机之间的级联。相互级联的交换机在逻辑上是各自独立的，必须依次对其进行配置和管理。

7.7.2 堆叠

堆叠只能发生在自己厂商的设备之间，并且相应交换机必须具有堆叠功能。堆叠需要专用的堆叠模块和堆叠线缆。堆叠可容纳的交换机数量，各厂商都会明确地进行限制。堆叠后的数台交换机在逻辑上是一个被网管网络管理的设备，可以对所有交换机进行统一的配置与管理。

根据堆叠连线方式的不同，堆叠可组成链形和环形两种连接拓扑。

链形连接：首尾不需要有物理连接，适合长距离堆叠，可靠性低，一旦其中一条堆叠链路出现故障，就会造成堆叠分裂。堆叠链路带宽利用率低，整个堆叠系统只有一条路径。当堆叠成员交换机距离较远时，组建环形连接比较困难，可以使用链形连接。

环形连接：可靠性高，如果其中一条堆叠链路出现故障，则环形连接变成链形连接，不影响堆叠系统正常工作，首尾需要有物理连接，不适合长距离堆叠。当堆叠成员交换机距离较近时，从可靠性和堆叠链路利用率上考虑，建议使用环形连接。

华为交换机中的堆叠技术称为 iStack（智能堆叠），集群技术称为 CSS（集群交换机系统）。

1. iStack

iStack 中支持的成员交换机高达 9 台，在 iStack 系统建立前，每台成员交换机都是单独的实体设备，都有自己独立的 IP 地址和 MAC 地址，对外体现为多台交换机。在 iStack 系统建立后，所有成员交换机对外体现为一个统一的逻辑实体，用户使用一个 IP 地址就可以对所有交换机进行管理和维护。

2. CSS

通过交换机集群能够实现数据中心大数据量转发和网络高可靠性。

集群技术一般仅应用于高端交换机系统，主要用于提高交换机的转发性能和可靠性。CSS 支持两台交换机的集群。CSS 是目前广泛应用的一种横向虚拟化技术，具有简化配置、管理和扩展带宽、链路跨框冗余备份等作用。

网络中的两个设备组成 CSS，虚拟成单一的逻辑设备。简化后的组网不再需要使用 MSTP、VRRP 等协议，简化了网络配置。用户只需要登录一台成员交换机，即可对 CSS 系统中的所有成员交换机进行统一配置和管理。

7.8 无线局域网

无线局域网是指利用射频技术取代双绞铜线，从而构成的局域网络。由于无线局域网不需要铜线介质，只利用无线电、微波、红外线等在空中发送和接收数据，因此可以方便地解决采用铜线介质难以实现的网络连接问题，这成为局域网连网方式的一种扩展和补充。

7.8.1 无线局域网工作模式

在 IEEEE 802.11 标准的提案中，规定了两种无线局域网工作模式，分别是基础设施网络模式（基础设施网络）和无访问点模式（Ad Hoc 网络），如图 7-13 所示。

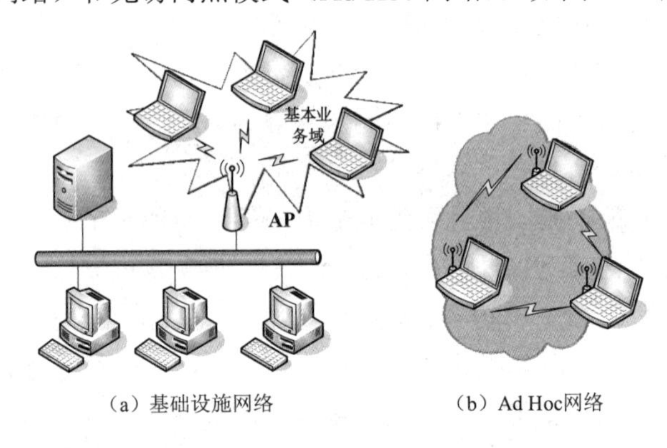

图 7-13　两种无线局域网工作模式

1. 基础设施网络

基础设施网络需要通过接入点（AP）来访问骨干网。无线 AP 叫作无线接入点，其作用是把局域网里通过双绞线传输的有线信号（电信号）经过编译，转换成无线信号传递给笔记本电脑、手机等无线终端，与此同时，把这些无线终端发送的无线信号转换成有线信号通过双绞线在局域网内传输。通过这种方式，形成无线覆盖，即无线局域网。

注意： 无线 AP 往往通过交换机 PoE 模块进行供电。

以太网 PoE 供电技术是交换机 PoE 模块通过以太网线路为 IP 电话、无线 AP、网络摄像头等小型网络设备直接提供电源的技术。该技术可以避免大量独立铺设电力线，简化系统布线，降低基础设施网络的建设成本。为了规范和促进 PoE 供电技术的发展，解决不同厂家供电和受电设备之间的适配性问题，IEEE 先后发布了三个 PoE 标准：IEEE 802.3af 标准、IEEE 802.3at 标准、IEEE 802.3bt 标准。其中 IEEE 802.3af 标准允许两种用法：①利用网线（1 线、2 线、3 线、6 线）同时传输数据信号和进行供电。网线中的 1 线、2 线为负，

3线、6线为正或网线中的1线、2线为正，3线、6线为负；②利用空闲线（4线、5线、7线、8线）进行供电。4线、5线连接正极，7线、8线连接负极。

2. Ad Hoc网络

Ad Hoc网络是一种多跳的、无中心的、自组织无线网络，又称为多跳网、无基础设施网或自组织网。整个网络没有固定的基础设施AP，每个节点都是移动的，动态地保持与其他节点的联系。在这种网络中，终端无线覆盖范围是有限的，两个无法直接进行通信的用户终端可以借助其他节点进行分组转发。每个节点同时是一台路由器。

Ad Hoc网络路由协议是Ad Hoc网络的重要组成部分，与传统的网络路由协议相比，Ad Hoc网络路由协议更加复杂。Ad Hoc网络路由协议中具有代表性的包括目的序列距离矢量路由协议（DSDV）和按需驱动路由协议（AODV）。

7.8.2 无线局域网关键通信技术

无线局域网主要使用红外线、扩展频谱和窄带微波三种通信技术。

红外线通信技术：频谱无限，能提供极高的数据传输速率。红外线通信技术可以分成定向光束红外线（点对点链路）、全向广播红外线和漫反射红外线三种技术。IEEE 802.11标准规定采用PPM标准作为漫反射红外线介质的物理层标准，漫反射红外线介质的波长为850～950mm，数据传输速率分为1Mbit/s和2Mbit/s两种。

扩展频谱通信技术：即扩频通信技术，包括早期的频率跳动扩展频谱（FHSS）技术和更新的直接序列扩展频谱（DSSS）技术。

窄带微波通信技术：使用微波无线电频带（RF）传输数据。

7.8.3 无线局域网标准

IEEE 802.11工作组先后提出了以下多个标准，最早的IEEE 802.11标准只能够达到1Mbit/s～2Mbit/s的速率，在制定更高速率的标准时，产生了IEEE 802.11a和IEEE 802.11b标准两个分支，后来又推出了IEEE 802.11g、IEEE 802.11n、IEEE 802.11ac、IEEE 802.11ax的新标准，如表7-2所示。

表7-2 无线局域网标准

标准	运行频段/GHz	主要技术	数据传输速率
IEEE 802.11	2.4	扩频通信技术	1Mbit/s和2Mbit/s
IEEE 802.11a	5	OFDM技术	54Mbit/s
IEEE 802.11b	2.4	CCK技术	11Mbit/s
IEEE 802.11g	2.4	OFDM技术	54Mbit/s
IEEE 802.11n	2.4和5	OFDM技术和MIMO技术	600Mbit/s
IEEE 802.11ac	5	OFDM技术和MU-MIMO技术	1000Mbit/s
IEEE 802.11ax	2.4和5	OFDMA技术和MU-MIMO技术	11Gbit/s

IEEE 802.11标准工作在2.4GHz的频段下，这个频段被划分为14个交叠的、错列的22MHz的无线载波信道，相邻信道中心频率间隔为5MHz，但是每个国家的可用信道根据

每个国家的法规有所不同，我国允许使用信道 1～信道 13。可以使用（信道 1、信道 6、信道 11），（信道 2、信道 7、信道 12），（信道 3、信道 8、信道 13），（信道 4、信道 9、信道 14）这 4 组互不干扰的信道来进行无线覆盖。5GHz 频段的信道之间没有重叠，可以独立工作，互不干扰。

7.8.4 无线局域网 CSMA/CA 协议

IEEE 802.11 标准的 MAC 协议定义了分布式协调功能（DCF）和点协调功能（PCF）两种接入机制，其中 DCF 机制是基于竞争的接入方法，所有的节点竞争接入介质；PCF 机制是无竞争的，节点被分配在特定的时间内单独使用介质。DCF 机制是一种基本的访问协议，而 PCF 机制是一种可选的访问协议。

CSMA/CD 协议已经成功应用于有线局域网，但在无线局域网的环境下，DCF 机制不能简单地搬用 CSMA/CD 协议，特别是冲突检测部分。主要原因有以下两个。

第一，在无线局域网中，接收信号的强度往往远小于发送信号的强度，因此如果要实现冲突检测的话，在硬件上需要的花费就会过大。

第二，在无线局域网中，并非所有的节点都能监听到对方，而所有的节点都能监听到对方是实现 CSMA/CD 协议的基础。

在 DCF 机制中，子层介质存取方式采用 CSMA/CA 算法。与以太网所采用的 CSMA/CD 算法很相似，只不过 CSMA/CA 算法没有冲突检测功能，因为在无线局域网上进行冲突检测是不太现实的。介质上信号的动态范围非常大，因此发送节点不能有效地辨别出输入的微弱信号是噪声还是自己发送的结果。所以取而代之的方案是一种避免碰撞 CA 的算法。

7.8.5 无线局域网的安全

无线局域网的安全体现在用户的访问控制和数据加密两个方面，访问控制是指网络只能由授权的用户进行访问，数据加密是指数据只能被授权的用户理解。

1. 验证技术

无线局域网验证技术包括 MAC 地址验证、802.1x 验证、PSK 验证、Portal 验证等。

1）MAC 地址验证

MAC 地址验证是一种基于接口和 MAC 地址对用户的网络访问权限进行控制的方法，不需要用户安装任何客户端软件。MAC 地址验证要求预先在 AC 或胖 AP 上写入合法 MAC 地址列表，只有当用户设备的 MAC 地址和合法 MAC 地址一致的时候，才允许用户和设备进行通信。

2）802.1x 验证

IEEE 802.1x 协议属于二层协议，是基于 C/S 的访问控制和验证协议。它可以限制未经授权的用户/设备通过接入接口访问局域网/无线局域网的资源（对于无线局域网来说，一个“接口”就是一条信道）。

3）PSK 验证

PSK 验证，即预共享密钥验证，不需要额外的验证服务器，直接由无线 AP 进行验证。

4）Portal 验证

Portal 验证的基本方式是在 Portal 页面的显著位置配置验证窗口，用户开机获取 IP 地址后，通过登录 Portal 验证页面进行验证，验证通过后即可访问网络。

对于用户来说有如下两种方式可以访问验证页面。

（1）主动 Portal：用户必须知道 Portal 服务器的 IP 地址，主动登录 Portal 服务器进行验证，之后才能访问网络。

（2）强制 Portal：未验证的用户访问网络，都会先强制用户定向到 Portal 服务器进行验证，用户不需要记忆 Portal 服务器的 IP 地址。

Portal 业务可以为运营商提供方便的管理功能，基于其门户网站可以开展广告、社区服务、个性化的业务等，使宽带运营商、设备提供商和内容服务提供商形成一个产业生态系统。

2. 加密技术

无线局域网主要有三种无线加密技术，分别是 WEP 技术、WPA 技术和 WPA2 技术。

（1）WEP 技术使用静态共享密钥和未加密 CRC 码进行校验，无法保证加密数据的完整性，并存在弱密钥等问题。WEP 技术在安全保护方面存在明显的缺陷。

（2）WPA 技术对 WEP 技术进行了改进，其中包括消息完整性检查（确定接入点和客户端之间传输的数据包是否被攻击者捕获或改变），以及临时密钥完整性协议（TKIP）。TKIP 采用数据包密钥系统，比 WEP 协议采用的固定密钥系统更加安全。

TKIP 针对 WEP 协议的弱点进行了重大的改良（动态密钥），但保留了 WEP 协议的加密算法和架构，虽说安全系数大大增强，但相对后来出现的 AES 协议安全性还是不够。

（3）WPA2 技术是 WPA 技术的第二个版本，是对 WPA 技术在安全方面的改进版本。与 WPA 技术相比，WPA2 技术主要改进的是所采用的加密标准。WPA2 技术新增了支持 AES 协议的加密方式。

IEEE 802.11i 标准是 802.11 工作组为新一代无线局域网制定的安全标准，主要包括加密协议 TKIP、AES 和验证协议 IEEE 802.1x。WAPI（鉴别与保密基础结构）是我国提出的以 IEEE 802.11 无线协议为基础的无线局域网安全标准。WAPI 技术能够提供比 WEP 技术和 WPA 技术更强的安全性。

7.8.6 无线局域网组网

无线局域网组网方式按照无线 AP 通常可以分为胖 AP（Fat AP）和瘦 AP（Fit AP）两种模式。

1. 胖 AP 模式

胖 AP 除具有无线接入功能外，一般还具有数据加密、QoS、用户验证、网络管理、DHCP 等其他功能。胖 AP 通常有自带的完整操作系统，是可以独立工作的网络设备，可以实现拨号、路由等功能，一个典型的例子就是我们常见的家用无线路由器。胖 AP 一般应用于小型的无线网络建设，可独立工作，不需要 AC（无线控制器）产品的配合。胖 AP

一般应用于仅需要较少数量即可完整无线覆盖的家庭、小型商户或小型办公类场景。

2. 瘦 AP 模式

瘦 AP，形象理解就是把胖 AP 瘦身，去掉路由、DNS、DHCP 等诸多加载的功能，仅保留无线接入的功能。我们常说的 AP 就是指这类瘦 AP，瘦 AP 相当于无线交换机或集线器，仅提供一个有线/无线信号转换和无线信号接收/发射的功能。瘦 AP 作为无线局域网的一个部件，是不能独立工作的，必须配合 AC 产品才能成为一个完整的系统。瘦 AP 一般应用于中大型的无线网络建设，以一定数量的瘦 AP 配合 AC 产品来组建较大的无线网络，使用场景一般为商场、超市、景点、酒店、餐饮娱乐、企业办公等。

根据 AP 和 AC 之间的组网方式，组网架构可分为二层组网和三层组网两种方式。

（1）二层组网方式。

当 AP 和 AC 之间的网络是直连网络或二层网络的时候，如 AP 和 AC 通过二层交换机连接，这种组网方式称为二层组网方式。二层组网方式比较简单，适用于简单临时的组网，能够进行比较快速的组网配置，但这种方式不适用于大型组网架构。

（2）三层组网方式。

当 AP 和 AC 之间的网络是三层网络的时候，也就是 AP 和 AC 属于不同的 IP 网段，AP 和 AC 之间的通信需要通过路由器或三层交换机来转发完成，这种组网方式称为三层组网方式。瘦 AP+AC 三层组网方式如图 7-14 所示。在实际的组网架构中，一个 AC 可以连接几十个、几百个 AP，AP 可以分布在办公室、会议室等地方，AC 则可以放在企业机房内。根据 AC 在网络中的位置，三层组网方式分为直连式组网和旁挂式组网。

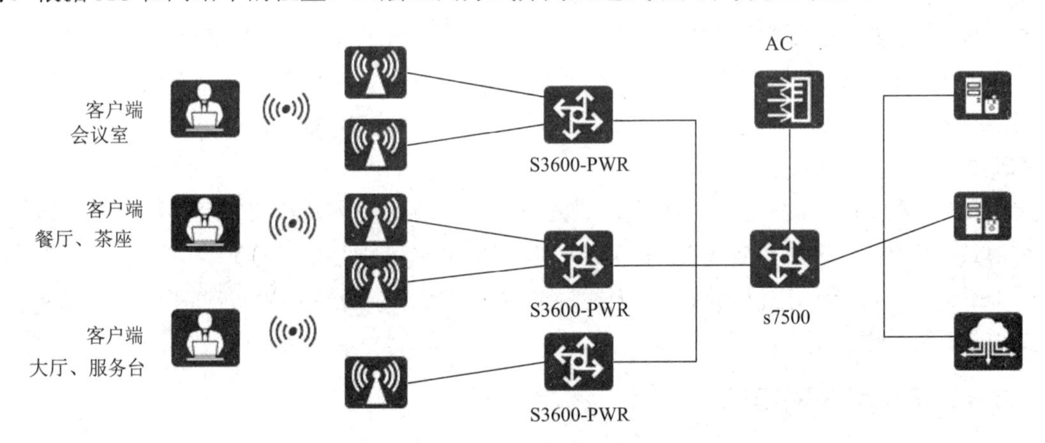

图 7-14 瘦 AP+AC 三层组网方式

① 直连式组网。

在直连式组网中，AC 具有汇聚层交换机的功能，AP 的业务数据和管理控制数据都要由 AC 来集中转发和处理，也就是所有的数据必须通过 AC 到达上层网络。直连式组网的缺点是对 AC 的吞吐量和数据处理能力要求比较高，AC 容易成为整个无线网络带宽的瓶颈，优点是组网结构清晰，实施起来比较简单。

② 旁挂式组网。

在旁挂式组网中，AC 旁挂在 AP 和上层网络的直连链路上，AP 的业务数据可以不经过 AC 而直接到达上层网络。在实际组网中，无线网络的覆盖架设大部分是后期在现有网络中扩展而来的，采用旁挂式组网就比较容易进行扩展，只需要把 AC 旁挂在现有网络中，如旁挂在汇聚层交换机上，就可以对 AP 进行管理。

当采用旁挂式组网时，AC 只起到管理 AP 的作用，AP 和 AC 之间的管理控制报文封装在 CAPWAP 隧道中进行传输，数据报文可以通过 CAPWAP 隧道经过 AC 转发（AC 集中转发数据报文，安全性好，方便集中管理和控制，业务数据必须经过 AC 转发，报文转发效率比直接转发方式低，AC 所受压力大），也可以不经过 AC 直接转发，直接通过汇聚层交换机传到上层网络（报文转发效率高，AC 所受压力小，但业务数据不便于集中管理和控制）。CAPWAP 是 AP 和 AC 之间的通信规则，实现 AP 与 AC 间的互通。

7.8.7　课后检测

1．在中国区域内，2.4GHz 无线频段分为（　　）个信道。

A．11　　B．12　　C．13　　D．14

试题 1 解析：

2.4GHz 频段在我们国家分为 13 个信道，一般我们用信道 1、信道 6、信道 11。

试题 1 答案：C

2．IEEE 802.11 标准采用的工作频段是（　　）。

A．900MHz 和 800MHz　　B．900MHz 和 2.4GHz

C．5GHz 和 800MHz　　D．2.4GHz 和 5GHz

试题 2 解析：

IEEE 802.11 标准采用的工作频段是 2.4GHz 和 5GHz。

试题 2 答案：D

3．IEEE 802.11 标准 MAC 子层定义的竞争性访问控制协议是（　　）。

A．CSMA/CA 协议　　B．CSMA/CB 协议

C．CSMA/CD 协议　　D．CSMA/CG 协议

试题 3 解析：

CSMA/CD 协议已经成功应用于有线局域网，但在无线局域网的环境下，不能简单地搬用 CSMA/CD 协议，特别是冲突检测部分。IEEE 802.11 标准 MAC 子层定义的竞争性访问控制协议是 CSMA/CA 协议。

试题 3 答案：A

4．以下通信技术中，未在 IEEE 802.11 标准无线局域网中使用的是（　　）。

A．FHSS　　B．DSSS

C．CDMA　　D．IR

试题 4 解析：

本题考查无线局域网的相关内容。

在无线局域网中，FHSS、DSSS、IR 都有使用，而 CDMA 未使用。

试题 4 答案：C

5．下列无线网络技术中，覆盖范围最小的是（　　）。

A．IEEE 802.15.1 标准蓝牙

B．IEEE 802.11n 标准无线局域网

C．IEEE 802.15.4 标准 ZigBee

D．IEEE 802.16m 标准无线城域网

试题 5 解析：

（1）Wi-Fi 基于 IEEE 802.11 标准，Wi-Fi 是目前应用广泛的无线通信技术，传输距离为 100～300m，速率可达 300Mbit/s，功耗为 10～50mW。

（2）ZigBee 是一个基于 IEEE 802.15.4 标准（2.4GHz 频段）的低功耗局域网协议，是一种短距离、低功耗的无线通信技术，传输距离为 50～300m，速率为 250kbit/s，功耗为 5mW，最大特点是可以自组网，网络节点数最大可达 65000 个。

（3）蓝牙基于 IEEE 802.15.1 标准，传输距离为 2～30m，速率为 1Mbit/s，功耗介于 ZigBee 和 Wi-Fi 之间。

ZigBee 多应用于智能家居，蓝牙多应用于距离特别短的文件传输。

试题 5 答案：A

6．下列 Fat AP 无线组网的说法中，错误的是（　　）。

A．组网成本较低

B．Fat AP 可以为无线接入终端提供 DHCP 服务

C．Fat AP 可以为无线接入终端提供跨 AP 的 L3 漫游服务

D．适合家庭或小规模网络应用场景

试题 6 解析：

Fat AP 又称为胖 AP，能够独立完成 Wi-Fi 覆盖，不需要另外部署管控设备。由于 Fat AP 是独立工作的，所以每一台 Fat AP 都需要单独进行配置。如果想要通过部署多台 Fat AP 来实现大面积的 Wi-Fi 覆盖，那么实际配置和维护所耗费的成本是巨大的。同时，由于 Fat AP 独自控制用户的接入，因此用户无法在 Fat AP 之间实现无线漫游。

试题 6 答案：C

7．下列 IEEE 802.11 系列标准中，无线局域网的传输速率达到 300Mbit/s 的是（　　）。

A．IEEE 802.11 标准　　　　B．IEEE 802.11b 标准

C．IEEE 802.11g 标准　　　　D．IEEE 802.11n 标准

试题 7 解析：

IEEE 802.11a 标准最高传输速率为 54Mbit/s。

IEEE 802.11b 标准最高传输速率为 11Mbit/s。

IEEE 802.11g 标准最高传输速率为 54Mbit/s。

IEEE 802.11n 标准的传输速率为 300Mbit/s～600Mbit/s。

试题7答案：D

8．下列Wi-Fi加密方式中，（　　）使用了AES加密算法，安全性更高。

A．开放式认证　　B．WPA　　C．WPA2　　D．WEP

试题8解析：

开放式认证不提供加密。

WPA/WEP使用RC4加密算法。

WPA2使用AES加密算法。

试题8答案：C

第 8 章

广域网和接入网技术

根据对考试大纲的分析，以及对以往试题情况的分析，“广域网和接入网技术”章节的分数为 2～3 分，占上午试题总分的 **3%**左右。从复习时间安排来看，请考生在 2 天之内完成本章的学习。

8.1 知识图谱与考点分析

广域网是一种跨地区的数据通信网络。计算机之间的通信常常使用电信运营商提供的设备作为信息传输平台，如通过公用网（电话网、分组交换数据网、帧中继网、Internet 等这些广域网）连接其他计算机。接入网解决的是“最后一公里”的问题。在接入网中，目前广泛应用的是 PON 技术。

通过分析历年的考试题和根据考试大纲，要求考生掌握以下几个方面的内容。

知识模块	知识点分布	重要程度
广域网技术	• 广域网交换方式	★★★
	• 广域网流量控制	★★
	• 广域网数据链路层协议	★★★
	• 广域网传输标准	★★★
接入网技术	• ISDN 接入	★
	• xDSL 接入	★★★
	• HFC 接入	★
	• PON 接入	★★★

8.2 广域网技术

广域网（WAN）也称远程网，通常跨接很大的物理范围，覆盖的范围为几十千米到几千千米，能连接多个城市和国家，或者横跨几个洲提供远距离通信，形成国际性的远程网络。

8.2.1 广域网交换方式

在广域网中，数据交换的方式分为电路交换、报文交换和分组交换三种。

1. 电路交换

数据交换最早的方式是电路交换。电路交换利用原有的电话交换网络，在任意两个用户之间建立一个物理电路来交换数据。

所有的电路交换都经过连接建立、数据传输和电路拆除三个阶段，并且在信息传输期间，这条电路为用户所占用，通信结束后才进行释放。

电路交换的缺点在于电路利用率低，特别是用来传输计算机数据的时候。因为计算机数据都是突发式地出现在传输线路上，所以电路的利用率往往不到 1%。

2. 报文交换

在报文交换中，信息以报文为单位进行接收、存储和转发。报文交换不要求在两个通信节点之间建立专用通路。节点把要发送的信息组织成一个数据包——报文，该报文中含有目的节点的地址，完整的报文在网络中一站一站地向前传输。报文长度没有限制。每个中间节点都要完整地接收传来的整个报文，当输出线路不空闲时，可能要存储几个完整报文等待转发，因此要求网络中每个节点都有较大的缓冲区。为了降低成本，减少节点的缓冲存储器的容量，有时要把等待转发的报文存在磁盘上，这就进一步增加了传播时延。报文交换存在的时间比较短，已经被分组交换取代。

3. 分组交换

分组交换采用存储转发的传输方式，会将一个长报文先分割为若干个较短的分组，再把这些分组（携带源、目的地址和编号信息）逐个地发送出去。按照实现方式，分组交换可以分为虚电路分组交换和数据包分组交换。

1）虚电路分组交换

虚电路分组交换：虚电路分组交换在通信之前，需要在发送端和接收端之间先建立一个逻辑连接，然后才开始传输分组，所有分组沿相同的路径进行交换转发，通信结束后再拆除该逻辑连接。网络保证所传输的分组按发送的顺序到达接收端，所以网络提供的服务是可靠的，也保证服务质量。这种方式对信息传输频率高、每次传输量小的用户不太适用，但由于每个分组头只需要标出虚电路标识符和序号，所以分组头开销小，适用于长报文传输，典型的网络代表有 X.25 网络、帧中继网络、ATM 网络等。

2）数据包分组交换

数据包分组交换：发送者需要在通信之前将所要传输的数据包准备好，数据包中包含发送者和接收者的地址信息。数据包的传输彼此独立、互不影响，可以按照不同的路由机制到达目的地，并重新组合。网络只是尽力地将数据包交付给目的主机，但不保证所传输的数据包不丢失，也不保证数据包能够按发送的顺序到达接收端，所以网络提供的服务是不可靠的，也不保证服务质量。典型的网络代表有 Internet。

8.2.2 广域网流量控制

流量控制是一种协调发送站和接收站工作步调的技术，其目的是避免发送站发送速度过快，使得接收站来不及处理而丢失数据。通常接收站维持一定大小的接收缓冲区，当接收到的数据进入缓冲区后，接收站要进行简单的处理，先清除接收缓冲区，再开始接收下一批的数据，如果发送得过快，接收缓冲区就会溢出，从而引起数据的丢失。流量控制可以避免这种情况的产生。表 8-1 所示为广域网流量控制协议与链路利用率。

表 8-1 广域网流量控制协议与链路利用率

协议名称	特点	链路利用率
停等协议（单工通信）	发送站每发送一帧，就停止发送，等收到应答信号后再发送下一帧。在局域中效率较高，对广域网而言效率太低	$E=1/(2a+1)$ a：帧计数长度
滑动窗口协议（双工通信）	允许连续发送多个帧而无须等待应答，所允许的这个帧数是固定值，也称为窗口值。当成功收到一个确认包后，窗口值就向前滑动 1 位	$E=W/(2a+1)$
停等 ARQ 协议（有噪声环境的单工通信）	停等协议和自动请求重发技术的结合，发送站每发送一帧，就停止发送，等收到肯定应答信号（ACK）后再发送下一帧；收到否定应答信号（NAK）后重发该帧，在一定时间间隔内未收到 ACK，也重发	$E=(1-P)/(2a+1)$ P：帧出错概率
选择重发 ARQ 协议（有噪声环境的双工通信）	滑动窗口协议与自动请求重发技术的结合，当收到否定应答信号（NAK）时，只重发出错的帧。为了避免异常，发出帧数的最大值小于或等于帧编号总数的一半，即 $W_{发}=W_{收}\leqslant 2^{K-1}$	若窗口值>2a+1，则 $E=1-P$； 若窗口值≤2a+1，则 $E=W(1-P)/(2a+1)$ W：窗口值
后退 N 帧 ARQ 协议（有噪声环境的双工通信）	滑动窗口协议与自动请求重发技术的结合，当收到否定应答信号（NAK）时，将从出错处重发已发出过的 N 帧。为了避免异常，必须限制发送窗口值的大小 $W\leqslant 2^K-1$（K 为帧编号的位数）	若窗口值>2a+1，则 $E=(1-P)/(1-P+NP)$； 若窗口值≤2a+1，则 $E=W(1-P)/(2a+1)(1-P+NP)$

注：其中帧计数长度 a 的计算方法有（传播时延/发送一帧的时间）、（数据传输速率×线路长度/传播速度/帧长）、（数据传输速率×传播时延/帧长）三种，最后一种最常用。

在后退 N 帧 ARQ 协议中，链路利用率计算公式中的 N 是重发的帧数，当窗口值>2a+1 时，N 近似等于 2a+1；当窗口值≤2a+1 时，$N=W$。

8.2.3 广域网数据链路层协议

在广域网路由器之间经常会使用串行链路来进行远距离的数据传输，HDLC 协议和 PPP 协议是两种典型的广域网数据链路层串口封装协议。

1. HDLC 协议

HDLC 协议是一种面向比特的数据链路层协议，在 HDLC 协议中，只要负载的数据流中不存在和标志字段 F（01111110）相同的数据，就不会引起帧边界的判断失误。万一出现了和标志字段 F 一样的数据，也就是数据流中出现了 6 个连续的 1，可以用 0 比特填充技术解决。具体做法是，在发送端，在加标志字段之前，先对比特串进行扫描，若发现 5 个连续的 1，立即在其后加一个 0。在接收端收到帧后，去掉头尾的标志字段，对比特串进行扫描，当发现 5 个连续的 1 时，立即删除其后的 0，这样就还原成原来的比特流了。

HDLC 帧由起始标志、地址数据、控制数据、信息数据和帧校验序列、结束标志组成，如图 8-1 所示。

起始标志	地址数据	控制数据	信息数据	帧校验序列	结束标志
01111110	8bit	8bit	8bit×n	16 或 32bit	01111110

图 8-1 HDLC 帧

HDLC 协议有三种不同类型的帧：信息帧（I 帧）、监控帧（S 帧）和无编号帧（U 帧）。HDLC 帧结构中的控制字段中的第一位或第一、第二位表示帧的类型。

（1）信息帧不但用于传输数据，而且用于传输流量控制和差错控制的应答信号，通常简称 I 帧。I 帧以控制字段第一位为“0”来标识。I 帧的控制字段中的 $N(S)$用于存放要发送的帧的编号，可以让发送方不必等待确认而连续发送多帧。$N(R)$用于存放下一个预期要接收的帧的编号。例如，$N(R)=5$，表示下一帧要接收 5 号帧，换言之，5 号帧前的各帧已经接收到。$N(S)$和 $N(R)$均为 3 位二进制编码，可取值为 0～7。

（2）监控帧用于差错控制和流量控制，通常简称 S 帧。S 帧以控制字段第一、第二位为“10”来标识。S 帧只有 6 字节即 48 比特。S 帧的控制字段的第三、第四位为 S 帧类型编码，共有四种不同编码，如下所示。

00：接收就绪（RR），发送 RR 帧的一方准备接收编号为 $N(R)$的帧。

01：拒绝（REJ），用以要求发送方对从编号为 $N(R)$开始的帧及其以后所有的帧进行重发，这说明 $N(R)$以前的 I 帧已被正确接收。

10：接收未就绪（RNR），表示编号小于 $N(R)$的 I 帧已被收到，但目前处于忙状态，尚未准备好接收编号为 $N(R)$的 I 帧，希望对方暂缓发送编号为 $N(R)$的 I 帧，可用来对链路流量进行控制。

11：选择拒绝（SREJ），SREJ 帧的含义类似 REJ 帧，但希望对方仅仅重发第 $N(R)$帧。

（3）无编号帧因其控制字段中不包含编号 $N(S)$和 $N(R)$而得名，简称 U 帧。U 帧用于提供链路的建立、拆除及控制等多种功能，当要求提供不可靠的无连接服务时，U 帧可以承载数据。

2. PPP 协议

HDLC 协议在控制字段中提供了可靠的确认机制，因此可以实现可靠传输，而 PPP 协议不提供可靠传输，要靠上层实现保证其正确性。因此，在误码率比较高的链路中，HDLC 协议起到了极大的作用，但随着技术的发展，在数据链路层出现差错的概率不大，因此现在全世界用得较多的数据链路层协议是 PPP 协议。PPP 帧格式和 HDLC 帧格式相似，二者主要区别在于 PPP 帧是面向字符的，而 HDLC 帧是面向比特的。

PPP 协议是一种点对点链路上传输、封装网络层数据包的数据链路层协议。PPP 协议提供了一整套方案来解决链路建立、维护、拆除、上层协议协商、验证等问题。

PPP 协议具体包括链路控制协议（LCP）、验证协议和网络层控制协议（NCP）。

（1）LCP 阶段：LCP 阶段主要管理 PPP 数据链路，包括进行数据链路层参数的协商、建立、拆除，以及监控数据链路等。

（2）验证阶段：在这个阶段，客户端会将自己的身份验证请求发送给远端的接入服务器寻求验证。

验证协议包括 PAP 和 CHAP。

PAP 验证过程非常简单，采用二次握手机制，使用明文格式发送用户名和密码。首先被验证方（用户）向主验证方发送验证请求（包含用户名和密码），主验证方收到验证请求后，再根据用户发送来的用户名到自己的数据库验证密码是否正确，如果密码正确，则 PAP 验证通过，如果密码错误，则 PAP 验证未通过。PAP 验证目前在 PPPoE 拨号环境中比较常见。

CHAP 验证比 PAP 验证更安全，采用的是三次握手机制，首先由服务器端给客户端发送一个随机码 challenge，客户端根据 challenge 对密码进行哈希处理；然后把这个结果发送给服务器端，服务器端从数据库中取出密码，同样进行哈希处理；最后比较两个哈希结果是否相同，若相同，则验证通过，向客户端发送认可消息。

（3）NCP 阶段：验证成功后进入 NCP 阶段，配置 NCP，双方会协商彼此使用的网络层地址。

注意：PPPoE 协议是以太网上的点对点协议，是将 PPP 协议封装在以太网框架中的一种网络隧道协议。由于 PPPoE 协议中集成了 PPP 协议，所以 PPPoE 协议实现了传统以太网不能提供的身份验证、加密及压缩等功能。

8.2.4 广域网传输标准

在早期的广域网中，多使用 PDH 设备，这种设备对传统的点对点通信有较好的适应性。随着数字通信的迅速发展，点对点的直接传输越来越少，大部分数字传输都要经过转接，而 PDH 只能逐级进行复用和解复用，无环路保护，并且 PDH 在实际应用中只有四次群信号的速率（139Mbit/s），因而 PDH 不适合现代电信业务开发的需要。

为了解决以上问题，美国在 1988 年推出了一个数字传输标准，叫作同步光纤网（SONET），整个同步网络的各级时钟都来自一个非常精确的主时钟。国际电信联盟远程通信标准化组（ITU-T）以美国的 SONET 为基础，制定出国际标准同步数字系列（SDH）。

目前常用的 SONET/SDH 数据传输速率如表 8-2 所示。

表 8-2　SONET/SDH 数据传输速率

SONET 信号	数据传输速率	SDH 信号
STS-1 和 OC-1	51.840Mbit/s	
STS-3 和 OC-3	155.520Mbit/s	STM-1
STS-12 和 OC-12	622.080Mbit/s	STM-4
STS-48 和 OC-48	2488.320Mbit/s	STM-16
STS-192 和 OC-192	9953.280Mbit/s	STM-64
STS-768 和 OC-768	39813.120Mbit/s	STM-256

8.2.5　课后检测

1．下列分组交换网络中，采用的交换技术与其他三个不同的是（　　）网。

A．IP　　B．X.25　　C．帧中继　　D．ATM

试题 1 解析：

X.25 网络、帧中继网络、ATM 网络采用的是面向连接的虚电路分组交换方式，IP 网络采用的是无连接的数据包分组交换方式。

试题 1 答案：A

2．采用 HDLC 协议进行数据传输，帧用 0～7 循环编号，当发送站发送了编号为 0、1、2、3、4 的 5 帧时，收到了对方应答帧 REJ3，此时发送站应发送的后续 3 帧为（　　），若收到的对方应答帧为 SREJ3，则发送站应发送的后续 3 帧为（　　）。

（1）A．2、3、4　B．3、4、5　C．3、5、6　D．5、6、7

（2）A．2、3、4　B．3、4、5　C．3、5、6　D．5、6、7

试题 2 解析：

HDLC 的监控帧用于差错控制和流量控制，通常简称 S 帧。

00——接收就绪（RR），由主站或从站发送。主站可以使用 RR 型 S 帧来轮询从站，即希望从站传输编号为 $N(R)$的 I 帧，若存在这样的帧，便进行传输；从站可用 RR 型 S 帧来进行响应，表示从站希望从主站那里接收的下一个 I 帧的编号是 $N(R)$。

01——拒绝（REJ），由主站或从站发送，用以要求发送方对从编号为 $N(R)$开始的帧及其以后所有的帧进行重发，这暗示 $N(R)$以前的 I 帧已被正确接收。

10——接收未就绪（RNR），表示编号小于 $N(R)$的 I 帧已被收到，但当前正处于忙状态，尚未准备好接收编号为 $N(R)$的 I 帧，可用来对链路流量进行控制。

11——选择拒绝（SREJ），要求发送方发送编号为 $N(R)$的单个 I 帧，并暗示其他编号的 I 帧已全部确认。

试题 2 答案：B、C

3．点对点协议 PPP 中 LCP 的作用是（　　）。

A．包装各种上层协议　　B．封装承载的网络层协议

C．把分组转变成信元　　D．建立和配置数据链路

试题 3 解析：

PPP 协议是一种点对点的数据链路层协议，它提供了点对点的封装、传递数据的方法。PPP 协议一般包括三个协商阶段：LCP（链路控制协议）阶段、验证阶段和 NCP（网络层控制协议）阶段。当拨号后，用户计算机和接入服务器在 LCP 阶段协商底层链路参数，在验证阶段用户计算机将用户名和密码发送给接入服务器进行验证，接入服务器可以进行本地验证，也可以通过 RADIUS 协议将用户名和密码发送给 AAA 服务器进行验证。验证通过后，在 NCP 阶段，接入服务器给用户计算机分配网络层参数（如 IP 地址等）。

试题 3 答案：D

4．PPP 协议是连接广域网的一种封装协议，下面关于 PPP 协议的描述中错误的是（　　）。

A．能够控制数据链路的建立　　B．能够分配和管理广域网的 IP 地址

C．只能采用 IP 作为网络层协议　　D．能够有效地进行错误检测

试题 4 解析：

本题考查 PPP 的相关内容。

PPP 协议（点对点协议）是为在同等单元之间传输数据包这样的简单链路设计的数据链路层协议。这种链路提供全双工操作，并按照顺序传递数据包。设计目的主要是通过拨号或专线方式建立点对点连接发送数据，使其成为各种主机、交换机和路由器之间简单连接的一种共同的解决方案。

PPP 协议的功能如下。

（1）PPP 协议具有动态分配 IP 地址的能力，允许在连接时协商 IP 地址。

（2）PPP 协议支持多种网络协议，比如 TCP/IP 协议、NetBEUI 协议、NWLink 协议等。

（3）PPP 协议具有错误检测及纠错能力，支持数据压缩。

（4）PPP 协议具有身份验证功能。

试题 4 答案：C

5．按照同步光纤网传输标准（SONET），OC-1 的数据传输速率为（　　）Mbit/s。

A．51.84　　B．155.52　　C．466.96　　D．622.08

试题 5 解析：

SONET 为光纤传输系统定义了同步传输的线路速率等级结构，其传输速率以 51.84Mbit/s 为基础，大约对应于 T3/E3 传输速率，此速率对应的电信号称为第 1 级同步传输信号即 STS-1，对应的光信号称为第 1 级光载波即 OC-1。

试题 5 答案：A

6．采用 HDLC 协议进行数据传输时，RNR5 表明（　　）。

A．拒绝编号为 5 的帧

B．下一个接收的帧编号应为 5，但接收器未准备好，暂停接收

C．后退 *N* 帧，重传编号为 5 的帧

D．选择性拒绝编号为 5 的帧

试题 6 解析：

HDLC 协议控制字段中第一、二位表示传输帧的类型，第一位为“0”表示信息帧（I 帧），第一、二位为“10”是监控帧（S 帧），为“11”是无编号帧（U 帧）。

其中 S 帧不带信息字段，它的第三、四位为 S 帧类型编码，共有 4 种不同的编码。

（1）00——接收就绪（RR）；

（2）01——拒绝（REJ）；

（3）10——接收未就绪（RNR）；

（4）11——选择拒绝（SREJ）。

所以“下一个接收的帧编号应为 5，但接收器未准备好，暂停接收”对应的是 RNR5；“后退 N 帧，重传编号为 5 的帧”对应的是 REJ5；“选择性拒绝编号为 5 的帧”对应的是 SREJ5；而 A 是干扰项。

试题 6 答案：B

7．SONET 采用的成帧方法是（　　）。

A．码分复用　　B．空分复用　　C．时分复用　　D．频分复用

试题 7 解析：

SONET/SDH 定义了一组在光纤上传输光信号的速率和格式，通常统称为光同步数字传输网，是宽带综合业务数字网 B-ISDN 的基础之一。SONET/SDH 采用时分复用技术。

试题 7 答案：C

8.3 接入网技术

以前，电信网主要是以双绞铜线的方式去连接用户和交换机的，提供的是以电话为主的业务，用户接入方式比较单一。随着用户业务类型的转变，话音、数据、图像和视频都要进行传输，因此需要有更加丰富的接入技术取代之前的双绞铜线的接入方式。接入网成为通信网络发展的一个重点。目前常见的接入网方案有 ISDN 接入、xDSL 接入、HFC 接入、PON 接入等。

8.3.1 ISDN 接入

ISDN 是一种在数字电话网（IDN）的基础上发展起来的通信网络，ISDN 能够支持多种业务，包括电话业务和传真、可视图文及数据通信等多种业务。

ISDN 有窄带和宽带两种。窄带 ISDN 有基本速率（2B+D，144kbit/s）和一次群速率（30B+D，2Mbit/s）两种接口。基本速率接口包括两个能独立工作的 B 信道（64kbit/s）和一个 D 信道（16kbit/s），其中 B 信道一般用来传输话音、数据和图像，D 信道用来传输信令或分组信息。

8.3.2 xDSL 接入

xDSL 技术利用数字技术对现有的模拟用户线进行改造，使其能够承担宽带业务。虽然标准模拟电话信号的频率被限制在 300～3400Hz 的范围内，但模拟用户线本身实际通过的信号频率仍然超过 1MHz，因此 xDSL 技术把 0～4000Hz 的低端频谱留给传统电话使用，把原来没有使用的高端频谱留给用户上网使用。DSL 是数字用户线的缩写，x 则表示数字用户线上实现的不同的宽带方案。

1．ADSL

ADSL 是非对称数字用户线的简称，理论上，ADSL 可在 5km 的范围内，在一对双绞铜线上提供最高 1Mbit/s 的上行速率和最高 8Mbit/s 的下行速率，且能同时提供话音和数据

业务。ADSL 的服务端设备和用户端设备之间通过普通的电话铜线连接，无须对入户线缆进行改造就可以为现有的大量电话用户提供 ADSL 宽带接入。在调制技术方面，ADSL 主要采用的是离散多音频（DMT）技术。

图 8-2 所示为常见 ADSL 接入的示意图。从图 8-2 中可以看到，ADSL 的用户端在原来电话终端的基础上，增加了一个 POTS 分频（分离）器和 ADSL MODEM，局端也有相对应的一套。其中 POTS 分频器实际上是由低通滤波器和高通滤波器合成的设备，作用是把 4kHz 以下的话音低频信号和 ADSL MODEM 调制用的高频信号分离，以实现两种业务的互不干扰。ADSL MODEM 的作用是完成数据信号的调制和解调，以便数字信号能在模拟信道上传输。

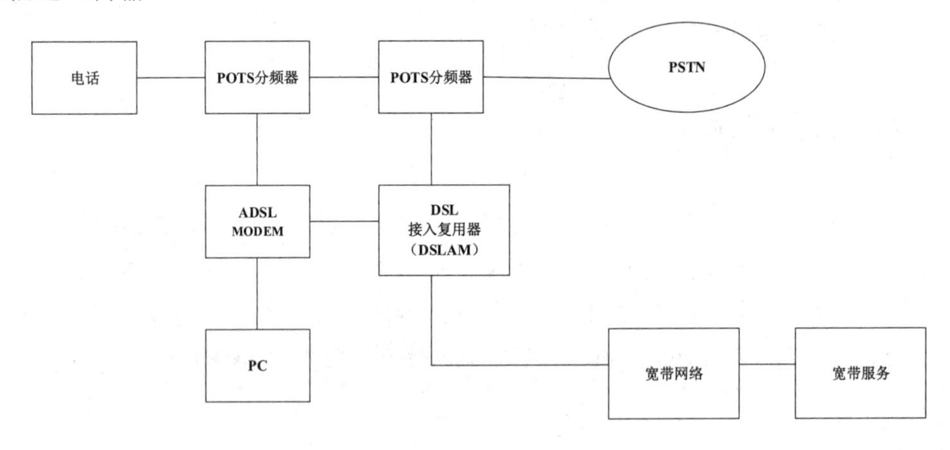

图 8-2　常见 ADSL 接入的示意图

2．其他的 xDSL 技术

其他的 xDSL 技术按照上下行速率是否一致可分为对称性和非对称性 xDSL 技术。

对称性 xDSL 技术：高速数字用户线（HDSL）技术、对称数字用户线（SDSL）技术、基于 ISDN 的数字用户线（IDSL）技术。

非对称性 xDSL 技术：甚高速数字用户线（VDSL）技术、速率自适应数字用户线（RADSL）技术、超高速数字用户线（UDSL）技术。其中 VDSL 技术目前传输速率最高，在最新标准中可以达到 100Mbit/s，适用于用户相对集中的园区网络高速接入。

8.3.3　HFC 接入

HFC 接入是将光缆敷设到小区，然后通过光电转换节点，利用有线电视（CATV）的总线式同轴电缆连接到用户，提供综合电信业务的技术。这种接入方式可以充分利用 CATV 原有的网络，建网快、造价低，其逐渐成为最佳的接入方式之一。

HFC 通常由光纤干线、同轴电缆支线和用户配线网络三部分组成，其中光纤干线一般采用星形拓扑结构，同轴电缆支线一般采用树形拓扑结构。

在同轴电缆的技术方案中，用户端需要使用一个称为 Cable MODEM（电缆调制解调器）的设备，它不单纯是一个调制解调器，还具备调谐器、加/解密设备、交换机、网卡、虚拟专网代理和以太网集线器的功能，无须拨号，可提供随时在线的永远连接。Cable MODEM 上行速率已达到 10Mbit/s 以上，下行速率达到 30Mbit/s。在局端有电缆调制解调器终端系统（CMTS），用来管理控制 Cable MODEM。

在 HFC 网络中各种广播和电视信号采用副载波频分复用方式实现传输介质的共享。

8.3.4　PON 接入

早期的接入技术以双绞铜线接入为主。从实际情况来看，双绞铜线的故障率偏高，维护运营成本也较高。光纤接入技术是真正解决宽带多媒体业务的接入技术。通常光纤接入网（OAN）是指无源光网络（PON）。

无源光网络（PON）："无源"是指在服务提供商和用户之间不需要电源和有源的电子组件。PON 仅由光纤、分路器、接头和连接器组成。只有局端和用户侧设备为有源设备，中间的光分配网采用稳定性高、体积小、成本低的无源光分路器，不需要提供电源、空调等机房设备，只需要安装在光接线箱或光配线架的适当位置即可。相对于有源光网络（AON）来说，PON 可以避免电磁干扰和雷电影响，减少线路和外部设备的故障率，降低相应的运维成本。

1. PON 技术的分类

在 PON 中，按照承载的内容来分类，目前市场上的主流 PON 技术是由 IEEE 802.3ah 工作组制定的 EPON 技术和由 ITU 制定的 GPON 技术。

EPON 技术采用以太网封装方式，上行以突发的以太网包方式发送数据流，可提供上下行对称的 1.25Gbit/s 线路传输速率，采用 8B/10B 线路编码，实际总带宽为 1Gbit/s，符合网络 IP 化的发展趋势。相较于其他 PON 技术，EPON 技术在技术成熟度和设备价格方面更具优势，但 EPON 技术有一个缺陷，即难以承载 TDM 业务，包括话音或电路型数据专线等业务。

相对于 EPON 技术来说，GPON 技术更注重多业务的支持能力（TDM、IP、CATV），上连业务接口和下连用户接口更加丰富。GPON 技术的下行最大传输速率高达 2.5Gbit/s，上行最大传输速率可达 1.25Gbit/s，传输距离至少为 20km，具有高速、高效传输的特点。GPON 技术在二层交换中采用了 GFP（通用成帧规范）对以太网、ATM 等多种业务进行封装映射，但比较复杂。GPON 技术的 OAM 机制完善，这方便了运营商的管理和维护。

2. PON 的组网结构

图 8-3 所示为 PON 的参考配置。

1）ODN

光分配网络（ODN）是位于 OLT 与 ONU 之间的无源光分配网络，其主要功能是完成 OLT 与 ONU 之间光信号的传输和功率分配，同时提供光路监控等功能。ODN 中的 POS 是连接 OLT 和 ONU 的光源光设备，也就是多个 ONU 通过 ODN 和一个 OLT 连接，属于点对多点模式，可以延长传输距离和扩大服务数目，从而节约成本。

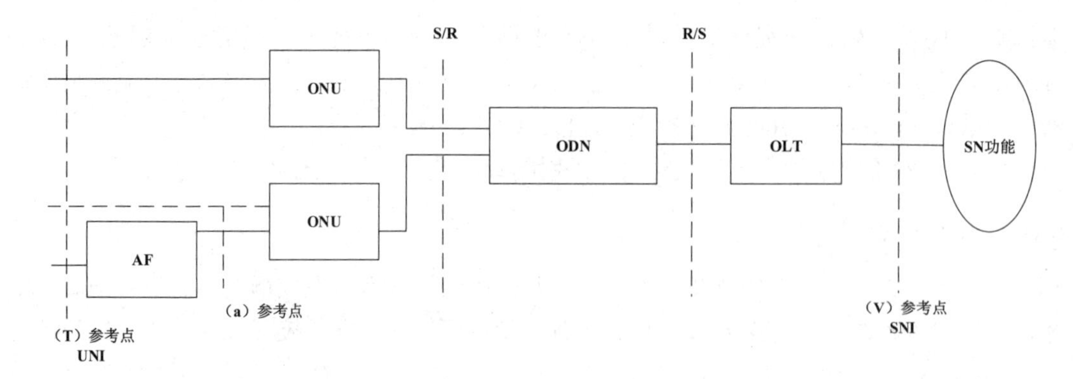

图 8-3 PON 的参考配置

2）OLT

光线路终端（OLT）是重要的局端设备，位于网络侧，既是一个二层交换机或路由器，又是一个多业务提供平台，提供多个 1Gbit/s 和 10Gbit/s 的以太接口，可以支持 WDM 传输，提供网络的集中和接入，实现对用户端设备 ONU 的控制、管理。

3）ONU

光网络单元（ONU）提供用户侧接口并与 ODN 相连，负责用户接入 PON，实现光信号和电信号的转换。在应用上，根据 ONU 到达的位置，可以将 OAN 分为光纤到路边（Fiber To The Curb，FTTC）、光纤到大楼（Fiber To The Building，FTTB）和光纤到户（Fiber To The Home，FTTH）或光纤到办公室（Fiber To The Office，FTTO）等网络。

4）AF

适配功能块（AF）为 ONU 和用户设备提供适配功能，一般包含在 ONU 内，也可以独立使用。

PON 采用点对多点模式，一根光纤承载上下行数据信号，经过 1:N 无源光分路器将光信号等分成 N 路，以覆盖多个接入点或接入用户。

下行的数据流采用广播方式，OLT 数据流推送到所有的 ONU 处；ONU 通过判断帧头里的由 OLT 分配的 LLID 来判断是否接收，接收属于自己的帧，将不属于自己的帧丢弃。

上行的数据流采用时分多址（TDMA）技术，把上行的时间分成了许多的时间片，根据 ONU 分配的带宽和业务的优先级给 ONU 的上行数据流分配不同的时间片，在每个时间片内光纤只传输一个 ONU 的上行数据流。通过 OLT 和 ONU 之间协商，避免了 ONU 上行数据流之间的冲突，不会造成数据丢失。

8.3.5 课后检测

1．在 xDSL 技术中，能提供上下行信道非对称传输的技术是（　　）。

A．HDSL　　B．ADSL　　C．SDSL　　D．ISDN DSL

试题 1 解析：

xDSL 技术利用数字技术对现有的模拟用户线进行改造，使其能够承担宽带业务。虽然标准模拟电话信号的频率被限制在 300～3400Hz 的范围内，但模拟用户线本身实际通过的信号频率仍然超过 1MHz，因此 xDSL 技术把 0～4000Hz 的低端频谱留给传统电话使用，把原来没有使用的高端频谱留给用户上网使用。DSL 是用户数字线的缩写，x 则表示数字用户线上实现的不同的宽带方案。

ADSL 是非对称数字用户线的简称，其特点是上行速率和下行速率不一样，并且下行速率大于上行速率。

对称性 xDSL 技术如下。

HDSL 技术：高速数字用户线技术。

SDSL 技术：对称数字用户线技术。

IDSL 技术：基于 ISDN 的数字用户线技术。

非对称性 xDSL 技术如下。

ADSL 技术：非对称数字用户线技术。

VDSL 技术：甚高速数字用户环线技术。

RADSL 技术：速率自适应数字用户线技术。

UDSL 技术：超高速数字用户线技术。

试题 1 答案：B

2．ADSL 技术采用（　　）技术把 PSTN 线路划分为话音、上行和下行三个独立的信道，同时提供电话和上网服务。采用 ADSL 技术连网，计算机需要通过（　　）和分离器连接到电话入户接线盒。

（1）A．对分复用　　B．频分复用
　　 C．空分复用　　D．码分多址

（2）A．ADSL 交换机　　B．Cable MODEM
　　 C．ADSL MODEM　　D．无线路由器

试题 2 解析：

ADSL MODEM 的作用是完成数据信号的调制和解调，以便数字信号能在模拟信道上传输。

试题 2 答案：B、C

3．在 HFC 网络中，从运营商到小区采用的接入介质为（　　），小区入户采用的接入介质为（　　）。

（1）A．双绞线　　B．红外线
　　 C．同轴电缆　　D．光纤

（2）A．双绞线　　B．红外线
　　 C．同轴电缆　　D．光纤

试题 3 解析：

HFC 技术是将光缆敷设到小区，然后通过光电转换节点，利用有线电视（CATV）的总线式同轴电缆连接到用户，提供综合电信业务的技术。

试题 3 答案：D、C

4．以下叙述中，不属于无源光网络优势的是（　　）。

A．设备简单，安装维护费用低，投资相对较小

B．组网灵活，支持多种拓扑结构

C．安装方便，不需要另外租用或建造机房

D．无源光网络适用于点对点通信

试题 4 解析：

无源光网络（PON）适用于点对多点的通信。

试题 4 答案：D

5．在光纤接入技术中，EPON 系统中的 ONU 向 OLT 发送数据采用（　　）技术。

A．TDM　　B．FDM　　C．TDMA　　D．广播

试题 5 解析：

在 PON 中，从 OLT 到 ONU 的数据传输方向称为下行方向，反之称为上行方向。上下行方向的数据传输原理是不同的。

下行方向：OLT 采用广播方式，将 IP 数据、话音、视频等多种业务，通过 1:*N* 无源光分路器分配到所有 ONU。当数据信号到达 ONU 时，ONU 根据 OLT 分配的逻辑标识，在物理层上做判断，接收给自己的数据帧，丢弃那些给其他 ONU 的数据帧。

上行方向：来自各个 ONU 的多种业务信息，采用时分多址（Time Division Multiple Access，TDMA）技术，分时隙互不干扰地通过 1:*N* 无源光分路器耦合到同一根光纤，最终送到 OLT。

试题 5 答案：C

6．下列 FTTx 组网方案中，光纤覆盖面最广的是（　　）。

A．FTTB　　B．FTTC　　C．FTTH　　D．FTTO

试题 6 解析：

FTTH 是光纤到户，在 4 个选项中光纤化程度最高，所以覆盖面最广。

试题 6 答案：C

第9章 网络互联技术

根据对考试大纲的分析，以及对以往试题情况的分析，“网络互联技术”章节的分数为15～20分，占上午试题总分的**20%**左右。从复习时间安排来看，请考生在5天之内完成本章的学习。

9.1 知识图谱与考点分析

真正意义上的网络互联解决的是网络与网络之间，即网际间的通信问题，而不是同一网段内部的通信问题。

通过分析历年的考试题和根据考试大纲，要求考生掌握以下几个方面的内容。

知识模块	知识点分布	重要程度
网际协议IP	• IP地址分类 • 子网划分 • CIDR和路由汇聚 • IPv4数据包格式 • IPv6协议	★★★ ★★★ ★★★ ★★★ ★★★
其他网络层协议	• ARP • ICMP	★★★ ★★★
服务质量	• QoS模型分类	★★
传输层协议	• TCP • UDP	★★★ ★★
应用层协议	• DNS • FTP • DHCP • Telnet协议 • 电子邮件相关协议 • HTTP	★★★ ★★ ★★★ ★ ★★ ★★
网络新技术	• 云计算服务 • 大数据技术 • 物联网技术 • 软件定义网络 • 网络功能虚拟化 • 区块链技术	★★ ★ ★ ★★ ★ ★★

9.2 网际协议 IP

目前全球 Internet 采用的协议族是 TCP/IP 协议族，IP 是 TCP/IP 协议族中网络层的协议，也是 TCP/IP 协议族中的核心协议。IP 地址是给每个连接在 Internet 上的主机（或路由器）分配的一个在全世界范围内唯一的 32 位的标识符。IP 地址和硬件类型无关，公网上的 IP 地址现在由 Internet 名称与数字地址分配机构（ICANN）进行分配，私网的 IP 地址是由网络管理员分配指定的。

IP 地址是 32 位的二进制代码。为了提高可读性，我们常常把 32 位的 IP 地址中的每 8 位用等效的十进制数字表示，并且在这些数字之间加上一个点，叫作点分十进制记法。

路由器在转发数据包的时候，根据数据包中的目的 IP 地址进行路由选择，把发往某个目的主机的 IP 数据包从正确的出口转发出去，实现路由。

IP 地址的编制方法共经历了三个历史阶段，这三个阶段分别是 IP 地址分类阶段、子网划分阶段、无分类编址（CIDR）阶段。

9.2.1 IP 地址分类

将 32 位的 IP 地址划分为 2 个字段，其中第一个字段是网络号，它标志着主机（或路由器）所连接到的网络，一个网络号在整个 Internet 范围内必须是唯一的；第二个字段是主机号，它标志着主机（或路由器），一个主机号在它前面的网络号所指明的网络范围内必须是唯一的。由此可见，一个 IP 地址在整个 Internet 上都是唯一的。

网络号的位数直接决定了可以分配的网络数（计算方法为 $2^{\text{网络号位数}}$）；主机号的位数则决定了网络中最大的可用主机数（计算方法为 $2^{\text{主机号位数}}-2$）。

按网络规模大小，Internet 管理委员会定义了 A、B、C、D、E 五类 IP 地址，如图 9-1 所示，地址范围如表 9-1 所示。A 类地址、B 类地址、C 类地址是常用的单播地址，D 类地址属于组播地址，E 类地址属于保留地址。

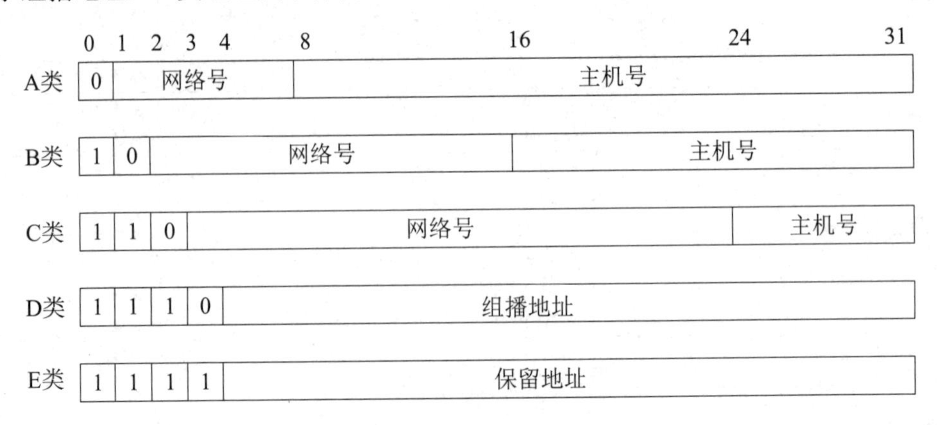

图 9-1 IP 地址分类示意图

表 9-1 IP 地址范围

IP 地址类型	IP 地址范围
A 类	1.0.0.0～126.255.255.255
B 类	128.0.0.0～191.255.255.255
C 类	192.0.0.0～223.255.255.255
D 类	224.0.0.0～239.255.255.255
E 类	240.0.0.0～255.255.255.254

9.2.2 子网划分与子网掩码

随着网络应用的深入，IPv4 采用的 32 位 IP 地址设计限制了地址空间的总容量，出现了 IP 地址紧缺的现象。而 IPv6（采用 128 位 IP 地址设计）还不能够很快地进入应用，这时需要我们采取一些措施来避免 IP 地址的浪费。以原先的 A 类、B 类和 C 类共 3 类地址划分，经常出现 B 类地址空间太大、C 类地址空间太小的应用场景，于是出现了子网划分和可变长子网掩码（VLSM）两种技术。

1. 子网划分

子网划分的思路如下。

（1）一个拥有许多物理网络的单位，可以将其物理网络划分为若干个子网。划分子网属于一个单位内部的事情。本单位以外的网络看不见这个网络是由多少个子网组成的，因为这个单位对外仍表现为一个网络。

（2）划分子网的方法是从主机号中借用若干位作为子网号，于是两级的 IP 地址变为三级 IP 地址：网络号、子网号和主机号。

（3）凡是从其他网络发给本单位某台主机的 IP 数据包，仍然根据 IP 数据包中的目的网络号找到连接到本单位网络上的路由器。此路由器收到 IP 数据包后，再按照目的网络号和子网号找到目的子网，把 IP 数据包交付给目的主机。

例如，我们可以将一个 C 类地址划分子网，如图 9-2 所示。

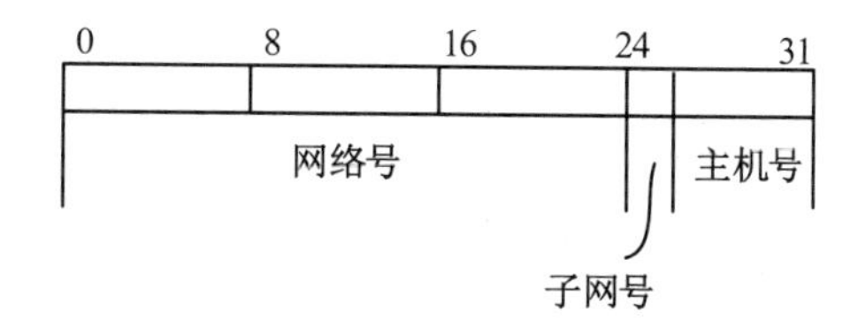

图 9-2 C 类地址划分子网

在图 9-2 中，将最后 8 位的原主机号拿出 2 位进行子网划分，则可以划分为 4 个子网，子网号分别是 00、01、10、11。

2. 子网掩码

只根据 IP 地址本身无法确定子网号的长度，为了把主机号和子网号区分开来，必须使用子网掩码。

子网掩码是 32 位的，由一连串的 1 和一连串的 0 组成，子网掩码中的 1 对应 IP 地址中的网络号和子网号，子网掩码中的 0 对应主机号。路由器将子网掩码和收到数据包的目的 IP 地址逐位相“与”，得出所要找的子网网络地址。

事实上，所有的网络都必须有一个子网掩码，如果一个网络没有划分子网，那么这个网络使用默认掩码。A 类地址的默认掩码是 255.0.0.0；B 类地址的默认掩码是 255.255.0.0，C 类地址的默认掩码是 255.255.255.0。

子网掩码的表示除用上面的点分十进制记法外，还有一种位数表示法，也叫作斜线表示法，就是在 IP 地址后加一个/，然后写上子网掩码中 1 的位数即可，如 192.168.1.1/24。

子网划分和子网掩码举例说明如下。

假设现在有一个标准 C 类网络 192.168.1.0/24，要分成 3 个子网，每个子网分配给一个部门，而且要满足每个子网支持的主机数目为 50 台以上。应如何对此 C 类网络进行子网划分？

解析：此题需要用到以下两个公式。

公式 1：2^n。该公式计算子网个数，n 为需要扩展的网络位的位数。

公式 2：2^m-2。该公式计算每个子网下有效的主机 IP 地址数，m 表示主机位的位数。

$2^n \geqslant 3$，所以 $n \geqslant 2$。此时 $m=8-2=6$，$2^6-2=62>50$，满足每个子网的要求。

此时可得子网的网络位位数为 24+2=26 位，子网掩码为“/26”或 255.255.255.192。

192.168.1. _ _ 000000/26，对子网位填值可以得到 4 个子网，分别是 192.168.1. 00 000000/26、192.168.1. 01 000000/26、192.168.1. 10 000000/26 和 192.168.1. 11 000000/26。

这 4 个地址分别对应 192.168.1.0/26、192.168.1.64/26、192.168.1.128/26、192.168.1.192/26 4 个子网的网络地址。对于每个子网的范围，我们以第一个子网 192.168.1.0/26 为例，其网络位位数为 26 位，主机位位数为 6 位。第四段的十进制数转二进制数展开如下。

192.168.1.00 000000　　主机位全 0，是网络地址，不是一个有效主机地址
192.168.1.00 000001　　192.168.1.1/26，是网络地址下的第一个有效地址
192.168.1.00 000010　　192.168.1.2/26，是网络地址下的第二个有效地址
192.168.1.00 000011
……
192.168.1.00 111110　　192.168.1.62/26，是网络地址下的最后一个有效地址
192.168.1.00 111111　　主机位全 1，是网络地址的广播地址

因此网络地址为 192.168.1.0/26，其广播地址为 192.168.1.63/26。

有效主机 IP 地址数是 $2^m-2=2^6-2=62$ 个。

9.2.3 无分类编址

虽然划分子网在一定程度上缓解了 Internet 在发展中的问题，但 Internet 依然存在主干网的路由表项数急剧增长等问题，所以 IETF 研究出用无分类编址（CIDR）的方法来解决。

CIDR 可以用来进行 IP 地址汇总（超网）。在未进行 IP 地址汇总之前，路由器需要对外声明所有的内网 IP 地址空间段。这将导致 Internet 核心层路由器中的路由条目非常庞大

（接近 10 万条）。采用 CIDR 后，可以将连续的地址空间块汇总成一条路由条目。路由器不再需要对外声明内网的所有 IP 地址空间段。这样，就大大减小了路由表中路由条目的数量。

1. CIDR 的概念

CIDR 最主要的特点有如下两个。

（1）消除了传统 A 类地址、B 类地址、C 类地址及划分子网的概念，可以更加有效地分配 IPv4 协议的地址空间，并且可以在新的 IPv6 协议使用之前容许 Internet 的规模继续增长。CIDR 把 32 位 IP 地址重新划分为两部分，前面的部分是网络前缀，用来指明网络；后面的部分是主机号，用来指明主机。CIDR 使 IP 地址从三级编址又回到了二级编址。

CIDR 使用斜线表示法，即先在 IP 地址后面加上斜线“/”，然后写上网络前缀所占的位数（也就是子网掩码中 1 的个数）。这个网络前缀可以为任何长度。

（2）CIDR 把网络前缀相同的连续的 IP 地址组成一个 CIDR 地址块。我们只要知道这个 CIDR 地址块中的任何一个地址，就可以知道这个 CIDR 地址块的最小可用地址和最大可用地址。

例如，128.14.32.0/20，其中前 20 位为网络前缀，后 12 位为主机号。另外我们可以计算出这个地址块的最小可用地址和最大可用地址。

计算过程：128.14.32.0/20=10000000 00001110 00100000 00000000。

128.14.32.0/20 地址块的最小可用地址：10000000 00001110 00100000 00000001。

128.14.32.0/20 地址块的最大可用地址：10000000 00001110 00101111 11111110。

128.14.32.0/20 地址块的最小可用地址：128.14.32.1。

128.14.32.0/20 地址块的最大可用地址：128.14.47.254。

注意：主机号是全 0 或全 1 的地址一般并不使用，通常只使用这两个地址之间的地址。

2. 路由汇聚

路由汇聚用来解决路由表的内容冗余问题，路由汇聚能够缩小路由表的规模，减少路由表占用的内存，提高路由器数据转发的效率。

例如，某单位划分 4 个子网，分别对应 172.18.129.0/24、172.18.130.0/24、172.18.132.0/24 和 172.18.133.0/24，那么该单位的上级路由器没有必要学 4 条子网路由，而只需要学由这 4 条子网路由汇聚而成的路由即可。

具体的汇聚算法：选择 4 个子网地址相同的最大位进行汇聚作为汇聚后的网络位，不同的位划分至主机位，从而将多个网段汇聚成一个新的超网。

解答：由于 4 个子网地址的前 16 位一致，所以我们关键比较第 3 段。

129⇒10000 001

130⇒10000 010

132⇒10000 100

133⇒10000 101

上下比较发现第 3 段的后 3 位发生变化，则将后 3 位视为主机位，因此新的网络位位数为 8+8+5= 21 位。

汇聚后的网络地址把主机位全部置为 0，为 172.18.10000 000.0/21，即 172.18.128.0/21，称为超网网络地址。

3. 最长匹配原则

在使用 CIDR 方法时，由于采用了网络前缀这种记法，IP 地址由网络前缀和主机号两部分组成，因此路由表中的项目要有相应的改变。这时，每个项目由网络前缀和下一跳地址组成。但是在查找路由表时可能会得到不止一个匹配结果，这样就带来一个问题：我们应当从这些结果中选择哪一条路由呢？

正确的答案是，应当从匹配结果中选择具有最长网络前缀的路由，这叫作最长前缀匹配，因为网络前缀越长，其地址块越小，路由越具体。

9.2.4 特殊的 IP 地址

特殊的 IP 地址包括网络地址、广播地址、私有地址、回送地址、不确定地址等。

1. 网络地址

IP 地址方案规定，网络地址包含一个有效的网络号和一个全 0 的主机号，表示一个网络，如 192.168.1.0/24。

2. 广播地址

广播地址有两种形式，一种称为直接广播地址（主机位全为 1 的地址），另一种称为有限广播地址（255.255.255.255）。广播地址只能作为目的地址。

3. 私有地址

为了满足私网的使用需求，保留了一部分不在公网使用的 IP 地址，即私有地址，如表 9-2 所示。

表 9-2 三类私有地址

类别	IP 地址范围	网络号	网络数/个
A 类	10.0.0.0～10.255.255.255	10	1
B 类	172.16.0.0～172.31.255.255	172.16～172.31	16
C 类	192.168.0.0～192.168.255.255	192.168.0～192.168.255	255

4. 回送地址

A 类网络地址 127.0.0.0 是一个私有地址，用于网络软件测试及本地计算机进程间通信，这种 IP 地址称为回送地址。无论什么程序，一旦使用回送地址发送数据，那么协议软件就不进行任何网络传输，立即将之返回。因此，含有网络号 127 的数据包不可能出现在任何网络上。

5. 不确定地址

不确定地址 0.0.0.0 代表本网络中的本主机，只能作为源地址临时使用。在路由表中，0.0.0.0 代表任意网络，当路由表找不到具体匹配条目的时候使用。

9.2.5 IPv4 地址的分类

IPv4 地址分为单播地址、组播地址和广播地址三类。

1. 单播地址

单播地址实现一对一通信，典型的 A 类地址、B 类地址、C 类地址都属于单播地址。

2. 组播地址

组播地址使用 D 类地址，D 类地址不能出现在 IP 报文的源 IP 地址字段。在 IP 组播中，数据包的目的地址不是一个，而是一组，形成组地址。组中的所有成员都能接收到数据包。D 类地址不能出现在 IP 报文的源 IP 地址字段。

和 IP 单播相比，IP 多播可以大大节约网络资源。例如，视频服务器用 IP 单播方式向 90 台主机传输同样的视频节目，需要发送 90 次单播。如果改用 IP 多播方式的话，则视频服务器只需要发送 1 次。

3. 广播地址

255.255.255.255 叫作有限广播地址，路由器收到目的地址为 255.255.255.255 的 IP 数据包，不会对此 IP 数据包进行转发。路由器不转发目的地址为有限广播地址的数据包，这样的数据包仅出现在本地网络中。

还有一种广播地址是直接广播地址，直接广播地址包含一个有效的网络号和一个全“1”的主机号，用户将信息送到此地址，相当于将信息发送给此网络号的所有主机。

9.2.6 IPv4 数据包格式

IP 数据包的格式能够说明 IP 协议都具有什么功能。IPv4 数据包格式如图 9-3 所示。

0	4	8	16	19　24　31
版本号	首部长度	区分服务	总长度	
标识			D F　M F	分片偏移量
生存时间		协议	首部校验和	
源IP地址				
目的IP地址（可选）				
IP选项与填充				
数据 ……				

图 9-3　IPv4 数据包格式

一个 IP 数据包是由首部和数据两部分组成的。首部分为固定部分和可变部分，其中固定部分共 20 字节，是所有 IP 数据包都必须具有的。

1. 版本号

版本号占 4 位，指的是 IP 的版本号。目前广泛使用的 IP 版本号为 4。

2. 首部长度

首部长度占 4 位，可表示的最大十进制数为 15。首部长度的最大值是 15 个 4 字节长的字，即 60 字节。当 IP 数据包的首部长度不是 4 字节的整数倍的时候，必须利用最后的填充字段加以填充；典型的 IP 数据包不使用首部中的选项，因此典型的 IP 数据包首部长度是 20 字节，这个字段的值是 5。

3. 区分服务

区分服务占 8 位，用来获得更好的服务，这个字段在旧标准中叫作服务类型，但实际上一直没有使用过。

4. 总长度

总长度是指首部和数据的和的长度。总长度占 16 位，IP 数据包的最大长度为 $2^{16}-1=65535$ 字节。

在 IP 层下面的每一个数据链路层都有自己的帧格式，其中包括帧格式中的数据字段的最大长度，这称为最大传输单元（MTU），当一个 IP 数据包封装成数据链路层的帧时，此数据包的总长度一定不能超过下面的数据链路层的 MTU 值。当数据包长度超过网络所容许的 MTU 值时，必须把过长的数据包进行分片才能在网络上传输。这时，数据包首部中的“总长度”字段不是指未分片前的数据包长度，而是指分片后的每一片的首部长度与数据长度的总和。

5. 标识

标识占 16 位。IP 软件在存储器中维持一个计数器，每产生一个数据包，计数器就加 1，并将值赋予标识字段。但这个标识并不是序号，因为 IP 进行无连接服务，数据包不存在按序接收的问题。当数据包长度超过 MTU 值时必须分片，这个标识字段的值就被复制到所有的数据包分片后的标识字段中。相同的标识字段的值使分片后的各数据包片能正确地重装成原来的数据包。

6. 标志

标志占 3 位，但目前只有 2 位有意义。

标志字段中的最低位记为 MF。MF=1 表示后面还有分片的数据包片，MF=0 表示这已经是若干数据包片中的最后一片了。

标志字段中间的一位记为 DF，意思是不能分片，只有当 DF=0 时，才允许分片。

7. 分片偏移量

分片偏移量占 13 位。较长的数据包在分片后，某片在原数据包中的相对位置相当于用户数据字段的起点，表示该片从何处开始。分片偏移量以 8 字节为偏移单位。这就是说，每个分片的长度一定是 8 字节的整数倍。

8. 生存时间

生存时间占 8 位，生存时间字段常用的英文缩写为 TTL，表明数据包在网络中的寿命，由发出数据包的源节点配置这个字段，其目的是防止无法交付的数据包在 Internet 上兜圈子，白白消耗网络资源。TTL 的意义是配置数据包在 Internet 中至多可经过多少台路由器。数据包在网络中能经过的路由器的最多数量是 255 台。若 TTL 的值为 1，代表这个数据包只能在本局域网中进行传输，因为这个数据包一旦传输到局域网中的某台路由器，在转发前就会将 TTL 值减小到 0，此时这个数据包就会被路由器丢弃。

9. 协议

协议占 8 位，用于指定数据部分携带的消息是由哪种高级协议建立的。

10. 首部校验和

首部校验和占 16 位，这个字段只检验数据包的首部，不检验数据部分。

11. 源 IP 地址

源 IP 地址占 32 位，指的是发送方的地址。

12. 目的 IP 地址

目的 IP 地址占 32 位，指的是接收方的地址。

13. IP 选项与填充

IP 选项字段允许 IP 协议支持各种选项，如安全性选项。在使用 IP 选项的过程中，有可能造成数据包首部不是 4 字节的整数倍，于是需要 IP 填充字段来凑齐，用全 0 的 IP 填充字段将之补齐成 4 字节的整数倍。

14. 数据

数据字段用于封装上层协议的数据，如 TCP、UDP 等。数据长度＝总长度-首部长度，最长为 65515 字节。

9.2.7 IPv6 协议

由于 IPv4 协议存在地址空间匮乏、安全性差和不支持 QoS 等方面的固有缺陷，因此 IPv4 协议难以担当下一代 Internet 核心协议的重任。为此，IETF 提出 IPv6 协议。IPv6 协议在 IP 地址空间、路由协议、安全性、移动性及 QoS 支持等方面进行了较大的改进，增强了 IP 协议的功能。

1. IPv6 地址的特点

IPv6 地址的特点包括以下几点。

（1）更大的地址空间：IPv6 地址把原来的 32 位地址扩展到 128 位，采用十六进制数表示，每 4 位构成一组，每组间用一个冒号隔开。

（2）扩展地址层次结构：IPv6 地址空间很大，因此可以划分为更多的层次。IPv6 地址取消了 IPv4 地址的网络号、主机号和子网掩码的概念，用前缀、接口标识符、前缀长度取代，也没有 A 类地址、B 类地址、C 类地址的概念。

（3）灵活的首部格式：IPv6 地址定义了很多可选的扩展首部，可提供比 IPv4 地址更多的功能，基本首部长度是 40 字节。

（4）改进选项：IPv6 地址允许数据包包含选项的控制信息，IPv4 地址的选项是固定不变的。

（5）允许地址继续扩充。

（6）支持即插即用。

（7）支持资源的预分配：IPv6 地址支持视频、图像等要求有一定带宽和时延的应用。

2. IPv6 地址表示

IPv6 地址长度为 128 位，通常写作 8 组、每组 4 个十六进制数的形式。

例如，2001:0db8:85a3:08d3:1319:8a2e:0370:7344 是一个合法的 IPv6 地址。

如果 4 个数字都是零，则可以被省略。例如，

2001:0db8:85a3:0000:1319:8a2e:0370:7344 等价于 2001:0db8:85a3::1319:8a2e:0370:7344。

遵守这些规则，如果因为省略而出现了两个以上的冒号，则可以压缩为一个，但这种压缩在 IPv6 地址中只能出现一次。因此，

2001:0DB8:0000:0000:0000:0000:1428:57ab

2001:0DB8:0000:0000:0000::1428:57ab

2001:0DB8:0:0:0:0:1428:57ab

2001:0DB8:0::0:1428:57ab

2001:0DB8::1428:57ab

都是合法的地址，并且它们是等价的。同时前导的零可以省略，因此 2001:0DB8:02de::0e13 等价于 2001:DB8:2de::e13。

3. IPv6 地址类型

IPV6 地址分为单播地址、组播地址和任播地址。

1）单播地址

单播地址是一个设备单个接口的地址。发送到一个单播地址的信息包只会送到地址为这个单播地址的接口。

常见的单播地址有可聚合全球单播地址、链路本地单播地址等。

（1）可聚合全球单播地址。

可聚合全球单播地址是可以在全球范围内进行路由转发的 IPv6 地址。可聚合全球单播地址把 128 位的 IP 地址分为三级，如图 9-4 所示。

全球路由选择前缀（48 位）	子网标识符（16 位）	接口标识符（64 位）

图 9-4　可聚合全球单播地址

全球路由选择前缀：分配给各个公司和机构，用于路由器的路由选择，相当于 IPv4 地址中的网络号。如果全球路由选择前缀的前 3 位是 001，那么可进行分配的地址就有 45 位。具体来说，可聚合全球单播地址的范围是 2000::/3 及 3000::/3。

子网标识符：占 16 位，用于各个公司和机构创建自己的子网。小公司可以把这个字段置为 0。

接口标识符：指明主机或路由器的单个接口。接口标识符字段有64位，因此可以将各接口的硬件地址直接进行编码形成接口标识符，而不需要用ARP进行解析。

（2）链路本地单播地址。

链路本地单播地址是IPv6网络中的概念，接口在启动IPv6网络时，就会自动给自己配置一个链路本地单播地址。链路本地单播地址的格式前缀为1111 1110 10，即FE80::/64；其后是64位的接口ID。链路本地单播地址用于在本地单条链路中各个相邻接口之间的发现、IPv6地址的自动配置和相邻接口的通信等。

2）组播地址

组播地址是一组接口共用的地址，发往一个组播地址的数据包将被传输至由该地址标识的所有接口上。在IPv6地址中没有广播地址，在IPv4协议中某些需要用到广播地址的服务或功能，都用组播地址来完成。IPv6组播地址的格式前缀为1111 1111，其后是4位的Flag（标志）、4位的Scope（范围域）和Group ID（组ID）。

3）任播地址

任播地址是IPv6地址中特有的地址类型，也用来标识一组接口，但与组播地址不同的是，发送到任播地址的数据包被传输给此地址所标识的一组接口中距离源节点最近的一个接口。IPv6任播地址是从单播地址空间中分配的，并使用单播地址的格式。仅看地址本身，节点是无法区分任播地址和单播地址的，所以在配置的时候，必须明确指明该地址是一个任播地址。

4．特殊的IPv6地址

特殊的IPv6地址有未指定地址和环回地址（回送地址）两类。

（1）未指定地址：128位全是0的地址，IPv6单播地址中的0:0:0:0:0:0:0:0或::/128形式的地址叫作未指定地址。

通常在初始化主机、主机未取得具体的地址之前，通过主机发送IPv6数据包时，主机的地址（源地址）可以临时使用未指定地址（用来验证数据包源地址的唯一性）。

（2）环回地址（回送地址）：前127位是0，最后一位是1的地址。IPv6单播地址中的0:0:0:0:0:0:0:1或::1形式的地址叫作环回地址（回送地址），表示本身，用来把IPv6网络的数据包环发给接口自己。

5．IPv6数据包格式

如图9-5所示，IPv6协议对其包头定义了8个字段。

（1）版本号：长度为4位。对于IPv6数据包，本字段的值必须为6。

（2）通信量类（IHL）：长度为8位，用于区分不同的IPv6数据包的类别或优先级。

（3）流标签：长度为20位，用于标识属于同一业务流的数据包（和资源预分配挂钩）。

（4）净荷长度：长度为16位，除基本包头外的字节数。

（5）下一个包头：长度为8位，指出IPv6包头后所跟的包头字段中的协议类型。

（6）跳极限：长度为8位，每转发一次数据包，该值减1，到0则丢弃，用于高层配置其超时值。

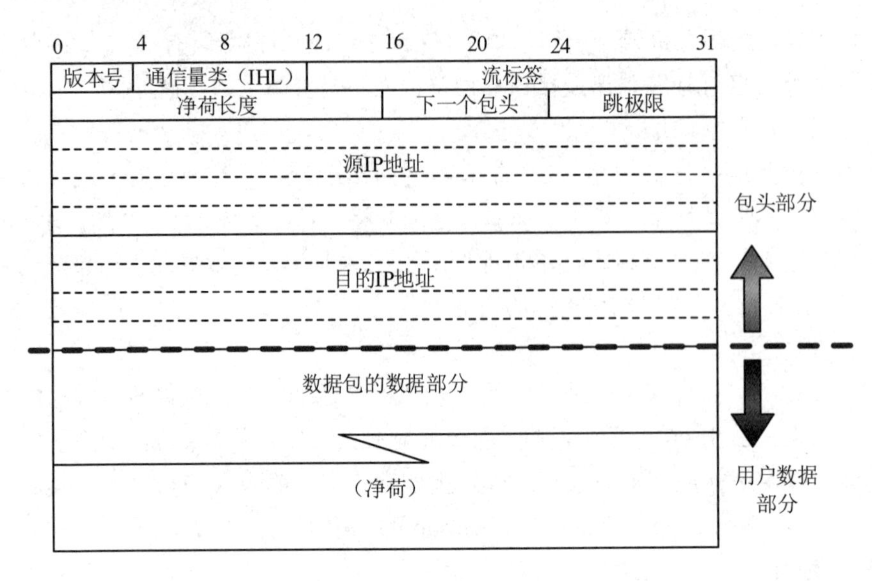

图 9-5　IPv6 包头结构

（7）源 IP 地址：长度为 128 位，指出发送方的地址。

（8）目的 IP 地址：长度为 128 位，指出接收方的地址。

IPv6 扩展包头是跟在 IPv6 基本包头后面的可选包头。和 IPv4 包头相比，IPv6 包头新增选项时不必修改现有结构，理论上可以无限扩展，体现了优异的灵活性。

扩展包头有以下几类：逐跳选项扩展包头、目的选项扩展包头、路由扩展包头、分片扩展包头（注意，IPv6 协议只在源节点处进行数据的分片）、身份验证扩展包头（确保数据来源于可信任的发送方，保证报文的完整性）、封装安全有效负载扩展包头（确保数据来源于可信任的发送方，保证报文的完整性和机密性）。在 IPv6 协议中，每个中间路由器必须处理的扩展包头只有逐跳选项扩展包头，这种方式提高了路由器处理数据包的速度，也提高了其转发性能。

6．从 IPv4 网络过渡到 IPv6 网络

目前 Internet 中成千上万的主机、路由器等网络设备都运行着 IPv4 协议，这就意味着从 IPv4 网络向 IPv6 网络演进是一个浩大而繁杂的工程，IPv4 网络和 IPv6 网络将在很长时间内共存，如何从 IPv4 网络平滑地过渡到 IPv6 网络是一个非常复杂的问题。

IPv6 和 IPv4 互通包括 3 个层面：IPv6 与 IPv4 终端或服务器互通、IPv6 与 IPv4 网络互通及通过骨干 IPv4 网络与对端 IPv6 网络互通。

针对不同的互通需求，已经有不同的技术标准出现。IPv6 与 IPv4 终端或服务器互通采用双协议栈技术（设备上同时启用 IPv4 协议和 IPv6 协议的协议栈）来实现；需要跨越 IPv4 设备的 IPv6 网络之间的互通可以采用隧道技术；单一的 IPv6 网络访问 IPv4 网络，可以采用协议转换技术（NAT/PT 技术）。后续为了解决 NAT/PT 技术中的各种缺陷，同时实现 IPv6 与 IPv4 之间的网络地址与协议转换技术，互联网工程任务组（IETF）设计了新的解决方案：NAT64 技术与 DNS64 技术。

9.2.8 课后检测

1．在配置家用无线路由器时，下面（　　）可以作为 DHCP 服务器地址池。

A．169.254.30.1～169.254.30.254　　B．224.15.2.1～224.15.2.100

C．192.168.1.1～192.168.1.10　　D．255.15.248.128～255.15.248.255

试题 1 解析：

私有地址是用户自行进行分配的。

试题 1 答案：C

2．IPv4 地址的 D 类地址是组播地址，用作组播标识符，其中 224.0.0.1 代表（　　），224.0.0.5 代表（　　）。

（1）A．DHCP 服务器　　B．RIPv2 路由器

C．本地子网中的所有主机　　D．OSPF 路由器

（2）A．DHCP 服务器　　B．RIPv2 路由器

C．本地子网中的所有主机　　D．OSPF 路由器

试题 2 解析：

组播地址使用 D 类地址，范围是 224.0.0.0～239.255.255.255。D 类地址不能出现在 IP 报文的源 IP 地址字段，该地址只能用作目的地址。

组播组可以是永久的也可以是临时的。在组播组中，有一部分是由官方分配的，称为永久组播组。永久组播组保持不变的是它的 IP 地址，组中的成员构成可以发生变化。永久组播组中成员的数量可以是任意的，甚至可以为零。那些没有保留下来供永久组播组使用的组播地址，可以被临时组播组使用。

224.0.0.0～224.0.0.255 为预留的组播地址（永久组播地址），地址 224.0.0.0 保留不进行分配，其他地址供路由协议使用。

224.0.1.0～224.0.1.255 是公用组播地址，可以用于 Internet。

224.0.2.0～238.255.255.255 为用户可用的组播地址（临时组播地址），在全网范围内有效。

239.0.0.0～239.255.255.255 为本地管理组播地址，仅在特定的本地范围内有效。

其中 224.0.0.0 是基准地址（保留），224.0.0.1 是所有主机的地址（包括所有路由器地址），224.0.0.5 是所有 OSPF 路由器的地址。

试题 2 答案：C、D

3．下面的地址中属于单播地址是（　　）。

A．125.221.191.255/18　　B．192.168.24.123/30

C．200.114.207.94/27　　D．224.0.0.23/16

试题 3 解析：

判断一个 IP 地址是否为单播地址只需要看其主机位是否不全为 0 和不全为 1，主机位全为 0 表示网络 ID，主机位全为 1 表示局部广播地址。我们以 A 选项为例，“/18”表示网络位为 18 位，那么其主机位是 32-18=14 位，该 14 位主机位包含了第三个八位组右侧 6 位

和第四个八位组。我们把 A 选项中的 191.255 用二进制数展开为 10 111111.11111111，由此可见主机位全为 1，该地址是一个局部广播地址。B、C、D 选项的鉴别方法类似，最终得出 C 选项的主机位不全为 0 和不全为 1，该地址是一个有效主机 IP 地址。

试题 3 答案：C

4．以下 IP 地址中，既能作为目的地址又能作为源地址，且以该地址为目的地址的报文在 Internet 上通过路由器进行转发的是（　　）。

A．0.0.0.0　　B．127.0.0.1

C．100.10.255.255/16　　D．202.117.112.5/24

试题 4 解析：

既能作为目的地址又能作为源地址，同时作为目的地址能在 Internet 上通过路由器转发的是主机地址。选项中只有 202.117.112.5/24 是主机地址。

试题 4 答案：D

5．假设某公司有 8000 台主机，采用 CIDR 方法进行划分，则至少给它分配（　　）个 C 类网络。如果 192.168.210.181 是其中一台主机的地址，则其网络地址为（　　）。

（1）A．8　　B．10　　C．16　　D．32

（2）A．192.168.192.0/19　　B．192.168.192.0/20

C．192.168.208.0/19　　D．192.168.208.0/20

试题 5 解析：

8000 台主机，需要 8000÷254≈32 个 C 类网络。如果 192.168.210.181 是其中 CIDR 地址块的某一个地址，则该地址块的掩码长度应该是 8+8+3=19 位。

其网络地址是 192.168.192.0/19。

试题 5 答案：D、A

6．某校园网的地址是 202.115.192.0/19，要把该网络分成 30 个子网，则子网掩码应该是（　　）。

A．255.255.200.0　　B．255.255.224.0

C．255.255.254.0　　D．255.255.255.0

试题 6 解析：

划分成 30 个子网，需要从主机位中拿出 5 位进行子网划分，所以划分后的子网掩码长度是 19+5= 24 位。

试题 6 答案：D

7．192.21.136.0/24 和 192.21.143.0/24 汇聚后的地址是（　　）。

A．192.21.136.0/21　　B．192.21.136.0/20

C．192.21.136.0/22　　D．192.21.128.0/21

试题 7 解析：

在两个网段中，取出第三个字节，分别用二进制数展开。

136：1000 1000

143：1000 1111

这两个字节比较，只有前5位是完全相同的，所以子网掩码长度是8+8+5=21位。

同时汇聚后，第三个字节为1000 1000，换成十进制数就是136，所以汇聚后的地址是192.21.136.0/21。

试题7答案：A

8．如果在查找路由表时发现有多个表项匹配，那么应该根据（　　）原则进行选择。假设路由表有4个表项如下所示，那么与地址139.17.179.92匹配的表项是（　　）。

（1）A．包含匹配　　B．恰当匹配
　　C．最长匹配　　D．最短匹配

（2）A．139.17.145.32　　B．139.17.145.64
　　C．139.17.147.64　　D．139.17.177.64

试题8解析：

最长匹配原则：在使用CIDR方法时，由于采用了网络前缀这种记法，IP地址由网络前缀和主机号两部分组成，因此在路由表中的项目要有相应的改变。这时，每个项目由网络前缀和下一跳地址组成。但是在查找路由表时可能会得到不止一个匹配结果，这样就带来一个问题：我们应当从这些结果中选择哪一条路由呢？

正确的答案是，应当从匹配结果中选择具有最长网络前缀的路由，这叫作最长前缀匹配，这是因为网络前缀越长，其地址块越小，路由越具体。

那么与地址139.17.179.92匹配的表项是139.17.177.64，因为它和139.17.179.92具有最多的相同位。

试题8答案：C、D

9．IP数据包的分片和重装要用到包头的报文ID、数据长度、片偏移和标志4个字段，其中(　　)的作用是指示每一片在原报文中的位置，若某片是原报文的最后一片，其(　　)值为“0”。

（1）A．片偏移　　B．标志
　　C．报文ID　　D．数据长度

（2）A．片偏移　　B．标志
　　C．报文ID　　D．数据长度

试题9解析：

片偏移：占13位，是指较长的数据包在分片后，某片在原数据包中相对于用户数据字段的起点，该片从何处开始。片偏移以8字节为偏移单位。这就是说，每个分片的长度一定是8字节的整数倍。

标志字段中的最低位记为MF。MF=1表示后面还有分片的数据包片。MF=0表示这已是若干数据包片中的最后一片。

试题9答案：A、B

10．IP数据包经过MTU较小的网络时需要分片。假设一个大小为1500字节的报文分为 2 个较小报文，其中一个报文大小为 800 字节，则另一个报文的大小至少为（　　）字节。

A．700　　B．720　　C．740　　D．800

试题 10 解析：

1500B 的 IP 报文，固定包头长度为 20B，因此数据部分最长为 1480B。只对数据部分进行分片，然后重新封装 IP 包头，形成新的 IP 报文。因此分片后的一个报文为 800B，同样拥有长度为 20B 的固定包头，得数据部分长度为 780B。

因此另一个分片的数据部分长度为 1480−780=700B。

封装一个包头要 20B（至少），从而可得另一个报文的长度至少为 720B。

试题 10 答案：B

11. IPv6 协议数据单元由一个固定包头和若干个扩展包头及上层协议提供的负载组成。如果有多个扩展包头，则第一个扩展包头为（　　）。

A．逐跳选项包头　　B．路由选择包头

C．分段包头　　D．验证包头

试题 11 解析：

逐跳选项包头必须紧随在 IPv6 包头之后，它包含数据包所经路径上的每个节点都必须检查的可选数据。

试题 11 答案：A

12．IPv6 链路本地单播地址的前缀为（　　），可聚合全球单播地址的前缀为（　　）。

（1）A．001　　B．1111 1110 10

C．1111 1110 11　　D．1111 1111

（2）A．001　　B．1111 1110 10

C．1111 1110 11　　D．1111 1111

试题 12 解析：

链路本地单播地址的格式前缀为 1111 1110 10，即 FE80::/64；其后是 64 位的接口 ID。

IPv6 可聚合全球单播地址是可以在全球范围内进行路由转发的 IPv6 地址，全球路由选择前缀会分配给各个公司和机构，用于路由器的路由选择，相当于 IPv4 地址中的网络号，这类地址的前 3 位是 001。

试题 12 答案：B、A

13．IPv6 地址中新增加了一种任播地址，这种地址（　　）。

A．可以用作源地址，也可以用作目的地址

B．只可以用作源地址，不可以用作目的地址

C．代表一组接口的标识符

D．可以用作路由器或主机的地址

试题 13 解析：

IPv6 地址的长度为 128 位，地址按照其传输类型分为三种，即单播地址（Unicast Address）、组播地址（Multicast Address）和任播地址（Anycast Address）。

其中任播地址是 IPv6 地址中新的成员，RFC-2723 将 IPv6 地址中的任播地址定义为一系列网络接口（通常属于不同的节点）的标识符，其特点为发往一个任播地址的数据包将被转发到由该地址标识的最近的一个网络接口（最近的定义基于路由协议中的距离度量）。任播地址只能作为目的地址，不能作为源地址使用，且只能分配给路由器网关角色。

试题 13 答案：C

14．在 IPv4 和 IPv6 混合的网络中，协议转换技术用于（　　）。

A．两台 IPv6 主机通过 IPv4 网络通信

B．两台 IPv4 主机通过 IPv6 网络通信

C．纯 IPv4 主机和纯 IPv6 主机之间的通信

D．两台双协议栈主机之间的通信

试题 14 解析：

本题考查 IPv6 过渡技术的相关知识。

协议转换技术主要用于纯 IPv4 主机与纯 IPv6 主机之间的通信。

试题 14 答案：C

15．一个 IP 报文经过路由器处理后，若 TTL 字段值变为 0，则路由器会进行的操作是（　　）。

A．向 IP 报文的源地址发送一个出错信息，并继续转发该报文

B．向 IP 报文的源地址发送一个出错信息，并丢弃该报文

C．继续转发报文，在报文中做出标记

D．直接丢弃该 IP 报文，既不转发，又不发送出错信息

试题 15 解析：

TTL 字段值由 IP 数据包的发送方配置，在 IP 数据包从源地址到目的地址的整个转发路径上，每经过一台路由器，则把该 TTL 字段值减 1 后，再将 IP 数据包转发出去。如果在 IP 数据包到达目的地址之前，TTL 字段值减小为 0，则路由器将会丢弃收到的 TTL=0 的 IP 数据包，并向 IP 数据包的发送方发送 ICMP time exceeded 信息，以防止 IP 数据包在 IP 互联网络上永不停止地循环。

试题 15 答案：B

9.3 其他网络层协议

除 IP 外，重要的网络层协议还包括 ARP 及 ICMP。

9.3.1 ARP

在网络层使用的是 IP 地址，但在实际网络的链路上传输数据帧时，最终还是要使用物理地址的。由于 IP 地址是逻辑地址，是人为指定的，并没有直接与硬件在物理上一对一联系起来，因此需要将 IP 地址与物理地址联系起来。

地址解析协议（ARP）解决这个问题的方法是在主机的 ARP 缓存中存放一个本局域网

中其他主机 IP 地址到 MAC 地址的映射表。

当主机 A 向本局域网内的主机 B 发送 IP 数据包的时候，会先查找自己的 ARP 映射表，查看是否有主机 B 的 IP 地址，如果有的话，就继续查找出其对应的硬件地址，再把这个硬件地址写入 MAC 帧中，然后通过局域网将 IP 数据包发往这个硬件地址。

也有可能找不到主机 B 的 IP 地址，在这种情况下，主机 A 运行 ARP，将包含目的 IP 地址的 ARP 请求广播到网络中的所有主机上，主机 B 收到后单播返回 ARP 响应报文给主机 A，主机 A 在自己的 ARP 映射表中缓存主机 B 的 IP 地址和 MAC 地址的映射关系。在 ARP 映射表中每一个映射的项目都有一个生存时间（10～20min）。超过生存时间的项目就会被从 ARP 映射表中删除。当下次请求和主机 B 通信时，主机 A 可以直接查询 ARP 映射表找到主机 B 的 MAC 地址去封装 IP 数据包以节约资源。

当然，ARP 表项也可以是由网络管理员手工通过 arp -s IP 物理地址命令建立的 IP 地址和 MAC 地址之间固定的映射关系。静态 ARP 表项不会被老化，也不会被动态 ARP 表项覆盖。

如果 ARP 请求是从一个网络的主机发往同一网段但不在同一物理网络上的另一台主机的，那么连接这两个网络的设备就可以应答该 ARP 请求，用自己的 MAC 地址告知主机，这个过程称为 ARP 代理（Proxy ARP）。

9.3.2 ICMP

IP 是一个不可靠且非连接的传输协议，为了能够更加有效地转发 IP 数据包和提高交付成功的概率，在网络层中使用了 Internet 控制报文协议（ICMP），ICMP 作为 IP 数据包中的数据，封装在 IP 数据包中进行传输。

在 ICMP 中定义了差错报告报文及询问报文。

1. 差错报告报文

差错报告报文包括终点不可达、源站抑制、超时、参数问题、路由重定向等报文。

终点不可达报文：主机或路由器无法交付数据包的时候会向源站发送终点不可达报文。例如，如果收到 UDP 数据包但目的接口与某个正在使用的进程不相符，那么返回一个终点不可达报文。该报文在报文类型字段中的值是 3。

源站抑制报文：当主机或路由器由于拥塞而丢弃数据包时，会向源站发送源站抑制报文，使源站知道应当将数据包的发送速率放慢。该报文在报文类型字段中的值是 4。

超时报文：当路由器收到生存时间为零的数据包时，除丢弃该数据包外，还要向源站发送超时报文。当目的站在预先规定的时间内不能收到一个数据包的全部数据包片时，就将已收到的数据包片都丢弃，并向源站发送超时报文。该报文在报文类型字段中的值是 11。

参数问题报文：当路由器或目的主机收到的数据包的包头中的字段值不正确时，就丢弃该数据包，并向源站发送参数问题报文。该报文在报文类型字段中的值是 12。

路由重定向报文：路由器将路由重定向报文发送给主机，让主机知道下次应将数据包发送给其他的路由器。该报文在报文类型字段中的值是 5。

2. 询问报文

询问报文主要包括回送请求和应答报文、时间戳请求和应答报文。

回送请求和应答报文：回送请求报文是由主机或路由器向一个特定的目的主机发出的询问，收到此报文的主机必须给源主机或路由器发送回送应答报文。回送请求和应答报文主要用来测试目的站是否可达及了解其有关状态。回送请求和应答报文在报文类型字段中的值是 8 和 0。

时间戳请求和应答报文：时间戳请求和应答报文主要负责让某台主机或路由器回答当前的日期和时间。时间戳请求和应答报文在报文类型字段中的值是 13 和 14。

9.3.3　课后检测

1. ARP 的协议数据单元封装在（　　）中传输；ICMP 的协议数据单元封装在（　　）中传输；RIP 路由协议数据单元封装在（　　）中传输。

（1）A. 以太帧　　B. IP 数据包
　　C. TCP 段　　D. UDP 段

（2）A. 以太帧　　B. IP 数据包
　　C. TCP 段　　D. UDP 段

（3）A. 以太帧　　B. IP 数据包
　　C. TCP 段　　D. UDP 数据包

试题 1 解析：

ARP 协议数据单元被封装在以太帧中传输，ICMP 协议作为 IP 数据包中的数据，封装在 IP 数据包中传输。RIP 属于应用层协议，被封装在 UDP 数据包中传输。

试题 1 答案：A、B、D

2. RARP 的作用是（　　）。

A. 根据 MAC 地址查 IP 地址　　B. 根据 IP 地址查 MAC 地址
C. 根据域名查 IP 地址　　D. 查找域内授权域名服务器

试题 2 解析：

逆地址解析协议（RARP）是把 MAC 地址转换为 IP 地址的协议。

试题 2 答案：A

3. 若主机 A 的 MAC 地址为 aa-aa-aa-aa-aa-aa，主机 B 的 MAC 地址为 bb-bb-bb-bb-bb-bb。由主机 A 发出的查询主机 B 的 MAC 地址的帧格式如图 9-6 所示，则此帧中的目的 MAC 地址为（　　），ARP 报文中的目的 MAC 地址为（　　）。

目的 MAC 地址	源 MAC 地址	协议类型	ARP 报文	CRC

图 9-6　帧格式

（1）A. aa-aa-aa-aa-aa-aa　　B. bb-bb-bb-bb-bb-bb
　　C. 00-00-00-00-00-00　　D. ff-ff-ff-ff-ff-ff

（2）A．aa-aa-aa-aa-aa-aa　　B．bb-bb-bb-bb-bb-bb
　　C．00-00-00-00-00-00　　D．ff-ff-ff-ff-ff-ff

试题3解析：

当主机A向本局域网内的主机B发送IP数据包的时候，会先查找自己的ARP映射表，查看是否有主机B的IP地址，如果有的话，就继续查找出其对应的硬件地址，再把这个硬件地址写入MAC帧中，然后通过局域网将IP数据包发往这个硬件地址。

也有可能找不到主机B的IP地址，在这种情况下，主机A运行ARP，广播ARP请求，去请求主机B的MAC地址。

试题3答案：D、C

4．当节点收到"数据包组装期间生存时间为0"的 ICMP 报文，说明（　　）。

A．回送请求没得到响应　　B．IP数据包目的网络不可达
C．因为拥塞丢弃报文　　D．因IP数据包部分分片丢失，无法组装

试题4解析：

IP数据包在进行重组时，若某些分片丢失，在规定的时间内不能重组完成，则将所有的分片丢弃并向源节点回应一个"数据包组装期间生存时间为0"的 ICMP 报文。

试题4答案：D

5．ICMP属于Internet中的（　　）协议，ICMP协议数据单元封装在（　　）中传输。

（1）A．数据链路层　　B．网络层
　　C．传输层　　D．会话层
（2）A．以太帧　　B．TCP段
　　C．UDP数据包　　D．IP数据包

试题5解析：

ICMP属于网络层协议，用于传输有关通信问题的消息。ICMP协议数据单元封装在IP数据包中传输，不保证可靠的提交。

试题5答案：B、D

6．在Windows平台上，要为某主机手动添加一条ARP地址映射，下面的命令正确的是（　　）。

A．arp -a 157.55.85.212 00-aa-00-62-c6-09
B．arp -g 157.55.85.212 00-aa-00-62-c6-09
C．arp -v 157.55.85.212 00-aa-00-62-c6-09
D．arp -s 157.55.85.212 00-aa-00-62-c6-09

试题6解析：

arp -s：手动添加ARP静态绑定。

arp -a：查看ARP映射表。

试题6答案：D

7．当IP报文从一个网络转发到另一个网络时，（　　）。

A．IP地址和MAC地址均发生改变

B．IP 地址改变，但 MAC 地址不变

C．MAC 地址改变，但 IP 地址不变

D．IP 地址、MAC 地址都不变

试题 7 解析：

MAC 地址在同一个广播域传输过程中是不变的，在跨越广播域传输的时候会发生改变；而 IP 地址在传输过程中是不会改变的（除了 NAT 的时候）。

试题 7 答案：C

9.4 服务质量

服务质量（Quality of Service，QoS）是指一个网络能够利用各种基础技术，为指定的网络通信提供好的服务的能力。QoS 模型包括尽力而为服务模型、综合服务模型及区分服务模型。

9.4.1 尽力而为服务模型

尽力而为服务模型是一个单一的服务模型，也是十分简单的服务模型。对于尽力而为服务模型，网络尽最大的努力来发送报文，对时延、可靠性等性能不提供任何保证，不能区别对待不同类型的业务。尽力而为服务模型是网络的默认服务模型。

9.4.2 综合服务模型

综合服务模型由 RFC-1633 定义，在这种模型中，节点在发送报文前，需要向网络申请所需要的资源，这是通过资源预留协议（RSVP）来实现的。RSVP 的特点是具有单向性，由接收方向发送方发起对中途的路由器资源预留的请求，并维护资源预留信息。

综合服务模型要求为单个数据流预先保留所有连接路径上的网络资源，很难独立应用于大规模的网络。

综合服务模型可以提供保证服务和负载均衡服务两种服务。

（1）保证服务：提供保证的时延和带宽来满足应用程序的要求（如在 IP 电话的应用中可以预留 64kbit/s 的带宽并要求不超过 100ms 的时延）。

（2）负载均衡服务：保证即使在网络过载的情况下，也能为报文提供与网络未过载时类似的服务，也就是说在网络出现拥塞的时候，可以保证某些应用报文优先通过。

9.4.3 区分服务模型

区分服务模型由 RFC-2475 定义，在区分服务模型中，根据服务要求对不同业务的数据进行分类，对报文按类进行优先级标记，然后有差别地提供服务。

区分服务模型将 IPv4 协议中原有的服务类型字段和 IPv6 协议中的通信量类字段定义为区分服务（DS）字段。DS 中的前 6 位称为区分服务编码点，用于 QoS 的特殊定义，包括“等级”和“丢弃优先级”。当数据流进入区分服务模型网络时，边界路由器通过标识

DS，将 IP 数据包分为不同的服务类别，而网络中的其他路由器在收到该 IP 数据包时，则根据 DS 所标识的服务类别将其放入不同的队列，并由作用于输出队列的流量管理机制，按事先设定的带宽、缓冲处理控制每个队列。

9.4.4 QoS 规划

以企业办公为例，除基本的网页浏览、工作邮件收发外，在较集中的工作时间段内还需要保证 Telnet 登录设备、异地视频会议、实时语音通话、FTP 文件上传和下载，以及视频播放等业务的网络质量。对于不同网络质量要求的业务，可以配置不同的 QoS 子功能，或者不部署 QoS 功能。

1. 网络协议和管理协议（如 OSPF、Telnet）

网络协议和管理协议要求低时延和低丢包率，但对带宽的要求不高。因此，可以通过 QoS 的优先级映射功能，为此类报文标记较高的服务等级，使网络设备优先转发此类报文。

2. 实时业务（如视频会议、VoIP）

视频会议要求高带宽、低时延和低抖动。因此，可以通过 QoS 的流量监管功能，为视频报文提供高带宽；通过 QoS 的优先级映射功能，适当调高视频报文的优先级。

VoIP 是指通过 IP 网络进行实时语音通话，它要求网络做到低丢包率、低时延和低抖动，否则通话双方会明显感知通话质量受损。因此，一方面可以调整语音报文的优先级，使其高于视频报文；另一方面可以通过流量监管功能，为语音报文提供最大带宽，在网络产生拥塞时，保证语音报文优先通过。

3. 大数据量业务（如 FTP、数据库备份、文件转储）

大数据量业务是指存在长时间大量数据传输行为的网络业务，这类业务需要尽可能低的网络丢包率。因此，可以为这类报文配置流量整形功能，通过数据缓冲区缓存从接口发送的报文，减少突发流量导致拥塞而产生的丢包现象。

4. 普通业务（如 HTML 网页浏览、邮件收发）

普通业务对网络无特殊要求，其重要性也不高。网络管理员可以对其保持默认设置，不需要额外部署 QoS 功能。

9.4.5 课后检测

1．RSVP 通过（　　）来预留资源。

A．发送方请求路由器　　B．接收方请求路由器

C．发送方请求接收方　　D．接收方请求发送方

试题 1 解析：

对于资源预留协议（RSVP），其资源预留的过程从应用程序流的源节点发送 Path 消息开始，该消息会沿着应用程序流所经路径传到应用程序流的目的节点，并沿途建立路径状态；目的节点收到该 Path 消息后，会向源节点回送 Resv 消息，沿途建立预留状态，如果

源节点成功收到预期的 Resv 消息，则认为在整条路径上的资源预留成功。

试题 1 答案：B

2．按照 IETF 定义的区分服务（DiffServ）技术规范，边界路由器要根据 IP 包头中的（ ）字段为每个 IP 数据包打上一个称为区分服务编码点的标记，这个标记代表了该分组的 QoS 需求。

A．目的地址　　B．源地址　　C．服务类型　　D．分片偏移量

试题 2 解析：

区分服务（DiffServ）模型是 IETF 工作组为了解决 Inter-Serv 模型的可扩展性差的问题在 1998 年提出的一种服务模型，目的是制定一个可扩展性相对较强的方法来保证 IP 协议的服务质量。

区分服务模型定义了一种可以在 Internet 上实施可扩展的服务分类的体系结构。一种“服务”，是在一个网络内，在同一个传输方向上，通过一条或几条路径传输数据包时的某些重要特征定义的。这些特征可能是吞吐率、时延、时延抖动，或者丢包率的量化值或统计值等，也可能是获取网络资源的相对优先权。服务分类要求能适应不同应用程序和用户的需求，并且允许对 Internet 服务的分类收费。

试题 2 答案：C

9.5 传输层协议

传输层实现端到端的连接，网络层识别 IP 地址，能够将信息送到正确的主机，主机应该使用什么协议接收这个信息呢？这个协议需要在传输层来完成，因为传输层实现进程到进程的连接。

在传输层上有两个主要的协议：传输控制协议（TCP）及用户数据包协议（UDP）。

9.5.1 传输控制协议

传输控制协议（TCP）是为了在不可靠的互联网络上提供可靠的端到端字节流而专门设计的一种协议。

1．TCP 主要特点

（1）面向连接的传输层协议。

（2）每一条 TCP 连接只能有两个端点，且只能是点对点。

（3）TCP 提供可靠交付的服务。通过 TCP 连接传输的数据无差错、不丢失、不重复，并且按顺序到达。

（4）TCP 提供全双工通信。TCP 允许通信双方的应用进程在任何时刻发送数据。在 TCP 连接的两端都有发送缓存和接收缓存，用来临时存放通信数据。

（5）TCP 面向字节流。TCP 把应用进程交下来的数据看作一连串无结构的字节流。TCP 并不关心应用进程一次把多长的报文发送到 TCP 的缓存中，只根据对端给出的窗口值和当

前网络拥塞的程度来决定一个报文段应包含多少字节。

2. TCP 报文格式

TCP 报文包含 TCP 包头和 TCP 数据两部分，TCP 报文格式如图 9-7 所示。

（1）源接口：该字段长度为 2 字节，包括 TCP 报文发送方使用的接口号。

（2）目的接口：该字段长度为 2 字节，包括 TCP 报文接收方使用的接口号。

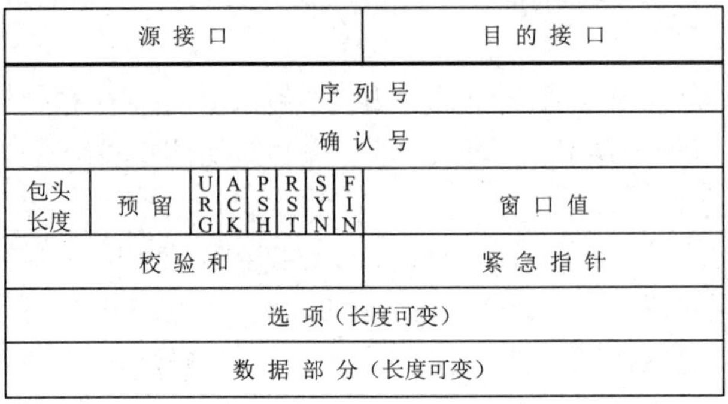

<table>
<tr><td colspan="8">源 接 口</td><td>目 的 接 口</td></tr>
<tr><td colspan="9">序 列 号</td></tr>
<tr><td colspan="9">确 认 号</td></tr>
<tr><td>包头长度</td><td>预 留</td><td>URG</td><td>ACK</td><td>PSH</td><td>RST</td><td>SYN</td><td>FIN</td><td>窗 口 值</td></tr>
<tr><td colspan="8">校 验 和</td><td>紧 急 指 针</td></tr>
<tr><td colspan="9">选 项（长度可变）</td></tr>
<tr><td colspan="9">数 据 部 分（长度可变）</td></tr>
</table>

图 9-7　TCP 报文格式

（3）序列号（SEQuence number，SEQ）：该字段长度为 4 字节。序列号是本报文段的编号。序列号的初始值称为初始序列号，由系统随机产生。

（4）确认号（ACKnowledgment NUMber，ACKNUM）：该字段长度为 4 字节。确认号是目的接口期望收到的下一个报文段的序列号。

（5）包头长度：该字段长度为 4 位，标识了 TCP 包头的结束和 TCP 数据的开始。没有任何选项字段的 TCP 包头长度为 20 字节，最多可以为 60 字节。

（6）预留：该字段长度为 6 位。预留字段默认为 0。

（7）URG：该字段长度为 1 位。紧急标志，当 URG 为 1 时，表明有紧急数据。

（8）ACK：该字段长度为 1 位。确认标志，当 ACK 为 1 时，表明确认号字段有效。

（9）PSH：该字段长度为 1 位。推送标志，接收方收到 PSH 为 1 的报文段，会尽快交给应用进程，不用等到整个缓存都填满后再交给应用进程。

（10）RST：该字段长度为 1 位。复位连接标志，当 RST 为 1 时，表明 TCP 连接出现严重差错，必须释放连接，并重建连接。

（11）SYN：该字段长度为 1 位。同步标志，当 SYN 为 1 时，表示一个连接被发送或被接收。

（12）FIN：该字段长度为 1 位。释放连接标志，当 FIN 为 1 时，表明发送方的数据发送完毕，要求释放连接。

（13）窗口值：该字段长度为 2 字节。窗口值用来进行流量控制，单位为字节，这个值是本端期望一次接收的字节数。

（14）校验和：该字段长度为 2 字节，用于对 TCP 包头和 TCP 数据部分进行校验和计算，并由目的接口进行验证。

（15）紧急指针：该字段长度为 2 字节。紧急指针是一个偏移量，与序列号字段值相加表示紧急数据最后一字节的序列号。

（16）选项：包括窗口值扩大因子、时间戳等选项，长度可变。

（17）数据部分：应用层数据，长度可变。

3. TCP 三次握手

TCP 使用三次握手协议来建立连接。例如，有主机 A 和主机 B，A 向 B 发出连接请求，建立连接的过程如图 9-8 所示。

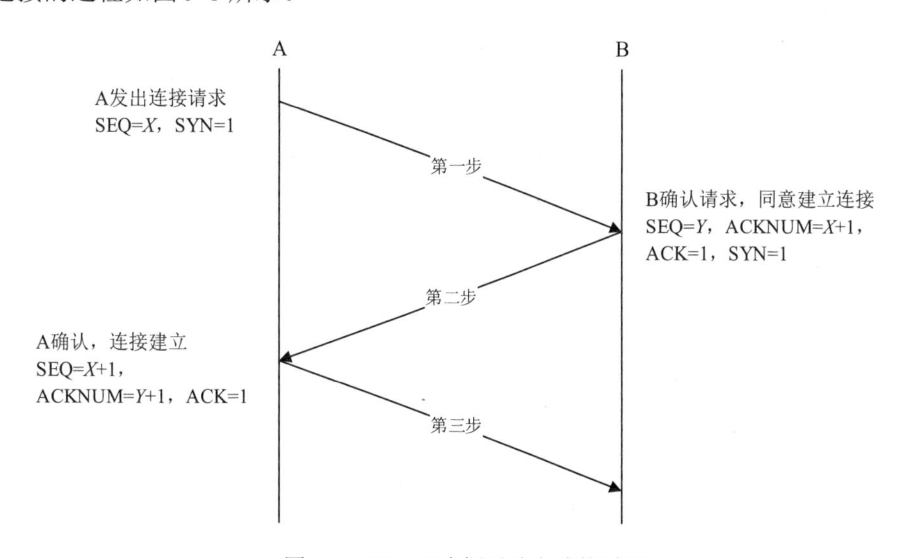

图 9-8　TCP 三次握手建立连接过程

第一步，A 发出连接请求。

TCP 数据 SEQ=X，SYN=1。SEQ=X 表示 A 发送序列号为 X 的报文段；SYN=1 表示 A 请求建立连接。

第二步，B 确认请求，同意建立连接。

B 收到连接请求，发送 TCP 数据 SEQ=Y，ACKNUM=X+1，ACK=1，SYN=1。SEQ=Y 表示 B 发送序列号为 Y 的报文段；ACKNUM=X+1，ACK=1 表示 B 确认已经正确收到 A 发送的序列号为 X 的报文段；SYN=1 表示 B 同意建立连接。

第三步，A 确认，连接建立。

TCP 数据 SEQ=X+1，ACKNUM=Y+1，ACK=1。SEQ=X+1 表示 A 发送序列号为 X+1 的报文段；ACKNUM=Y+1，ACK=1 表示 A 确认已经正确收到 B 发送的序列号为 Y 的报文段。至此 A 完成连接，B 收到确认信息，也完成连接，A 与 B 可以通信。

TCP 连接释放过程比较复杂，采用的是四次挥手机制。

4. TCP 流量控制

如果发送方把数据传输得过快，接收方可能会来不及接收，这就会造成数据的丢失。所谓流量控制就是让发送方的传输速率不要太快，要让接收方来得及接收。

流量控制是指点对点通信量的控制，是端到端的问题。流量控制所要做的是抑制发送方传输数据的速率，以便接收方来得及接收。利用可变大小的滑动窗口机制可以很方便地在 TCP 连接上实现对发送方的流量控制。

5．TCP 拥塞控制

拥塞指的是需要的资源超过了可用的资源。若网络中许多资源同时供应不足，则网络的性能明显变差，整个网络的吞吐量随着负载的增大而下降。网络拥塞往往是由许多因素引起的。TCP 拥塞控制机制包括慢开始算法、拥塞避免算法、快重传算法和快恢复算法。

（1）慢开始算法。

当主机开始发送数据时，如果立即把大量数据注入网络，就有可能引起网络拥塞，因为现在并不清楚网络的负载情况。因此，慢开始算法会先探测一下，即从小到大逐渐增大发送窗口。通常在刚开始发送报文段时，先把拥塞窗口 cwnd 配置为一个最大报文段长度（MSS）的数值（MSS 是 TCP 定义的一个选项，MSS 是指在 TCP 连接建立时，收发双方协商通信时每一个报文段所能承载的最大数据长度）。每收到一个对新的报文段的确认信息后，逐渐增大发送方的拥塞窗口 cwnd，从而使分组注入网络的速率更加合理。

每经过一个传输轮次，拥塞窗口 cwnd 就加倍。一个传输轮次所经历的时间其实就是往返时间 RTT。不过传输轮次更加强调：把拥塞窗口 cwnd 所允许发送的报文段都连续发送出去，并收到对已发送的最后一字节的确认信息。

为了防止拥塞窗口 cwnd 增长过大引起网络拥塞，需要配置一个慢开始门限 ssthresh 状态变量。慢开始门限 ssthresh 的用法如下。

当 cwnd < ssthresh 时，使用上述的慢开始算法。

当 cwnd > ssthresh 时，停止使用慢开始算法而改用拥塞避免算法。

当 cwnd = ssthresh 时，既可使用慢开始算法，又可使用拥塞避免算法。

（2）拥塞避免算法。

拥塞避免算法让拥塞窗口 cwnd 缓慢地增大，即每经过一个往返时间 RTT 就把发送方的拥塞窗口 cwnd 加 1，而不是加倍。这样拥塞窗口 cwnd 按线性规律缓慢增长，比慢开始算法中的拥塞窗口增长缓慢得多。

无论是在慢开始阶段还是在拥塞避免阶段，只要发送方判断网络出现拥塞（其根据就是没有收到确认信息），就先把慢开始门限 ssthresh 配置为出现拥塞时的发送窗口的一半（但不能小于 2），然后把拥塞窗口 cwnd 重新配置为 1，执行慢开始算法。这样做的目的是迅速减少主机发送到网络中的分组数，使得发生拥塞的路由器有足够时间把队列中积压的分组处理完毕。

（3）快重传算法和快恢复算法。

为了防止网络的拥塞现象，TCP 提出了一系列的拥塞控制机制。最初 TCP 的拥塞控制机制由慢开始算法和拥塞避免算法组成，随后 TCP Reno 版本中有针对性地加入了快重传（Fast Retransmit）算法和快恢复（Fast Recovery）算法，后来 TCP NewReno 版本对快恢复算法进行了改进，近些年又出现了选择性应答（SACK）算法，以及其他方面的大大小小的改进算法，拥塞控制机制成为网络研究的一个热点。

快重传算法要求接收方每收到一个失序的报文段后就立即发出重复确认信息（为的是使发送方及早知道有报文段没有到达对方），而不要等到自己发送数据时才捎带进行确认。

与快重传算法配合使用的是快恢复算法，其过程有以下两个要点。

① 当发送方连续收到三个重复确认信息时，就执行“乘法减小”算法，把慢开始门限 ssthresh 变成当前拥塞窗口减半后的值。这是为了预防网络发生拥塞。请注意：接下来不执行慢开始算法。

② 由于发送方现在认为网络很可能没有发生拥塞（如果发生了严重的网络拥塞，就不会一连有好几个报文段到达接收方，也不会导致接收方连续发送重复的确认信息），因此快恢复算法与慢开始算法的不同之处是现在不执行慢开始算法（拥塞窗口 cwnd 现在不配置为 1），而是把 cwnd 配置为慢开始门限 ssthresh 减半后的值，然后开始执行拥塞避免算法（“加法增大”），使拥塞窗口缓慢地线性增大。

9.5.2 用户数据包协议

用户数据包协议（UDP）是一种简单的面向数据包的传输协议，实现的是不可靠、无连接的数据包服务，通常用于不要求可靠传输的场合，可以提高传输效率，减少额外开销。在使用 UDP 传输时，应用进程的每次输出均生成一个 UDP 数据包，并将其封装在一个 IP 数据包中传输。

UDP 没有拥塞控制，所以网络出现的拥塞不会让源主机的传输速率降低。这对于某些实时应用是很重要的。很多实时应用（如 IP 电话、实时视频会议）要求源主机以恒定的速率传输数据，并且允许在网络拥塞情况下丢失一些数据，但不允许数据有太大的时延，UDP 正好符合这种要求。

9.5.3 传输层接口

传输层接口号的范围是 1～65535，一般分为三种：熟知接口号、登记接口号、用户接口号（或短暂接口号）。

1. 熟知接口号

熟知接口号的范围为 0～1023，每个接口号应用于特定熟知的应用协议。表 9-3 所示为常用的接口。

表 9-3 常用的接口

接口号	关键字	描述	接口号	关键字	描述
20	FTP-DATA	FTP 的数据	53	DNS	域名
21	FTP	FTP 的控制	69	TFTP	简单 FTP
22	SSH	SSH 登录	80	HTTP	Web 访问
23	TELNET	远程登录	110	POP3	邮件接收
25	SMTP	简单邮件传输	143	IMAP	邮件访问协议
67	DHCP	DHCP 服务器	68	DHCP	DHCP 客户端
161	SNMP	轮询接口	162	SNMP	陷阱接口
3389	远程桌面	远程桌面的服务接口	443	HTTPS	安全 Web 访问

2. 登记接口号

登记接口号的范围为 1024～49151，是没有熟知接口号的应用程序使用的。使用这个范围的接口号必须在 IANA（Internet 数字分配机构）登记，以防止重复。

3. 用户接口号

用户接口号的范围为 49152～65535，留给用户进程选择使用。当服务器进程收到用户进程的报文时，就知道了用户进程所使用的动态接口号。当通信结束后，用户接口号可供其他用户进程以后使用。

9.5.4 课后检测

1．在建立 TCP 连接时，一端主动打开后所处的状态为（　　）。

A．SYN SENT　　B．ESTABLISHED

C．CLOSE-WAIT　　D．LAST-ACK

试题 1 解析：

LISTEN：服务器等待连接过来的状态。

SYN SENT：客户端发起连接（主动打开），变成此状态，如果 SYN 超时，或者服务器不存在，则直接 CLOSED。

SYN RCVD：服务器收到 SYN 数据包的时候，就变成此状态。

ESTABLISHED：完成三次握手，进入连接建立状态，说明此时可以进行数据传输了。

试题 1 答案：A

2．TCP 采用慢开始算法进行拥塞控制，若 TCP 在拥塞窗口值为 8 时出现拥塞，经过 4 轮成功收到应答，此时拥塞窗口值为（　　）。

A．5　　B．6　　C．7　　D．8

试题 2 解析：

慢开始算法：当主机开始发送数据时，如果立即把大量数据注入网络，就有可能引起网络拥塞。因为现在并不清楚网络的负载情况，因此，慢开始算法会先探测一下，即从小到大逐渐增大发送窗口。通常在刚开始发送报文段时，先把拥塞窗口 cwnd 配置为一个最大报文段长度（MSS）的数值（MSS 是 TCP 定义的一个选项，MSS 是指在 TCP 连接建立时，收发双方协商通信时的每一个报文段所能承载的最大数据长度）。每收到一个对新的报文段的确认信息后，逐渐增大发送方的拥塞窗口 cwnd，这样可以使分组注入网络的速率更加合理。

每经过一个传输轮次，拥塞窗口 cwnd 就加倍。一个传输轮次所经历的时间其实就是往返时间 RTT。不过传输轮次更加强调：把拥塞窗口 cwnd 所允许发送的报文段都连续发送出去，并收到对已发送的最后一字节的确认信息。

为了防止拥塞窗口 cwnd 增长过快引起网络拥塞，需要配置一个慢开始门限 ssthresh 状态变量。慢开始算法和拥塞避免算法的实现如图 9-9 所示。

当 cwnd < ssthresh 时，使用上述的慢开始算法。

当 cwnd > ssthresh 时，停止使用慢开始算法而改用拥塞避免算法。

当 cwnd = ssthresh 时，既可使用慢开始算法，又可使用拥塞避免算法。

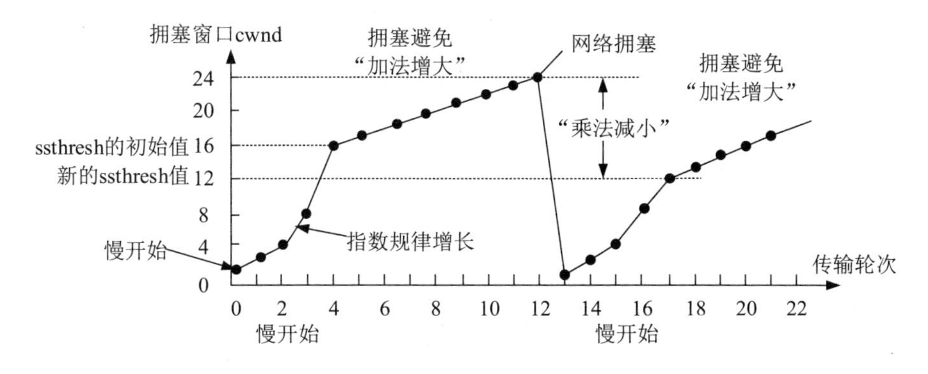

图 9-9 慢开始算法和拥塞避免算法的实现

如果在拥塞窗口值为 8 的时候出现拥塞，那么新的慢开始门限值变成 8 的一半，为 4，拥塞窗口值从 1 开始，经过 1→2→4 的变化，改用拥塞避免算法“加法增大”到 5，当收到第 4 个应答时，拥塞窗口值为 6。

试题 2 答案：B

3．TCP 使用三次握手协议建立连接，以防止（　　）；当请求方发出 SYN 连接请求后，等待对方回答（　　）以建立正确的连接；当出现错误连接时，响应（　　）。

（1）A．出现半连接　　B．无法连接

C．产生错误的连接　　D．连接失效

（2）A．SYN，ACK　　B．FIN，ACK

C．PSH，ACK　　D．RST，ACK

（3）A．SYN，ACK　　B．FIN，ACK

C．PSH，ACK　　D．RST，ACK

试题 3 解析：

进行三次握手，而非二次握手是为了防止产生错误的连接。

当发送方发送了 SYN 请求后，需要等待收到对方发送的 SYN、ACK 的数据包；收到之后，发送方再次发送 ACK 数据包回应，以建立正常的三次握手连接。

当出现错误连接时，会发送 RST 数据包来拒绝该连接。

试题 3 答案：C、A、D

4．在 TCP 中，URG 指针的作用是（　　）。

A．表明 TCP 段中有带外数据　　B．表明数据需要紧急传输

C．表明带外数据在 TCP 段中的位置　　D．表明 TCP 段的发送方式

试题 4 解析：

当 URG 等于 1 的时候，表明系统有紧急数据传输，应该尽快处理；而 URG 指针的作用是表明带外数据在 TCP 段中的位置。

试题 4 答案：C

5．在 TCP 中，用于进行流量控制的字段为（　　）。

A．接口号　　B．序列号　　C．应答编号　　D．窗口值

试题 5 解析：

TCP 使用可变大小的滑动窗口协议实现流量控制。

试题 5 答案：D

6．浏览器向 Web 服务器发送了一个报文，其 TCP 段不可能出现的接口组合是（　　）。

A．源接口号为 2345，目的接口号为 80

B．源接口号为 80，目的接口号为 2345

C．源接口号为 3146，目的接口号为 8080

D．源接口号为 6553，目的接口号为 5534

试题 6 解析：

客户机只能采用高位接口。

试题 6 答案：B

7．下面的应用层协议中通过 UDP 传输的是（　　）。

A．SMTP　　B．TFTP　　C．POP3　　D．HTTP

试题 7 解析：

TFTP 是简单文件传输协议，传输层的承载协议是 UDP。

试题 7 答案：B

8．以下网络控制参数中，不随报文传送到对端实体的是（　　）。

A．接收进程　　B．上层协议

C．接收缓存大小　　D．拥塞窗口大小

试题 8 解析：

拥塞窗口是发送方维持的一个状态变量，其大小取决于网络的拥塞程度，并且动态变化。这个值并不会传送到对端实体。

试题 8 答案：D

9．在 TCP 建立连接的三次握手过程中，假设客户端发送的 SYN 段中的序列号为 a，则服务器端回复的 SYN+ACK 段中的确认号为（　　）。

A．a　　B．a+1　　C．a+20　　D．随机值

试题 9 解析：

假设客户端发送的 SYN 段中的序列号为 a，则服务器端回复的 SYN+ACK 段中的确认号为 a+1，表示对 a 的确认。

试题 9 答案：B

9.6　应用层协议

应用层是 OSI 参考模型的第七层，直接和应用程序连接并提供常见的网络应用服务。常见的网络服务有 DNS、FTP、Telnet、DHCP、电子邮件和 WWW 服务器等。

9.6.1 域名解析服务

域名解析服务（DNS）的作用是将人们使用的主机名（域名）转换成 IP 地址。

1. 域名层次空间

DNS 规定，域名中的标号由英文和数字组成，每一个标号不超过 63 个字符（为了记忆方便，一般不会超过 12 个字符），不区分大小写字母。标号中除连字符（-）外，不能使用其他的标点符号。级别最低的域名写在最左边，而级别最高的域名写在最右边。由多个标号组成的完整域名总共不超过 255 个字符。

例如，www.educity.cn.。

其中最上层的是根域名.，cn 属于根域名下的顶级域名，educity 属于顶级域名下的二级域名，www 叫作主机名。

顶级域名有如下三种。

（1）国家顶级域名（nTLD）：采用 ISO-3166 的规定。例如，cn 代表中国，us 代表美国，uk 代表英国，等等。

（2）通用顶级域名（gTLD）：常见的通用顶级域名有 com（公司企业）、net（网络服务机构）、org（非营利组织）、int（国际组织）、gov（美国的政府部门）、mil（美国的军事部门）。

（3）基础结构域名（Infrastructure Domain）：这种域名只有一个，即 arpa。基础结构域名用于反向域名解析，因此又称为反向域名。

2. 域名服务器类型

和域名层次空间相对应，域名服务器根据工作层次可以分为根域名服务器、顶级域名服务器和权限域名服务器（区域名服务器）。

按照工作性质，域名服务器分为主域名服务器、辅助域名服务器、转发域名服务器、缓存域名服务器。

（1）主域名服务器：主域名服务器负责维护一个区域内所有的域名信息，是域名信息的权威来源，可以修改信息。

（2）辅助域名服务器：当主域名服务器出现故障、关机或负载过重等情况时，辅助域名服务器作为备份服务器来提供域名解析服务，区域记录同步于主域名服务器。

（3）转发域名服务器：当本地 DNS 服务器无法对 DNS 客户机的解析请求进行本地解析时，可以配置转发域名服务器，把客户机发送的解析请求发送到其他的 DNS 服务器上。

（4）缓存域名服务器：为了提高 DNS 服务器的查询效率，并减轻 DNS 服务器的负载和减少 Internet 上的 DNS 查询报文数量，在域名服务器中广泛使用了缓存域名服务器，用来存放最近查询过的域名及从何处获得域名映射信息的记录，但缓存域名服务器中不存在区域资源记录数据库。

3. 域名解析过程

域名解析分为本地解析和 DNS 服务器解析。其中本地解析指的是 DNS 客户机查访 DNS

缓存及查看自己的 Hosts 表。DNS 客户机访问 www.microsoft.com 这个 Web 服务器的过程如下，详细的解析过程如图 9-10 所示。

（1）DNS 客户机首先查看自己的 DNS 缓存。

（2）若 DNS 缓存中没有记录，则 DNS 客户机会查看自己的 Hosts 表。

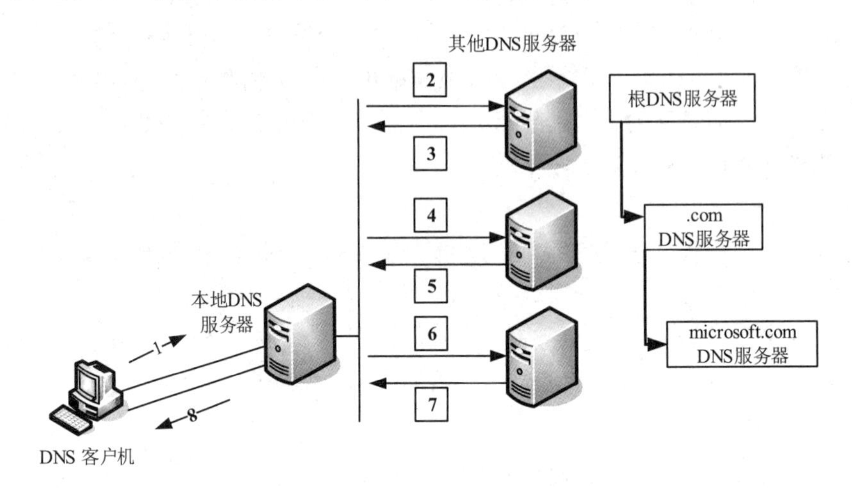

图 9-10　DNS 解析过程

（3）若 Hosts 表没有记录，则 DNS 客户机会以递归查询方式查询自己的本地 DNS 服务器。所谓递归查询，是指如果主机所查询的本地 DNS 服务器不知道被查询的域名的 IP 地址，那么本地 DNS 服务器就以 DNS 客户机的身份，向其他根域名服务器继续发出查询请求（替主机继续查询），而不让主机自己进行下一步查询。因此，递归查询返回的查询结果或者是所要查询的 IP 地址，或者是报错，表示无法查询到所需的 IP 地址。

（4）本地 DNS 服务器收到查询请求后，首先查看自己的区域数据文件，若没有，则查询 DNS 服务器的缓存记录。

（5）若本地 DNS 服务器没有查询到，则会把查询请求转发给自己配置的转发域名服务器，交由转发域名服务器查询。如果没有配置转发域名服务器，那么本地 DNS 服务器就会把查询请求转发给根域名服务器，这一步为迭代查询。迭代查询的特点是当根域名服务器收到本地 DNS 服务器发出的迭代查询请求时，要么给出所要查询的 IP 地址，要么告诉本地 DNS 服务器“你下一步应当向哪一台 DNS 服务器进行查询。”然后让该 DNS 服务器进行后续的查询。

（6）根域名服务器通常会把自己知道的顶级域名服务器的 IP 地址告诉本地 DNS 服务器，让本地 DNS 服务器向顶级域名服务器查询。

（7）顶级域名服务器会告诉本地 DNS 服务器应该向哪一台权限域名服务器查询。

（8）本地 DNS 服务器告知 DNS 客户机结果。

4．DNS 服务器资源记录

每一台 DNS 服务器都包含了它所管理的 DNS 命名空间的所有资源记录。资源记录包含和特定主机有关的信息，如 IP 地址、提供服务的类型等。常见的资源记录类型如下。

（1）SOA 记录：表明此 DNS 服务器是该 DNS 域中的数据信息的最佳来源。

（2）NS 记录：用于标识区域的 DNS 服务器，有几台 DNS 服务器提供服务。

（3）A 记录：也称为主机记录，是域名到 IPv4 地址的映射，用于正向解析。

（4）AAAA 记录：将域名指向一个 IPv6 地址。

（5）PTR 记录：IP 地址到 DNS 名称的映射，用于反向解析。

（6）MX 记录：用于电子邮件系统发邮件时根据收信人的地址后缀来定位邮件服务器。

（7）CNAME 记录：这种记录允许将多个域名映射到同一台计算机上，通常用于同时提供多种应用服务的计算机。

9.6.2 文件传输协议

文件传输协议（File Transfer Protocol，FTP）是 TCP/IP 协议族中的协议之一。FTP 包括两个组成部分，其一为 FTP 服务器端，其二为 FTP 客户端。FTP 服务器端用来存储文件，用户可以使用 FTP 客户端通过 FTP 协议访问位于 FTP 服务器端上的资源。

FTP 服务器一般支持匿名访问，用户可通过 FTP 服务器连接到远程主机上，并从远程主机上下载文件，而无须成为其注册用户。系统管理员建立了一个特殊的用户 ID，名为 Anonymous，Internet 上的任何人在任何地方都可使用该用户 ID。

默认情况下，FTP 使用 TCP 接口中的 20 接口和 21 接口，其中 20 接口用于传输数据，21 接口用于传输控制信息。但是，是否使用 20 接口作为传输数据的接口与 FTP 使用的传输模式有关，如果采用主动模式，那么数据传输接口就是 20 接口；如果采用被动模式，则具体使用哪个高位随机接口要由服务器端和客户端协商决定。

9.6.3 动态地址解析协议

动态地址解析协议（DHCP）允许计算机快速动态地获得 IP 地址，是一种动态分配 IP 地址的机制。

DHCP 报文是承载于 UDP 上的高层协议报文，采用 67（DHCP 服务器端）和 68（DHCP 客户端）两个接口。在 DHCP 环境中，一个基本原则是让客户机尽可能使用原来的相同的 IP 地址，所以 DHCP 分配地址的原则是首先看看有没有配置绑定某个 MAC 地址和 IP 地址，然后看看 DHCP 曾经使用过的 IP 地址，如果这两种地址都没有，就使用最先找到的可用的 IP 地址。

DHCP 是基于客户机/服务器模型设计的，DHCP 客户机和 DHCP 服务器之间通过收发 DHCP 消息进行通信，如图 9-11 所示。

二者通信过程主要如下。

1. 寻找 DHCP 服务器

当 DHCP 客户机第一次登录网络的时候（也就是 DHCP 客户机上没有任何 IP 地址数据时），它会通过 UDP 67 接口向网络上发出一个 DHCP Discover 数据包（包中包含客户机的 MAC 地址和计算机名等信息）。因为 DHCP 客户机还不知道自己属于哪一个网络，所以 DHCP Discover 数据包的源地址为 0.0.0.0，目的地址为 255.255.255.255，然后附上 DHCP

Discover 广播的信息，向网络中广播。

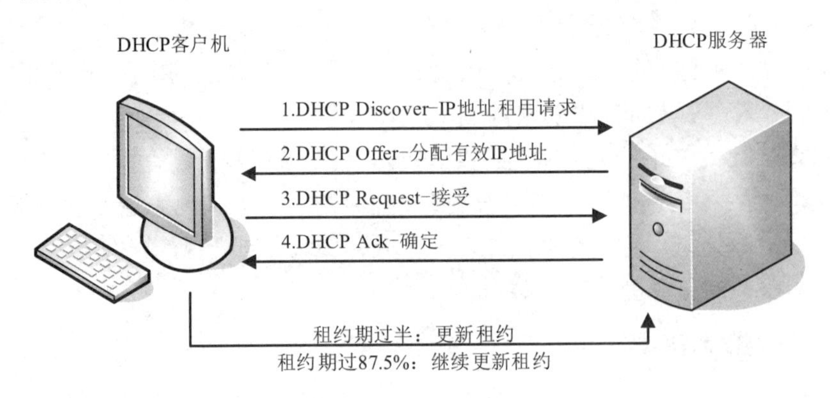

图 9-11　DHCP 服务过程

DHCP Discover 广播的等待时间预设为 1s，也就是当客户机将第一个 DHCP Discover 数据包发送出去之后，在 1s 之内没有得到回应的话，就会进行第二次 DHCP Discover 广播。持续 4 次，如果都没有得到 DHCP 服务器的回应，则客户机会从 169.254.0.0/16 这个自动保留的私有 IP 地址中选用一个 IP 地址，并且每隔 5min 重新广播一次，如果收到某个 DHCP 服务器的响应，则继续 IP 地址租用过程。

2．提供 IP 地址租用

当 DHCP 服务器监听到 DHCP 客户机发出的 DHCP Discover 广播后，它会从那些还没有租出去的地址中，选择最前面的空置 IP 地址，连同其他 TCP/IP 设定，通过 UDP 68 接口响应给 DHCP 客户机一个 DHCP Offer 数据包（包中包含 IP 地址、子网掩码、地址租约期等信息）。但这个数据包只是告诉 DHCP 客户机可以提供 IP 地址，最终还需要 DHCP 客户机通过 ARP 来检测该 IP 地址是否重复。

3．接受 IP 地址租用

如果 DHCP 客户机收到网络上多个 DHCP 服务器的响应，那么它只会挑选其中一台服务器发出的 DHCP Offer 数据包（一般是最先到达的那个），并且会向网络发送一个 DHCP Request 数据包（包中包含客户机的 MAC 地址、接受的租约中的 IP 地址、提供此租约的 DHCP 服务器地址等），告诉所有 DHCP 服务器它将接受哪一台 DHCP 服务器提供的 IP 地址，所有其他的 DHCP 服务器撤销它们提供的 IP 地址，以便将 IP 地址提供给下一次 IP 地址租用请求。

4．租约确定

当 DHCP 服务器接收到 DHCP 客户机的 DHCP Request 数据包之后，会广播返回给 DHCP 客户机一个 DHCP Ack 消息包，表明已经接受 DHCP 客户机的选择，并将这一 IP 地址的合法租约及租约信息都放入该消息包发给 DHCP 客户机。对于有线网络来说，默认租约期为 8 天，对于无线网络来说，默认租约期为 6～8 小时。

如果 DHCP 客户机收到 DHCP 服务器回应的 DHCP Ack 消息包后，通过地址冲突检测发现 DHCP 服务器分配的地址由于冲突或其他原因不能使用，则发送 DHCP Decline 数据包，通知服务器所分配的 IP 地址不可用。

5．续租说明

DHCP 客户机会在租约期过去 50%的时候，直接向为其提供 IP 地址的 DHCP 服务器发送单播的 DHCP Request 数据包。如果 DHCP 客户机接收到该服务器回应的 DHCP Ack 消息包，那么 DHCP 客户机就根据包中所提供的新的租约期及其他已经更新的 TCP/IP 参数，更新自己的配置，IP 地址租约更新完成。如果没有收到该服务器的回复，那么 DHCP 客户机继续使用现有的 IP 地址，因为当前租约期还有 50%。

如果在租约期过去 50%的时候没有更新，则 DHCP 客户机将在租约期过去 87.5%的时候再次广播发送 DHCP Request 数据包，联系备份的 DHCP 服务器。如果还不成功且到了租约期的 100%，则 DHCP 客户机必须放弃这个 IP 地址，重新申请。如果此时无 DHCP 服务器可用，那么 DHCP 客户机会使用 169.254.0.0/16 中随机的一个地址，并且每隔 5min 再次进行尝试。

注意：

由于 DHCP 服务器和 DHCP 客户机之间没有认证机制，所以如果在网络上随意添加一台 DHCP 服务器，它就可以为 DHCP 客户机分配 IP 地址及其他网络参数。如果该 DHCP 服务器分配错误的 IP 地址和其他网络参数，就会对网络造成非常大的危害。

通常，DHCP 服务器通过检查 DHCP 客户机发送的 DHCP Discover 报文中的 CHADDR（也就是 Client MAC Address）字段来判断 DHCP 客户机的 MAC 地址。在正常情况下，该 CHADDR 字段和发送请求报文的 DHCP 客户机真实的 MAC 地址是相同的。攻击者可以通过修改 CHADDR 字段来实施攻击，由于 DHCP 服务器认为不同的 CHADDR 值表示请求来自不同的 DHCP 客户机，所以攻击者可以通过大量发送伪造 CHADDR 值的 DHCP 请求，导致 DHCP 服务器上的地址池被耗尽，从而无法为其他正常用户提供网络地址，这是一种 DHCP 拒绝服务攻击。DHCP 拒绝服务攻击可以与伪造的 DHCP 服务器配合使用。当正常的 DHCP 服务器瘫痪时，攻击者就可以建立伪造的 DHCP 服务器为局域网中的 DHCP 客户机提供地址。

为防止 DHCP 服务器仿冒者及拒绝服务攻击，可使用 DHCP Snooping 功能。

DHCP Snooping 是指在一次主机动态获取 IP 地址的过程中，通过对客户机和服务器之间的 DHCP 交互报文进行侦听，实现对用户的监控。同时 DHCP Snooping 起到 DHCP 报文过滤的功能，通过合理的配置实现对非法服务器的过滤，防止 DHCP 客户机获取到非法 DHCP 服务器提供的地址而无法上网。DHCP Snooping 还可以检查 DHCP 客户机发送的 DHCP 报文的合法性，防止 DHCP 拒绝服务攻击。

DHCP Snooping 将交换机接口划分为两类。

非信任接口：通常为连接终端设备的接口，如用户主机等。交换机限制用户接口（非信任接口）只能够发送 DHCP 请求报文，丢弃来自用户接口的所有其他 DHCP 报文，如

DHCP Offer报文等。此外，可为DHCP Snooping配置白名单，DHCP Snooping只发送白名单范围内的DHCP报文，所以并非所有来自用户接口的DHCP请求报文都被允许通过，交换机还会比较DHCP请求报文的（报文头里的）源MAC地址和（报文内容里的）DHCP客户机的硬件地址（CHADDR字段），只有二者相同的请求报文才会被转发，否则将被丢弃。这样就防止了DHCP耗竭攻击。非信任接口在接收到DHCP服务器响应的DHCP Ack、DHCP Nak和DHCP Offer报文后，丢弃该报文。

信任接口：连接合法DHCP服务器的接口或连接汇聚交换机的上行接口开启DHCP Snooping功能后，信任接口可以接收所有的DHCP报文。通过只将交换机连接到合法DHCP服务器的接口设置为信任接口，其他接口设置为非信任接口，就可以防止用户伪造DHCP服务器来攻击网络。信任接口正常接收DHCP服务器响应的DHCP Ack、DHCP Nak和DHCP Offer报文。

9.6.4 远程登录协议

远程登录协议（Telnet协议）提供远程登录功能，用户在本地主机上运行Telnet客户端软件，就可登录远端的Telnet服务器。在本地输入的命令可以在远端Telnet服务器上运行，远端Telnet服务器把结果返回到本地，如同直接在服务器控制台上操作，可以在本地进行远程操作和控制服务器。

为了解决不同操作系统对键盘定义的差异性，Telnet协议定义了网络虚拟终端（NVT）。对于发送的数据，客户端软件把来自用户终端的按键和命令序列转换为NVT格式的数据和命令，并发送到服务器，服务器软件将收到的数据和命令，从NVT格式转换为远端系统需要的格式。

Telnet协议是一个明文传输协议，用户名和密码都以明文形式在Internet上传输，具有一定的安全隐患，因此目前通常使用SSH协议代替Telnet协议进行远程管理。SSH协议采用了多种加密和验证方式，解决了传输过程中数据加密和身份验证的问题，能有效防止网络嗅探和IP地址欺骗等攻击。

9.6.5 电子邮件

电子邮件是一种用电子手段提供信息交换功能的通信方式，是Internet应用最广的服务。通过网络的电子邮件系统，用户可以以非常低廉的成本、非常快速的方式与世界上任何一个角落的网络用户联系。

电子邮件支持文字、图像、声音等多种形式的传递（早期为ASCII码文本方式，后期随着MIME协议的加入可以支持视频、声音、图像等信息）。

电子邮件系统相关协议如下。

（1）SMTP：简单邮件传输协议，用于发送邮件，工作在25接口。

（2）POP3：邮局协议v3，用于接收邮件，工作在110接口。

（3）IMAP：邮件访问协议，是用于替代POP3的新协议，工作在143接口。

其中IMAP和POP3的区别是POP3允许电子邮件客户机下载服务器上的邮件，但是在客户机的操作（如移动邮件、标记已读等）不会反馈到服务器上。例如，通过客户机收取了邮箱中的 3 封邮件并移动到其他文件夹，邮箱服务器上的这些邮件是没有同时被移动的。而 IMAP 客户机的操作都会反馈到服务器上，对客户机邮件进行的操作，服务器上的邮件也会进行相应的更改。

9.6.6 HTTP

HTTP 是 Hyper Text Transfer Protocol（超文本传输协议）的缩写，是用于从万维网（World Wide Web）服务器传输超文本到本地浏览器的传输协议。

1. HTTP 工作过程

用户单击 URL：http://www.educity.cn/index.htm 后所发生的事件如下。

（1）浏览器分析超链接指向页的 URL。

（2）浏览器向 DNS（域名系统）请求解析 www.educity.cn 的 IP 地址。

（3）DNS 解析出希赛服务器的 IP 地址。

（4）浏览器与服务器建立 TCP 连接。

（5）浏览器发出取文件命令：GET /index.htm。

（6）服务器给出响应，把文件 index.htm 发给浏览器。

（7）TCP 连接释放。

（8）浏览器显示“希赛主页”文件 index.htm 中的所有文本。

2. HTTP 版本

HTTP 版本主要包括 HTTP 1.0、HTTP 1.1、HTTP 2.0、HTTP 3.0。

1）HTTP 1.0

HTTP 1.0 规定浏览器和服务器保持短暂的连接。浏览器的每次请求都需要与服务器建立一个 TCP 连接，服务器处理完成后立即断开 TCP 连接（无连接），服务器不跟踪每个客户端，也不记录过去的请求（无状态）。这造成了一些性能上的缺陷。例如，一个包含许多图像的网页文件中并没有包含真正的图像数据内容，而只是指明了这些图像的 URL 地址，当 Web 浏览器访问这个网页文件时，Web 浏览器首先发出针对该网页文件的请求，当 Web 浏览器解析 Web 服务器返回的该网页文件中的 HTML 内容时，发现其中的图像标签后，Web 浏览器将根据标签中的 src 属性所指定的 URL 地址，再次向 Web 服务器发出下载图像数据的请求。显然，访问一个包含许多图像的网页文件的整个过程包含了多次请求和响应，每次请求和响应都需要建立一个单独的连接，每次连接只是传输一个文件和图像，上一次和下一次请求完全分离。即使网页文件很小，客户端和服务器端每次建立和关闭连接也是一个比较费时的过程，并且会严重影响客户端和服务器的性能。

2）HTTP 1.1

为了克服 HTTP 1.0 的上述缺陷，HTTP 1.1 支持持久连接（HTTP 1.1 的默认模式使用带流水线的持久连接），在一个 TCP 连接上可以传输多个 HTTP 请求和响应，减小了建立和关闭连接的消耗和延迟。一个包含许多图像的网页文件的多个请求和响应可以在一个连接中传输，但每个单独的网页文件的请求和响应仍然需要使用各自的连接。HTTP 1.1 还允许客户端不用等待上一次请求结果返回，就可以发出下一次请求，但服务器端必须按照接收到客户端请求的先后顺序依次回送响应结果，以保证客户端能够区分出每次请求的响应内容，这样显著地减少了整个下载过程所需的时间。

3）HTTP 2.0

HTTP 2.0 把解决性能问题的方案内置在了传输层，通过多路复用来减小延迟，通过压缩 HTTP 头部来降低开销，同时增加请求优先级和服务器端推送的功能。HTTP 2.0 相比 HTTP 1.1 的改动并不会破坏现有程序的工作，但是新的程序可以借由新特性得到更好的速度。HTTP 2.0 保留了 HTTP 1.1 的大部分语义，同时增加了以下特点：二进制分帧层、多路复用、数据流优先级、服务器端推送、头部压缩等。

4）HTTP 3.0

随着时间的演进，越来越多的流量往手机端移动，手机端的网络环境会遇到封包丢失几率较高、较长的 RTT 和连接迁移等问题，这些都让 HTTP/TCP 遇到瓶颈。但是修改 TCP 是一件不可能完成的任务。因为 TCP 存在的时间实在太长，已经充斥在各种设备中，并且这个协议是由操作系统实现的，更新起来非常麻烦，不具备显示操作性。

随着 TCP 的缺点不断暴露出来，新一代的 HTTP 3.0 毅然决然地切断了和 TCP 的联系，转而“拥抱”了 QUIC（快速 UDP 互联网连接）协议。QUIC 协议是 Google 提出的一个基于 UDP 的传输协议。

9.6.7 课后检测

1．在 Web 页面访问过程中，在浏览器发出 HTTP 请求报文之前不可能执行的操作是（　　）。

A．查询本机 DNS 缓存，获取主机名对应的 IP 地址

B．发起 DNS 请求，获取主机名对应的 IP 地址

C．使用查询到的 IP 地址向目标服务器发起 TCP 连接

D．发送请求信息，获取将要访问的 Web 应用

试题 1 解析：

（1）向浏览器中输入网址后，浏览器会校验网址的合法性，如果网址不合法，则会传给默认的搜索引擎。如果网址合法并通过验证，则浏览器会解析，得到协议（HTTP 或 HTTPS）、域名、资源页面（如首页面等）。

（2）浏览器会先检查域名信息是否在缓存中，再检查域名是否在本地的 Hosts 文件中。如果不在，那么浏览器会向 DNS 服务器发送一个查询请求，获得目标服务器的 IP 地址。

（3）TCP 封包及传输。

（4）建立 TCP 连接后发起 HTTP 请求。

（5）服务器接收请求并响应。

试题 1 答案：D

2．在 Windows 环境下，nslookup 命令结果如图 9-12 所示，ftp.softwaretest.com 的 IP

地址是（ ），可通过在 DNS 服务器中新建（ ）实现。

```
C: Documents and Settings\user>nslookup ftp.softwaretest.com
Sever:nsl.aaa.com
Address:192.168.21.252

Non-authoritative answer:
Name:nsl.sofewaretest.com
Address:10.10.20.1
Aliases:ftp.softwaretest.com
```

图 9-12 nslookup 命令结果

（1）A. 192.168.21.252　　B. 192.168.21.1
　　C. 10.10.20.1　　D. 10.10.20.254

（2）A. 邮件服务器　　B. 别名
　　C. 域　　D. 主机

试题 2 解析：

在图 9-12 中，前 2 行表示查询的 DNS 服务器，后 3 行表示该域名对应的 IP 地址及该域名对应的别名。

试题 2 答案：C、B

3. 在 DNS 服务器中的（ ）资源记录定义了区域的邮件服务器及其优先级。

A. SOA　　B. NS　　C. PTR　　D. MX

试题 3 解析：

SOA 记录定义了该区域中哪台域名服务器是权威域名服务器。

NS 记录表示该区域的域名服务器。

PTR 记录把 IP 地址映射为域名。

MX 记录用于定位邮件服务器。

试题 3 答案：D

4. 在浏览器的地址栏中输入 xxxyftp.abc.com.cn，该 URL 中（ ）是要访问的主机名。

A. xxxyftp　　B. abc　　C. com　　D. cn

试题 4 解析：

在浏览器的地址栏中输入 xxxyftp.abc.com.cn，该 URL 中 xxxyftp 是要访问的主机名，cn 是顶级域名，com 是二级域名，abc 是三级域名。

试题 4 答案：A

5. 图 9-13 所示为 DNS 转发器工作的过程。采用迭代查询算法的是（ ）。

A. DNS 转发器和本地 DNS 服务器

B. 根域名服务器和本地 DNS 服务器

C. 本地 DNS 服务器和.com 域名服务器

D. 根域名服务器和.com 域名服务器

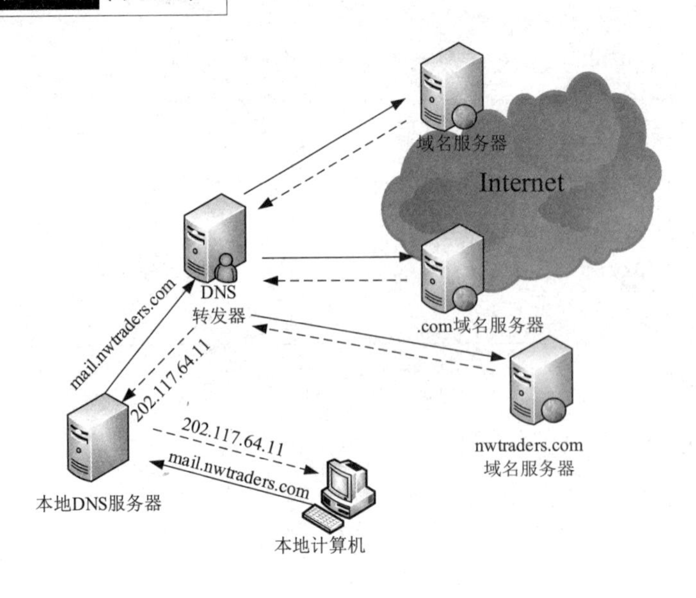

图 9-13　DNS 转发器工作的过程

试题 5 解析：

进行递归查询，服务器必须回答目的 IP 地址与域名的映射关系。进行迭代查询，服务器收到一次迭代查询请求回复一次结果，这个结果不一定是目的 IP 地址与域名的映射关系，也可以是其他 DNS 服务器的地址。

一般情况下从客户机到本地 DNS 服务器的查询属于递归查询，而 DNS 服务器之间的交互查询属于迭代查询。

试题 5 答案：D

6．FTP 的默认数据接口号是（　　）。

A．18　　B．20　　C．22　　D．24

试题 6 解析：

FTP 的默认数据接口号为 20。

试题 6 答案：B

7．FTP 提供了丰富的命令，用来更改本地计算机工作目录的命令是（　　）。

A．get　　B．list　　C．lcd　　D．!List

试题 7 解析：

FTP 客户机常用命令解析如下。

```
FTP>open ftp 服务器 IP 地址        //访问 FTP 服务器
FTP> !                          //从 ftp 子系统退出到外壳
FTP> ?                          //显示 ftp 命令说明，其中?与 help 的含义相同
FTP> cd                         //更改远程计算机上的工作目录
FTP> lcd                        //更改本地计算机上的工作目录
FTP> delete                     //删除远程计算机上的文件
FTP> dir                        //显示远程目录文件和子目录列表
FTP> get                        //使用当前文件转换类型将远程文件复制到本地计算机上
```

```
FTP >put                //使用当前文件传输类型将本地文件复制到远程计算机上
FTP >pwd                //显示远程计算机上的当前目录
FTP >quit               //结束与远程计算机的 FTP 会话并退出 ftp 子系统
```

试题 7 答案：C

8．DHCP 服务器配置了 C 类私有地址作为地址池，某 Windows 客户机获得的地址是 169.254.107.100，出现该现象可能的原因是（　　）。

A．该网段存在多台 DHCP 服务器　　B．DHCP 服务器为客户机分配了该地址

C．DHCP 服务器停止工作　　D．客户机 TCP/IP 协议配置错误

试题 8 解析：

如果一直没有得到 DHCP 服务器的回应，则客户机会从 169.254.0.0/16 这个自动保留的私有 IP 地址中选用一个 IP 地址，并且每隔 5min 重新广播一次，如果收到某台服务器的回应，则继续 IP 地址租用过程。

试题 8 答案：C

9．以下关于 DHCP 服务器的说法中，正确的是（　　）。

A．在一个园区网中可以存在多台 DHCP 服务器

B．默认情况下，客户机要使用 DHCP 服务需要指定 DHCP 服务器地址

C．默认情况下，客户机选择 DHCP 服务器所在网段的 IP 地址作为本地地址

D．在 DHCP 服务器上，只能使用同一网段的地址作为地址池

试题 9 解析：

DHCP 服务器可以服务于一个网段，也可以通过 DHCP 中继器服务多个子网，在一个网段中可以配置多台 DHCP 服务器。

试题 9 答案：A

10．如果 DHCP 客户机发现分配的 IP 地址已经被使用，那么客户机可以向服务器发出（　　）报文，拒绝该 IP 地址。

A．DHCP Release　　B．DHCP Decline

C．DHCP Nack　　D．DHCP Renew

试题 10 解析：

DHCP 客户机收到 DHCP 服务器回应的 DHCP Ack 报文后，通过地址冲突检测发现服务器分配的地址由于冲突或其他原因不能使用，则发送 DHCP Decline 报文，通知服务器所分配的 IP 地址不可用。同时会通知 DHCP 服务器禁用这个 IP 地址以免引起 IP 地址冲突，然后客户机开始新的租约确定过程。

试题 10 答案：B

11．在 Windows 环境下，租约期满后，DHCP 客户机可以向 DHCP 服务器发送一个（　　）报文来请求重新租用 IP 地址。

A．DHCP Discover　　B．DHCP Request

C．DHCP Renew　　D．DHC Pack

试题 11 解析：

DHCP 客户机会在租约期过去 50%的时候，直接向为其提供 IP 地址的 DHCP 服务器发送 DHCP Request 数据包。当租约期满时，发送 DHCP Discover 数据包重新申请。

试题 11 答案：A

12．当客户机收到多台 DHCP 服务器的响应时，客户机会选择（　　）地址作为自己的 IP 地址。

A．最先到达的　　B．最大的　　C．最小的　　D．租约期最长的

试题 12 解析：

当客户机收到多台 DHCP 服务器的响应时，客户机会选择最先到达的地址作为自己的 IP 地址。

试题 12 答案：A

13．（　　）报文的目的 IP 地址为 255.255.255.255。

A．DHCP Discover　　B．DHCP Offer

C．DHCP Nack　　D．DHCP Ack

试题 13 解析：

DHCP Discover 报文会在整个网络中广播发送。

试题 13 答案：A

14．下列协议中与电子邮件安全无关的是（　　）。

A．SSL　　B．HTTPS　　C．MIME　　D．PGP

试题 14 解析：

MIME 协议即多用途 Internet 邮件扩展协议，是目前 Internet 电子邮件普遍遵循的邮件技术规范。在 MIME 协议出现之前，Internet 电子邮件主要遵循 RFC-822 标准，电子邮件一般只用来传输基本的 ASCII 码文本信息，MIME 协议在 RFC-822 标准的基础上对电子邮件规范进行了大量的扩展，引入了新的格式和编码方式。在 MIME 协议的支持下，图像、声音、动画等二进制文件都可方便地通过电子邮件来进行传输，极大地丰富了电子邮件的功能。目前 Internet 上使用的电子邮件基本都是遵循 MIME 协议的电子邮件。

试题 14 答案：C

15．某公司域名为 pq.com，其 POP 服务器的域名为 pop.pq.com，SMTP 服务器的域名为 smtp.pq.com，在配置 Foxmail 邮件客户机时，在发送邮件服务器栏应该填写（　　），在接收邮件服务器栏应该填写（　　）。

（1）A．pop.pq.com　B．smtp.pq.com　C．pq.com　D．pop3.pq.com

（2）A．pop.pq.com　B．smtp.pq.com　C．pq.com　D．pop3.pq.com

试题 15 解析：

本题考查邮件的相关知识。

发送邮件采用的协议是 SMTP，所以发送邮件服务器应为 smtp.pq.com。接收邮件采用的协议是 POP，所以接收邮件服务器应为 pop.pq.com。

试题 15 答案：B、A

16. 使用电子邮件客户机从服务器上下载邮件，能实现电子邮件的移动、删除等操作在客户机和邮箱上同步更新，所使用的电子邮件接收协议是（　　）。

A. SMTP　　　　B. POP3

C. IMAP4　　　　D. MIME

试题 16 解析：

IMAP 和 POP3 的区别是 POP3 允许电子邮件客户机下载服务器上的邮件，但是在客户机的操作（如移动邮件、标记已读等）不会反馈到服务器上。例如，通过客户机收取了邮箱中的 3 封邮件并移动到其他文件夹，邮箱服务器上的这些邮件是没有同时被移动的。而 IMAP 客户机的操作都会反馈到服务器上，对客户机邮件进行的操作，服务器上的邮件也会进行相应的更改。

试题 16 答案：C

17. Telnet 协议是一种（　　）的远程登录协议。

A. 安全　　　　B. B/S 模式

C. 基于 TCP　　　　D. 分布式

试题 17 解析：

Telnet 协议是 TCP/IP 协议族中的一员，是 Internet 远程登录服务的标准协议和主要方式。它为用户提供了在本地计算机上完成远程计算机工作的能力。Telnet 协议在传输层采用 TCP，默认接口号为 23。

试题 17 答案：C

18. DHCP 服务器接收到 DHCP 客户机的 DHCP Discover 报文后，使用（　　）报文对其进行回应。

A. DHCP Offer　　　　B. DHCP Ack

C. DHCP Nak　　　　D. DHCP Request

试题 18 解析：

DHCP 服务器接收到 DHCP Discover 报文后，会从自身地址池内找到一个合适（未被使用）的地址，并将网关、租约期、DNS 服务器等信息通过 DHCP Offer 报文发送给 DHCP 客户机。

试题 18 答案：A

9.7 网络新技术

网络新技术是指在当前的网络技术基础上，经过改进和创新而产生的新技术。网络新技术将在未来不断推动网络技术的发展和进步，为用户带来更加高效、安全和智能的网络体验。

9.7.1 云计算服务

云计算（Cloud Computing）是分布式计算的一种，指的是先通过网络“云”将巨大的数据计算处理程序分解成无数个小程序，然后通过由多个服务器组成的系统对这些小程序进行处理和分析，得到结果并返给用户。早期的云计算，简单地说，就是简单的分布式计算，解决任务分发问题，并进行计算结果的合并。因此，云计算又称为网格计算。通过这项技术，可以在很短的时间内（几秒）完成对数以万计的数据的处理，从而实现强大的网络服务。现阶段所说的云计算已经不单是一种分布式计算，而是分布式计算、负载均衡、网络存储、热备份冗杂和虚拟化等计算机技术混合演进并跃升的结果。

云计算服务为用户提供了更灵活、更高效、更可靠的计算环境，同时为服务提供商提供了更赚钱、更可持续的商业模式。随着云计算服务的不断发展和普及，它将在未来成为计算领域的重要趋势和发展方向。

1．云计算服务特点

云计算服务的本质：以虚拟化的硬件体系为基础，以高效服务管理为核心，提供自动化的、具有高度可伸缩性的、虚拟化的硬件和软件资源服务。

云计算服务的 5 种基本属性如下。

（1）按需自助服务（On-demand Self-service）：用户可以根据需求自动地获取处理能力，如服务器网络存储空间。

（2）广泛的网络接入（Broad Network Access）：计算能力通过网络提供，并通过标准机制进行访问，各种客户端（如移动电话、便携式计算机或 PDA）均可以使用云计算服务。

（3）资源池（Resource Pooling）：云计算服务提供商的各种资源被池化，并通过多租户模式为多用户提供多样服务，根据用户的需求动态提供或重新分配物理或虚拟化的资源。

（4）快速弹性（高扩展性）：云计算服务提供商可以迅速、弹性提供计算能力，实现根据需求快速扩展资源，满足需求后又能快速地释放出资源，让用户感觉资源是无限的，可以在任何时刻租用任何数量的资源。

（5）可计量服务：云计算服务提供商提供可计量的服务，用户按使用情况付费。云计算服务提供商可监视、控制和优化资源的使用。

2．云计算服务模式

虽然云计算的服务模式仍在不断进化，但业界普遍接受将云计算按照服务的提供方式划分为三类：SaaS（软件即服务）、PaaS（平台即服务）和 IaaS（基础架构即服务）。

IaaS 通过虚拟化技术将服务器等计算平台同存储和网络资源打包，通过 API 接口的形式提供给用户。用户不用租用机房，不用自己维护服务器和交换机，只需要购买 IaaS 服务就能够获得这些资源。这样一来，用户可以大大节省运维成本和办公场地。

PaaS 在 IaaS 的基础之上，将一个软件开发工具和运行平台作为服务提供给用户，用户只要开发和调试安装软件即可。

SaaS 是一种通过 Internet 提供软件的云计算服务模式，厂商将应用软件统一部署在自己的服务器上，用户可以根据自己的实际需求，通过 Internet 向厂商订购所需的应用软件服务，按订购的服务多少和时间长短向厂商支付费用。用户不用购买软件或开发软件，通过 WWW 浏览器来使用云计算服务提供商的软件服务，从而管理企业经营活动，并且用户自身无须对软件进行维护，云计算服务提供商会全权管理和维护软件。

3. 云计算类型

随着云计算的发展，如今，几乎每个企业都计划或正在使用云计算，但不是每个企业都使用相同类型的云模式。有三种不同的基本云模式，包括公有云、私有云和混合云。

公有云通常指第三方提供商为用户提供的能够使用的云服务，其核心特征是云端资源面向社会大众开放，符合条件的任何个人或单位组织都可以通过租赁使用云端资源。

私有云的核心特征是云端资源只允许一个企事业单位的人员使用，其他机构和个人都无权租赁并使用云端资源。私有云是为某一个用户单位单独使用而构建的，因而提供对数据、安全性和服务质量的最有效控制。

混合云融合了公有云和私有云，是近年来云服务的主要模式和发展方向。私有云主要面向企业用户，出于安全考虑，企业更愿意将数据存放在私有云中，但是又希望可以获得公有云的计算资源，在这种情况下，混合云被越来越多地采用，它将公有云和私有云进行融合和匹配，以获得最佳的效果。

4. 云管理网络

云管理网络（Cloud Management Network，CMN）是一种基于云计算技术的网络管理解决方案，它主要用于管理和控制云环境中的网络资源。CMN 可以通过云端平台对网络设备、应用和安全服务等进行集中管理和监控，从而实现更高效、更可靠、更安全的网络管理。

9.7.2　大数据技术

大数据是一种在获取、存储、管理、分析方面，规模大大超出传统数据库软件工具能力范围的数据集合。大数据技术的战略意义不在于掌握庞大的数据信息，而在于对这些含有意义的数据进行专业化处理。换而言之，如果把大数据比作一种产业，那么这种产业实现赢利的关键，在于提高对数据的“加工能力”，通过“加工”实现数据的“增值”。大数据技术是海量数据的高效处理技术。大数据的总体架构包括三层：数据存储层、数据处理层和数据分析层。大数据技术先通过数据存储层将数据存储下来，再根据需求和目标来建立相应的数据模型和数据分析指标，对数据进行分析，使其产生价值。

1. 大数据的特点

大数据具备“5V”特点：大容量、多样性、价值化、快速度、真实性。

2. 大数据支撑技术

简单来说，从大数据的生命周期来看，大数据支撑技术包括 4 个方面：大数据采集、大数据预处理、大数据存储、大数据分析，它们共同组成了大数据生命周期中的核心技术。

9.7.3　物联网技术

物联网是指通过互联网连接物理世界中的各种物体和设备，让它们之间实现信息交流和协同工作的技术。简单来说，物联网技术将各种物理设备通过互联网进行连接，实现设备之间的数据传输和智能化控制。

1．物联网层次

物联网（IoT）可以分为以下三个层次。

感知层（Sensing Layer）：该层次包括物联网中的各种传感器和设备。这些设备可以监测和测量各种物理量，如温度、湿度、压力、光线等，并将这些数据发送到数据处理层。

数据处理层（Data Processing Layer）：该层次负责处理感知层传输来的数据。这些数据可以通过云计算、大数据、人工智能等技术进行处理和分析，以提取有价值的信息。数据处理层可以是物联网系统的中心，也可以是分布在不同位置的多个节点。

应用层（Application Layer）：该层次包括各种物联网应用，如智能家居、智能城市、智能制造等。这些应用基于感知层和数据处理层，为用户提供了各种便利，也为物联网系统提供了不同的功能和服务。

2．物联网协议

物联网协议是指用于实现物联网通信和交互的各种技术和工具。其中，NB-IoT 是一种新兴的广域网的蜂窝数据连接物联网协议。它采用低功耗、广覆盖、窄带宽的技术，旨在实现低速率、低功耗、低复杂度的物联网连接。

9.7.4 软件定义网络

软件定义网络（SDN），也就是希望应用程序参与对网络的控制管理，满足上层业务的需求，通过自动化业务部署简化网络运维。SDN 是一种理念，而不是一种具体的技术。广义上的 SDN 就是控制和转发分离、网络可编程、集中化控制，满足这三点就是 SDN。

控制和转发分离、网络可编程是指网络不受到任何硬件设备的限制，可以灵活地增加、修改网络的功能，硬件只完成最基本的数据转发，其他什么都不做也什么都不管，复杂的路由配置、业务配置、性能检测管理等功能都放在控制器上实现，通过南向接口控制底层的硬件设备。与此同时，控制器通过北向接口开放 API 给应用层，可以被各种应用层 App 调用，快速开发和部署新业务。通过北向接口支持业务层的各种应用程序，也就是网络可编程。

9.7.5 网络功能虚拟化

网络功能虚拟化（Network Function Virtualization，NFV）是一种虚拟化技术，用于将网络功能虚拟化为独立的、可移植的服务，从而减少对传统网络设备的需要。NFV 的目标是降低网络部署和维护成本，提高网络的灵活性和可扩展性。NFV 和 SDN 有一定的联系，也有一些区别。两者都需要专用硬件的开放化，都是从封闭转向开放的基本理念，但两者的出发点和侧重点不同，SDN 重点关注网络的集中控制、可编程，NFV 更关注网络设备种类的简化。

9.7.6　区块链技术

区块链技术是一种去中心化的分布式账本技术，它通过加密算法和网络共识算法等技术手段，使得在多个节点上记录的数据不可篡改，并且不需要信任任何中心化的第三方机构。区块链技术的核心概念是区块，每个区块包含了多条交易记录和其他相关信息，这些区块通过加密算法和哈希算法连接在一起，形成了一个不可篡改的区块链。比特币是使用区块链技术诞生的第一个重要载体。区块链在无信任、交易记录不可篡改等优秀特性下，创造了具有更高效率和更高安全性的数据网络。

1. 区块链共识算法

区块链共识算法是区块链技术中非常重要的一种算法，它决定了区块链的节点如何达成共识，共同维护区块链的安全性和可靠性。

目前，常用的区块链共识算法主要包括以下几种。

工作量证明（Proof of Work，PoW）：工作量证明是最早的一种区块链共识算法，它通过节点解决数学难题来验证和记录交易，从而获得记账权。这种算法需要大量的计算能力，因此需要大量的能源和时间来验证和记录交易，但保证了区块链的安全性和可靠性。

权益证明（Proof of Stake，PoS）：权益证明是一种基于节点持有币种数量和时间的区块链共识算法，它要求节点持有一定数量的币种，并且节点的时间越早，获得记账权的概率就越大。这种算法相对于 PoW 算法来说更加公平，但需要更多的能源和时间来验证和记录交易。

代理权益证明（Delegated Proof of Stake，DPoS）：代理权益证明是一种基于权益投票的区块链共识算法。与传统的 PoW 算法不同，在 DPoS 算法中，节点需要通过持有一定数量的加密货币来获得投票权，而不是通过计算能力来证明自己的权益。每个节点都有平等的投票权，节点可以通过投票选择代表来负责管理区块链。

2. 区块链类型

目前来看，根据不同的应用场景和用户需求，区块链主要可以分为三种类型：公有链、私有链、联盟链。随着应用场景的需求更复杂，区块链技术变得越来越复杂，无论是公有链、私有链还是联盟链，都没有绝对的优劣，往往需要根据不同的场景来选择合适的区块链类型。

9.7.7　课后检测

1．以下关于区块链的说法中，错误的是（　　）。

A．比特币的底层技术是区块链

B．区块链技术是一种全面记账的方式

C．区块链是加密数据按照时间顺序叠加生成的临时、不可逆向的记录

D．目前区块链可分为公有链、私有链、联盟链三种类型

试题 1 解析：

区块链是一种去中心化的分布式账本数据库，常见的应用如比特币。其具有去中心化的特征，与传统中心化的方式是不同的，是指没有中心，或者说人人都是中心；分布式账本数据库，意味着记载方式不只是将账本数据存储在每个节点上，而且每个节点会同步共享复制整个账本的数据。区块链还具有去中介化、信息透明等特征。比特币是区块链技术的一种应用。目前来看，根据不同的应用场景和用户需求，区块链大致可以分为三种类型：公有链、私有链、联盟链。

区块链是加密数据按照时间顺序叠加生成的，是永久的记录，并且信息一旦经过验证并添加至区块链，就会永久地存储起来。区块链从理论上来说，完全可以做到逆转交易，这只需让 51%的算力承认这个逆转即可，但是实际很难实现，因此区块链的数据稳定性和可靠性极高。

试题 1 答案：C

2．云计算有多种部署模型，当云按照服务方式提供给大众时，称为（　　）。

A．公有云　　B．私有云

C．专属云　　D．混合云

试题 2 解析：

随着云计算的发展，如今，几乎每个企业都计划或正在使用云计算，但不是每个企业都使用相同类型的云模式。有三种不同的基本云模式，包括公有云、私有云和混合云。

公有云通常指第三方提供商为用户提供的能够使用的云服务，其核心特征是云端资源面向社会大众开放，符合条件的任何个人或单位组织都可以通过租赁使用云端资源。

私有云的核心特征是云端资源只允许一个企事业单位的人员使用，其他机构和个人都无权租赁并使用云端资源。私有云是为某一个用户单位单独使用而构建的，因而提供对数据、安全性和服务质量的最有效控制。

混合云融合了公有云和私有云，是近年来云服务的主要模式和发展方向。私有云主要面向企业用户，出于安全考虑，企业更愿意将数据存放在私有云中，但是又希望可以获得公有云的计算资源，在这种情况下，混合云被越来越多地采用，它将公有云和私有云进行融合和匹配，以获得最佳的效果。

试题 2 答案：A

3．某电商平台根据用户消费记录分析用户消费偏好，预测未来消费倾向，这是（　　）技术的典型应用。

A．物联网　　B．区块链

C．云计算　　D．大数据

试题 3 解析：

大数据技术是海量数据的高效处理技术。大数据的总体架构包括三层：数据存储层、数据处理层和数据分析层。大数据技术先通过数据存储层将数据存储下来，再根据需求和目标来建立相应的数据模型和数据分析指标，对数据进行分析，使其产生价值。

试题 3 答案：D

4．在 5G 关键技术中，将传统互联网络的控制面与数据面分离，使网络的灵活性、可管理性和可扩展性大幅提升的是（　　）。

A．软件定义网络（SDN）　　B．大规模多输入多输出（MIMO）

C．网络功能虚拟化（NFV）　　D．长期演进（LTE）

试题 4 解析：

软件定义网络是网络虚拟化的一种实现方式。其核心技术 OpenFlow 通过将网络设备的控制面与数据面分离开来，从而实现了对网络流量的灵活控制。

试题 4 答案：A

第10章

网络管理技术

根据对考试大纲及对以往试题情况的分析，“网络管理技术”章节主要在上午考试中考查，分数为**4分左右**。此外在下午考试中可能以选择、填空等方式进行考查。从复习时间安排来看，请考生在2天之内完成本章的学习。

10.1 知识图谱与考点分析

本章是网络工程师考试的一个次重考点，根据考试大纲，要求考生掌握以下几个方面的内容。

知识模块	知识点分布	重要程度
Windows 基本管理	• 网络管理命令	★★★
Linux 基本管理	• Linux 系统的启动与关闭 • Linux 系统的目录结构 • Linux 系统的常用命令 • Linux 系统下的文件基本属性	★ ★★★ ★★★ ★★
网络管理	• 网络管理功能 • SNMP 原理与版本	★ ★★
网络存储	• RAID 技术 • DAS、NAS、SAN、分布式存储技术	★★★ ★★★

10.2 Windows 基本管理

在 Windows 操作系统中自带了许多实用的工具以供管理员实现简单的网络配置和测试。这些实用工具通常以 DOS（Disk Operating System，磁盘操作系统）命令的形式出现。我们需要熟悉一些常见实用工具的使用方法。

10.2.1　ipconfig

ipconfig 命令其实脱胎于 Linux 操作系统下的 ifconfig 命令，该命令可以显示与网卡相关的 TCP/IP 配置参数等。在 ipconfig 命令后带不同参数以显示不同内容，语法格式为“ipconfig/参数或 ipconfig-参数”。

以下是常见的参数及其解释说明。

（1）/?：显示帮助信息。

（2）/all：显示网卡的完整配置信息，如图 10-1 所示。

（3）/renew：如果主机通过 DHCP 服务器自动获取 IP 地址，那么此参数可以更新网卡的 IP 地址。

（4）/release：如果主机通过 DHCP 服务器自动获取 IP 地址，那么此参数可以释放获取的 IP 地址。

（5）/flushdns：清除 DNS 解析程序的缓存内容。

（6）/displaydns：显示 DNS 解析程序的缓存内容。

```
C:\Users\优积谷>ipconfig /all

Windows IP 配置

   主机名  . . . . . . . . . . . . . : LAPTOP-LL7JUSAI
   主 DNS 后缀 . . . . . . . . . . . :
   节点类型  . . . . . . . . . . . . : 混合
   IP 路由已启用 . . . . . . . . . . : 否
   WINS 代理已启用 . . . . . . . . . : 否

以太网适配器 以太网:

   连接特定的 DNS 后缀 . . . . . . . :
   描述. . . . . . . . . . . . . . . : Realtek PCIe GBE Family Controller
   物理地址. . . . . . . . . . . . . : 30-65-EC-C2-05-E9
   DHCP 已启用 . . . . . . . . . . . : 是
   自动配置已启用. . . . . . . . . . : 是
   本地链接 IPv6 地址. . . . . . . . : fe80::3512:6b13:730a:af0a%5(首选)
   IPv4 地址 . . . . . . . . . . . . : 192.168.201.130(首选)
   子网掩码  . . . . . . . . . . . . : 255.255.255.0
   获得租约的时间  . . . . . . . . . : 2020年2月24日 12:59:44
   租约过期的时间  . . . . . . . . . : 2020年2月25日 12:59:44
   默认网关. . . . . . . . . . . . . : 192.168.201.1
   DHCP 服务器 . . . . . . . . . . . : 192.168.201.1
   DHCPv6 IAID . . . . . . . . . . . : 36726252
   DHCPv6 客户端 DUID  . . . . . . . : 00-01-00-01-24-D4-77-75-94-B8-6D-90-CB-A3
   DNS 服务器  . . . . . . . . . . . : 223.5.5.5
                                       114.114.114.114
   TCPIP 上的 NetBIOS  . . . . . . . : 已启用
```

图 10-1　网卡的完整配置信息

10.2.2　ping

ping 命令一般用来测试连通性。使用 ping 命令后，会接收到对方发送的回馈信息，其中记录着对方的 IP 地址和 TTL。例如，IP 数据包在服务器发送前配置的 TTL 是 64，使用 ping 命令后，得到服务器反馈的信息，其中的 TTL 为 56，说明途中一共经过了 8 次路由器的转发，每经过一次转发，TTL 减 1。语法格式为“ping /参数 IP 地址或域名”，具体如图 10-2 所示。

以下是常见的参数及其解释说明。

（1）/?：显示帮助信息。

（2）/t：持续 ping 一个 IP 地址，可以使用 Ctrl+C 停止持续 ping。

（3）/l：配置请求报文的字节数长度，默认是 32 字节。

（4）/a：如果用 IP 地址表示目标，会尝试将 IP 地址解析为主机名并显示。

（5）/n：配置发送请求报文的次数，默认是 4 次。

```
C:\Users\优积谷>ping www.baidu.com

正在 Ping www.a.shifen.com [14.215.177.39] 具有 32 字节的数据:
来自 14.215.177.39 的回复: 字节=32 时间=40ms TTL=53
来自 14.215.177.39 的回复: 字节=32 时间=39ms TTL=53
来自 14.215.177.39 的回复: 字节=32 时间=29ms TTL=53
来自 14.215.177.39 的回复: 字节=32 时间=31ms TTL=53

14.215.177.39 的 Ping 统计信息:
    数据包: 已发送 = 4，已接收 = 4，丢失 = 0 (0% 丢失)，
往返行程的估计时间(以毫秒为单位):
    最短 = 29ms，最长 = 40ms，平均 = 34ms
```

图 10-2　ping 命令举例显示结果

10.2.3　arp

arp 命令用于显示和修改 ARP 使用的“IP 地址到 MAC 地址映射”缓存表内容。语法格式为“arp /参数或 arp -参数”。

以下是常见的参数及其解释说明。

（1）/?：显示帮助信息。

（2）/a：显示 IP 地址与 MAC 地址的映射，如图 10-3 所示。

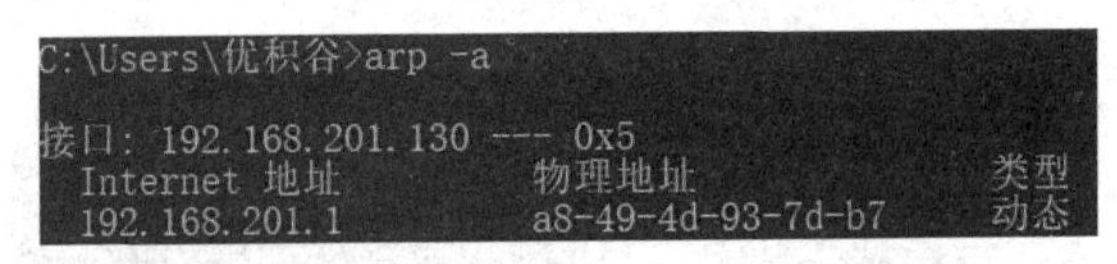

```
C:\Users\优积谷>arp -a

接口: 192.168.201.130 --- 0x5
  Internet 地址         物理地址              类型
  192.168.201.1         a8-49-4d-93-7d-b7     动态
```

图 10-3　IP 地址与 MAC 地址的映射

（3）/s：添加静态的 MAC 地址表项。

10.2.4　netstat

netstat 可以显示协议统计信息和当前的 TCP/IP 网络连接，其中较为常用的是用来查看接口状态。语法格式为“netstat /参数或 netstat -参数”。

以下是常见的参数及其解释说明。

（1）/?：显示帮助信息。

（2）/n：以数字形式显示 IP 地址和接口号。

（3）/r：显示路由表，作用和 route print 一致。

（4）/a：显示所有的连接和监听的接口，如图 10-4 所示。

```
C:\WINDOWS\system32\cmd.exe - netstat -a
  TCP    127.0.0.1:63912        3EDYJ82S21CRQDC:27015  TIME_WAIT
  TCP    127.0.0.1:63917        3EDYJ82S21CRQDC:1026   TIME_WAIT
  TCP    127.0.0.1:63920        3EDYJ82S21CRQDC:27015  TIME_WAIT
  TCP    127.0.0.1:63921        3EDYJ82S21CRQDC:27015  TIME_WAIT
  TCP    127.0.0.1:63931        3EDYJ82S21CRQDC:27015  TIME_WAIT
  TCP    127.0.0.1:63932        3EDYJ82S21CRQDC:27015  TIME_WAIT
  TCP    127.0.0.1:63940        3EDYJ82S21CRQDC:27015  TIME_WAIT
  TCP    127.0.0.1:63942        3EDYJ82S21CRQDC:27015  ESTABLISHED
  TCP    192.168.19.1:139       3EDYJ82S21CRQDC:0      LISTENING
  TCP    192.168.56.1:139       3EDYJ82S21CRQDC:0      LISTENING
  TCP    192.168.132.1:139      3EDYJ82S21CRQDC:0      LISTENING
  TCP    192.168.201.101:139    3EDYJ82S21CRQDC:0      LISTENING
  TCP    192.168.201.101:5786   3EDYJ82S21CRQDC:0      LISTENING
  TCP    192.168.201.101:49745  40.119.211.203:https   ESTABLISHED
```

图 10-4　所有的连接和监听的接口

（5）/e：显示以太网的统计信息，该参数可以和-s 配合使用。

（6）/s：显示每个协议的统计信息。

（7）/o：显示与每个连接所属的进程 ID。

10.2.5　tracert

tracert 命令可以显示去往目的地址的中间每一跳的路由器地址，其原理是通过多次向目标发送 ICMP 报文，每次增加 ICMP 报文中的 TTL 的值，以获取路径中每台路由器的相关信息。语法格式为“tracert /参数”。

以下是常见的参数及其解释说明。

（1）/?：显示帮助信息。

（2）/d：不会把地址解析成主机名，但是使用该参数可以加快显示的速度，如图 10-5 所示。

```
C:\Users\优积谷>tracert /d 45.137.217.1

通过最多 30 个跃点跟踪到 45.137.217.1 的路由

  1     1 ms     1 ms    11 ms  192.168.201.1
  2    <1 毫秒   <1 毫秒   <1 毫秒 192.168.1.1
  3     5 ms     5 ms     5 ms  218.76.1.33
  4     7 ms    36 ms    11 ms  222.247.26.29
  5    14 ms    21 ms    10 ms  192.168.193.253
  6     4 ms     5 ms     5 ms  61.137.0.9
  7    15 ms    12 ms    11 ms  202.97.56.97
  8    30 ms    28 ms    32 ms  59.43.80.41
  9    49 ms    45 ms    48 ms  59.43.17.181
 10    32 ms    29 ms    44 ms  59.43.132.34
 11    35 ms    37 ms    36 ms  59.43.188.90
 12   221 ms   202 ms   218 ms  59.43.248.170
 13   203 ms   184 ms   195 ms  59.43.180.106
 14   183 ms   181 ms   183 ms  145.14.73.6
 15   172 ms   171 ms   173 ms  45.137.217.1

跟踪完成。
```

图 10-5　tracert 命令举例显示结果

10.2.6　nslookup

nslookup 是一种网络管理命令行工具，可在多种操作系统中使用，通过查询 DNS 服务器以获得域名或 IP 地址的映射或其他 DNS 记录，还可以用于 DNS 服务器故障排错。

nslookup 以交互或非交互模式运行。非交互模式是指使用一次 nslookup 命令查询后又返回到命令提示符下。交互模式则可以用来查找多项数据，当管理员按 Ctrl+C 快捷键时再退回到命令提示符下。下面我们简单认识下非交互模式。

非交互模式举例如下。

1）查询域名对应的 IP 地址

```
C:\Users\优积谷>nslookup educity.cn
服务器:  public1.alidns.com           #给出解析域名的 DNS 服务器名称
Address:  223.5.5.5                   #给出解析域名的 DNS 服务器 IP 地址
非权威应答:                           #告知解析域名的 DNS 服务器并非权威域名服务器
名称:    educity.cn                   #需要解析的域名
Address:  210.73.209.67               #域名解析出来的 IP 地址
```

2）查询 IP 地址对应的域名

```
C:\Users\优积谷>nslookup 114.114.114.114
服务器:  public1.alidns.com
Address:  223.5.5.5
名称:    public1.114dns.com           #解析出来的域名
Address:  114.114.114.114
```

10.2.7 route print

用户在命令提示符中输入“route print”可以查看本主机接口列表、网络目标、网络掩码、网关、接口之类信息的路由表。此命令和 netstat -r 等价。

在图 10-6 中，最上方给出了本机的接口列表，展示本机的网卡信息。

```
C:\Users\Administrator>route print
===========================================================================
接口列表
 12...00 0c 29 ec 52 a2 ......Intel(R) PRO/1000 MT Network Connection
  1...........................Software Loopback Interface 1
 13...00 00 00 00 00 00 00 e0 Microsoft ISATAP Adapter
 11...00 00 00 00 00 00 00 e0 Microsoft Teredo Tunneling Adapter
===========================================================================

IPv4 路由表
===========================================================================
活动路由:
网络目标        网络掩码          网关       接口   跃点数
          0.0.0.0          0.0.0.0    192.168.215.2  192.168.215.130    266
        127.0.0.0        255.0.0.0            在链路上         127.0.0.1    306
        127.0.0.1  255.255.255.255            在链路上         127.0.0.1    306
  127.255.255.255  255.255.255.255            在链路上         127.0.0.1    306
    192.168.215.0    255.255.255.0            在链路上   192.168.215.130    266
  192.168.215.130  255.255.255.255            在链路上   192.168.215.130    266
  192.168.215.255  255.255.255.255            在链路上   192.168.215.130    266
    192.168.216.0    255.255.255.0            在链路上   192.168.215.130    266
  192.168.216.130  255.255.255.255            在链路上   192.168.215.130    266
  192.168.216.255  255.255.255.255            在链路上   192.168.215.130    266
        224.0.0.0        240.0.0.0            在链路上         127.0.0.1    306
        224.0.0.0        240.0.0.0            在链路上   192.168.215.130    266
  255.255.255.255  255.255.255.255            在链路上         127.0.0.1    306
  255.255.255.255  255.255.255.255            在链路上   192.168.215.130    266
===========================================================================
永久路由:
  网络地址          网络掩码  网关地址  跃点数
          0.0.0.0          0.0.0.0    192.168.215.2     默认
===========================================================================
```

图 10-6　route print 命令举例显示结果

图 10-7 所示为 IPv4 路由表。我们先看图 10-7 中加框一行所表示的含义，该行内容是指当主机收到一个数据包，该数据包想去往 192.168.215.0/24 网段（通过目标网络和网络掩码来确定目标网段）而转发数据包时，把数据包从本机的 192.168.215.130 网卡接口转发出去。“网关”指示的“在链路上”表明，该目标网段和主机是直连的。

```
IPv4 路由表
===========================================================================
活动路由:
网络目标        网络掩码          网关       接口   跃点数
          0.0.0.0          0.0.0.0    192.168.215.2  192.168.215.130    266
        127.0.0.0        255.0.0.0            在链路上         127.0.0.1    306
        127.0.0.1  255.255.255.255            在链路上         127.0.0.1    306
  127.255.255.255  255.255.255.255            在链路上         127.0.0.1    306
    192.168.215.0    255.255.255.0            在链路上   192.168.215.130    266
  192.168.215.130  255.255.255.255            在链路上   192.168.215.130    266
  192.168.215.255  255.255.255.255            在链路上   192.168.215.130    266
    192.168.216.0    255.255.255.0            在链路上   192.168.215.130    266
  192.168.216.130  255.255.255.255            在链路上   192.168.215.130    266
  192.168.216.255  255.255.255.255            在链路上   192.168.215.130    266
        224.0.0.0        240.0.0.0            在链路上         127.0.0.1    306
        224.0.0.0        240.0.0.0            在链路上   192.168.215.130    266
  255.255.255.255  255.255.255.255            在链路上         127.0.0.1    306
  255.255.255.255  255.255.255.255            在链路上   192.168.215.130    266
===========================================================================
```

图 10-7　IPv4 路由表

在图 10-7 展示的 IPv4 路由表中，第一行内容是指当主机收到一个数据包，该数据包不知发往何处时（属于任意一个网络，通过目标网络和网络掩码全为 0 确定目标网段是任意网段），就把数据包交给网关（或称为下一跳地址），其 IP 地址是 192.168.215.2，让网关帮忙转发数据。本机把数据包交给网关时，数据包从本机的 192.168.215.130 的网卡接口转发出去。

IPv4 路由表中的其他行数内容和上述两例类似，不再赘述。

10.2.8　route add

route add 命令的主要作用是为主机添加静态路由，通常的格式如下。

```
# route add [-net|-host] target [netmask Nm] [gw Gw] [[dev] If]
```

其中，

（1）add：添加一条路由规则。

（2）-net：目的地址是一个网络。

（3）-host：目的地址是一台主机。

（4）target：目的网络或主机。

（5）netmask：目的地址的子网掩码。

（6）gw：路由数据包通过的网关。

（7）dev：为路由指定的网络接口。

例如，route add -net 10.20.30.48 netmask 255.255.255.248 gw 10.20.30.41 #去往 10.20.30.48/29 网络的数据交给下一跳 10.20.30.41 的路由器。

10.2.9　课后检测

1．使用 traceroute 命令测试网络时可以（　　）。

A．检验链路协议是否运行正常

B．检验目标网络是否在路由表中

C．查看域名解析服务

D．显示分组到达目标路径上经过的各台路由器

试题 1 解析：

traceroute 命令可以显示数据包到达目标所经过路径的各台路由器信息。

试题 1 答案：D

2．在 Windows 7 环境下，在命令行状态下执行（　　）命令，可得到如图 10-8 所示的输出结果，输出结果中的（　　）项，说明 SNMP 服务已经启动，对应接口已经开启。

```
C:\Users\Administrator>
活动连接

协议  本地地址            外部地址                 状态
TCP   0.0.0.0:135         DHKWDF5E3QDGPBE:0        LISTENING
TCP   0.0.0.0:445         DHKWDF5E3QDGPBE:0        LISTENING
TCP   192.168.1.31:139    DHKWDF5E3QDGPBE:0        LISTENING
TCP   [::]:135            DHKWDF5E3QDGPBE:0        LISTENING
TCP   [::]:445            DHKWDF5E3QDGPBE:0        LISTENING
UDP   0.0.0.0:161         *:*
UDP   0.0.0.0:500         *:*
UDP   0.0.0.0:4500        *:*
UDP   [::]:161            *:*
UDP   [::]:500            *:*
UDP   [::]:4500           *:*
```

图 10-8　输出结果

（1）A．netstat -a　　　B．ipconfig -all
　　C．tasklist　　　D．net start

（2）A．UDP 0.0.0.0:161　　　B．UDP 0.0.0.0:500
　　C．TCP 0.0.0.0:135　　　D．TCP 0.0.0.0:445

试题 2 解析：

netstat -a：显示本机所有连接和监听接口。161 接口是 SNMP 的轮询接口。

试题 2 答案：A、A

3．在 Windows 系统中运行 route print 命令后得到某主机的路由信息，如图 10-9 所示，则该主机的 IP 地址为（　　），子网掩码为（　　），默认网关为（　　）。

```
Active Routes:
Network Destination    Netmask            Gagemask          Interface         Metric
0.0.0.0                0.0.0.0            102.217.115.254   102.217.115.254   20
127.0.0.0              255.0.0.0          127.0.0.1         127.0.0.1         1
102.217.115.128        255.255.255.128    102.217.115.132   102.217.115.132   20
102.217.115.132        255.255.255.255    127.0.0.1         127.0.0.1         20
102.217.115.255        255.255.255.255    102.217.115.132   102.217.115.132   20
224.0.0.0              224.0.0.0          102.217.115.132   102.217.115.132   20
255.255.255.255        255.255.255.255    102.217.115.132   102.217.115.132   1
255.255.255.255        255.255.255.255    102.217.115.132   2                 1
Default Gateway:       102.217.115.254
```

图 10-9　路由信息

（1）A．102.217.115.132　　　B．102.217.115.254
　　C．127.0.0.1　　　D．224.0.0.1

（2）A．255.0.0.0　　　B．255.255.255.0
　　C．255.255.255.128　　　D．255.255.255.255

（3）A．102.217.115.132　　　B．102.217.115.254
　　C．127.0.0.1　　　D．224.0.0.1

试题 3 解析：

从路由表中的第一条默认路由，可以知道网关是 102.217.115.254。

从路由表中的第三、四、五条路由，可以知道主机的 IP 地址为 102.217.115.132。

同时在第三条路由中，可以知道 102.217.115.128 的子网掩码是 255.255.255.128，去往这个地址是从自身接口出去的，说明该主机在这个子网内，所以子网掩码就是 255.255.255.128。

试题 3 答案：A、C、B

4．网络管理员调试网络，使用（　　）命令来持续查看网络连通性。

A．ping 目标地址-g　　　B．ping 目标地址-t
C．ping 目标地址-r　　　D．ping 目标地址-a

试题 4 解析：

ping 命令用来测试两点之间的连通性，t 参数表示持续 ping。

试题 4 答案：B

5．使用 tracert 命令进行网络检测，结果如图 10-10 所示，那么本地默认网关地址是（　　）。

```
C:\>tracert 110.150.0.66
Tracing route to 110.150.0.66 over a maximum of 30 hops
1 2s 3s 2s 10.10.0.1
2 75ms 80ms 110ms 192.168.0.1
3 77ms 87ms 54ms 110.150.0.66
Trace complete
```

图 10-10　tracert 示例图

A．110.150.0.66　　B．10.10.0.1
C．192.168.0.1　　D．127.0.0.1

试题 5 解析：

tracert 是路由跟踪命令，用于确定 IP 数据包访问目标所采取的路径。

在本题中，第一条就是本地网关返回的信息，那么本地默认网关就是 10.10.0.1。

试题 5 答案：B

6．在 Windows 系统的 DOS 窗口中键入命令

```
C:\> nslookup
>set type=ptr
>211.151.91.165
```

这个命令序列的作用是（　　）。

A．查询 211.151.91.165 的邮件服务器信息
B．查询 211.151.91.165 到域名的映射
C．查询 211.151.91.165 的资源记录类型
D．显示 211.151.91.165 中各种可用的信息资源记录

试题 6 解析：

PTR 记录是 IP 地址到域名的映射。

试题 6 答案：B

10.3　Linux 基本管理

Linux 系统是一个多用户、多任务的操作系统。多用户是指可以在 Linux 系统中为每个用户指定一个独立的账号，并为账号指定一个独立的工作环境，以确保用户个人数据的安全。多任务是指 Linux 系统可以同时运行很多的进程，以便确保多个用户能够同时登录并使用系统的软硬件资源，相互之间不干扰。

Linux 系统与传统网络操作系统的最大区别是 Linux 系统开放源码。

10.3.1 Linux 系统的启动过程

Linux 系统的启动过程可以分为 5 个阶段：内核的引导、运行 init 进程、系统初始化、建立终端、用户登录系统。

就考试而言，我们暂时只需要关注 init 进程。在操作系统章节中，我们简单了解了进程的相关内容。init 进程是系统中所有其他进程的起点，也就是说没有 init 进程的话，其他任何进程都无法启动。

Linux 系统中的 init 进程有 7 个运行级别，其中主要关注运行级别 0 和运行级别 6。

运行级别 0：系统停机状态。

运行级别 1：单用户工作状态，只能使用 root 用户进行维护。

运行级别 2：多用户状态，不能使用 NFS。

运行级别 3：完全的多用户状态，可以使用 NFS。

运行级别 4：安全模式。

运行级别 5：X11 控制台，登录后进入 GUI 模式（图形化界面）。

运行级别 6：系统正常关闭并重启。

关机的命令有 shutdown-h now、halt、poweroff 和 init 0。

重启系统的命令有 shutdown-r now、reboot 和 init 6。

10.3.2 Linux 系统的目录结构

Linux 系统使用树状目录结构。顶端是根目录/，其他的目录与文件都在根目录下。

表 10-1 所示为 Linux 系统常见目录及解释。

表 10-1 Linux 系统常见目录及解释

目录	目录说明
/	根目录，最高一级目录，包含整个 Linux 系统的所有目录和文件
/bin	bin 是 Binary（二进制）的缩写，该目录存放经常使用的命令
/boot	存放启动 Linux 系统时使用的一些核心文件，如系统内核、引导配置文件
/dev	dev 是 Device（设备）的缩写，该目录存放 Linux 系统的外部设备文件
/etc	该目录存放所有的系统管理所需要的配置文件
/home	用户的主目录，如使用 xisai 这个账户登录系统时，默认情况下就会进入/home/xisai 这个工作目录
/root	管理员 root 账户的主目录，当使用 root 账户登录时，默认会以/root 作为工作目录
/lib	该目录存放系统最基本的动态连接共享库，其作用类似于 Windows 系统里的 DLL 文件。几乎所有的应用程序都需要用到这些共享库，不能随意删除
/mnt	存放用户临时挂载的其他文件系统
/opt	存放给主机额外安装的软件，如安装的 Oracle 数据库就可以放到这个目录下
/sbin	s 是 Super User 的意思，这里存放的是系统管理员使用的系统管理程序
/tmp	用于存放临时文件
/var	经常被修改的目录和文件放在这个目录下，包括各种日志文件
/proc	虚拟文件的目录，此目录的数据都在内存中，如系统核心、外部设备、网络状态。由于数据都存放在内存中，所以不占用磁盘空间
/lost+found	当系统意外崩溃或机器意外关机时，产生的一些文件碎片放在这个目录下

10.3.3 处理目录和文件的常用命令

在 Linux 系统的命令行界面中，我们需要输入各种命令来操作目录。表 10-2 所示为 Linux 系统常见处理目录的命令。

表 10-2 Linux 系统常见处理目录的命令

命令	参数	举例	解释
ls	-a	ls-a /root	列出 root 目录下的全部的文件，连同隐藏文件一起列出
	-d	ls-d /root	列出目录，而不是列出目录内的文件
	-l	ls-l /root	列出长数据串，包含文件的属性与权限等数据
cd		cd /root	切换工作目录到 root 目录
pwd		直接输入 pwd	显示目前所在的工作目录
mkdir		mkdir test	在当前目录下创建一个名为 test 的目录
rmdir		rmdir test	删除 test 目录，当 test 目录为空时可以删除
	-p	rmdir-p test/test1	连同上一级空的目录一起删除
cp		cp /root /tmp	将 root 目录下的内容复制到 tmp 目录下
rm		rm /tmp/test	删除 tmp 目录下的 test 文件
mv		mv /root/test1 /tmp/test2	将 root 目录下的 test1 文件移动到 tmp 目录下，并取名为 test2

在 Linux 系统中，可以使用如表 10-3 所示的命令来查看文件。

表 10-3 Linux 系统查看文件常用的命令

命令	解释
cat	从第一行开始显示文件内容
tac	从最后一行开始显示文件内容
more	一页一页地显示文件内容
less	和 more 类似，但是可以往前翻页
head	只看文件内容中的前几行，可以自行指定
tail	只看文件内容中的后几行，可以自行指定

10.3.4 文件的基本属性

Linux 系统是典型的多用户系统，不同的用户对相同的文件有不同的权限。我们可以使用 ls -l 命令来查看文件权限，如下所示。

```
[root@ecs-u4x ~]# ls -l besttrace
-rwxr-xr-x  1   root    root  8905913   Aug 20  2018    besttrace
```

在上述例子中，besttrace 是一个文件，我们是通过“-rwxr-xr-x”中的第一个“-”获知的。其中第一个“-”表示一个文件。如果第一个字符不是“-”而是“d”，那么表示 besttrace 是一个目录。如果第一个字符是“c”，那么表示 besttrace 是一个字符设备文件。

在“-rwxr-xr-x”中，除去第一个字符，后面还有 9 个字符。后 9 个字符，每 3 个字符为一组，共分为三组，并且每组都是“rwx”组合。“rwx”中的“r”表示 read（可读），“w”表示 write（可写），“x”表示 execute（可执行）。这三个权限字符的位置不会改变，如果没有对应的权限，则用“-”来替代。例如，“r-x”表示拥有可读和可执行权限，但是没有可写权限。

每个文件的属性由左边最前面的 10 个字符来确定，后 9 位如表 10-4 所示。

表 10-4　文件权限示意表

权限项	读	写	执行	读	写	执行	读	写	执行
字符表示	r	w	x	r	w	x	r	w	x
数字表示	4	2	1	4	2	1	4	2	1
权限分配	文件所有者			文件所属组			其他用户		

第 0 位确定文件类型。“-”表示文件，“d”表示目录。

从左往右看，第 1～3 位确定文件所有者拥有的文件权限。

第 4～6 位确定文件所属组用户拥有该文件的权限。

第 7～9 位确定其他用户拥有该文件的权限。

对于一个文件，可以修改它的所有者和所属组，同时可以为不同用户修改所拥有的文件权限。chgrp 命令可以更改文件的所属组；chown 命令可以更改文件的所有者，也可以更改文件的所属组；chmod 命令可以更改文件的 9 个属性。

使用 chmod 命令修改 Linux 文件属性有两种方法：一种是使用数字的方法，另一种是使用符号的方法。

在使用数字的方法中，我们可以用数字来代表各个权限，如表 10-4 所示。例如 rwx=4+2+1=7，r-x=4+0+1=5。那么命令“chmod 777 besttrace”表示，修改 besttrace 文件的权限，让文件所有者、文件所属组用户和其他用户都拥有可读、可写、可执行（7 表示 rwx）的权限。

此外可以使用符号的方法修改权限。chmod 语法格式如表 10-5 所示。

表 10-5　chmod 语法格式

chmod	u（所有者）	+（添加权限）	r	文件或目录
	g（所属组）	-（删除权限）	w	
	o（其他人）	=（赋予权限）	x	
	a（所有人）			

例如，我们要将 besttrace 文件权限配置为-rwxr-xr--，可以使用命令“chmod u=rwx,g=rx,o=r besttrace”。如果我们要在上一步操作的基础上，为所属组用户添加上可写权限，则可以使用命令“chmod g+w besttrace”。

10.3.5　课后检测

1. 在 Linux 系统中，创建权限配置为-rw-rw-r--的普通文件，下面的说法中正确的是（　　）。

A. 文件所有者对该文件可读、可写　　B. 同组用户对该文件只可读

C. 其他用户对该文件可读、可写　　D. 其他用户对该文件可读、可查询

试题 1 解析：

在 Linux 系统中，每一个文件和目录都有相应的访问权限，文件或目录的访问权限分为可读（可列目录）、可写（对目录而言是可在目录中进行写操作）和可执行（对目录而言

是可以访问）三种，分别以 r、w、x 表示，其含义为对于一个文件来说，可以将用户分成三种——文件所有者、同组用户、其他用户，可对其分别赋予不同的权限。每一个文件或目录的访问权限都有三组，每组用三位表示。

需要注意，文件类型有多种，d 代表目录，-代表普通文件，c 代表字符设备文件。

试题 1 答案：A

2．Linux 系统把外部设备当作文件统一管理，外部设备文件通常放在（　　）目录中。

A．/dev　　B．/lib　　C．/etc　　D．/bin

试题 2 解析：

/dev 目录用于存放外部设备文件。

试题 2 答案：A

3．在 Linux 系统中，可以使用命令（　　）针对文件 newfiles.txt 为所有用户添加执行权限。

A．chmod-x newfiles.txt　　B．chmod+x newfiles.txt

C．chmod-w newfiles.txt　　D．chmod+w newfiles.txt

试题 3 解析：

chmod 更改文件的属性的语法格式为

```
chmod [who] [opt] [mode] 文件/目录名
```

其中 who 表示对象，是以下字母中的一个或组合：u（文件所有者）、g（同组用户）、o（其他用户）、a（所有用户）；opt 代表操作，包括+（添加权限）、-（取消权限）、=（赋予给定的权限，并取消原有的权限）；mode 代表权限。

试题 3 答案：B

4．在 Linux 系统中，使用 ifconfig 配置接口的 IP 地址并启动该接口的命令是（　　）。

A．ifconfig eth0 192.168.1.1 mask 255.255.255.0

B．ifconfig 192.168.1.1 mask 255.255.255.0 up

C．ifconfig eth0 192.168.1.1 mask 255.255.255.0 up

D．ifconfig 192.168.1.1 255.255.255.0

试题 4 解析：

ifconfig 可以用来配置网络接口的 IP 地址、掩码、网关、物理地址等。值得一说的是，用 ifconfig 为网卡指定 IP 地址，这只是用来调试网络的，并不会更改系统关于网卡的配置文件。

```
ifconfig 网络接口 IP 地址 netmask 掩码地址[up/down]
```

试题 4 答案：C

5．在 Linux 系统的服务器中，使用 BIND 配置域名服务，主配置文件存放在（　　）中。

A．name.conf　　B．named.conf　　C．dns.conf　　D．dnsd.conf

试题 5 解析：

DNS 即 Domain Name System 的缩写，是一种将 IP 地址转换成对应的主机名或将主机名转换成对应的 IP 地址的一种机制。BIND 是 Linux 平台下配置 DNS 服务的主程序，可以使用 RPM 或编译安装的方式安装软件，之后会在 Linux 主机上形成一个/etc/named.conf 文件，该文件作为 Linux 平台 DNS 服务的配置文件。

试题 5 答案：B

6．如果要将目标网络为 202.117.112.0/24 的分组经 102.217.115.1 接口发出，需要增加一条静态路由，正确的命令是（　　）。

A．Route add 202.117.112.0 255.255.255.0 102.217.115.1

B．Route add 202.117.112.0 0.0.0.255 102.217.115.1

C．add route 202.117.112.0 255.255.255.0 102.217.115.1

D．add route 202.117.112.0 0.0.0.255 102.217.115.1

试题 6 解析：

添加静态路由的格式是“route add [-net|-host] [网络或主机] netmask [mask] [gw|dev]”。

试题 6 答案：A

7．在 Linux 系统中，命令“chmod ugo+r file1.txt”的作用是（　　）。

A．修改文件 file1.txt 权限为所有者可读

B．修改文件 file1.txt 权限为所有用户可读

C．修改文件 file1.txt 权限为所有者不可读

D．修改文件 file1.txt 权限为所有用户不可读

试题 7 解析：

chmod 是修改文件权限的命令。u、g、o 分别代表其他用户、同组用户、文件所有者，操作+代表增加的权限，file1.txt 代表对应的文件。

试题 7 答案：B

8．在 Linux 系统中，可在（　　）文件中修改系统主机名。

A．/etc/hostname　B．/etc/sysconfig　C．/dev/hostname　D．/dev/sysconfig

试题 8 解析：

/etc/hostname 文件中包含系统的静态主机名，可以进行修改。

试题 8 答案：A

10.4　网络管理

网络管理是指对网络的运行状态进行监测和控制，使其可以高效、稳定、安全、经济地为用户提供服务。随着网络的不断发展，网络的规模和复杂性都有极大的提高。在一个网络中，可能会用到多种类型、多个厂商的设备。早期的网络管理技术渐渐无法适应现代网络的需求，同时某些厂商所研发出来的专用网络管理系统可能无法对其他厂商的设备进行管理，所以人们迅速展开了对于网络管理技术的研究，并提出了多种网络管理方案，其中较为知名的是 CMIS/CMIP 和 SNMP。

该模块考试内容主要包括网络管理五大功能的含义、SNMP 及其工作原理。考生需要熟悉这部分知识点内容。

10.4.1　网络管理功能

ISO 定义了网络管理的五大功能，并被各个厂商接受。五大功能分别是故障管理、配置管理、安全管理、性能管理和计费管理。

故障管理：要求能够及时对计算机网络中出现的问题进行故障定位，分析故障原因以便管理员采取相应补救措施。

配置管理：对网络设备进行配置和管理，包含对设备的初始化、维护和关闭等操作。

安全管理：目的是保证网络当中的资源不被非法用户使用，同时防止网络资源由于受到入侵者攻击而遭到破坏。

性能管理：通过持续性测评网络中的主要性能指标，确认网络服务是否达到预期水平，如果没有达到预期水平，则需要找出发生或潜在的网络瓶颈，为网络管理的决策提供依据。性能管理的目的是维护网络服务质量和网络运营效率。

计费管理：对某些用户而言，使用网络服务时需要付费。计费管理记录了网络资源的使用情况，用来监测网络操作的费用和代价。同时管理员可以通过用户的付费情况来控制用户的网络行为，避免用户过多占用网络资源，从而提高网络的效率。

10.4.2　SNMP

网络管理协议用于在网络管理站和管理代理之间传递信息。从之前的章节中，我们可以知道设备之间通信需要遵循相同的协议。在网络管理中，目前使用最广的是 SNMP（简单网络管理协议）。

1. 网络管理系统

网络管理系统包括四个部分：网络管理站、管理代理、网络管理协议和管理信息库，如图 10-11 所示。

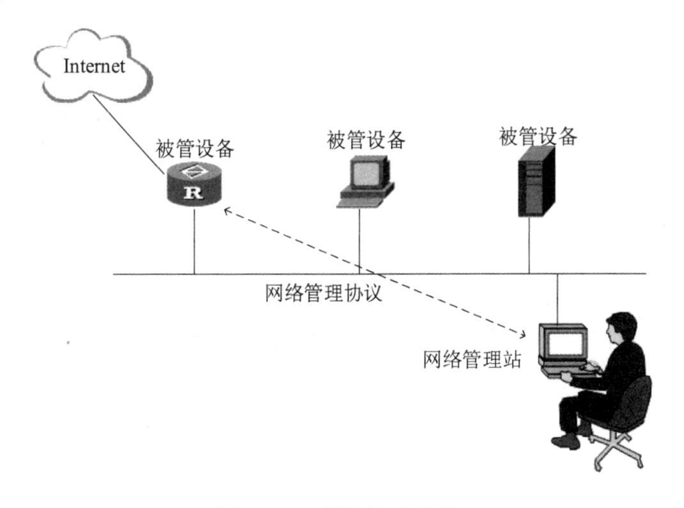

图 10-11　网络管理系统

网络管理站也被叫作管理进程，通常位于网络管理系统的主干或接近主干的位置。网络管理站可以发出管理操作指令给管理代理，管理代理收到指令后给网络管理站对应的响应。网络管理站也可以定期查询管理代理的信息，获取相关设备的运行状态、配置内容等信息，以判断网络是否正常。

管理代理有时简称为代理，通常位于被管设备的内部，即被管设备上一般要运行管理代理。管理代理可以从管理信息库中读取各种变量信息，也可以修改管理信息库中的变量信息。管理代理收到网络管理站的指令后，可以把查到的信息响应给网络管理站，此外管理代理在某些场合下可以主动把某些事件报告给网络管理站。

管理信息库（MIB）是一个信息存储库。被管设备上可以有多个被管对象，被管对象的信息存储在管理信息库中，管理代理可以查询管理信息库中被管对象的信息。管理信息库中的对象按照层次进行分类和命名，使用称为对象命名树的树形结构来表示，如图 10-12 所示。

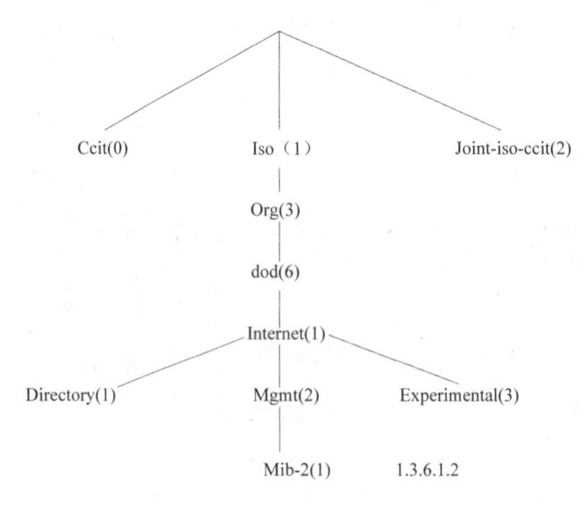

图 10-12　管理信息库的树形结构

2. SNMP 数据单元

SNMP 规定了网络管理站和管理代理间交换网络管理信息的报文格式。网络管理站和管理代理的通信方式有三种：一是网络管理站向管理代理发出请求以询问具体参数值；二是网络管理站要求改变管理代理中的一些参数值；三是管理代理主动向网络管理站报告某些重要的事件。

在 SNMPv1 中，上面三种通信方式涉及五种报文的交换，如图 10-13 所示。

在第一种通信方式中，网络管理站向管理代理发起查询请求，发出 get-request（提取代理进程中的一个或多个参数值）和 get-next-request（提取代理进程中紧跟当前参数值的下一个参数值）报文。管理代理收到请求后给出响应，发出 get-response（返回一个或多个参数值）报文。

在第二种通信方式中，网络管理站修改管理代理中的某些参数值，发出 set-request 报文。管理代理收到报文后，修改完参数值后给出回应，发出 get-response 报文。

在第三种通信方式中，管理代理主动发出 trap 报文，通知网络管理站有某些事件发生。

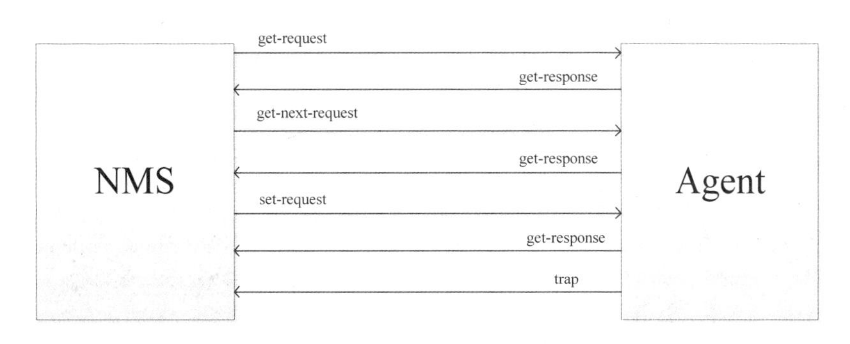

图 10-13　网络管理站和管理代理的通信过程

管理代理通过 UDP 接口 161 接收来自网络管理站的 request 报文，网络管理站通过 UDP 接口 162 接收来自管理代理的 trap 报文。

注：SNMPv2c 增加了 GetBulkRequest 消息、InformRequest 消息、Report 消息。利用 GetBulkRequest 消息，网络管理站可以一次读取管理代理处大量成块数据，高效率地从管理代理处获取大量管理对象数据，该消息在检索大量管理信息时使所需要的协议交换数目大大减少。InformRequest 消息可以实现管理进程之间的互相通信，也就是由网络管理站发起，向另一个网络管理站报告状态数据。

3．SNMP 版本

SNMP 的版本包括 SNMPv1、SNMPv2c 和 SNMPv3。

SNMPv1 采用团体名验证机制。团体名类似于密码，如果在网络管理站中配置的团体名和被管设备上配置的团体名不同，则网络管理站和管理代理之间无法建立 SNMP 连接，那么网络管理站将无法访问管理代理，管理代理发送的信息会被网络管理站丢弃。此外，SNMPv1 消息没有采用加密传输，因此缺乏安全保障。

SNMPv2c 也采用团体名验证机制。SNMPv2c 对 SNMPv1 的功能进行了增强，增强的内容包括提供更多的操作类型；支持更多的数据类型；提供更丰富的错误代码。但同样地，SNMPv2c 消息没有采用加密传输，因此缺乏安全保障。

SNMPv3 定义了上述两个版本所有功能在内的体系框架，以及包含验证服务和加密服务在内的全新安全机制。网络管理员可以配置验证和加密功能。验证和加密功能可以为网络管理站和管理代理之间的通信提供更高的安全性。

10.4.3　课后检测

1．网络管理的五大功能是（　　）。

A．配置管理、故障管理、计费管理、性能管理和安全管理

B．配置管理、故障管理、计费管理、带宽管理和安全管理

C．配置管理、故障管理、成本管理、性能管理和安全管理

D．配置管理、用户管理、计费管理、性能管理和安全管理

试题 1 解析：

OSI 网络管理标准中的五大功能如下。

（1）配置管理：自动发现网络拓扑结构，构造和维护网络系统的配置。监测网络被管对象的状态，完成网络关键设备配置的语法检查，自动生成配置和自动配置备份系统，对于配置的一致性进行严格的检验。

（2）故障管理：过滤、归并网络事件，有效地发现、定位网络故障，给出排错建议与排错工具，形成整套的故障发现、告警与处理机制。

（3）性能管理：采集、分析网络对象的性能数据，监测网络对象的性能，对网络线路质量进行分析。同时，统计网络运行状态信息，对网络的使用发展进行评测、估计，为网络进一步规划与调整提供依据。

（4）安全管理：结合使用用户验证、访问控制、数据传输、存储的保密与完整性机制，以保障网络管理系统本身的安全；维护系统日志，使系统的使用和网络对象的修改有据可查；控制对网络资源的访问。

（5）计费管理：对网际互联设备按 IP 地址的双向流量统计，产生多种信息统计报告及流量对比，并提供网络计费工具，以便用户根据自定义的要求实施网络计费。

试题 1 答案：A

2．在 SNMP 中，网络管理站要配置被管对象属性信息，需要采用（　　）命令进行操作；被管对象有差错报告，需要采用（　　）命令进行操作。

（1）A．get　　B．getnext　　C．set　　D．trap

（2）A．get　　B．getnext　　C．set　　D．trap

试题 2 解析：

SNMP 使用如下 5 种格式的 PDU（协议数据单元），这是 SNMP 系列协议中的基础部分。

get-request：由网络管理站发送，向管理代理请求其取值。

get-next-request：由网络管理站发送，在 get-Request 报文后使用，表示查询管理信息库中的下一个对象，常用于循环查询。

set-request：由网络管理站发送，用来请求改变管理代理上的某些对象。

get-response：当管理代理收到网络管理站发送的 get-Request 或 get-next-request 报文时，将应答一个 get-response 报文。

trap：一种报警机制（属于无请求的报文），用于在意外或突然故障情况下管理代理主动向网络管理站发送报警信息。常见的报警类型有冷启动、热启动、线路故障、线路故障恢复和验证失败等。

试题 2 答案：C、D

3．在 SNMP 中，管理代理收到网络管理站的一个 get 请求后，若不能提供该实例的值，则（　　）。

A．返回下个实例的值　　B．返回空值

C．不予响应　　D．显示错误

试题 3 解析：

在正常情况下，返回网络管理站请求的值。如果不能提供，则返回下一个值。

试题 3 答案：A

4．SNMPv3 新增了（　　）功能。

A．管理站之间通信　　B．代理

C．验证和加密　　D．数据块检索

试题 4 解析：

SNMPv3 主要进行了安全性的加强，其中包括验证和加密功能。

试题 4 答案：C

5．SNMP 是一种异步请求/响应协议，采用（　　）进行封装。

A．IP　　B．ICMP　　C．TCP　　D．UDP

试题 5 解析：

SNMP 在传输层采用 UDP 进行封装。

试题 5 答案：D

6．假设有一个 LAN，每 10min 轮询所有被管设备一次，管理报文的处理时间是 50ms，网络时延为 1ms，没有明显的网络拥塞，单个轮询需要的时间大约为 0.2s，则该网络管理站最多可支持（　　）个设备。

A．4500　　B．4000　　C．3500　　D．3000

试题 6 解析：

所有被管设备在每 10min 内轮询一次意味着所有被管设备被轮询完需要 10×60=600s。由于单个设备需要 0.2s，所以被管设备总共有 600/0.2=3000 个。题干中的报文处理时间和网络时延为干扰项。

试题 6 答案：D

7．SNMP 报文中不包括（　　）。

A．版本号　　B．协议数据单元

C．团体名　　D．优先级

试题 7 解析：

一个 SNMP 报文由三个部分组成，即公共 SNMP 首部、get/set 首部、变量绑定。公共 SNMP 首部共三个字段：版本号、共同体（Community，即团体名）、PDU（协议数据单元），所以不包括优先级。

试题 7 答案：D

8．关于 SNMP，下列说法错误的是（　　）。

A．它采用轮询机制

B．可自定义 MIB 或 SMI

C．代理进程接收信息使用 161 接口

D．基于 TCP 协议

试题 8 解析：

SNMP 使用的是无连接的 UDP，因此在网络上传输 SNMP 报文的开销很小，但 UDP 是不保证可靠交付的。同时 SNMP 使用 UDP 的方法有些特殊，运行代理程序的服务器端使用 161 接口来接收 get 或 set 报文和发送响应报文（客户端使用临时接口），运行管理程序的客户端则使用熟知的 162 接口来接收来自各代理的 trap 报文。

试题 8 答案：D

10.5 网络存储

在计算机硬件基础章节中，我们了解到数据通常需要保存在存储设备上。本节将介绍 RAID 技术并简单描述主要的存储体系结构，包括 DAS（直接附加存储）、NAS（网络附加存储）和 SAN（存储区域网络）。

10.5.1 RAID 技术

我们的数据通常存储在磁盘上。在计算机发展早期，存储设备容量都比较小，有几十吉字节的容量就算相当大的容量了，而有时我们需要更大容量的存储空间来存储数据，所以需要一种技术来解决该问题，其中一种技术便是 RAID 技术。RAID 的中文含义是廉价冗余磁盘阵列（或称为独立冗余磁盘阵列）。

RAID 技术可以将多个容量较小的磁盘在逻辑上形成一个容量较大的磁盘。此外，RAID 技术能起到保护磁盘数据及提升性能的作用。RAID 技术分为多个级别，不同的级别工作原理是不一样的。我们主要来了解 RAID 0、RAID 1、RAID 3、RAID 5、RAID 6、RAID 1+0 和 RAID 0+1 这几个级别。

1. RAID 0

如图 10-14 所示，RAID 0 先将磁盘划分为容量大小相等的小区块，当一个文件要存入磁盘时，该文件会依据区块的大小切割好（所谓的条带化操作），之后按顺序把切割好的文件的数据存入各个磁盘中。因为数据会交错地存放在 RAID 0 中的各个磁盘中，所以每个磁盘所负责处理的数据量都会减小。因此组成 RAID 0 的磁盘越多，RAID 0 的性能越好。整体来看，磁盘的容量会因此增大很多。

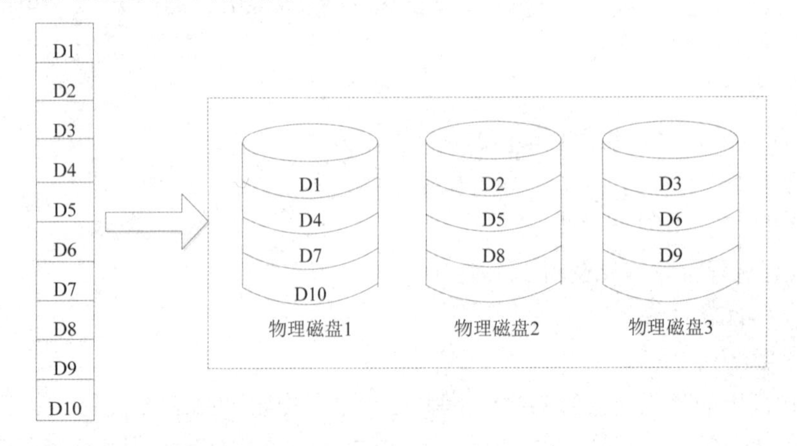

图 10-14　RAID 0 示意图

虽然将磁盘组成 RAID 会有很强的性能，磁盘利用率能达到 100%（因为每个磁盘上都存储了数据），但是该方案没有任何可靠性的保证。因为文件是先被切割成适合每个磁盘区块的大小，然后按顺序存储到各个磁盘中的，所以假设 RAID 0 中的某一个磁盘出现故障，就意味着文件数据将缺少一部分，无法重新组装数据，这样整个文件就损坏丢失了。

在 RAID 0 中，如果使用相同容量的磁盘进行组建，则性能会高很多。使用不同容量的磁盘组建 RAID 0 也是可以的，但由于数据是按顺序存储到不同的磁盘中的，当小容量磁盘的区块被用完了，那么后续存储的所有数据都将被放入容量更大的那个磁盘中。

2. RAID 1

在组建 RAID 1 时，最好使用容量相同的磁盘。如果使用容量不同的磁盘组建 RAID 1，那么总容量将是最小的那一个磁盘的容量。

如图 10-15 所示，RAID 1 使用了镜像操作，即让同一份数据，完整地保存到两个磁盘中。例如，要存储一个 100MB 的文件，那么这 100MB 的数据会同时存储到 RAID 1 中的两个磁盘中。采用这种方式存储数据，可靠性很高，当一个磁盘出现故障时不会影响数据的读取。但是其总容量并没有提高，如用 2 个 100GB 的磁盘组建 RAID 1，其总容量并不是 200GB，而是 100GB。

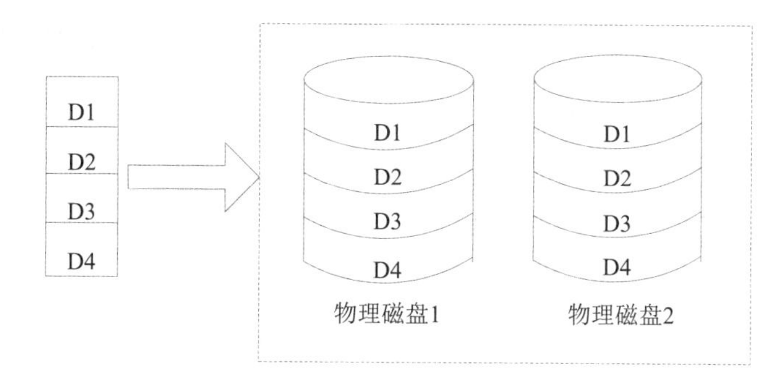

图 10-15　RAID 1 示意图

3. RAID 3

相对于 RAID 0 完全没有可靠性而言，RAID 3 引入了奇偶校验方式来确保数据的可靠性。RAID 3 要求使用 3 个及以上的磁盘来进行组建。在 RAID 3 中，同样需要进行条带化操作，把数据按顺序分别存储到各个磁盘中，但是在 RAID 3 中有 1 个单独的磁盘需要用来作校验盘。例如，用 3 个磁盘组建 RAID 3，其中的文件数据会先进行条带化，然后存储在 2 个磁盘中，剩下的 1 个磁盘则利用文件数据算出其校验数据，校验数据存储到校验盘中。在 RAID 3 中，磁盘利用率是$(N-1)/N$，其中 N 是磁盘数目。

RAID 3 具有一定的容错能力，但是系统性能整体上会受到影响。例如，当一个磁盘失效时，该磁盘上的所有数据块必须使用校验信息重新建立。同时 RAID 3 会把数据写入操作分散到多个磁盘上进行，不管向哪一个数据盘写入数据，都需要同时重写校验盘中的校验数据。因此如果需要进行大量写入操作，那么校验盘的负载将会很大，可能无法满足程序的运行速度要求。RAID 3 示意图如图 10-16 所示。

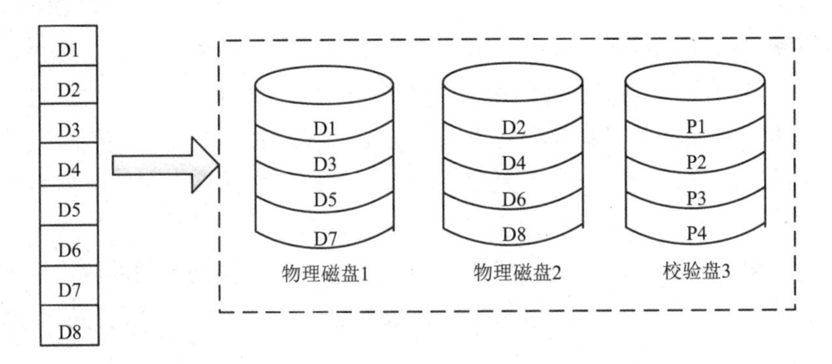

图 10-16　RAID 3 示意图

4．RAID 5

RAID 5 和 RAID 3 类似，也需要 3 个及以上的磁盘组建，也需要进行条带化操作和数据校验，但在 RAID 5 中不会单独使用 1 个磁盘作为校验盘，而将校验数据分散存储在各个磁盘的各个位置上，相当于有一个磁盘容量的空间用于存储校验数据了。

当 RAID 5 的一个磁盘出现故障时，并不会影响数据的完整性，从而保证了数据安全。当失效的磁盘被替换后，RAID 5 会自动利用剩下的奇偶校验信息去重建此磁盘上的数据，确保了 RAID 5 的高可靠性。同时由于并不是用一个单独的校验盘来存储校验数据的，所以 RAID 5 的性能比 RAID 3 更好。RAID 5 示意图如图 10-17 所示。

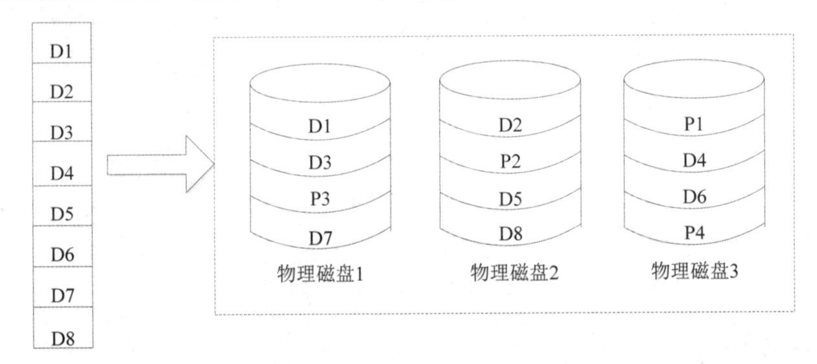

图 10-17　RAID 5 示意图

5．RAID 6

在 RAID 3 和 RAID 5 中，只能保证当 1 个磁盘出现故障时能恢复数据，如果出现 2 个及以上的磁盘出现故障，则无法恢复。RAID 6 拥有 2 份相互独立的校验数据，2 份校验数据分散存储在各个磁盘的各个位置上，能保证当 2 个及以下的磁盘出现故障时的数据恢复。因此 RAID 6 的磁盘利用率为$(N-2)/N$，N 表示磁盘数量。

6．RAID 1+0 与 RAID 0+1

RAID 0 的性能好但是数据可靠性得不到保证，RAID 1 的数据可靠性有保证但是性能不高。将这两种方案的优点整合起来配置 RAID 也是可以的，这就是 RAID 0+1（简称 RAID 01）或 RAID 1+0（简称 RAID 10）。

RAID 01 首先让磁盘每两个为一组，组成两组 RAID 0，然后将这两组 RAID 0 组成一组 RAID 1。类似地，RAID 10 就是先组成 RAID 1 再组成 RAID 0。RAID 10 示意图如图 10-18 所示。

从安全性来看，RAID 10 好于 RAID 01，所以在企业中 RAID 10 属于常用的 RAID 组合方案。

此外可以在各个 RAID 级别中加入热备盘，以提高可靠性。热备盘是指当 RAID 组中某个磁盘失效后，在不干扰当前 RAID 系统正常工作的情况下，用来顶替失效磁盘的正常备用磁盘。

上述传统 RAID 技术目前存在一些问题，如重构速度慢，当磁盘发生损坏时，恢复数据的速度较慢；性能差，虽然 RAID 技术存在的初衷是提升磁盘的性能，但是面对现阶段的业务量已经不足以支撑；冷热数据不均，在 RAID 1.0 技术中，存在每个盘组中的数据访问量不均匀、磁盘使用不均匀的情况。

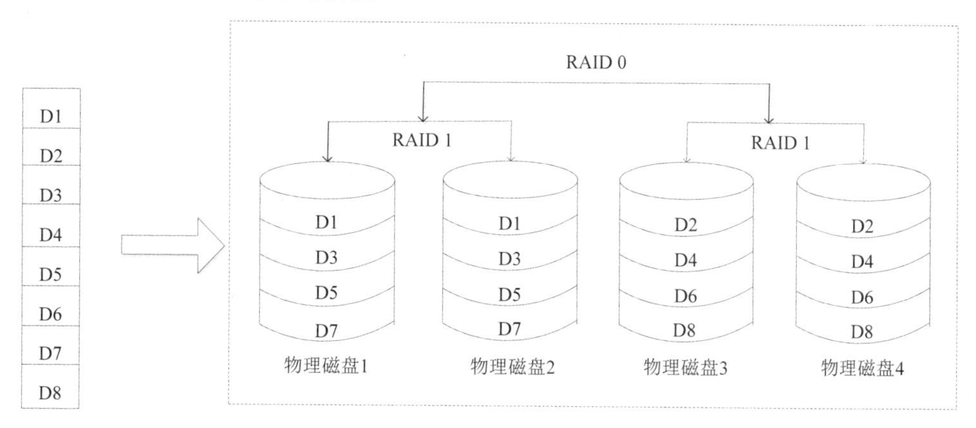

图 10-18 RAID 10 示意图

RAID 2.0+技术是华为公司针对传统 RAID 技术的缺点，在新一代（虚拟化、混合云、精简 IT 和低碳等）存储系统上设计的一种满足存储技术虚拟化架构发展趋势的全新的 RAID 技术。相比传统 RAID 技术，RAID 2.0+技术具备如下优势。

（1）业务负载均衡，避免热点。数据打散到资源池内所有的磁盘上，没有热点，磁盘负载平均，可以避免个别磁盘因为承担更多的写入操作而提前达到寿命的上限。

（2）快速重构，缩小风险窗口。当磁盘出现故障时，故障盘上的有效数据会被重构到资源池内除故障盘外的所有磁盘上，实现了多对多的重构，速度快，大幅缩短了数据处于非冗余状态的时间。

（3）全盘参与重构。资源池内所有磁盘都会参与重构，每个磁盘的重构负载很小，且重构过程对上层应用无影响。

10.5.2 DAS

DAS 是磁盘上的一个块级设备，在物理上是直接连接到主机的，必须先在磁盘上放置文件系统，然后才能使用 DAS。实现 DAS 的技术包括 SCSI、SATA 等。在我们的家庭网络中经常能看到 DAS 存储模式的身影，如存储设备（磁盘等）直接和主机箱连接。DAS 存储模式在中小型企业中的应用十分广泛。DAS 存储模式依赖主机的操作系统来实现数据的 I/O 操作、数据管理、数据备份等工作。

使用 DAS 进行存储的主要优点是实现成本较低。由于 DAS 专用于特定服务器，因此管理存储阵列是单独完成的。DAS 的缺点是其扩展功能通常很有限，也不利于管理，此外电缆连接功能（1～4m 电缆）很有限，难以跟上 IT 的发展趋势。

10.5.3 NAS

NAS 是一个带有瘦服务的存储设备，有自己的控制器。NAS 用于存储，可以大大降低存储设备的成本，NAS 中的存储信息都是采用 RAID 技术进行管理的，能有效保护数据。NAS 可以通过现有以太网网络同时共享给多个客户端。

NAS 有自己的文件系统，用网络和文件共享协议提供对文件数据的访问权限，这些协议包括通用 Internet 文件系统（CIFS）和网络文件系统（NFS）。NAS 让 UNIX、Linux、Windows 不同操作系统的用户都能无缝地共享数据。NAS 采用 TCP/IP 网络进行数据交换。不同厂商的产品（服务器、交换机）只要满足标准的协议就可以互联互通，没有兼容性的要求。随着网络带宽的不断提高，NAS 的性能会大幅度提高，应用会越来越广。

NAS 与客户端通过企业网进行连接，因此数据备份或存储需要占用网络的带宽，影响企业内网上其他的网络应用，共用网络带宽的问题成为限制 NAS 性能的主要问题。NAS 的可扩展性受到设备大小的限制，NAS 访问需要经过文件系统格式转换，不适合数据块级的应用。

10.5.4 SAN

和 NAS 不同，SAN 没有把所有的存储设备集中安装在一个专门的应用服务器中，而通过网络方式连接存储设备和应用服务器的存储架构。SAN 的资源存储在应用服务器外，这就可以让应用服务器和存储设备之间海量的数据传输不会影响局域网的性能。

FC SAN 需要部署光纤网络，还需要购买光纤交换机，因此 FC SAN 的组网部署稍显复杂，存储服务器上通常需要配置两个网络接口适配器，一个网络接口适配器用来连接 IP 网络的普通网卡（NIC），存储服务器通过 NIC 和客户端交互；另一个网络接口适配器是和 FC SAN 连接的主机总线适配器（HBA），应用服务器通过 HBA 和 FC SAN 中的存储设备通信。FC SAN 目前应用在高性能环境中。

采用 FC SAN 的成本和管理难度是很多中小型企业无法负担的，随着 IP 和以太网技术的突飞猛进，出现了 IP SAN。由于基于全以太网架构，IP SAN 的组网部署较为简单，且成本较低，但性能和 FC SAN 相比较差，网络可靠性一般，适用于中小规模的非关键性存储业务。

10.5.5 分布式存储

分布式存储是指将数据分散存储在多个独立的设备上。分布式存储系统采用可扩展的系统结构，利用多台存储服务器分担存储负载，利用位置服务器定位存储信息，不仅提高了系统的可靠性、可用性和存储效率，还容易进行扩展。分布式存储系统具备区块链去中心化的特质，可以弥补过度中心化的缺陷。其存储网络的拓扑结构可以是 P2P 网络，也可以是存在几个联盟的中介服务商或运营商的去中心化网络，抛开了单一中心化存储服务商经营风险。

分布式存储系统采用多副本机制和纠删码技术来保证数据的可靠性，即针对某份数据，默认将数据分为 1MB 的数据块，每个数据块被复制为多个副本（一般最少为 3 个副本），然后按照一定的分布式存储算法将这些副本保存在集群中的不同节点上。分布式存储系统自动确保多个数据副本分布在不同服务器的不同物理磁盘上，单个硬件设备的故障不会影响业务。通过纠删码技术，分布式存储系统将原始的数据进行编码得到冗余，并将数据和冗余一并存储起来，以达到容错的目的。

10.5.6 课后检测

1．以下关于网络存储描述正确的是（　　）。

A．SAN 将存储设备连接到现有的网络上，其扩展能力有限

B．SAN 将存储设备连接到现有的网络上，其扩展能力很强

C．SAN 使用专用网络，其扩展能力有限

D．SAN 使用专用网络，其扩展能力很强

试题 1 解析：

本题考查的是网络存储的概念。

存储区域网络（Storage Area Network，SAN）是一种专用网络，可以把一个或多个系统连接到存储设备和子系统上。SAN 可以看作负责存储传输的“后端”网络，“前端”网络（称为数据网络）负责正常的 TCP/IP 传输。

与 NAS 相比，SAN 具有下面几个特点。

（1）SAN 具有无限的扩展能力。

由于 SAN 采用了网络结构，应用服务器可以访问存储网络上的任何一个存储设备，因此用户可以自由增加磁盘阵列、虚拟带库和应用服务器等设备，整个系统的存储空间和处理能力得以按用户需求不断扩大。

（2）SAN 具有更高的连接速度和处理能力。

试题 1 答案：D

2．开放系统的数据存储有多种方式，属于网络化存储的是（　　）。

A．内置式存储和 DAS　　B．DAS 和 NAS

C．DAS 和 SAN　　D．NAS 和 SAN

试题 2 解析：

基于 Windows、Linux 和 UNIX 等操作系统的服务器称为开放系统。开放系统的数据存储方式分为内置存储和外挂存储两种。外挂存储根据连接的方式分为直连式存储和网络

化存储，目前应用的网络化存储有两种，即网络附加存储和存储区域网络。

试题 2 答案：D

3．在 RAID 技术中，同一 RAID 组内任意 2 个磁盘同时出现故障仍然可以保证数据有效的是（　　）。

A．RAID 5　　B．RAID 1　　C．RAID 6　　D．RAID 0

试题 3 解析：

RAID 6 是在 RAID 5 的基础上为了加强数据保护而设计的，可允许损坏 2 个磁盘。可用容量 $C=(N-2)\times D$，C 为可用容量，N 为磁盘数量，D 为单个磁盘容量。

试题 3 答案：C

4．在 RAID 技术中，以下不具有容错能力的是（　　）。

A．RAID 0　　B．RAID 1　　C．RAID 5　　D．RAID 10

试题 4 解析：

RAID 0 不具有容错能力，但是磁盘利用率能达到 100%。

试题 4 答案：A

5．在 RAID 技术中，磁盘利用率最高的是（　　）。

A．RAID 0　　B．RAID 1　　C．RAID 3　　D．RAID 5

试题 5 解析：

RAID 0 不具有容错能力，但是磁盘利用率能达到 100%。

试题 5 答案：A

6．在 RAID 技术中，磁盘利用率最低的是（　　）。

A．RAID 0　　B．RAID 1　　C．RAID 5　　D．RAID 6

试题 6 解析：

RAID 0 的磁盘利用率为 100%；RAID 1 的磁盘利用率为 50%；RAID 5 的磁盘利用率为$(N-1)/N$，N 最小为 3；RAID 6 的磁盘利用率为$(N-2)/N$，N 最小为 4。

试题 6 答案：B

7．（　　）存储方式常使用多副本技术实现数据冗余。

A．DAS　　B．NAS　　C．SAN　　D．分布式

试题 7 解析：

分布式存储是指将数据分散存储在多个独立的设备上。分布式存储系统采用可扩展的系统结构，利用多台存储服务器分担存储负载，利用位置服务器定位存储信息，不仅提高了系统的可靠性、可用性和存储效率，还容易进行扩展。分布式存储系统采用多副本机制和纠删码技术来保证数据的可靠性。

试题 7 答案：D

8．某单位计划购置容量需求为 60TB 的存储设备，配置一个 RAID 组，采用 RAID 5 技术，并配置一个全局热备盘，至少需要（　　）个容量为 4TB 的磁盘。

A．15　　B．16　　C．17　　D．18

试题 8 解析：

60TB 的数据要用 4TB 的磁盘来存储，此时需要 60/4=15 个磁盘。其中 RAID 5 的校验数据要分散在各个磁盘上，分散的数据汇总到一起会像 RAID 3 一样占用一个校验盘的空间，所以校验盘需要 1 个。题目中提到还需要 1 个热备盘，所以一共需要 15+1+1=17 个磁盘。

试题 8 答案：C

第 11 章

网络安全技术

根据对考试大纲的分析，以及对以往试题情况的分析，“网络安全技术”章节的分数为8分左右，占上午试题总分的**10%左右**。从复习时间安排来看，请考生在4天之内完成本章的学习。

11.1 知识图谱与考点分析

随着计算机网络的发展，通过网络进行的各种电子商务活动日益增加，很多组织和企业建立了自己的内网并与 Internet 连通。但随之出现的网络安全问题逐步成为 Internet 及各种电子商务活动进一步发展的瓶颈问题。

通过分析历年的考试题和根据考试大纲，要求考生掌握以下几个方面的内容。

知识模块	知识点分布	重要程度
网络安全基本概念	• 网络安全要素 • 网络安全威胁	★ ★
网络攻击及防护	• DDoS 攻击 • SQL 注入攻击 • XSS 攻击 • ARP 欺骗攻击	★★★ ★★★ ★★★ ★★★
计算机病毒及防治	• 计算机病毒的类型 • 计算机病毒的防治	★★ ★★★
数据加密技术	• 对称加密技术 • 非对称加密技术 • 密钥分配管理 • 加密方式	★★★ ★★★ ★★ ★★
数字签名、报文摘要、数字证书	• 数字签名 • 报文摘要 • 数字证书	★★★ ★★★ ★★★
网络安全协议	• SSL 协议 • PGP 协议	★★★ ★★

续表

知识模块	知识点分布	重要程度
网络安全设备	• 网闸	★★★
	• 防火墙	★★★
	• IDS 和 IPS	★★★
	• 其他安全设备	★★
VPN	• IPSec VPN	★★★
网络安全等级保护	• 网络安全等级	★★

11.2　网络安全基本概念

网络安全是指网络中的硬件、软件及系统中的数据都受到保护，不因恶意的原因受到破坏、更改、泄露，系统能连续、可靠、正常运行，信息服务不中断。

11.2.1　网络安全要素

网络安全的 5 个基本要素如下。

（1）机密性：确保信息不暴露给未授权的实体。

（2）完整性：只有得到允许的用户才能修改数据，并能判断数据是否已被篡改。

（3）可用性：得到授权的实体在需要时可访问数据。

（4）可控性：可以控制授权范围内的信息流向和行为方式。

（5）可审查性：对出现的安全问题提供调查的依据和手段。

对于网络及网络交易而言，信息安全的基本要素是机密性（又称为保证性）、完整性和不可抵赖性（数据和交易发送方无法否认曾经的事实）。

11.2.2　网络安全威胁

常见的网络安全威胁包括窃听（非授权访问、信息泄露和资源盗取等）、假冒（假扮另一个实体，如网站假冒及 IP 地址欺骗等）、重放、流量分析、破坏完整性、拒绝服务、资源的非法授权使用、陷门和特洛伊木马、病毒，以及诽谤等。

对于网络安全而言，大都针对网络安全漏洞进行网络攻击。网络安全漏洞包括物理安全漏洞、软件安全漏洞和协议安全漏洞。网络攻击可分为被动攻击、主动攻击、物理临近攻击、内部人员攻击和分发攻击等。

主动攻击和被动攻击示意图如图 11-1 所示。

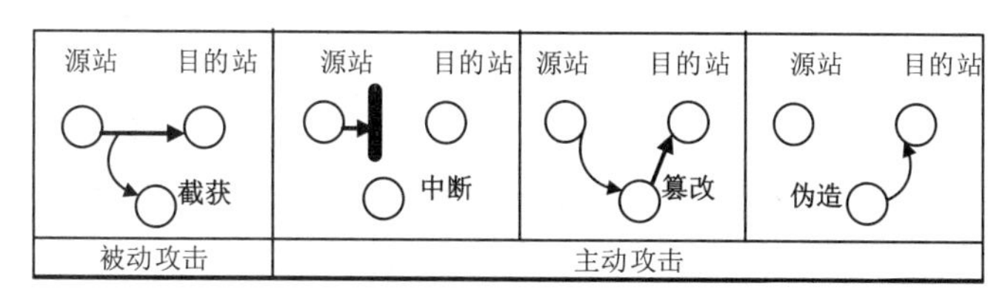

图 11-1　主动攻击和被动攻击示意图

在被动攻击中，攻击者只是观察和分析某一个协议数据单元（PDU）而不干扰信息流，即使这些数据对攻击者来说不易理解，攻击者也可以通过观察 PDU 的协议控制信息部分，了解正在进行通信的协议实体的地址和身份，研究 PDU 的长度和传输的频率，以便了解所交换的数据的某种性质。这种被动攻击又称为流量分析。

主动攻击是指攻击者对某个连接中通过的 PDU 进行各种处理，如有选择地更改、删除、延迟，主要有中断、篡改、伪造、重放攻击（攻击者发送一个目的主机已接收过的数据包，来达到欺骗系统的目的，主要用于身份验证过程）。

11.2.3 课后检测

1. 攻击者通过发送一个目的主机已经接收过的数据包来达到攻击目的，这种攻击方式属于（　　）攻击。

A．重放　　B．拒绝服务　　C．数据截获　　D．数据流分析

试题 1 解析：

重放攻击，即攻击者发送一个目的主机已接收过的数据包，来达到欺骗系统的目的，主要用于身份验证过程。

试题 1 答案：A

2.（　　）不属于主动攻击。

A．流量分析　　B．重放　　C．IP 地址欺骗　　D．拒绝服务

试题 2 解析：

计算机网络上的通信面临以下四种威胁。

（1）截获：攻击者从网络上窃听他人的通信内容。

（2）中断：攻击者有意中断他人在网络上的通信。

（3）篡改：攻击者故意篡改网络中传输的报文。

（4）伪造：攻击者伪造信息在网络上的传输。

以上四种威胁可以划分为两大类，即被动攻击和主动攻击。在上述情况中，截获信息的攻击属于被动攻击，而中断、篡改和伪造信息的攻击称为主动攻击。

试题 2 答案：A

11.3 网络攻击及防护

典型的网络攻击有 DDoS 攻击、SQL 注入攻击、XSS 攻击、ARP 欺骗攻击等。

11.3.1 DDoS 攻击

拒绝服务攻击（DoS 攻击）：借助于网络系统或网络协议的缺陷和漏洞进行的网络攻击，让目标系统受到某种程度的破坏而不能继续提供正常的服务甚至服务中断。

分布式拒绝服务攻击（DDoS 攻击）：借助于客户机/服务器技术，将多个计算机联合起来作为攻击平台，对一个或多个目标发动 DDoS 攻击，从而成倍地提高 DoS 攻击的威力。

由于很难被识别和防御，因此 DDoS 攻击发展得十分迅速。DDoS 攻击规模大、危害性强。

防御 DDoS 攻击的措施：定期检查服务器漏洞、部署内容分发网络（CDN）、关闭不必要的服务或接口、利用抗 DDoS 防火墙和 IPS 等网络安全设备来加固网络的安全性，还可以通过购买流量清洗服务来清洗掉攻击流量。

11.3.2　SQL 注入攻击

SQL 注入攻击是攻击者对数据库进行攻击的常用手段之一。随着 B/S 模式应用开发的发展，使用这种模式编写应用程序的程序员越来越多。但是由于程序员的水平及经验参差不齐，相当大一部分程序员在编写代码的时候，没有对用户输入数据的合法性进行判断，因此应用程序存在安全隐患。用户可以提交一段数据库查询代码，根据程序返回的结果，获得某些他想得知的数据，这就是 SQL 注入攻击。

防御 SQL 注入攻击的措施如下。

（1）使用参数化的过滤性语句，对输入数据进行细致的验证。要防御 SQL 注入攻击，用户的输入数据就绝对不能直接被嵌入 SQL 语句中。

（2）避免使用解释程序，因为这正是攻击者借以执行非法命令的手段。

（3）避免出现一些详细的错误消息，因为攻击者可以利用这些消息。要使用一种标准的输入确认机制来验证所有的输入数据的长度、类型、语句、企业规则等。

（4）使用专业的漏洞扫描工具。

（5）使用 IPS、WAF、数据库防火墙等网络安全设备对服务器进行保护。

11.3.3　XSS 攻击

跨站脚本攻击（XSS 攻击）是指恶意攻击者向 Web 页面中插入恶意 JavaScript 代码，当用户浏览该页面时，嵌入 Web 页面的 JavaScript 代码会被执行，从而达到恶意攻击者的特殊目的。合法用户在访问这些页面的时候，程序将数据库里面的信息输出，这些恶意代码就会被执行。

XSS 攻击的防御措施如下。

（1）验证所有输入数据，有效检测攻击。

（2）对所有输出数据进行适当的编码，以防止任何已成功注入的脚本在浏览器端运行。

（3）可以部署一些专用的 Web 防护设备、IPS 设备。

11.3.4　ARP 欺骗攻击

ARP 有简单、易用的优点，但是因为其没有任何安全机制，所以容易被攻击者利用。常见的 ARP 欺骗攻击如下。

（1）攻击者可以仿冒用户、仿冒网关发送伪造的 ARP 报文，使网关或主机的 ARP 表项不正确，从而对网络进行攻击。

（2）攻击者向设备发送大量目标 IP 地址不能解析的 IP 报文，使得设备试图反复地对目标 IP 地址进行解析，导致 CPU 负载过重及网络流量过大。

（3）攻击者向设备发送大量 ARP 报文，对设备的 CPU 形成冲击。

防御 ARP 欺骗攻击的措施：在主机和网关上使用 ARP -s 命令去绑定 IP 地址和 MAC 地址映射关系；部署 ARP 防火墙。

11.3.5 APT 攻击

APT（Advanced Persistent Threat，高级持续性威胁）又叫高级长期威胁，是一种复杂的、持续的网络攻击，包含三个要素：高级、长期、威胁。高级是指执行 APT 攻击需要比传统攻击更高的定制程度和复杂程度，需要花费大量时间和资源来研究确定系统内部的漏洞；长期是指为了达到特定目的，在攻击过程中“放长线”，持续监控目标，对目标保有长期的访问权；威胁强调的是人为参与策划的攻击，攻击目标是高价值的组织，攻击一旦得手，往往就会给攻击目标造成巨大的经济损失或政治影响，甚至毁灭性打击。

1. APT 攻击的特征

典型的 APT 攻击一般具有持续性、终端性、针对性、未知性、隐蔽性的特征。

1）持续性

攻击者通常会花费大量的时间来跟踪、收集目标系统中的网络运行环境，并且主动探寻被攻击者的受信系统和应用程序的漏洞。即使一段时间内，攻击者无法突破目标系统的防御体系，但随着时间的推移，目标系统不断有新的漏洞被发现，防御体系也会存在一定的空窗期（如设备升级、应用更新等），最终这些不利因素往往会导致被攻击者的防御体系失守。

2）终端性

攻击者并不直接攻击目标系统，而先攻击与目标系统有关系的人员的终端设备（如智能手机、PAD、USB 等），并且窃取终端设备使用者的账号、密码信息，然后以该终端设备为跳板，攻击目标系统。

3）针对性

攻击者会针对收集到的目标系统的常用软件、常用防御策略与产品、内网部署等信息，搭建专门的环境，用于寻找有针对性的安全漏洞，测试特定的攻击方法能否绕过检测。

4）未知性

传统的安全产品只能基于已知的病毒和漏洞进行攻击防御。在 APT 攻击中，攻击者会利用 0Day 漏洞进行攻击，从而顺利通过被攻击者的防御体系。

5）隐蔽性

攻击者访问到重要信息后，会通过控制的客户端，使用合法加密的数据通道，将信息窃取出来，以绕过被攻击者的审计系统和异常检测系统。

从以上的攻击特征可以看出，APT 攻击相对于传统的攻击模式，手段更先进、攻击更隐蔽、破坏更严重，因此已经成为威胁当今网络安全的一大隐患。

2. APT 攻击的防御

目前，防御 APT 攻击的有效方法是沙箱技术，通过沙箱技术构造一个隔离的威胁检测环境，然后将网络流量送入沙箱进行隔离分析并最终给出是否存在威胁的结论。如果沙箱检测到某流量为恶意流量，则可以通知防火墙实施阻断。

具体过程如下。

（1）攻击者向企业内网发起 APT 攻击，防火墙从网络流量中识别并提取需要进行 APT 检测的文件类型。

（2）防火墙将攻击流量还原成文件送入沙箱进行威胁分析。

（3）沙箱对文件进行威胁检测，然后将检测结果返回给防火墙。

（4）防火墙获取检测结果后，实施相应的动作。

如果沙箱分析出该文件是一种恶意攻击文件，则防火墙可以实施阻断操作，防止该文件进入企业内网，保护企业内网免遭攻击。

此外，可以结合高级威胁分析系统进行防御，该系统基于成熟自研商用大数据平台 FusionInsight 开发，结合智能检测算法可进行多维度海量数据关联分析，主动实时地发现各类安全威胁事件，还原出整个 APT 攻击链。同时，华为安全态势感知系统可采集和存储多类网络信息数据，帮助用户在发现威胁后调查取证及处置问责。华为安全态势感知系统以发现威胁、阻断威胁、取证、溯源、响应、处置的思路设计，助力用户完成全流程威胁事件闭环。

11.3.6 课后检测

1．当发现主机受到 ARP 欺骗攻击时需要清除 ARP 缓存，使用的命令是（　　）。

A．arp -a　　B．arp -s

C．arp -d　　D．arp -g

试题 1 解析：

当发现主机受到 ARP 欺骗攻击时需要清除 ARP 缓存，使用的命令是 arp -d。

试题 1 答案：C

2．（　　）针对 TCP 连接进行攻击。

A．拒绝服务　　B．暴力攻击

C．网络侦察　　D．特洛伊木马

试题 2 解析：

DDoS 攻击中的 Syn 泛洪利用 TCP 连接进行攻击。

试题 2 答案：A

3．SQL 注入是常见的 Web 攻击，以下不能有效防御 SQL 注入的手段是（　　）。

A．对用户输入进行关键字过滤　　B．部署 Web 应用防火墙进行防护

C．部署入侵检测系统阻断攻击　　D．定期扫描系统漏洞并及时修复

试题 3 解析：

入侵检测系统只能检测，无法阻断。

试题 3 答案：C

4．在对服务器的日志进行分析时，发现某一时间段，网络中有大量包含“USER”

“PASS”负载的数据，该异常行为最可能是（　　）。

A．ICMP 泛洪攻击　　　　B．接口扫描

C．弱密码扫描　　　　D．TCP 泛洪攻击

试题 4 解析：

弱密码（Weak Password）没有严格和准确的定义，通常认为容易被别人（他们有可能对你很了解）猜测到或被破解工具破解的密码均为弱密码。弱密码指的是仅包含简单数字和字母的密码，如“123”“abc”等，这样的密码很容易被别人破解，从而使用户的 Internet 账号受到他人控制，因此不推荐用户使用。网络中有大量包含“USER”“PASS”负载的数据，这些属于弱密码。

试题 4 答案：C

5．阅读以下说明，回答问题 1～问题 3，将答案填入答题纸对应的解答栏内。

【说明】

图 11-2 所示为某公司数据中心拓扑图，两个存储系统用于存储关系型数据库的结构化数据和文档、音视频等非结构化数据，规划采用的 RAID 组合方式如图 11-3、图 11-4 所示。

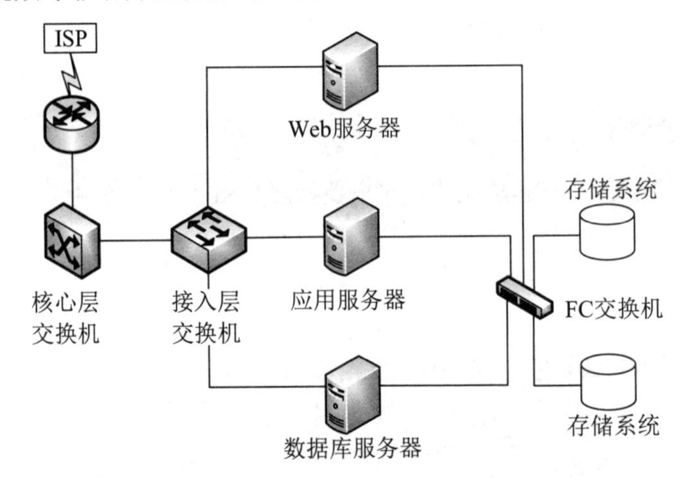

图 11-2　某公司数据中心拓扑图

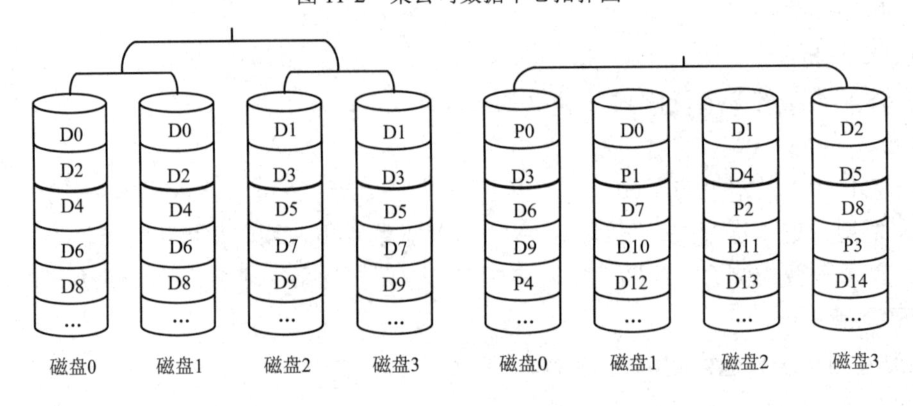

图 11-3　RAID 组合方式 1　　　　图 11-4　RAID 组合方式 2

【问题 1】（6 分，每空 1 分）

图 11-3 所示的 RAID 方式是（1），其中磁盘 0 和磁盘 1 的 RAID 组成方式是（2）。当磁盘 1 故障后，磁盘（3）故障不会造成数据丢失，磁盘（4）故障将会造成数据丢失。

图 11-4 所示的 RAID 方式是（5），当磁盘 1 故障后，至少再有（6）个磁盘故障，就会造成数据丢失。

【问题 2】（6 分，每空 1.5 分）

图 11-3 所示的 RAID 方式的磁盘利用率是（7）%，图 11-4 所示的 RAID 方式的磁盘利用率是（8）%。

根据上述两种 RAID 组合方式的特性，结合业务需求，图（9）所示 RAID 适合存储安全要求高、小数量读写的结构化数据；图（10）所示 RAID 适合存储空间利用率要求高、大文件存储的非结构化数据。

【问题 3】（8 分，每空 2 分）

该公司的 Web 系统频繁遭受 DDoS 攻击和其他网络攻击，造成服务中断、数据泄露。图 11-5 所示为服务器日志片段，该攻击为（11），针对该攻击行为，可部署（12）设备进行防护；针对 DDoS （分布式拒绝服务）攻击，可采用（13）、（14）措施，保障 Web 系统正常对外提供服务。

```
www.xxx.com/news/html/?410'union select 1 from (select count(*),concat(floor(rand(0)*2),0x3a,(select
concat(user,0x3a,password)from pwn_base_admin limit 0,1),0x3a)a from information_schema.tables
group by a)b where'1'='1.html
```

图 11-5　服务器日志片段

（11）备选答案：

A．跨站脚本攻击　　B．SQL 注入攻击

C．远程命令执行攻击　　D．CC 攻击

（12）备选答案：

A．漏洞扫描系统　　B．堡垒机

C．Web 应用防火墙　　D．入侵检测系统

（13）～（14）备选答案：

A．部署流量清洗设备　　B．购买流量清洗服务

C．服务器增加内存　　D．服务器增加磁盘

E．部署入侵检测系统　　F．安装杀毒软件

试题 5 解析：

【问题 1】

很明显图 11-3 中的 RAID 方式是 RAID 10，先组建 RAID 1，再组建 RAID 0。

磁盘 1 故障后，磁盘 2 或磁盘 3 故障不会造成数据丢失，只有磁盘 0 发生故障，才会导致数据丢失。

图 11-4 所示的 RAID 方式为 RAID 5，磁盘 1 故障后，至少再有 1 个磁盘故障，就会造成数据丢失。

【问题 2】

图 11-3 所示的 RAID 10 方式的磁盘利用率是 50%，图 11-4 所示的 RAID 5 方式的磁盘利用率为$(N-1)/N$，N 为磁盘数目，最小取 3，本题中是 4 个磁盘，所以磁盘利用率是 75%。

RAID 10 在数据重构方面优于 RAID 5，RAID 5 在空间利用率方面优于 RAID 10。

【问题 3】

根据服务器日志片段显示的信息可以判断出 SQL 注入攻击。

针对 SQL 注入攻击一般可以结合 Web 应用防火墙进行防护，还可以结合 IPS 等设备，最重要的是对用户的输入进行过滤。

针对 DDoS 攻击，可以采用部署流量清洗设备和购买流量清洗服务的措施，从而对进入用户服务器的数据流量进行实时监控，及时发现包括 DoS 攻击在内的异常流量。在不影响正常业务的前提下，清洗掉异常流量。

试题 5 答案：

【问题 1】

（1）RAID 10　　（2）RAID 1　　（3）2 或 3

（4）0　　（5）RAID 5　　（6）1

【问题 2】

（7）50　　（8）75　　（9）11-3　　（10）11-4

【问题 3】

（11）B　　（12）C　　（13）A　　（14）B

6．下列能够有效减少 SQL 注入攻击对 Web 应用程序威胁的操作是（　　）。

A．对数据库进行加密

B．定期备份数据库

C．启用 WAF（Web 应用程序防火墙）

D．将数据库和 Web 服务器分离部署

试题 6 解析：

WAF（Web 应用程序防火墙）是一种安全措施，用于保护 Web 应用程序免受各种网络攻击，如 SQL 注入攻击、跨站点脚本（XSS）攻击、跨站点请求伪造（CSRF）攻击等。

试题 6 答案：C

11.4　计算机病毒及防治

计算机病毒（Computer Virus）在《中华人民共和国计算机信息系统安全保护条例》中被明确定义，计算机病毒是指编制者在计算机程序中插入的破坏计算机功能或破坏数据，影响计算机使用并能够自我复制的一组计算机指令或程序代码。

11.4.1 计算机病毒的类型

计算机命名规则都不太一样，但基本都是采用前、后缀法来进行命名的，一般是多个前缀、后缀组合，中间以小数点分隔，一般格式为〔前缀〕.〔病毒名〕.〔后缀〕。其中病毒前缀是指一个计算机病毒的种类，常见的病毒前缀有 Script（代表脚本病毒）、Trojan（代表木马病毒）、Worm（代表蠕虫病毒）、Harm（代表破坏性程序）、MACRO/WM/WM97/XM/XM97（代表宏病毒）、Win32/W32（代表系统病毒）。

1. 蠕虫病毒

蠕虫病毒是一种可以自我复制的代码，并且通过网络传播，通常无须人为干预就能传播。蠕虫病毒入侵并完全控制一台计算机之后，就会以这台计算机为宿主，进而扫描并感染其他计算机。当这些新的被蠕虫病毒入侵的计算机被控制之后，蠕虫病毒会以这些计算机为宿主继续扫描并感染其他计算机，这种行为会一直延续下去。蠕虫病毒使用这种递归的方法进行传播，按照指数增长的规律分布，进而迅速控制越来越多的计算机。典型的冲击波、震荡波、熊猫烧香、勒索病毒都属于蠕虫病毒。

2. 木马病毒

木马病毒是隐藏在正常程序中的一段具有特殊功能的恶意代码，是具备破坏和删除文件、发送密码、记录键盘等特殊功能的后门程序。木马病毒其实是计算机攻击者用于远程控制计算机的程序，可以对感染木马病毒的计算机实施操作。木马病毒具有很强的隐蔽性，可以根据攻击者意图突然发起攻击。

木马软件一般由三部分组成：木马服务器程序、木马配置程序和木马控制程序。

（1）木马服务器程序驻留在受害者的系统中，非法获取其操作权限，负责接收控制指令，并且根据指令或配置将数据发送给控制端。

（2）木马配置程序用来配置木马软件的接口号、触发条件、木马名称等，使其在服务器端隐藏得更隐蔽。有时，木马配置程序被集成在木马控制程序菜单内。

（3）木马控制程序远程控制木马服务器端，有些木马控制程序集成了木马软件的配置功能。

有的木马配置程序和木马控制程序集成在一起，统称为控制端（客户端）程序，负责配置服务器、给服务器发送指令，同时接收服务器的数据。因此，一般的木马软件都是 C/S 结构的。当木马服务器程序在目标计算机上被执行后，便打开一个默认的接口进行监听，当客户端向服务器端提出连接请求时，服务器端上的相应程序就会自动运行来应答客户端的请求，建立连接。服务器端与客户端建立连接后，客户端发出指令，服务器端在计算机中执行这些指令，并将数据传输到客户端，以达到控制主机的目的。

随着防火墙技术的提高和发展，基于 IP 数据包过滤规则来拦截木马软件可以有效地防止外部连接，因此攻击者在无法取得连接的情况下，也无所作为。

后来，木马程序员发明了所谓的“反弹式木马”，反弹式木马利用防火墙对内部发起的连接请求无条件信任的特点，假装是系统的合法网络请求来取得对外的接口，再通过某些方式连接到木马软件的客户端，从而在窃取用户计算机资料的同时遥控计算机本身。

3．宏病毒

宏病毒是一种寄存在 Office 文档或模板的宏中的计算机病毒。一旦打开这样的文档，其中的宏就会被执行，于是宏病毒被激活，转移到计算机上，并驻留在 Normal 模板上。从此以后，所有自动保存的文档都会感染上这种宏病毒，如果其他用户打开了感染病毒的文档，宏病毒又会转移到其他用户的计算机上。

4．脚本病毒

脚本病毒通常是由 JavaScript 代码编写的恶意代码，一般带有广告、修改注册表等信息。脚本病毒的前缀是 Script，脚本病毒的共同点是使用脚本语言编写，通过网页进行传播。

11.4.2 计算机病毒的防治

计算机病毒的防治方法如下。

（1）安装杀毒软件及网络防火墙（或断开网络），及时更新病毒库。

（2）及时更新操作系统的补丁。

（3）不去安全性得不到保障的网站。

（4）从网络下载文件后及时杀毒。

（5）关闭多余接口，使计算机在合理的使用范围之内。

（6）不使用修改版的软件，如果一定要用，应在使用前查杀病毒，以确保安全。

（7）及时备份数据。

11.4.3 课后检测

1．震网（Stuxnet）病毒是一种破坏工业基础设施的恶意代码，利用系统漏洞攻击工业控制系统，是一种危害性极大的（　　）。

A．引导区病毒　　B．宏病毒

C．木马病毒　　D．蠕虫病毒

试题 1 解析：

震网病毒于 2010 年 6 月首次被检测出来，是第一种专门定向攻击真实世界中基础（能源 1）设施的蠕虫病毒。这种病毒可以破坏世界各国的化工、发电和电力传输企业所使用的核心生产控制计算机软件。

试题 1 答案：D

2．宏病毒可以感染后缀为（　　）的文件。

A．exe　　B．txt

C．pdf　　D．xls

试题 2 解析：

宏病毒会感染 Office 系统的文件。

试题 2 答案：D

11.5 数据加密技术

加密是指通过密码算术对数据进行转化，使之成为没有正确密钥任何人都无法读懂的报文。这些以无法读懂的形式出现的数据一般称为密文。为了读懂密文，密文必须转变为它的最初形式——明文。加密技术是网络安全技术的基石。根据工作原理，加密技术可以分为对称加密技术和非对称加密技术。柯克霍夫（Kerckhoffs）原则是现代密码学算法设计的基本原则之一，其核心思想是密码学算法的安全性，不应该建立在算法设计保密的基础上。即便算法设计是公开的，但只要实际使用的密钥没有被攻击者获知，密码学算法产生的密文信息就不应该被轻易破解。

11.5.1 对称加密技术

对称加密（也叫私钥加密）算法是指加密和解密使用相同密钥的加密算法，有时又叫传统加密算法、常规加密算法、共享密钥算法。

对称加密算法的安全性依赖于密钥，泄露密钥就意味着任何人都可以对他们发送或接收的消息解密，所以密钥的保密性对通信至关重要。

对称加密算法的特点是算法公开、计算量小、加密速度快、加密效率高。常见的对称加密算法包括 DES 算法、3DES 算法、IDEA 算法、AES 算法、RC4 算法、RC5 算法，以及国产密码算法 SM1、SM4 等。

1. DES 算法

DES 算法在加密前对明文进行分组，每组有 64 位数据，对每一组 64 位的数据进行加密，产生一组 64 位的密文，最后把各组的密文串接起来，得出整个密文，其中密钥为 64 位（实际为 56 位，有 8 位用于校验）。由于计算机运算能力的增强，因此 DES 算法的密钥变得容易被破解。

2. 3DES 算法

3DES 算法即三重数据加密算法，相当于对每个数据块应用三次 DES 算法。第一次和第三次用的是相同的 56 位密钥，第二次用的是不同的 56 位密钥，所以在考试中 3DES 算法的密钥长度被认为是 112 位。

3. IDEA 算法

IDEA 算法即国际数据加密算法，使用了 128 位的密钥，因此不容易被破解。

4. AES 算法

美国国家标准技术研究所在 2001 年发布了高级加密标准（AES），旨在取代 DES 成为广泛使用的标准。AES 算法是一个对称分组密码算法。AES 算法使用几种不同的方法来执行排列和置换运算。AES 算法产生一个迭代的、对称密钥分组的密码，可以使用 128 位、192 位和 256 位的密钥。

5. RC5 算法

RC5 算法是 1994 年由马萨诸塞技术研究所的 Ronald L.Rivest 教授发明的。RC5 算法是参数可变的分组密码算法，三个可变的参数是分组大小、密钥大小和加密轮数，在此算法中使用了异或、加、循环三种运算。RC5 算法一般应用于无线网络的数据加密。

6. SM1 算法、SM4 算法

SM1 算法为对称加密算法，其加密强度与 AES 算法相当。该算法不公开，当调用该算法时，需要通过加密芯片的接口进行调用。SM4 算法为 WLAN 标准的分组数据算法，采用对称加密模式，密钥长度和分组长度均为 128 位。

11.5.2 非对称加密技术

在对称加密技术中，加解密的双方使用相同的密钥。怎么样才能做到这一点？那就是事先约定密钥。事先约定密钥会给密钥的管理和更换带来很大的不便。如果使用高度安全的密钥分配中心（KDC），就会使得加密成本增加。于是非对称加密技术应运而生。

非对称加密技术也叫作公钥密码体制，它使用不同的加密密钥与解密密钥，是一种无法由已知加密密钥推导出未知解密密钥的密码体制。

非对称加密技术的加密和解密过程如下。

（1）密钥对产生器产生出接收者 B 的一对密钥：加密密钥（PK_B）和解密密钥（SK_B）。发送者 A 所用的加密密钥是接收者 B 的公钥，向公众公开。接收者 B 所用的解密密钥是接收者 B 的私钥，对其他人保密。

（2）发送者 A 用接收者 B 的公钥对明文 X 加密，得到密文 Y，然后将密文 Y 发送给接收者 B。

（3）接收者 B 用自己的私钥进行解密，恢复出明文。

与对称加密技术相比，非对称加密技术的优点在于无须共享通用密钥，解密的私钥不发往任何用户。即使公钥在网上被截获，如果没有与其匹配的私钥，也无法解密，因此所截获的公钥是没有任何用处的。非对称加密技术广泛应用于数字签名场景。

注意：加密算法的安全性取决于密钥的长度，以及破解密文所需要的计算量，而不简单地取决于加密的体制。非对称加密算法的开销较大，并没有使得传统加密算法变得过时。

典型的非对称加密算法有 RSA 算法、ECC 算法、背包加密算法、Rabin 算法、DH 算法、国产密码算法 SM2 等。

11.5.3 密钥分配管理

密钥分配是密钥管理中重要的事件。密钥必须通过安全的通路进行分配。目前常用的密钥分配方式是设立密钥分配中心（KDC），常用的密钥分配协议是 Kerberos 协议。

Kerberos 协议使用两个服务器：鉴别服务器（AS）和票据授权服务器（TGS）。

在 Kerberos 协议中，用户首先向 AS 申请初始票据，然后 TGS 获得会话密钥，具体过程如图 11-6 所示。

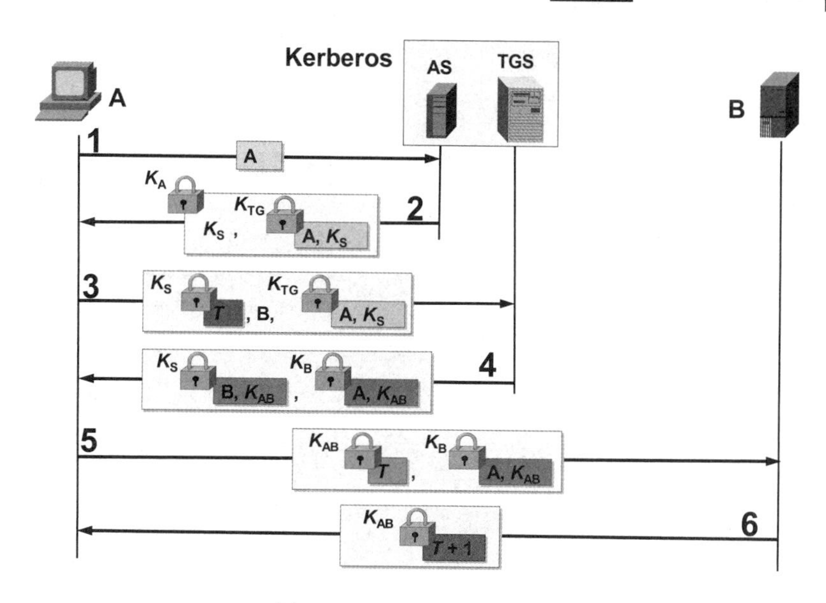

图 11-6　Kerberos 协议原理

（1）客户机 A 向 AS 发起请求，请求的内容是“我是谁，我要和谁通信（服务器 B）”。AS 对 A 的身份进行验证。只有验证结果正确，才允许 A 和 TGS 联系。

（2）AS 向 A 发送用 A 的对称密钥 K_A 加密的报文，这个报文里包含 A 和 TGS 通信的会话密钥 K_S 及 AS 要发给 TGS 的票据（这个票据是用 TGS 的对称密钥 K_{TG} 加密的），该票据是给 TGS 的，但是 AS 并不直接给 TGS，而是先交给 A 再由 A 交给 TGS。因为该票据由 TGS 的密钥加密了，所以 A 无法伪造和篡改。

A 收到报文之后，用自己的对称密钥 K_A 把 AS 发来的报文解密，这样就能提取出会话密钥 K_S（A 和 TGS 通信用的）及要转发给 TGS 的票据。

（3）A 向 TGS 发送如下三个项目。

① AS 发来的票据。

② 服务器 B 的名字。这表明 A 请求 B 的服务。请注意，现在 A 向 TGS 证明自己的身份，就是通过转发 AS 发来的票据（因为这个票据只有 A 才能提取出来）来证明的。票据是加密的，入侵者无法伪造。

③ 用 K_S 加密的时间戳 T。时间戳用来防止入侵者的重放攻击。

（4）TGS 收到后，发送 2 个票据，每一个票据都包含 A 和 B 通信的会话密钥 K_{AB}。将 A 的票据用 K_S 加密；将 B 的票据用 B 的密钥 K_B 加密。入侵者无法得到 K_{AB}，因为他没有 K_A 和 K_B。入侵者也无法重放第③步，因为入侵者无法更换时间戳，他没有 K_S。

（5）A 向 B 转发 TGS 发来的票据，同时发送用 K_{AB} 加密的时间戳。

（6）B 把时间戳+1 来证明收到了票据。B 向 A 发送的报文用密钥 K_{AB} 进行加密。

之后，A 和 B 之间就可以用 TGS 给出的会话密钥 K_{AB} 进行通信。

11.5.4　加密方式

数据加密技术是网络通信安全所依赖的基本技术。按照网络层次的不同，数据加密方式划分为链路加密、节点加密、端到端加密三种。

1．链路加密

链路加密是常用的加密方法之一，通常用硬件在物理层实现，用于保护通信节点间传输的数据。链路加密原理图如图 11-7 所示。

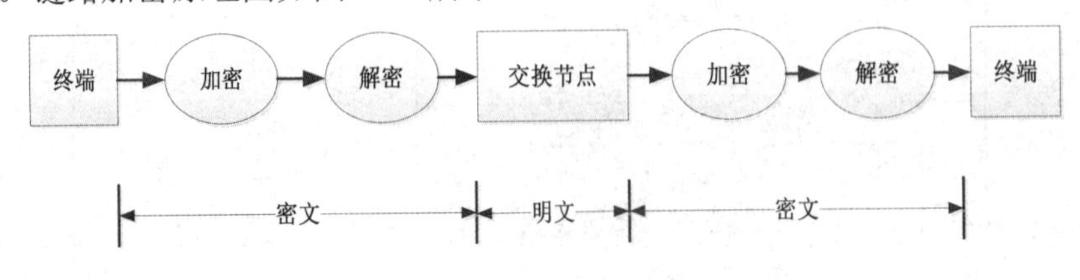

图 11-7　链路加密原理图

在采用链路加密的网络中，每条通信链路上的加密是独立实现的。通常对每条链路使用不同的加密密钥。当某条链路受到破坏时，不会导致其他链路上传输的信息被解析出来。由于只要求相邻节点之间具有相同的密钥，因此密钥管理易于实现。链路加密对用户来说是透明的。由于报文是以明文方式在各节点内加密的，所以节点本身必须是安全的。一般认为网络中的源节点和目的节点是安全的，但中间节点未必是安全的。所以链路加密最大的缺点就在于中间节点可能暴露信息的内容。在网络互联的情况下，链路加密不能实现通信安全，只适用于局部数据的保护。

2．节点加密

节点加密是对链路加密的改进，目的是解决链路加密在中间节点处易暴露信息的问题。

节点加密在协议栈的传输层上面进行加密，实现方法和链路加密类似，只是把加密算法加载到节点的加密模块中。节点加密原理图如图 11-8 所示。

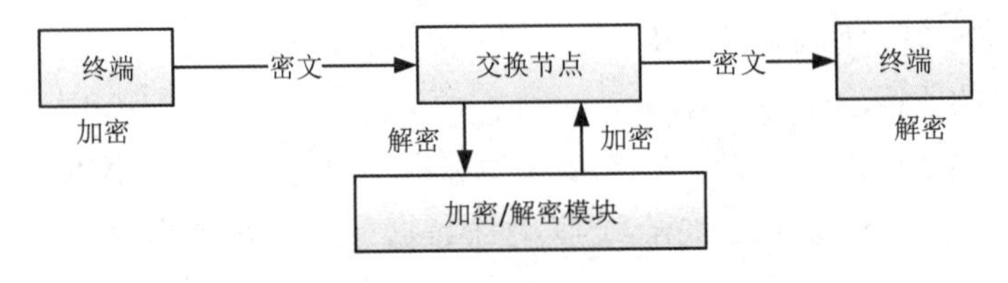

图 11-8　节点加密原理图

3．端到端加密

端到端加密是指在源节点和目的节点中对传输的协议数据单元进行加密和解密，报文的安全性不会因中间节点的不可靠而受到影响。端到端加密原理图如图 11-9 所示。

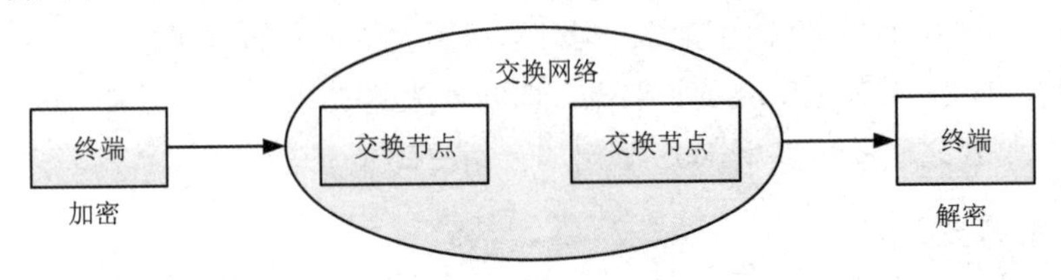

图 11-9　端到端加密原理图

端到端加密在传输层以上的各层实现。在网络高层进行端到端加密时，不需要考虑网络底层的线路、调制解调器、路由器等。协议数据单元的控制信息部分（源地址、目的地址等）不能被加密，否则中间节点不能进行正确的路由。端到端加密适用于 Internet 环境。

11.5.5 课后检测

1．DES 算法是一种（　　）加密算法，其密钥长度为 56 位，3DES 是基于 DES 的加密方式，对明文进行三次 DES 操作，以提高加密强度，其密钥长度是（　　）位。

（1）A．共享密钥　　B．公开密钥
　　C．报文摘要　　D．访问控制

（2）A．56　　B．112
　　C．128　　D．168

试题 1 解析：

DES 算法在加密前对明文进行分组，每组有 64 位数据，对每一组 64 位的数据进行加密，产生一组 64 位的密文，最后把各组的密文串接起来，得出整个密文，其中密钥为 64 位（实际为 56 位，有 8 位用于校验）。

3DES 算法即三重数据加密算法，相当于对每个数据块应用三次 DES 算法（第一次加密和第三次加密用的密钥一样，所以认为密钥长度是 112 位。）

试题 1 答案：A、B

2．以下加密算法中，适合对大量的原文消息进行加密传输的是（　　）。

A．RSA 算法　　B．SHA-1 算法
C．MD5 算法　　D．RC5 算法

试题 2 解析：

常规密钥密码体制是指加密密钥与解密密钥相同的密码体制，这种加密系统又称为对称密钥系统，适合直接对大量明文直接加密，效率比公钥加密系统高。

试题 2 答案：D

3．高级加密标准 AES 支持的三种密钥长度不包括（　　）。

A．56 位　　B．128 位
C．192 位　　D．256 位

试题 3 解析：

密码学中的高级加密标准（Advanced Encryption Standard，AES），又称 Rijndael 加密法，是美国联邦政府采用的一种区块加密标准。这个标准用来替代原先的 DES，已经被多方分析且为全世界所使用。

AES 的基本要求是，采用对称分组密码体制，支持的密钥长度为 128 位、192 位、256 位，分组长度为 128 位，算法易于各种硬件和软件实现。

试题 3 答案：A

4．在非对称加密算法中，加密和解密使用不同的密钥，下面的加密算法中（　　）属于非对称加密算法。若甲、乙采用非对称加密算法进行保密通信，甲用乙的公钥加密数据

文件，乙用（　　）来对数据文件进行解密。

（1）A．AES　　B．RSA

C．IDEA　　D．DES

（2）A．甲的公钥　　B．甲的私钥

C．乙的公钥　　D．乙的私钥

试题 4 解析：

非对称加密算法的加密和解密过程如下。

（1）密钥对产生器产生出接收者 B 的一对密钥：加密密钥（PK_B）和解密密钥（SK_B）。发送者 A 所用的加密密钥是接收者 B 的公钥，向公众公开。接收者 B 所用的解密密钥是接收者 B 的私钥，对其他人保密。

（2）发送者 A 用接收者 B 的公钥对明文 X 加密，得到密文 Y，然后将密文 Y 发送给接收者 B。

（3）接收者 B 用自己的私钥进行解密，恢复出明文。

典型的非对称加密算法有 RSA 算法、ECC 算法、背包加密算法、Rabin 算法等。

试题 4 答案：B、D

5．Kerberos 系统可通过在报文中加入（　　）来防止重放攻击。

A．会话密钥　　B．时间戳

C．用户 ID　　D．私有密钥

试题 5 解析：

防止重放攻击可通过加时间戳方式实现。

试题 5 答案：B

6．在我国自主研发的商用密码标准算法中，用于分组加密的是（　　）。

A．SM2　　B．SM3　　C．SM4　　D．SM9

试题 6 解析：

SM2 是国家密码管理局于 2010 年 12 月 17 日发布的椭圆曲线公钥密码算法。

SM3 是中华人民共和国政府采用的一种密码哈希函数标准，由国家密码管理局于 2010 年 12 月 17 日发布。

SM4（原名 SMS4）是中华人民共和国政府采用的一种分组密码标准，由国家密码管理局于 2012 年 3 月 21 日发布。

SM9 是中华人民共和国政府采用的一种标识密码标准，由国家密码管理局于 2016 年 3 月 28 日发布。

试题 6 答案：C

7．根据 Kerckhoffs 原则，密码系统的安全性主要依赖于（　　）。

A．解密算法　　B．通信双方　　C．加密算法　　D．密钥

试题 7 解析：

Kerckhoffs 原则认为：一个安全保护系统的安全性不是建立在它的算法对于对手来说

是保密的，而是应该建立在它所选择的密钥对于对手来说是保密的。

试题 7 答案：D

11.6 数字签名

数字签名技术是指将摘要信息用发送者的私钥加密，与原文一起传输给接收者，接收者只有用发送者的公钥才能解密被加密的摘要信息。接收者用哈希函数对收到的原文产生一个摘要信息，与解密得到的摘要信息对比，如果相同，则说明收到的信息是完整的，在传输过程中没有被篡改，否则说明信息被篡改过。数字签名技术能够验证信息的完整性。

11.6.1 数字签名的功能

数字签名能够实现以下三个功能。

（1）接收者能够核实发送者对报文的签名，也就是说，接收者能够确信该报文确实是发送者所发送的。其他人无法伪造对报文的签名，这叫作报文鉴别。

（2）接收者确信所收到的数据和发送者发送的数据完全一样，没有被篡改过，这叫作报文的完整性。

（3）发送者事后不能抵赖对报文的签名，这叫作不可否认性。

11.6.2 数字签名的过程

数字签名技术中的一项重要技术是消息摘要生成技术，消息摘要生成技术是通过一个报文摘要算法（MD5、SHA-1 或 SM3 等）将消息压缩成一个 128 位、160 位或 256 位某个固定长度短消息的技术，其中的算法一般称为哈希函数或哈希算法，生成的短消息称为消息摘要（Digital Digest），也称为哈希值。消息摘要和数字签名算法配合使用，数字签名算法只对消息摘要签名。

哈希算法是一种求逆困难的算法，要找到具有相同消息摘要的两个不同的消息，或者找到具有已知消息摘要的一个消息是很困难的。

数字签名算法的基本原理如下。

（1）被发送文件采用哈希算法对原始消息进行运算，得到一个固定长度的消息摘要。

（2）发送者生成消息摘要，用自己的私钥对消息摘要加密进行数字签名。

（3）数字签名作为报文的附件和报文一起发送给接收者。

（4）接收者先从接收到的原始报文中用同样的算法计算出新的报文摘要，再用发送者的公钥对报文附件的数字签名进行解密，比较两个报文摘要，如果相同，接收者就能确信该数字签名是发送者的。

数字签名算法很多，应用广泛的有 DSS 数字签名体制、RSA 数字签名体制和 ElGamal 数字签名体制。DSS 数字签名体制是目前应用十分广泛的数字签名算法。

11.6.3 课后检测

1．在安全通信中，A 将所发送的信息使用（　　）进行数字签名，B 收到该消息后可利用（　　）验证该消息的真实性。

（1）A．A 的公钥　　B．A 的私钥
　　C．B 的公钥　　D．B 的私钥

（2）A．A 的公钥　　B．A 的私钥
　　C．B 的公钥　　D．B 的私钥

试题 1 解析：

数字签名技术用的是发送者的私钥，接收者收到消息后用发送者的公钥核实签名。

试题 1 答案：B、A

2．下面不属于数字签名作用的是（　　）。

A．接收者可验证消息来源的真实性

B．发送者无法否认发送过该消息

C．接收者无法伪造或篡改消息

D．可验证接收者的合法性

试题 2 解析：

数字签名能够实现以下三个功能。

（1）接收者能够核实发送者对报文的签名，也就是说，接收者能够确信该报文确实是发送者所发送的。其他人无法伪造对报文的签名，这叫作报文鉴别。

（2）接收者确信所收到的数据和发送者发送的数据完全一样，没有被篡改过，这叫作报文的完整性。

（3）发送者事后不能抵赖对报文的签名，这叫作不可否认性。

试题 2 答案：D

3．MD5 是（　　）算法，对任意长度的输入计算得到的结果长度为（　　）位。

（1）A．路由选择　　B．摘要
　　C．共享密钥　　D．公开密钥

（2）A．56　　B．128
　　C．140　　D．160

试题 3 解析：

MD5 是报文摘要算法，任意长度的输入会产生固定 128 位长度的输出。

试题 3 答案：B、B

4．SHA-1 是一种将不同长度的输入信息转换成（　　）位固定长度摘要的算法。

A．128　　B．160　　C．256　　D．512

试题 4 解析：

报文摘要算法 MD5 已经获得广泛的应用，它可对任意长度的报文进行运算，得出

128 位的 MD5 报文摘要代码。另一种常用的报文摘要算法是 SHA，SHA 和 MD5 相似，但码长为 160 位；SHA 比 MD5 更安全，但计算效率不如 MD5。

试题 4 答案：B

5．下列算法中，可用于报文验证的是（　　），可以提供数字签名的是（　　）。

（1）A．RSA　　B．IDEA　　C．RC4　　D．MD5

（2）A．RSA　　B．IDEA　　C．RC4　　D．MD5

试题 5 解析：

许多报文并不需要加密但需要数字签名，以便报文的接收者能够鉴别出报文的真伪。然而对很长的报文进行数字签名会给计算机带来很大的负担，需要很长的时间进行运算。所以，我们应该采用简单的方法让接收者鉴别报文的真伪。

报文摘要就是进行报文鉴别的简单方法。报文摘要算法 MD5 已经获得广泛的应用，它可对任意长度的报文进行运算，得出 128 位的 MD5 报文摘要代码。另一种常用的报文摘要算法是 SHA，SHA 和 MD5 相似，但码长为 160 位；SHA 比 MD5 更安全，但计算效率不如 MD5。

数字签名能够实现以下三个功能。

（1）接收者能够核实发送者对报文的签名，也就是说，接收者能够确信该报文确实是发送者所发送的。其他人无法伪造对报文的签名，这叫作报文鉴别。

（2）接收者确信所收到的数据和发送者发送的数据完全一样，没有被篡改过，这叫作报文的完整性。

（3）发送者事后不能抵赖对报文的签名，这叫作不可否认性。

现在已经有多种实现数字签名的方法，但采用公钥加密算法 RSA 比采用私钥加密算法 RC4 更容易实现。

试题 5 答案：D、A

11.7 数字证书

既然有了数字签名，为什么还要有数字证书呢？我们可以假设 A 和 B 通信，但有个攻击者 C 用自己的公钥换走了 A 的公钥，所以 C 可以冒充 A 和 B 通信。C 可以用自己的私钥签名文件发给 B，说这个文件是 A 发送的。

B 自己无法确定公钥是否真的属于 A。于是 B 想到了一个办法，要求 A 去找验证中心，为公钥进行验证。验证中心用自己的私钥，对 A 的公钥和相关信息一起加密，生成数字证书。

11.7.1 数字证书的发行

数字证书发行过程：首先，用户产生自己的密钥对，并将公钥及部分个人信息发送给验证中心。验证中心在核实身份后，将执行一些必要的步骤，以确信请求确实由用户发送。

然后，验证中心发给用户一个数字证书，该数字证书内包含用户的个人信息和公钥信息，同时附有验证中心的签名信息。这样，用户就可以使用自己的数字证书进行相关的各种活动。数字证书由独立的证书发行机构发行。数字证书各不相同，每种数字证书可提供不同级别的可信度，可以从证书发行机构获得自己的数字证书。

数字证书是指 Internet 通信中标志通信各方身份信息的一系列数据，提供了一种在 Internet 上验证身份的方式，其作用类似于司机的驾驶执照或日常生活中的身份证。数字证书是由一个权威机构证书授权中心（CA）发行的，用户可以在网上用数字证书来识别对方的身份。最简单的数字证书包含一个公钥、名称及证书授权中心的数字签名。

11.7.2　数字证书的内容

数字证书的格式遵循 X.509 v3 标准。X.509 v3 标准是由国际电信联盟（ITU-T）制定的数字证书标准。数字证书的内容如下。

（1）序列号：发放数字证书的实体有责任为数字证书指定序列号，以使该数字证书区别于该实体发放的其他数字证书。序列号用途很多。例如，如果某一数字证书被撤销，其序列号将放到证书撤销清单（CRL）中。

（2）版本号：识别用于该数字证书的 X.509 v3 标准的版本。

（3）签名算法：签署数字证书所用的算法及其参数。

（4）发行者 ID：唯一地标识数字证书的发行者。

（5）发行者：是指建立和签署数字证书的 CA 的 X.509 v3 名字。

（6）主体 ID：唯一地标识数字证书的持有者。

（7）有效期：包括数字证书有效期的起始时间和终止时间。

（8）公钥：有效的公钥及其使用方法。

11.7.3　课后检测

1．甲、乙两个用户均向同一 CA 申请了数字证书，数字证书中包含（　　）。以下关于数字证书的说法中，正确的是（　　）。

（1）A．用户的公钥　　B．用户的私钥
　　C．CA 的公钥　　D．CA 的私钥

（2）A．甲、乙用户需要得到 CA 的私钥，并据此得到 CA 为用户签署的证书
　　B．甲、乙用户如需互信，可相互交换数字证书
　　C．用户可以自行修改数字证书中的内容
　　D．用户需对数字证书加密保存

试题 1 解析：

数字证书是对用户公钥的验证，确保公钥的可信任性。由 CA 的私钥签名数字证书。

试题 1 答案：A、B

2．假定用户 A、B 分别在 I1 和 I2 两个 CA 处取得了各自的数字证书，下面（　　）

是 A、B 互信的必要条件。

A．A、B 互换私钥　　B．A、B 互换公钥

C．I1、I2 互换私钥　　D．I1、I2 互换公钥

试题 2 解析：

两个用户分别从两个 CA 中取得各自数字证书后，接下来，两个 CA 要相互交换 CA 的公钥去验证对方身份。

试题 2 答案：D

3．用户 B 收到经 A 数字签名后的消息 M，为验证消息的真实性，首先需要从 CA 处获取用户 A 的数字证书，该数字证书中包含（　　），可以利用（　　）验证该数字证书的真伪，然后利用（　　）验证 M 的真实性。

（1）A．A 的公钥　　B．A 的私钥

C．B 的公钥　　D．B 的私钥

（2）A．CA 的公钥　　B．B 的私钥

C．A 的公钥　　D．B 的公钥

（3）A．CA 的公钥　　B．B 的私钥

C．A 的公钥　　D．B 的公钥

试题 3 解析：

数字证书发行过程：首先，用户产生自己的密钥对，并将公钥及部分个人信息发送给验证中心。验证中心在核实身份后，将执行一些必要的步骤，以确信请求确实由用户发送。然后，验证中心发给用户一个数字证书，该数字证书内包含用户的个人信息和公钥信息，同时附有验证中心的签名信息。用户可以利用验证中心的公钥验证该数字证书的真伪。

数字签名的过程是发送者用自己的私钥对信息进行签名，接收者用发送者的公钥对信息核实签名。

试题 3 答案：A、A、C

11.8 网络安全协议

在计算机网络安全协议中，我们经常用 SSL 协议保障 Web 服务器的安全，用 PGP 协议保障电子邮件的安全。

11.8.1 SSL 协议

SSL 协议（安全套接层协议）可以对用户与服务器之间传输的数据进行加密和鉴别。双方在握手阶段，采用 SSL 协议对将要使用的加密算法和双方共享的会话密钥进行协商，完成用户与服务器之间的鉴别。在握手完成后，所传输的数据都使用会话密钥进行传输。

1．SSL 协议的功能

SSL 协议提供三个功能：SSL 服务器鉴别、SSL 会话加密和 SSL 用户鉴别。

（1）SSL 服务器鉴别：允许用户鉴别服务器的身份。具有 SSL 功能的浏览器维持一个

表，上面有一些可信的 CA 及其公钥。当浏览器要和一个具有 SSL 功能的服务器进行商务活动的时候，浏览器就从服务器处得到含有该服务器公钥的数字证书。此数字证书是由某个 CA 发出的，这就使得用户在提交信用卡、银行卡之前能够鉴别服务器的身份。

（2）SSL 会话加密：用户和服务器交互的数据都在发送时加密，在接收时解密。

（3）SSL 用户鉴别：属于 SSL 可选的安全服务，允许服务器鉴别用户的身份。SSL 用户鉴别对服务器很重要。例如，当银行把有关财务的机密信息发送给用户的时候，必须鉴别用户的身份。

2．SSL 协议的子协议

SSL 协议的三个子协议分别是 SSL 报警协议、SSL 记录协议和 SSL 握手协议。

（1）SSL 报警协议：用来为对等实体传递 SSL 协议的相关警告。如果在通信过程中某一方发现任何异常，就需要给对方发送一条警告消息。

（2）SSL 记录协议：建立在可靠的传输协议（如 TCP）之上，为高层协议提供数据封装、压缩、加密等基本功能的支持。

（3）SSL 握手协议：建立在 SSL 记录协议之上，用于在实际的数据传输开始前，通信双方进行身份验证、加密算法协商、加密密钥交换等。

3．SSL 协议的工作原理

SSL 协议的工作原理如下。

假设 A 有一个使用 SSL 协议的安全网页，B 在上网时点击到这个安全网页的连接，于是服务器和浏览器进行握手，主要过程如下。

（1）浏览器向服务器发送浏览器的 SSL 版本号和密码编码的参数选择（协商采用哪一种对称加密算法）。

（2）服务器向浏览器发送服务器的 SSL 版本号、密码编码的参数选择及服务器的数字证书。数字证书是由某个 CA 用自己的密钥加密，然后发送给服务器的。

（3）浏览器有一个可信的 CA 表，表中有每一个 CA 的公钥。当浏览器收到服务器发来的数字证书时，就检查此数字证书的发行者是否在自己的可信 CA 表中。如果不在，则后面的加密和鉴别就不能进行。如果在，则浏览器使用 CA 相应的公钥对数字证书解密，这样就得到了服务器的公钥。

（4）浏览器随机地产生秘密数，借此生成一个会话密钥，并用服务器的公钥加密这个秘密数，然后将加密后的秘密数发送给服务器。服务器可以使用自己的私钥进行解密，得到秘密数，借此可以生成一样的会话密钥。

（5）浏览器向服务器发送一个报文，说明以后浏览器都将使用此会话密码进行加密。然后浏览器向服务器发送一个单独的加密报文，指出浏览器端的握手过程已经完成。

（6）服务器向浏览器发送一个报文，说明以后服务器都将使用此会话密码进行加密。然后服务器向浏览器发送一个单独的加密报文，指出服务器端的握手过程已经完成。

（7）SSL 协议的握手过程已经完成，下面开始 SSL 协议的会话过程。浏览器和服务器都可以使用这个会话密码对所发送的报文进行加密。

SSL 协议作用在端系统应用层的 HTTP 和传输层之间，在 TCP 之上建立起一个安全通道，为通过 TCP 传输的应用层数据提供安全保障。

网景公司把 SSL 协议交给互联网工程任务组，希望把 SSL 协议进行标准化，然后互联网工程任务组在 SSL 3.0 协议的基础上设计了 TLS 协议，现在使用较多的传输层安全协议是 TLS 协议。

11.8.2 PGP 协议

PGP 协议是一个完整的电子邮件安全软件包，包括加密、鉴别、电子签名和压缩等技术。PGP 协议的工作原理并不复杂，可以提供电子邮件的安全性、发件人鉴别和报文完整性功能。

假设 A 向 B 发送电子邮件明文 *X*，现在我们用 PGP 协议进行加密。A 有三个密钥：自己的私钥、B 的公钥和自己生产的一次性密钥。B 有两个密钥：自己的私钥和 A 的公钥。

A 需要做以下几件事。

（1）对明文 *X* 进行 MD5 报文摘要运算，得出报文摘要 *H*。用自己的私钥对报文摘要 *H* 进行数字签名，得出签名过的报文摘要 $D(H)$，把它拼接到明文 *X* 的后面，得到报文 $X+D(H)$。

（2）使用自己的一次性密钥对报文 $X+D(H)$进行加密。

（3）用 B 的公钥对自己生成的一次性密钥进行加密。

（4）把加密过的一次性密钥和加密过的报文 $X+D(H)$发送给 B。

B 收到加密密文后要做以下几件事。

（1）把被加密的一次性密钥和被加密的报文 $X+D(H)$分开。

（2）用自己的私钥解出 A 的一次性密钥。

（3）用解出的一次性密钥对加密的报文 $X+D(H)$解密，然后分离出明文 *X* 和报文摘要 $D(H)$。

（4）用 A 的公钥对报文摘要 $D(H)$进行签名核实，得出报文摘要 *H*。

（5）对 *X* 进行 MD5 报文摘要运算，得出报文摘要，看看是否和报文摘要 *H* 一致。如果一致，则电子邮件的发件人鉴别就通过了，报文的完整性得到肯定。

11.8.3 S/MIME 协议

安全多用途 Internet 邮件扩展（S/MIME）协议是一种 Internet 标准，它在安全方面对 MIME 协议进行了扩展，可以将 MIME 实体（如数字签名和加密信息等）封装成安全对象，为电子邮件应用增添了消息真实性、完整性和保密性服务。S/MIME 协议不局限于电子邮件，可以被其他支持 MIME 协议的传输机制使用，如 HTTP。在 S/MIME 协议中，用户必须从受信任的证书发行机构申请 X.509 v3 数字证书，由 CA 验证用户真实身份并签署公钥，确保用户公钥可信，收件人通过证书公钥验证发件人身份真实性。S/MIME 协议不仅能保护文本信息，还能保护各种附件/数据文件信息。相对于 PGP 协议来说，S/MIME 协议具备更广泛的行业支持特性。

11.8.4 课后检测

1．下述协议中与安全电子邮箱服务无关的是（　　）。

A．SSL 协议　　B．HTTPS 协议

C．MIME 协议　　D．PGP 协议

试题 1 解析：

MIME 协议即多用途 Internet 邮件扩展协议，是目前 Internet 电子邮件普遍遵循的邮件技术规范。在 MIME 协议出现之前，Internet 电子邮件主要遵循 RFC 822 标准，电子邮件一般只用来传输基本的 ASCII 码文本信息，MIME 协议在 RFC 822 标准的基础上对电子邮件规范进行了大量的扩展，引入了新的格式规范和编码方式，在 MIME 协议的支持下，图像、声音、动画等二进制文件都可方便地通过电子邮件来进行传输，极大地丰富了电子邮件的功能。目前 Internet 上使用的电子邮件基本都是遵循 MIME 协议的电子邮件。

试题 1 答案：C

2．下面的安全协议中，（　　）是替代 SSL 协议的一种安全协议。

A．PGP 协议　　B．TLS 协议

C．IPSec 协议　　D．SET 协议

试题 2 解析：

TLS 协议是 SSL 协议的升级。

试题 2 答案：B

3．与 HTTP 相比，HTTPS 协议将传输的内容进行加密，更加安全。HTTPS 协议基于（　　）协议，其默认接口号是（　　）。

（1）A．RSA　　B．DES

C．SSL　　D．SSH

（2）A．1023　　B．443

C．80　　D．8080

试题 3 解析：

SSL 协议是安全套接层协议，实现安全传输。SSL 协议与 HTTP 结合，形成 HTTPS 协议，默认接口号为 443。

试题 3 答案：C、B

4．为防止 WWW 服务器与浏览器之间传输的信息被窃听，可以采取（　　）来防止该事件的发生。

A．禁止浏览器运行 ActiveX 控件

B．索取 WWW 服务器的 CA 证书

C．将 WWW 服务器地址放入浏览器的可信站点区域

D．使用 SSL 协议对传输的信息进行加密

试题 4 解析：

SSL 协议可以对客户机与服务器之间传输的数据进行加密和鉴别。双方在握手阶段，

采用 SSL 协议对将要使用的加密算法和共享的会话密钥进行协商，完成客户机与服务器之间的鉴别。在握手完成后，所传输的数据都使用会话密钥进行传输。

试题 4 答案：D

5. PGP 协议是一种用于电子邮件加密的工具，可提供数据加密和数字签名服务，使用（　　）进行数据加密，使用（　　）进行数据完整性验证。

（1）A. RSA 算法　　B. IDEA 算法
　　C. MD5 算法　　D. SHA-1 算法

（2）A. RSA 算法　　B. IDEA 算法
　　C. MD5 算法　　D. SHA-1 算法

试题 5 解析：

PGP 协议不是一种完全的非对称加密算法，而是一种混合加密算法，由一个对称加密算法（IDEA 算法）、一个非对称加密算法（RSA 算法）、一个单向哈希算法（MD5 算法）组成。其中 MD5 算法用于验证报文完整性。

试题 5 答案：B、C

6. 以下协议中，不属于安全的数据/文件传输协议的是（　　）。

A. HTTPS　　B. SSH
C. SFTP　　D. Telnet

试题 6 解析：

Telnet 为远程登录协议，采用明文形式传输信息。

其他三个选项均为安全相关协议。

试题 6 答案：D

7. 下列关于 HTTP 和 HTTPS 的说法中，错误的是（ ）。

A. HTTPS 响应速度比 HTTP 更快

B. HTTPS 需要 SSL 证书

C. HTTP 采用明文传输

D. 两者都属于 TCP 连接

试题 7 解析：

HTTP 页面响应速度比 HTTPS 快，主要是因为 HTTP 使用 TCP 三次握手建立连接，客户端和服务器需要交换 3 个包，而 HTTPS 除 TCP 的 3 个包外，还要加上 SSL 握手需要的 9 个包，所以一共是 12 个包。

试题 7 答案：A

11.9　网络安全设备

常见的网络安全设备包括网闸、防火墙、IDS、IPS、WAF 等。

11.9.1 网闸

随着我国信息化建设的加快，电子政务网逐步普及，电子政务网由政务内网和政务外网构成。具体而言，政务内网属于涉密网，主要用于承载各级政务部门的内部办公、管理、协调、监督和决策等业务信息系统，并实现安全互联互通、资源共享和业务协同。政务外网属于非涉密网，主要为各级政务部门履行职能提供服务，为面向公众、服务民生的业务应用系统及国家基础信息资源的开放共享提供信息支持。

出于电子政务网的安全需求，在政务内网和政务外网之间实行物理隔离，没有连接，这样来自政务外网对政务内网的攻击就无从实施。

计算机网络是基于协议实现连接的。所有的攻击都是在网络协议的一层或多层上进行。如果断开 TCP/IP 体系结构的所有层协议，就可以消除来自网络潜在的攻击。

网闸的功能有摆渡和裸体检查。

摆渡：网闸与防火墙等网络安全设备不同的地方是网闸阻断通信的连接。网闸只完成数据的交换，没有业务的连接，如同网络的“物理隔离”。摆渡其实就是模拟人工数据倒换，利用中间数据倒换区，分时地与内外网连接，但一个时刻只与一个网络连接，保持“物理的分离”，实现数据的倒换，消除了物理层和数据链路层的漏洞。

裸体检查：传统网络的信息传输需要一层层进行封装，在每一层中按照协议进行转发。摆渡消除了物理层和数据链路层的漏洞，但无法消除上面各层的漏洞。要想完全消除漏洞，必须进一步剥离上层协议。网闸在工作的时候，会经过剥离→检测→重新封装的过程，首先会对数据包进行剥离分解，然后对静态的裸数据进行安全审查，接着用特殊的内部协议封装后转发，到达对端网络后再重新按照 TCP/IP 等协议进行封装。

11.9.2 防火墙

作为 Internet 的安全性保护软件，防火墙已经得到广泛的应用。通常企业为了维护内部的信息系统安全，在企业网和 Internet 边界间设立防火墙软件，从而保护内网免受非法用户的侵入。攻击防御是防火墙中一种重要的网络安全功能。攻击防御可以检测出多种类型的网络攻击行为，如拒绝服务攻击、扫描窥探攻击、畸形报文攻击等，并能够采取相应的措施保护内网免受恶意攻击，以保证内网及系统的正常运行。

1. 防火墙的基本功能

防火墙具有如下几种基本功能。

（1）访问控制功能。访问控制功能是防火墙最基本也是最重要的功能，通过禁止或允许特定用户访问特定的资源，保护网络的内部资源和数据。防火墙需要识别哪个用户可以访问何种资源。访问控制功能包括服务控制、方向控制、用户控制、行为控制等功能。

（2）内容控制功能。根据数据内容进行控制，如防火墙可以从电子邮件中过滤掉垃圾邮件，可以过滤掉内部用户访问外部服务的图片信息，也可以限制外部用户访问，使外部用户只能访问本地 Web 服务器中一部分信息。路由器不能实现简单的数据包过滤，但是代理服务器和先进的数据包过滤技术可以做到。

（3）全面的日志功能。防火墙的日志功能很重要。防火墙需要完整地记录网络访问情况，包括内外网进出的访问，需要记录访问是什么时候发生的，进行了什么操作，以检查网络访问情况。正如银行的录像监视系统一样，记录下整体的营业情况，一旦有什么事情发生就可以通过录像查明事实。防火墙的日志系统也有类似的作用，一旦网络发生了入侵或遭到了破坏，就可以对日志进行审计和查询。日志系统需要有全面记录和方便查询的功能。

（4）集中管理功能。防火墙是一个安全设备，针对不同的网络情况和安全需要，需要制定不同的安全策略，然后在防火墙上实施，在使用中需要根据情况改变安全策略。在一个安全体系中，防火墙可能不止一台，所以防火墙应该是易于集中管理的，这样管理员就可以方便地实施安全策略。

（5）自身的安全和可用性。防火墙要保证自身的安全，不被非法侵入，保证正常的工作。如果防火墙被侵入，防火墙的安全策略被修改，这样内网就会变得不安全。防火墙也要保证可用性，否则网络就会中断，网络连接就会失去意义。

防火墙还带有以下几种附加功能。

（1）流量控制功能。针对不同的用户限制不同的流量，以便合理使用宽带资源。

（2）网络地址转换功能。通过修改数据包的源地址（接口）或目的地址（接口）来达到节省 IP 地址资源，隐藏内部 IP 地址的目的。

（3）虚拟专用网功能。利用数据封装和加密技术，本来只能在私有网络上传输的数据能够通过公共网络进行传输，系统费用大大降低。

2. 防火墙的区域划分

华为防火墙默认分为 4 个安全区域。防火墙认为在同一安全区域内部发生的数据流动是可信的，不需要实施任何安全策略。只有当不同安全区域之间发生数据流动时，防火墙才会触发安全检查机制，并实施相应的安全策略。

（1）Trust 区域：本区域内的网络受信程度高，通常用来定义内部用户所在的区域。

（2）DMZ：本区域内的网络受信程度中等，通常用来定义公共服务器所在的区域。

（3）Untrust 区域：本区域内的网络是不受信任的，通常用来定义 Internet 等不安全的区域。

（4）Local 区域：防火墙自身所在的区域，包括防火墙设备的各接口本身。由于 Local 区域的特殊性，因此在很多需要设备本身进行报文收发的应用中（包括需要对设备本身进行管理的情况下，如 Telnet 登录、Web 登录、接入 SNMP 网管等），需要开放对端所在安全区域与 Local 区域之间的安全策略。

在华为防火墙中，每个安全区域都有一个安全级别，用 1～100 表示，数字越大，这个区域越可信。默认情况下，Local 区域的安全级别为 100，Trust 区域的安全级别为 85，DMZ 的安全级别为 50，Untrust 区域的安全级别为 5。

安全区域间的数据流动具有方向性，方向包括入口方向（Inbound）和出口方向（Outbound）。

入口方向：数据由低优先级的安全区域向高优先级的安全区域传输。

出口方向：数据由高优先级的安全区域向低优先级的安全区域传输。

3. 防火墙的工作模式

防火墙有三种工作模式：路由模式、透明模式、混合模式。

1）路由模式

当防火墙位于内网和外网之间时，需要将防火墙与内网、外网及 DMZ 三个区域相连的接口分别配置成不同网段的 IP 地址。当防火墙采用路由模式时，可以完成 ACL（访问控制列表）、包过滤、ASPF（针对应用层的包动态过滤）、NAT 等功能。然而，路由模式需要对网络拓扑结构进行修改（内网用户需要更改网关、路由器需要更改路由配置等）。

2）透明模式

当采用透明模式时，只需要在网络中像放置交换机一样放置该防火墙设备即可，不需要修改任何已有的配置，可以避免改变拓扑结构造成的麻烦，但透明模式会使防火墙丢失对一些功能的支持，如路由、VPN 功能等。

3）混合模式

如果防火墙既存在工作在路由模式的接口（接口具有 IP 地址），又存在工作在透明模式的接口（接口无 IP 地址），则防火墙工作在混合模式下。混合模式主要用于透明模式进行双机备份的情况，此时启动虚拟路由冗余协议（VRRP）功能的接口需要配置 IP 地址，其他接口不需要配置 IP 地址。

4. 防火墙的类型

防火墙有三种基本类型：包过滤型防火墙、应用代理型防火墙、状态检测型防火墙。

1）包过滤型防火墙

包过滤型防火墙通过配置 ACL 实施数据包的过滤。实施过滤主要基于数据包中的 IP 层所承载的上层协议的协议号、源/目的 IP 地址、源/目的接口号和报文传递的方向等信息。

在防火墙中过滤数据包时，对需要转发的数据包，首先获取数据包的包头信息，然后和设定的 ACL 规则进行比较，根据比较的结果决定对数据包进行转发或丢弃。

包过滤型防火墙的缺点是显而易见的，由于无法对数据包的内容进行核查，无法一次过滤或审核数据包的内容，无法提供描述细致事件的日志系统，因此所有可能用到的接口都必须开放，对外界暴露，这增加了被攻击的可能性。

2）应用代理型防火墙

应用代理型防火墙的优点是安全性较高，可以针对应用层进行侦测和扫描，对付基于应用层的侵入和病毒都十分有效；其缺点是对系统的整体性能有较大的影响，而且代理服务器必须针对客户机可能产生的所有应用类型逐一进行配置，大大增加了系统管理的复杂性。

3）状态检测型防火墙

在状态检测型防火墙出现之前，包过滤型防火墙只根据设定好的静态规则来判断是否允许报文通过，它认为报文都是无状态的孤立个体，不关注报文产生的前因后果，这就要求包过滤型防火墙必须针对每一个方向上的报文都配置一条规则，转发效率低下且容易带来安全风险。

状态检测型防火墙的出现正好弥补了包过滤型防火墙的这个缺陷。状态检测型防火墙使用基于连接状态的检测机制，将通信双方之间交互的属于同一连接的所有报文都作为整个的数据流来对待。在状态检测型防火墙看来，同一个数据流内的报文不是孤立的个体，而是存在联系的。例如，为数据流的第一个报文建立会话，数据流内的后续报文就会直接匹配会话并进行转发，不需要再进行规则的检查，提高了转发效率。

现在市面上的防火墙基本是三种防火墙的综合体。

5. 防火墙的部署

防火墙作为网络边界防护系统，部署位置一般为外联出口或区域性出口，对内外流量进行安全隔离。大多情况下防火墙以直路方式连接到网络环境中。防火墙也可以以旁挂方式进行部署，可以在不改变现有网络物理拓扑结构的情况下，将防火墙部署到网络中，有选择性地将通过汇聚层交换机的流量引导到防火墙上，即对需要进行安全检测的流量引导到防火墙上进行处理，对不需要进行安全检测的流量直接通过汇聚层交换机转发到核心层交换机。

11.9.3 入侵检测系统

入侵检测系统（IDS）可以弥补防火墙的不足，为网络安全提供实时的入侵检测并采取相应的防护手段，如记录证据、追踪入侵、恢复或断开网络连接等。

1. 入侵检测系统的原理

入侵检测系统的工作过程分为以下几步。

（1）收集待检测的原始数据，原始数据包括原始网络数据包、系统调用记录、日志文件等。

（2）检测入侵行为，利用误用入侵检测方法或异常入侵检测方法对收集到的数据进行分析，检测这些数据中是否含有入侵企图或入侵行为。

（3）响应攻击，入侵检测系统将相关攻击数据记录在数据库或日志文件中，同时发出报警信息，并采取进一步的响应行为，如拒绝接收来自该数据源的数据、追踪入侵等。

2. 入侵检测系统的组成

为了提高入侵检测系统产品、组件与其他安全产品之间的互操作性，美国国防高级研究计划局（DARPA）和互联网工程任务组（IETF）的入侵检测工作组（IDWG）发起制订了一系列建议草案，从体系结构、API、通信机制、语言格式等方面对入侵检测系统进行了规范化。其中，CIDF 体系结构将入侵检测系统分为四个基本组件：事件产生器、事件分析器、响应单元和事件数据库。入侵检测系统结构如图 11-10 所示。

（1）事件产生器：负责从网络中抓取数据或从主机中读取各种日志，并进行预处理，如协议数据包的解析、多余日志信息的去除等，形成原始的事件数据。

（2）事件分析器：根据一定的检测规则，从事件数据库中读取相关记录，并与事件产生器传来的数据进行匹配，然后把匹配的结果发送给响应单元。

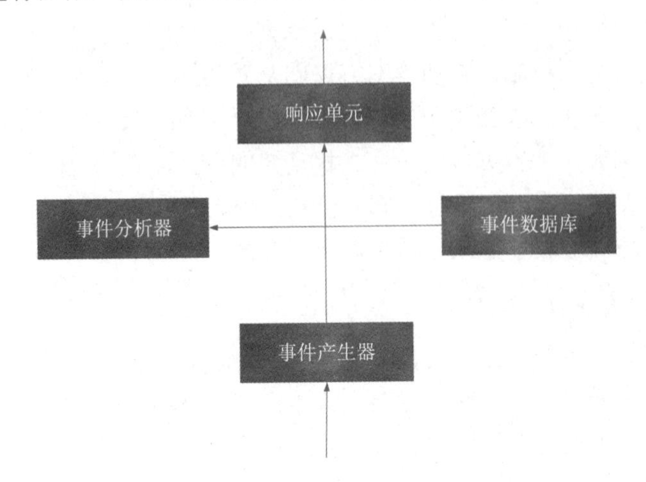

图 11-10　入侵检测系统结构

（3）事件数据库：保存各种恶意事件的特征或正常事件的特征，并为事件分析器提供这些特征，共同完成事件的判别。

（4）响应单元：根据事件分析器的处理结果，进行一系列操作，包括记录事件、告警、通过、与防火墙进行通信、进行进一步处理等。

3．入侵检测系统的分类

从部署位置来看，入侵检测系统基本上分为基于网络的入侵检测系统、基于主机的入侵检测系统和混合入侵检测系统。混合入侵检测系统可以弥补一些基于网络与基于主机的入侵检测系统的片面性缺陷。有时候，文件的完整性检查工具可看作一种入侵检测产品。

入侵是基于入侵者的行为不同于合法用户的行为，通过可以量化的方式表现出来的假定。当然，不能期望入侵者的攻击行为和合法用户对资源的正常行为之间存在一个清楚的、确切的界限。相反，两者的行为是存在某些重叠的。入侵检测技术可分为特征检测和异常检测。

特征检测：又称为基于知识的检测，其前提是假定所有可能的入侵行为都是能被识别和表示的。特征检测对已知的攻击方法用一种特定的模式来表示，称为攻击签名，然后通过判断这些攻击签名是否出现来判断入侵行为是否发生，是一种直接的检测方法。

异常检测：又称为基于行为的检测，其前提是假定所有的入侵行为都是“不同寻常”的。异常检测首先要建立系统或用户的正常行为特征，通过比较当前系统或用户的行为是否偏离正常行为来判断是否发生了入侵，是一种间接的检测方法。

4．入侵检测系统的部署

入侵检测系统与防火墙不同，没有也不需要跨接在任何链路上，只是一个旁路监听设备，无须网络流量流经便可以工作。入侵检测系统的部署如图 11-11 所示。

入侵检测系统典型部署于企业网络核心节点，通过交换机镜像接口进行对目标流量的复制，从而进行攻击检测、内容恢复和应用审计等深层检测作业。网络边界流量、重要服务器流量都应纳入入侵检测系统的检测范围。

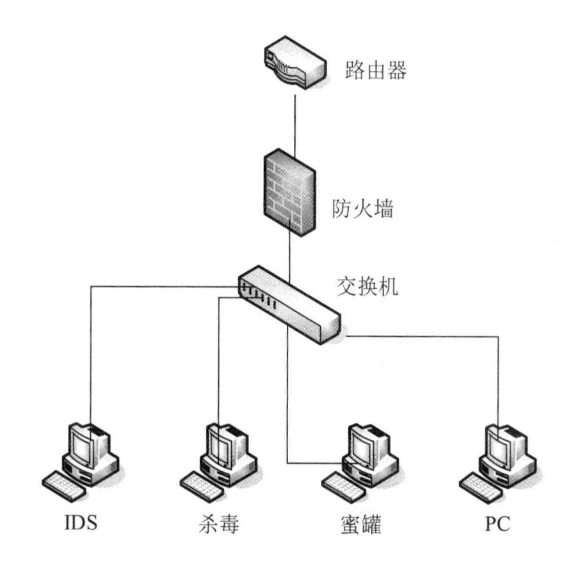

图 11-11　入侵检测系统的部署

在交换式网络中，入侵检测系统的位置一般尽可能靠近攻击源、尽可能靠近受保护资源。这些位置通常是服务器区域的交换机上；Internet 接入路由器之后的核心层交换机上和重点保护网段的局域网交换机上。

11.9.4　入侵防御系统

随着网络攻击技术的不断提高和网络安全漏洞的不断出现，传统防火墙和传统入侵检测系统已经无法应对一些安全威胁。入侵防御系统（IPS）便在这种情况下应运而生，IPS 可以深度感知并检测流经的数据流量，对恶意报文进行丢弃以阻断攻击，对滥用报文进行限流以保护网络宽带资源。

IPS 兼有入侵检测和对入侵做出反应两项功能。IPS 在设计时，就已经将病毒检测、脆弱性评估、防火墙、入侵检测及自动阻止攻击的功能融合考虑进去，从而在体系结构层面避免了上述安全产品之间的相互孤立、缺乏有效联动的被动局面，同时大大节省了分别部署上述安全产品的资源和空间。IPS 一般是以串联方式直接嵌入网络中的，这有别于 IDS 的并联方式。IPS 的缺点：IPS 会对数据包进行重组，还会对数据的传输层、网络层、应用层中各字段进行分析并与签名库做比对，如果没有问题，才转发出去，可能会增加网络延迟。

11.9.5　Web 应用防护系统

随着电子商务、网上银行、电子政务的盛行，Web 服务器承载的业务价值越来越高，

Web 服务器所面临的安全威胁随之增大，因此，针对 Web 应用层的防御成为必然趋势。Web 应用防护系统（WAF）代表了一类新兴的信息安全技术，用来解决防火墙一类传统设备束手无策的 Web 应用安全问题。

与传统防火墙不同，WAF 工作在应用层，因此对 Web 应用防护具有先天的技术优势。通常情况下，WAF 放在企业对外提供网站服务的 DMZ 或放在数据中心服务区域内，决定 WAF 部署位置的是 Web 服务器的位置。因为 Web 服务器是 WAF 所保护的对象，所以部署时要使 WAF 尽量靠近 Web 服务器。

11.9.6 课后检测

1．防火墙不具备（　　）功能。

A．包过滤　　B．查毒

C．记录访问过程　　D．代理

试题 1 解析：

具体来说，防火墙主要有以下几方面功能。

（1）建立检查点。

防火墙在一个公司内网和外网间建立一个检查点，并且要求所有的流量都要通过这个检查点。一旦这个检查点清楚地建立，防火墙就可以监视、过滤和检查所有进来和出去的流量。

（2）隔离不同网络，防止内部信息的外泄。

隔离不同网络，防止内部信息的外泄是防火墙的基本功能。防火墙通过隔离内外网来确保内网的安全，同时限制局部重点或敏感网络安全问题对全局网络造成的影响。

（3）强化网络安全策略。

以防火墙为中心的安全方案配置，能将所有安全软件（如密码、加密软件、身份验证软件、审计软件等）配置在防火墙上。与将网络安全问题分散到各台主机上相比，防火墙的集中安全管理更方便，能更有效地对网络安全性能起到加强作用。

（4）有效地审计和记录内外网上的活动。

防火墙可以对内外网存取和访问进行监控审计。如果所有的访问都经过防火墙，那么防火墙就能记录下这些访问并进行日志记录，同时能提供网络使用情况的统计数据。

试题 1 答案：B

2．防火墙的工作层次是决定防火墙工作效率及安全性的主要因素，下面的叙述中正确的是（　　）。

A．防火墙工作层次越低，工作效率越高，安全性越高

B．防火墙工作层次越低，工作效率越低，安全性越低

C．防火墙工作层次越高，工作效率越高，安全性越低

D．防火墙工作层次越高，工作效率越低，安全性越高

试题 2 解析：

防火墙的工作层次是决定防火墙效率及安全的主要因素。一般来说防火墙工作层次越低，工作效率越高，安全性越低；反之，工作层次越高，工作效率越低，安全性越高。

试题 2 答案：D

3．以下关于入侵检测系统的描述中，正确的是（　　）。

A．实现内外网隔离与访问控制

B．对进出网络的信息进行实时的监测与比对，及时发现攻击行为

C．隐藏内网拓扑结构

D．预防、检测和消除网络病毒

试题 3 解析：

入侵检测是指对已经产生的入侵行为进行分析和检测，及时发现并处理，从而减少入侵带来的危害。

试题 3 答案：B

4．IDS 的主要作用是（　　）。

A．用户验证　　B．报文验证

C．入侵检测　　D．数据加密

试题 4 解析：

IDS 是对网络中的入侵行为进行检测的设备。

试题 4 答案：C

5．在入侵检测系统中，事件分析器接收事件信息并对其进行分析，判断是否为入侵行为或异常现象，其常用的三种分析方法不包括（　　）。

A．模式匹配　　B．密文分析

C．完整性分析　　D．统计分析

试题 5 解析：

入侵检测（Intrusion Detection），顾名思义，就是对入侵行为的发觉。入侵检测系统通过对计算机网络或计算机系统中若干关键点收集信息并对其进行分析，从中发现网络或系统中是否有违反安全策略的行为和被攻击的迹象。

对于收集到的有关系统、网络、数据及用户活动的状态和行为等信息，一般通过三种方法进行分析：模式匹配、统计分析和完整性分析。其中前两种方法用于实时的入侵检测，而完整性分析用于事后分析。

试题 5 答案：B

11.10 VPN

VPN 称为虚拟专用网络，其实质是利用加密技术在公共网络上封装出的一个数据通信隧道。VPN 实现的两个关键技术是隧道技术和加密技术。对于用户来说，采用 VPN 节省

了租用专线网络的费用。

图 11-12 所示为 VPN 构成的原理示意网。

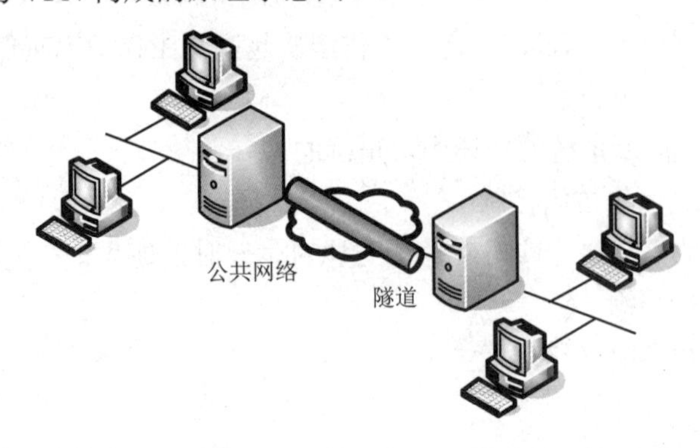

图 11-12　VPN 构成的原理示意图

11.10.1　VPN 的类型

根据实现互联的层次，主要的 VPN 分为 L2TP VPN、PPTP VPN、MPLS VPN、IPSec VPN、GRE VPN 和 SSL VPN。

1．L2TP VPN

L2TP 是由 Cisco、Microsoft 等公司在 1999 年联合制定的，已经成为二层隧道协议的工业标准，并得到了众多网络厂商的支持。L2TP VPN 即第二层隧道协议 VPN，在数据链路层采用隧道技术实现专网的互联，可以跨越多种 WAN，如 PSTN、帧中继、X.25、ATM 等网络。

2．PPTP VPN

PPTP VPN 即点对点隧道协议 VPN，在数据链路层实现互联。PPTP VPN 只支持 IP 作为传输协议。PPTP VPN 目前已经被 L2TP VPN 取代。

3．MPLS VPN

MPLS VPN 是采用 MPLS（多协议标记交换）协议在骨干的宽带 IP 网络上构建企业 IP 专网的 VPN，可以实现跨地域、安全、高速、可靠的通信。

MPLS 协议的一个重要特点是不用长度可变的 IP 地址网络前缀来查找路由表中的匹配项目，而利用标记（Label）进行数据转发。当分组进入网络时，要为其分配固定长度的短的标记，并将标记与分组封装在一起，在整个转发过程中，交换节点仅根据标记进行转发，转发的过程省去了每到达一台路由器都要上升到第三层用软件去查找路由表的过程，直接根据标记在第二层用硬件转发，所以转发速度大大提高。

MPLS 协议位于数据链路层和网络层之间，它可以建立在各种数据链路层协议（如 PPP、ATM、帧中继、以太网等）之上，为各种网络层（IPv4、IPv6、IPX 等）提供面向连接的服务，兼容现有的各种主流网络技术。在 MPLS 协议中，数据传输发生在标记交换路径（LSP）

上。LSP 是每一个从源端到终端的路径上的节点的标记序列。

传统的 VPN 一般通过 GRE、L2TP、PPTP、IPSec 等隧道协议来实现私有网络数据流在公共网络上的传输。而 LSP 本身就是公共网络上的隧道，所以用 MPLS 协议来实现 VPN 有天然的优势。

4．IPSec VPN

IPSec VPN 即网际协议安全性 VPN，在网络层实现互联。

5．GRE VPN

GRE VPN 即通用路由封装 VPN，在网络层实现互联，支持 IP、IPX、Appletalk 等多种网络协议。

6．SSL VPN

SSL VPN 以 HTTPS（Secure HTTP，支持 SSL 的 HTTP）协议为基础。SSL VPN 广泛应用于基于 Web 的远程安全接入，为用户远程访问公司内网提供了安全保证。作为一种轻量级 VPN 技术，SSL VPN 的安全性不输于 IPSec VPN，且能实现更为精细的资源控制和用户隔离。不需要额外安装客户端，浏览器登录的便捷性让 SSL VPN 在企业和机构员工中易于推广使用。SSL VPN 工作在传输层和应用层之间，不会改变 IP 数据包包头和 TCP 数据包包头，不会影响原有网络拓扑。因此，部署、配置和维护 SSL VPN 都比较简便，成本也较低。对于 VPN 技术，移动办公用户通常采用 L2TP VPN 或 SSL VPN，站点之间常用 IPSec VPN 或 MPLS VPN。

11.10.2　IPSec VPN

IPSec VPN 技术是目前 VPN 技术中使用率非常高的一种技术，可以同时提供 VPN 和信息加密两种功能。

1．IPSec 的协议框架

IPSec 不是一个单独的协议，而是一个协议包，它给出了应用于 IP 层上网络数据安全的一整套体系结构。该体系结构包括验证头协议、封装安全负载协议、密钥管理协议和用于网络验证及加密的一些算法等。IPSec 规定了如何在对等体之间选择安全协议、确定安全算法和密钥交换算法，向上提供了数据源验证、数据加密、数据完整性等网络安全服务。

1）验证头协议

验证头协议（AH 协议）不能加密，只对数据包进行验证，以保证报文的完整性。AH 协议采用了安全哈希算法（MD5 和 SHA-1），防止攻击者在网络中插入伪造的数据包，还能防止抵赖。采用 AH 协议的话，在 IP 数据包转发过程中，IP 数据包包头中一些部分是变化的（如 TOS、TTL、分片相关的字段、校验和），因此在计算数据包完整性校验值的时候，必须把这些字段配置为 0，不参与计算。IP 数据包的协议字段是 51，表示采用 AH 协议。AH 协议的缺点是不能对数据加密，AH 协议无法与 NAT 协议一起运行。

2）封装安全负载协议

封装安全负载协议（ESP 协议）既可以保证数据包的机密性（ESP 通常使用 DES、3DES、AES、SM1、SM4 等加密算法实现），又可以保证数据包在传输过程中的完整性和身份验证（使用 MD5 或 SHA-1 来实现）。IP 数据包的协议字段是 50，表示采用 ESP 协议，ESP 协议兼容 NAT 协议。

3）密钥管理协议

密钥管理协议（IKE 协议）是一种混合型协议，由安全联盟（SA）和密钥交换协议（ISAKMP）两种协议组成。IKE 协议不会在网络上直接传输密钥，而通过 DH 算法进行一系列的数据交换，最终计算出通信双方共享的密钥，可以安全地分发密钥，还可以进一步提供机密性、消息完整性及信息源鉴别服务。IKE 协议的安全性很高，采用 IKE 协议建立的安全联盟（SA），其生存周期由双方配置的生存周期参数控制。对于中大型网络，推荐使用 IKE 协议自动协商建立 SA。

2．IPSec 的操作模式

IPSec 有两种操作模式：传输模式和隧道模式。

1）传输模式

在传输模式下，IPSec 包头（AH 或 ESP 头）增加在原 IP 数据包包头和数据之间，在整个传输层报文段的后面和前面添加一些控制字段，构成 IPSec 数据包。这种方式把整个传输层报文段都保护起来，可以保证原 IP 数据包数据部分的安全性。在使用这种传输模式的时候，所有加密、解密和协商操作都是在主机上完成的，网络设备只执行正常的路由转发。

2）隧道模式

隧道模式为整个 IP 数据包提供安全传输机制，在一个 IP 数据包的后面和前面都添加一些控制字段，构成 IPSec 数据包。在后面增加新的 IP 数据包包头，包括两个站点网关的源地址和目的地址。在隧道模式中，两个网关路由器运行 IPSec，所有的加密、解密和协商操作都由网关路由器完成，对主机系统透明。IPSec 的隧道模式经常用来实现 VPN。

3．IPSec 的工作流程

IPSec 在工作时，首先两端的网络设备必须就 SA 达成一致。SA 是 IPSec 的基础。SA 是通信两端对等体对某些要素的约定，如使用哪种协议、协议的操作模式、加密算法、特定数据流中保护的共享密钥及 SA 的生存周期等。

SA 是单向的，在两个通信两端对等体之间的双向通信，最少需要两个 SA 来分别对两个方向的数据流进行安全保护。

采用 IKEv1 协议协商 SA 主要分为两个阶段：协商阶段 1，通信双方协商和建立 IKE 协议本身使用的安全通道，即建立一个 IKE SA；协商阶段 2，利用协商阶段 1 已通过验证和安全保护的安全通道，建立一对用于数据安全传输的 IPSec SA。

协商阶段 1 支持两种协商模式：主模式（Main Mode）和野蛮模式（Aggressive Mode）。主模式能保护设备的身份信息，但需要在两个设备之间相互交换 6 个信息。野蛮模式不能保护设备的身份信息，但双方设备只需要交换 3 个信息就可以完成协商。在野蛮模式下，发送方和接收方把安全提议、密钥相关信息和身份信息全放在一个 ISAKMP 消息中发送给对方，虽然协商效率提升了，但由于身份信息是明文传输的，没有加密和完整性验证过程，所以安全性降低了。

协商阶段 2 的目的是建立用来安全传输数据的 IPSec SA，并为数据传输衍生出密钥。这一阶段采用快速模式（Quick Mode）。该模式使用协商阶段 1 中生成的密钥对 ISAKMP 消息的完整性和身份进行验证，并对 ISAKMP 消息进行加密，保证了交换的安全性。

11.10.3　课后检测

1. 实现 VPN 的关键技术主要有隧道技术、加解密技术、（　　）和身份验证技术。如果需要在传输层实现 VPN，可选的协议是（　　）。

（1）A. 入侵检测技术　　B. 病毒防治技术
　　C. 安全审计技术　　D. 密钥管理技术

（2）A. L2TP　　B. PPTP
　　C. TLS　　D. IPSec

试题 1 解析：

本题考查 VPN 方面的基础知识。应该知道实现 VPN 的关键技术主要有隧道技术、加解密技术、密钥管理技术和身份验证技术。L2TP、PPTP 是两种数据链路层的 VPN 协议，TLS 是传输层 VPN 协议，IPSec 是网络层 VPN 协议。

试题 1 答案：D、C

2. AH 协议中用于数据源鉴别的鉴别数据（ICV）是由 IP 分组中的校验范围内的所有固定数据进行计算得到的。以下数据中，（　　）不在计算之列。

A. IP 分组头中的源 IP 地址　　B. IP 分组头中的目的 IP 地址
C. IP 分组头中的头校验和　　D. IP 分组中的高层数据

试题 2 解析：

本题考查 IPSec 中 AH 协议的基础知识。AH 协议中用于数据源鉴别的鉴别数据（ICV）是由 IP 分组中的校验范围内的所有固定数据进行计算得到的，也就是说原 IP 数据包包头中不变的或接收端可预测的字段都在安全保护范围内，如果在传输过程中发生改变，则 ICV 会发生变化。4 个选项中“IP 分组头中的头检验和”选项会随着其他可变字段（如 TTL 等）的变化而变化，不属于固定数据，因此不在计算之列。

试题 2 答案：C

3. 下面的选项中，属于二层 VPN 技术的是（　　）。

A. IPSec　　B. L2TP
C. GRE VPN　　D. GRE over IPSec

试题 3 解析：

L2TP VPN 技术属于二层 VPN 技术，其他都是三层 VPN 技术。

试题 3 答案：B

11.11 网络安全等级保护

网络安全等级保护是指对国家重要信息、法人和其他组织及公民的专有信息及公开信息和存储、传输、处理这些信息的信息系统分等级实行安全保护，对信息系统中使用的信息安全产品实行分等级管理，对信息系统中发生的信息安全事件分等级响应、处置。

随着云计算、物联网、大数据、人工智能等新兴技术的不断发展，如今的网络环境已不同于之前的基础信息网络，而是一种人、物、云三者大互联的新型网络架构，新型网络架构带来了未知的安全挑战。

为了适应新型网络架构的安全保护要求，2019 年 5 月 10 日，《信息安全技术网络安全等级保护基本要求》（GB/T22239－2019）正式发布，习惯将其称为等保 2.0 标准，同年 12 月 1 日正式实施。

等保 2.0 标准将基础信息网络、传统信息系统、云计算平台、大数据平台、移动互联系统、物联网和工业控制系统等作为等级保护对象，并在原有安全通用要求的基础上新增了安全扩展要求。采用新技术的信息系统除需要满足安全通用要求外，还需要满足相应的安全扩展要求。

同时，等保 2.0 标准在等保 1.0 标准的基础上，新增了风险评估、安全检测、态势感知等安全要求，这就要求安全服务提供商能对未知的安全威胁进行提前检测，从而实现提前防御，化被动为主动，提供更加完备的安全防护能力。

网络安全等级保护体系主要包含安全管理体系、安全技术体系和安全运维体系。其中，安全管理体系是策略方针和指导思想，安全技术体系是纵深防御体系的具体实现，安全运维体系是支撑和保障。下面对安全管理体系和安全技术体系进行详细介绍。

11.11.1 安全管理体系

在系统建设、运行维护、日常管理中都要重视安全管理，制定并落实安全管理制度，明确权责，规范操作，加强对人员、设备的管理及人员的培训，提高安全管理水平，同时加强对紧急事件的应对能力，通过预防措施和恢复控制相结合的方式，使意外事故引起的破坏减小至可接受程度。安全管理体系建设覆盖如下 5 个方面。

1. 安全管理制度

安全管理制度体系自上而下分为安全策略、管理制度、制定和发布、评审和修订，单位需要建设符合单位实际情况的安全管理制度体系，应覆盖物理、网络、主机系统、数据、应用、建设和运维等管理内容，并对管理人员或操作人员执行的日常管理操作建立操作规程。

（1）从安全管理制度主文档中规定的各个安全方面所应遵守的原则方法和指导性策略中引出的具体管理规定、管理办法和实施办法，是具有可操作性，且必须得到有效推行和实施的制度。

（2）安全管理制度系列文档制定后，必须有效发布和执行。发布和执行过程中除要得到管理层的大力支持和推动外，还必须要有合适的、可行的发布和执行手段，同时在发布和执行前对每个人都要做与其相关部分的充分培训，以保证每个人都知道和了解与其相关部分的内容。

（3）信息安全领导小组负责定期组织相关部门和相关人员对安全管理制度体系的合理性和适用性进行审定，定期或不定期对安全管理制度进行评审和修订，修订不足并进行改进。

2. 安全管理机构

安全管理机构是行使单位信息安全管理职能的重要机构，一般由信息安全管理领导机构和执行机构构成，信息安全管理领导机构需要确保整个组织贯彻单位的信息安全方针、策略和制度等。等级保护制度中明确规定“应成立指导和管理网络安全工作的委员会或领导小组，其最高领导由单位主管领导担任或授权”，并设立网络安全管理的职能部门。

（1）根据基本要求配置安全管理机构的组织形式和运作方式，明确岗位职责。

配置安全管理岗位，设立系统管理员、网络管理员、安全管理员等岗位，根据要求进行人员配备，配备专职安全员；成立指导和管理网络安全工作的委员会或领导小组，其最高领导由单位主管领导委任或授权；制定文件明确安全管理机构各个部门和岗位的职责、分工和技能要求。

（2）建立授权与审批制度。

（3）建立内外部沟通合作渠道。

（4）定期进行全面安全检查，特别是系统日常运行、系统漏洞和数据备份等。

3. 安全管理人员

安全管理人员是针对人员管理模式提出的安全控制要求，涉及的安全控制点包括人员录用、人员离岗、安全意识教育和培训，以及外部人员访问管理。

4. 安全建设管理

安全建设管理是针对安全建设过程提出的安全控制要求，涉及的安全控制点包括定级和备案、安全方案设计、安全产品采购和使用、自行软件开发、外包软件开发、工程实施、测试验收、系统交付、等级测评和服务供应商管理。

5. 安全运维管理

安全运维管理是针对安全运维过程提出的安全控制要求，涉及的安全控制点包括环境管理、资产管理、介质管理、设备维护管理、漏洞和风险管理、网络和系统安全管理、恶意代码防范管理、配置管理、密码管理、变更管理、备份与恢复管理、安全事件处置、应急预案管理和外包运维管理。

11.11.2　安全技术体系

通过业界成熟可靠的安全技术及安全产品，结合专业技术人员的安全技术经验和能力，系统化地搭建安全技术体系，确保安全技术体系的安全性与可用性的有机结合，达到适用性要求。安全技术体系建设覆盖如下 5 个方面。

1. 安全物理环境

物理安全是整个网络信息系统安全的前提，可能面临的物理安全风险有地震、水灾、火灾、电源故障、电磁辐射、设备故障、人为物理破坏等，这些风险都可能造成系统的崩溃。因此，物理安全必须具备环境安全、设备物理安全和防电磁辐射等物理支撑环境，保护网络设备、设施、介质和信息免受自然灾害、环境事故及人为物理操作失误或错误导致的破坏、丢失，防止各种以物理手段进行的违法犯罪行为。等级保护通用要求对系统的物理安全要求较为严格，主要涉及的方面包括环境安全（防火、防水、防雷击等）及设备和介质的防盗窃、防破坏等，具体包括物理位置选择、物理访问控制、防盗窃和防破坏、防雷击、防火、防水和防潮、防静电、温湿度控制、电力供应和电磁防护 10 个安全控制点。

针对云计算场景、移动互联场景、物联网场景、工业控制场景，安全物理环境在等级保护通用要求的基础上增加了安全扩展要求。

云计算场景：需要保证云计算基础设施位于中国境内。

移动互联场景：针对无线接入设备，重点关注信号覆盖和电磁干扰防护。

物联网场景：针对关键网关节点设备，应具有持久稳定的电力供应能力。针对感知节点，需要在挤压、振动、强光、干扰、电力供应等方面重点防护，特别是电力供应，应具有持久稳定的电力供应能力。

工业控制场景：室外控制设备应放置在防火材料的箱体内并固定，箱体具有透风、散热、防盗、防雨和防火能力等，同时所有控制设备均应远离强电磁干扰、强热源等环境。

2. 安全通信网络

网络整体架构和传输线路的可靠性、稳定性和保密性是业务系统安全的基础，通信网络的安全主要包括网络架构、通信传输和可信验证等方面。

1）网络架构

网络架构的合理性直接影响其能否有效地承载业务需要，因此网络架构需要具备一定的冗余性，包括通信线路的冗余、通信设备的冗余；同时网络各个部分的带宽，以及网络通信设备的处理能力需要满足业务高峰时期数据交换的需求，并合理地划分安全区域、子网网段和 VLAN。等级保护第二级中只提出了要进行合理的分区分域及重要业务系统与其他区域隔离的要求。等级保护第三级在等级保护第二级的基础上增加了对网络处理能力的要求，强调要满足业务高峰时期的需求，同时强调通信线路和关键网络设备要冗余部署，提升系统的可用性。

2）通信传输

网络通信传输应采用密码或校验码技术保证通信过程中数据传输的完整性和保密性。等级保护第二级中只对完整性提出了要求，等级保护第三级在等级保护第二级的基础上增加了对保密性的要求，要求用密码技术实现通信传输的保密性。

3）可信验证

基于可信根对通信设备的系统引导程序、系统程序、重要配置参数和通信应用程序等进行可信验证，同时对报文转发流程等关键执行环节进行动态可信验证处理，对检测到的异常事件进行实时告警，并将异常事件上送日志审计中心进行事后统一审计。

等级保护第二级和等级保护第三级均要求可信验证，等级保护第三级额外增加了在应用程序的关键环节进行动态可信验证的功能。

针对云计算场景、工业控制场景，安全通信网络在等级保护通用要求的基础上增加了安全扩展要求。

云计算场景：云平台等级保护级别要不低于租户或承载业务系统的等级保护级别，云平台应具备不同云服务租户虚拟网络之间隔离的能力，并且云平台要具备给租户或业务系统提供等级保护安全机制的能力。

工业控制场景：涉及实时控制和数据传输的工业控制系统，应使用独立的网络设备组网，在物理层面上实现与其他数据网及外部公共信息网的安全隔离。

3. 安全区域边界

从加强网络边界的访问控制粒度、网络边界行为审计和保护网络边界完整等方面，提升网络边界的可控性和可审计性。区域边界的安全主要包括边界防护、访问控制、入侵防范、恶意代码和垃圾邮件防范、安全审计和可信验证 6 个方面。下面将从这 6 个方面介绍安全区域边界的等级保护通用要求。

1）边界防护

边界检查是最基础的防护措施，首先在网络规划部署上要做到流量和数据必须经过边界设备，并接受检查，其中无线网络的接入需要经过边界设备检查，因此不仅需要对非授权设备私自连到内网的行为进行检查，还需要对内网非授权用户私自连到外网的行为进行检查，从而维护边界完整性。

2）访问控制

企业网络根据业务的重要程度、业务类型等可划分为不同的网络信任域，对于各类边界，最基本的安全需求就是访问控制，对进出安全区域边界的数据信息进行控制，阻止非授权及越权访问。

3）入侵防范

各类网络攻击行为既可能来自大家公认的 Internet 等外网，又可能来自内网。通过采取相应的安全措施，主动阻断针对信息系统的各种攻击，如病毒、间谍软件、可疑代码、接口扫描、DoS/DDoS 等，以实现对网络层及业务系统的安全防护，保护核心信息资产免受攻击危害。

4）恶意代码和垃圾邮件防范

如今，蠕虫病毒泛滥，有些蠕虫病毒还能与计算机攻击技术相结合，这将产生更大的危害。与此同时，计算机病毒的传播途径发生了很大的变化，更多地以网络（包括 Internet、广域网、局域网）形态进行传播。垃圾邮件日渐泛滥，不仅占用带宽、侵犯个人隐私，还成为攻击者入侵的工具，传统的安全防护手段已无法应对这些威胁。因此，迫切需要网关型产品在网络边界上对恶意代码和垃圾邮件予以清除。

5）安全审计

在安全区域边界上需要建立必要的审计机制，对进出边界的各类网络行为进行记录与审计分析，同时可以和主机审计、应用审计及网络审计形成多层次的审计系统，并可通过安全管理中心集中管理。

6）可信验证

基于可信根对边界设备的系统引导程序、系统程序、重要配置参数和边界防护应用程序等进行可信验证，同时对访问控制等关键执行环节进行动态可信验证处理，对检测到的异常事件进行实时告警，并将异常事件上送日志审计中心进行事后统一审计。

针对云计算场景、移动互联场景、物联网场景、工业控制场景，安全区域边界在等级保护通用要求的基础上增加了安全扩展要求。

云计算场景：应具备在虚拟化网络边界上实施访问控制的能力，应具备虚拟化网络边界、虚拟机与宿主机、虚拟机之间的入侵防御能力，同时云平台对云租户的操作可被租户审计。

移动互联场景：有线网络和无线网络边界要通过无线接入网关设备、边界防护设备等隔离，应对无线接入设备进行准入控制，防止非授权无线接入设备接入。

物联网场景：应对感知设备进行准入控制，防止非授权感知设备接入网络，同时配置访问控制规则，如只允许感知设备访问物联网平台等。

工业控制场景：应在工业控制网络边界上部署访问控制设备，以防止 E-Mail、Web 等传统 IT 业务进入工业控制网络；对于拨号和无线接入，应采用强准入技术防止非授权接入。

4．安全计算环境

安全计算环境是整个安全建设的核心和基础。安全计算环境通过设备、主机、移动终端、应用服务器和数据库的安全机制，保障应用业务处理全过程及数据的安全。系统终端和服务器通过在操作系统核心层和系统层配置以强制访问控制为主体的系统安全机制，形成严密的安全保护环境，通过对用户行为的控制，可以有效防止非授权用户访问和授权用户越权访问，确保信息和信息系统的保密性和完整性，从而为业务系统的正常运行和免遭恶意破坏提供支撑和保障。计算环境的安全主要包括身份鉴别、访问控制、安全审计、入侵防范、恶意代码防范、可信验证、数据完整性与保密性、数据备份与恢复、剩余信息保护、个人信息保护等方面。下面将从这些方面介绍安全计算环境的等级保护通用要求。

1）身份鉴别

身份鉴别包括主机和应用两个方面。用户登录主机操作系统、数据库及应用系统时均需要进行身份验证，其中密码要满足一定的复杂度，并定期更换。同时，在认证过程中，需要使用两种或两种以上的鉴别技术对管理用户进行身份鉴别。当进行远程管理时，应采取必要措施，防止鉴别信息在网络传输过程中被窃听。

2）访问控制

当用户登录系统时，应根据系统类别的不同，为用户分配不同的账号和权限。对于不同的用户，授权原则是进行能够完成工作的最小化授权，避免授权范围过大。此外，应严格限制默认账户的访问权限，重命名默认账户，修改默认密码；及时删除多余的、过期的账户，避免共享账户的存在。

3）安全审计

安全审计包括多层次的审计要求。对于服务器和重要主机，需要进行严格的行为控制，对用户的行为、使用的命令等进行必要的记录审计，便于日后的分析、调查、取证，规范主机使用行为。对于应用系统，同样提出了应用审计的要求，即对应用系统的使用行为进行审计。合理的安全审计能够为安全事件提供足够的信息。

安全审计需要借助统一的管理平台。对于计算机环境，虽然很多问题会在系统的安全管理过程中显示出来，包括用户行为、资源异常、系统中安全事件等，但计算机环境复杂，如果没有统一的管理平台展示、分析、存储，则可能导致安全事件遗漏，从而给系统安全运维带来不必要的风险。

4）入侵防范

在企业内业务系统的计算环境中，由于缺少入侵防御能力，因此无法主动发现现存系统的漏洞，如系统是否遵循最小安装原则，是否开启了不需要的系统服务、默认共享和高危接口，应用系统是否对数据做了有效性校验等。面对企业网络的复杂性和不断变化的情况，依靠人工经验寻找安全漏洞、做出风险评估并制定安全策略是不现实的，应对此类安全风险进行预防，预先找出存在的漏洞并进行修复。

5）恶意代码防范

病毒、蠕虫等恶意代码是对计算环境造成危害最大的隐患，当前病毒威胁非常严峻，特别是蠕虫病毒的爆发，会立刻向其他子网蔓延，发动网络攻击和数据窃密。这会大量占据正常业务有限的带宽，造成网络性能严重下降、服务器崩溃甚至网络通信中断，信息损坏或泄露，严重影响正常业务开展。因此必须部署恶意代码防范软件进行防御，同时保持恶意代码库的及时更新。

6）可信验证

基于可信根对计算设备的系统引导程序、系统程序、重要配置参数和计算应用程序等进行可信验证，同时对数据库访问及存储等关键执行环节进行动态可信验证处理，对检测到的异常事件进行实时告警，并将异常事件上送日志审计中心进行事后统一审计。

7）数据完整性与保密性

数据是信息资产的直接体现。所有的措施最终都是为了业务数据的安全。因此数据的备份十分重要，是必须考虑的问题。应采用密码技术或校验码技术保证重要数据在传输和存储过程中的完整性及保密性，包括但不限于鉴别数据、重要业务数据、重要审计数据、重要配置数据、重要视频数据和重要个人信息等。

8）数据备份与恢复

应具有异地备份场地及备份环境，并能提供本地、异地数据备份与恢复功能。在异地备份的数据应能利用通信网络将重要数据实时备份至备份场地。对于此安全控制点，等级保护第二级和等级保护第三级要求一致。

9）剩余信息保护

正常使用中的主机操作系统和数据库系统等，经常需要对用户的鉴别信息、文件、目录、数据库记录等进行临时或长期存储，在这些存储资源重新分配前，如果不对其原用户的信息进行清除，则会引起原用户信息泄露的安全风险，因此，需要确保系统内用户的鉴别信息、文件、目录和数据库记录等资源所在的存储空间，在被释放或重新分配给其他用户前得到完全清除。

10）个人信息保护

对个人信息的保护不是为了限制个人信息的流动，而是要对个人信息的流动进行正规的管理和规范，向他人提供或公开个人信息、跨境转移个人信息等环节应取得个人的单独同意，保持信息的正确、有效和安全，保证个人信息能够在合理、合法的状态下流动。

针对云计算场景、移动互联场景、物联网场景、工业控制场景，安全计算环境在等级保护通用要求的基础上增加了安全扩展要求。

云计算场景：在访问控制、入侵防御、镜像和快照等方面，云平台应具备支持虚拟机场景的能力，同时在数据安全方面，云平台应在传输、存储、清除等维度为云服务租户提供对应的安全能力。

移动互联场景：应具备针对移动终端的防护和管控能力。

物联网场景：增加了对感知节点设备和网关节点设备的安全加固要求，同时对于任何连接的设备和人员全部要进行身份鉴别，保证只允许授权用户访问和转发数据，应用系统要具备防重放功能。

工业控制场景：增加了对控制设备自身的安全加固要求，应使用专用设备和专用软件对控制设备进行加固和更新，设备上线前要进行安全性测试。

5. 安全管理中心

安全管理中心是安全技术体系的核心和中枢。针对系统的安全计算环境、安全区域边界和安全通信网络三个部分的安全机制，形成一个统一的安全管理中心，实现统一管理、统一监控、统一审计，主要包括系统管理、审计管理、安全管理、集中管控 4 个方面。下面将从这 4 个方面介绍安全管理中心的等级保护通用要求。

1）系统管理

对系统管理员进行身份鉴别，并通过系统管理员进行适当的管理和配置。

2）审计管理

对审计管理员进行身份鉴别，并通过审计管理员对审计记录进行分析和处理。对于此安全控制点，等级保护第二级和等级保护第三级要求一致。

3）安全管理

对安全管理员进行身份鉴别，并通过安全管理员对系统中的安全策略进行配置。对于此安全控制点，等级保护第二级无要求，等级保护第三级有要求。

4）集中管控

对系统中的网络设备、安全设备和服务器等进行集中监控和管理，并对网络中的安全事件进行识别、分析和告警。对于此安全控制点，等级保护第二级无要求，等级保护第三级有要求。针对云计算场景、物联网场景，安全管理中心在等级保护通用要求的基础上增加了安全扩展要求。

云计算场景：确保云服务提供商和云服务租户的管理流量分离，并实现各自的集中管控。

物联网场景：对感知节点进行端到端全生命周期管理。

11.11.3　等级划分

根据信息系统在国家安全、经济建设、社会生活中的重要程度，以及遭到破坏后对国家安全、社会秩序、公共利益及公民、法人和其他组织的合法权益的危害程度等，由低到高划分了 5 个安全保护等级。

第一级，信息系统受到破坏后，会对公民、法人和其他组织的合法权益造成损害，但不损害国家安全、社会秩序和公共利益。

第二级，信息系统受到破坏后，会对公民、法人和其他组织的合法权益产生严重损害，或者对社会秩序和公共利益造成损害，但不损害国家安全。

第三级，信息系统受到破坏后，会对社会秩序和公共利益造成严重损害，或者对国家安全造成损害。

第四级，信息系统受到破坏后，会对社会秩序和公共利益造成特别严重的损害，或者对国家安全造成严重损害。

第五级，信息系统受到破坏后，会对国家安全造成特别严重的损害。

网络安全等级保护工作包括系统定级、系统备案、建设整改、等级测评、监督检查 5 个阶段。具体说明如下。

（1）信息系统运营单位按照《网络安全等级保护定级指南》，自行定级。第三级以上系统定级结论需要进行专家评审。

（2）信息系统定级申报获得通过后，信息系统运营单位 30 日内到公安机关办理备案手续。

（3）信息系统运营单位根据等级保护有关规定和标准，选择合适的分级方案，对信息系统进行安全建设整改。

（4）信息系统运营单位选择公安部认可的第三方等级测评机构进行测评。

（5）当地公共信息网络安全监察部门定期进行监督检查，保证信息系统持续合规。

11.11.4 课后检测

1．受到破坏后会对国家安全造成特别严重的损害的信息系统应按照等级保护第（　　）级的要求进行安全规划。

A．二　　B．三　　C．四　　D．五

试题 1 解析：

《信息安全等级保护管理办法》规定信息系统的安全保护等级分为五级，第一级～第五级等级逐级增高，分别为第一级（自主保护级）、第二级（指导保护级）、第三级（监督保护级）、第四级（强制保护级）、第五级（专控保护级）。

第五级（专控保护级）是指信息系统受到破坏后，会对国家安全造成特别严重的损害的等级。

试题 1 答案：D

第12章

网络规划与设计

根据对考试大纲的分析，以及对以往试题情况的分析，“网络规划与设计”章节的分数为 3 分左右，占上午试题总分的 **4%左右**。从复习时间安排来看，请考生在 1 天之内完成本章的学习。

12.1　知识图谱与考点分析

一个网络系统从构思开始，到最后被淘汰的过程称为网络生命周期。一般来说，网络生命周期至少应包括网络系统的构思和计划、分析和设计、运行和维护的过程。网络生命周期与软件工程中的软件生命周期非常类似。首先，网络生命周期是一个循环迭代的过程，每次循环迭代的动力都来自网络应用需求的变更。其次，每次循环过程中都存在需求分析、规划设计、实施调试和运营维护等多个阶段。有些网络仅仅经过一次循环周期就被淘汰，而有些网络在存活过程中经过多次循环周期，一般来说，网络规模越大、投资越多，其可能经历的循环周期越多。

每一次循环周期都是网络重构的过程，不同的网络设计方法，对循环周期的划分方式是不同的，拥有不同的网络文档模板，但是实施后的效果都满足了用户的网络需求。

五阶段周期是较为常见的循环周期划分方式，将一次循环周期划分为以下 5 个阶段。

（1）需求分析。

（2）通信规范分析。

（3）逻辑网络设计。

（4）物理网络设计。

（5）实施阶段。

通过分析历年的考试题和根据考试大纲，要求考生掌握以下几个方面的内容。

知识模块	知识点分布	重要程度
网络生命周期	• 需求分析	★★
	• 通信规范分析	★★
	• 逻辑网络设计	★★★
	• 物理网络设计	★★

12.2 需求分析

在建设或扩建一个网络系统前，用户方的 IT 主管或中标的网络系统设计者必须关注网络系统中的需求问题，也就是说要确定网络系统支持的业务、完成的功能、要达到的性能。

12.2.1 业务需求

在整个网络开发过程中，应尽量保证设计的网络能够满足用户业务的需求。例如，确定组织机构，确定关键时间点，确定网络投资规模，确定业务活动，预测增长率，确定网络的可靠性、可用性、安全性等。

12.2.2 用户需求

为了设计出符合用户需求的网络，收集用户需求的过程应从当前的网络用户开始，找出用户需要的重要服务或功能。

收集用户需求的过程主要包括与用户交流、为用户服务和需求归档。

1. 与用户交流

与用户交流是指与特定的个人和群体进行交流。在交流之前，需要先确定这个组织的关键人员和关键群体，再实施交流。在整个设计和实施阶段，应始终保持与关键人员之间的交流，以确保网络工程建设不偏离用户需求。

收集用户需求的常用方式包括观察和问卷调查、集中访谈和采访关键人物。

2. 为用户服务

除信息化程度很高的用户外，大多数用户都不可能用计算机的行业术语来配合设计人员的用户需求收集。设计人员不仅要将问题转化为普通的业务语言，还要从用户反馈的业务语言中提炼出技术内容，这需要设计人员有大量的工程经验和需求调查经验。

3. 需求归档

与其他所有技术性工作一样，技术人员必须将网络分析和设计的过程记录下来。需求文档便于保存和交流，也有利于说明用户需求和网络性能的对应关系。所有的访谈、调查问卷等最好能由用户代表进行签字确认，然后应根据这些原始资料整理出规范的需求文档。

12.2.3 应用需求

收集应用需求，主要是为了清楚整个网络是为什么应用服务的，如 ERP、OA、金融系统等。每种应用的需求不一致，如金融系统对安全性和可靠性要求极高。

收集应用需求可以从两个角度出发，一是从应用类型的特性出发，二是从应用对资源访问的角度出发。

12.2.4 计算机平台需求

收集计算机平台需求是网络分析与设计过程中一个不可缺少的步骤，需要了解整个网络中的终端是什么。计算机平台主要分为个人机、工作站、小型机、中型机和大型机5类。

12.2.5 网络需求

需求分析的最后工作是考虑网络管理员的需求，这些需求包括网络性能、网络安全、数据备份和容灾中心等需求。

安全防御体系的需求层次划分如下所示。

1. 物理环境的安全性

物理环境的安全性包括通信线路、物理设备和机房的安全等。物理环境的安全性主要体现为通信线路的可靠性（线路备份、网管软件和传输介质）、软硬件设备的安全性（替换设备、拆卸设备、增加设备）、设备的备份、防灾害能力、防干扰能力、设备的运行环境（温度、湿度、烟尘）和不间断电源保障等。

2. 操作系统的安全性

操作系统的安全性主要表现在三个方面，一是操作系统本身的缺陷带来的不安全因素，主要包括身份验证、访问控制和系统漏洞等；二是对操作系统的安全配置问题；三是病毒对操作系统的威胁。

3. 网络层的安全性

网络层的安全性主要体现在计算机网络方面上，包括网络层身份验证、网络资源的访问控制、数据传输的保密与完整性、远程接入的安全、域名系统的安全、路由系统的安全、入侵检测的手段和网络设施防病毒等。

4. 应用的安全性

应用的安全性由提供服务所采用的应用软件和数据产生，包括Web服务、电子邮件系统和DNS等，还包括病毒对系统的威胁。

5. 管理的安全性

管理的安全性包括安全技术和设备的管理、安全管理制度、部门与人员的组织规则等。管理的制度化极大程度地影响着整个计算机网络的安全，严格的安全管理制度、明确的部门安全职责划分与合理的人员角色配置，都可以在很大程度上减少其他层次的安全漏洞。

12.2.6 课后检测

1．以下关于网络工程需求分析的叙述中，错误的是（　　）。

A．任何网络都不可能是一个能够满足各项功能需求的万能网

B．需求分析要充分考虑用户的业务需求

C．需求的定义越明确和详细，网络建成后用户的满意度越高

D．网络需求分析时可以先不考虑成本因素

试题 1 解析：

在建设或扩建一个网络系统前，用户方的 IT 主管或中标的网络系统设计者必须关注网络系统中的需求问题，也就是说要确定网络系统支持的业务、完成的功能、要达到的性能。

试题 1 答案：D

2．在网络系统设计过程中，需求分析阶段的任务是（　　）。

A．依据逻辑网络设计的要求，确定设备的具体物理分布和运行环境

B．分析现有网络和新网络的各类资源分布，掌握网络所处的状态

C．根据需求文档和通信规范，实施资源分配和安全规划

D．理解网络应该具有的功能和性能，最终设计出符合用户需求的网络

试题 2 解析：

五阶段周期是较为常见的迭代周期划分方式，将一个迭代周期划分为以下 5 个阶段。

（1）需求分析：需求分析是网络开发过程的起始部分，这一阶段应明确用户所需的网络服务和网络性能。

（2）通信规范分析：通信规范分析中必要的工作是分析网络中信息流量的分布问题。

（3）逻辑网络设计：逻辑网络设计的任务是根据需求文档和通信规范，实施资源分配和安全规划。

（4）物理网络设计：物理网络设计的任务是将逻辑网络设计的内容应用到物理空间。

（5）实施阶段。

试题 2 答案：D

3．某部队拟建设一个网络，由甲公司承建。在撰写需求分析报告时，与常规网络建设相比，最大的不同之处是（　　）。

A．网络隔离需求　　　　B．网络性能需求

C．IP 规划需求　　　　D．结构化布线需求

试题 3 解析：

本题考查网络规划与设计的相关知识。

题干中指出为部队网络规划，所以应该重点考虑网络安全方面。网络隔离需求是与常规网络最大的不同之处。

试题 3 答案：A

4．在网络设计和实施过程中要采取多种安全措施，下面的选项中属于系统安全需求措施的是（　　）。

A．设备防雷击　　　　B．入侵检测

C．漏洞发现与补丁管理　　　　D．流量控制

试题 4 解析：

在网络设计和实施过程中要采取多种安全措施，选项中属于系统安全需求措施的是漏洞发现与补丁管理。

试题 4 答案：C

5．以下关于网络需求分析的说法中，错误的是（　　）。

A．应收集不同用户的业务需求

B．根据不同类型应用的业务特性，归纳和梳理出各自的网络需求

C．应撰写输出网络系统规划与设计报告

D．应充分考虑数据备份的网络需求

试题 5 解析：

需求分析阶段是网络规划与设计的第一阶段，此阶段主要进行各类需求分析，常见的包括业务需求分析、管理需求分析、安全性需求分析、网络环境分析 、通信量分析、经济和费用控制等，并产出需求分析说明文档，为下一阶段的网络设计提供依据。在此阶段还不能产生网络系统规划与设计报告。

试题 5 答案：C

6．在网络工程的生命周期中，对用户需求进行了解和分析是在（　　）阶段。

A．需求分析　　B．设计　　C．实施　　D．运维

试题 6 解析：

在建设或扩建一个网络系统前，用户方的 IT 主管或中标的网络系统设计者都必须关注网络系统中的需求问题。也就是说要确定网络系统支持的业务、完成的功能，以及要达到的性能。

试题 6 答案：A

12.3　通信规范分析

在网络的分析和设计过程中，通信规范分析处于第二个阶段，通过分析网络通信流量和通信模式，发现可能导致网络运行瓶颈的关键技术点，从而在设计工作中避免这种情况的发生。通信规范分析是对工作通信流量的大小和通信模式的估测和分析，为逻辑设计阶段提供了重要的设计依据。

12.3.1　通信规范分析步骤

通信规范分析的主要步骤包括通信模式分析、通信边界分析、通信流分布分析、通信量分析、网络基准分析和编写通信规范。

对于部分较为简单的网络，不需要进行复杂的通信流分布分析，只需要采用一些简单的方法，如 80/20 规则、20/80 规则等。

12.3.2　课后检测

1．采用 P2P 协议的 BT 软件属于（　　）。

A．对等通信模式　　B．客户机/服务器通信模式

C．浏览器/服务器通信模式　　D．分布式计算通信模式

试题 1 解析：

对等通信模式：参与的网络节点是平等角色，既是服务的提供者，也是服务的享受者。P2P 协议通信属于对等通信模式。

试题 1 答案：A

2．在下列业务类型中，上行数据流量远大于下行数据流量的是（　　）。

A．P2P 通信　　B．网页浏览　　C．即时通信　　D．网络管理

试题 2 解析：

本题考查网络应用的基本知识。

P2P 是 Peer-to-Peer 的缩写。在 P2P 网络中，所有参与系统的节点处于完全对等的地位，即覆盖网络的每一个节点都同时扮演着服务器和客户机两种角色，每个节点在享受来自其他节点的服务的同时，向其他节点提供服务。因此，这类网络业务，上行数据流量与下行数据流量基本相同。

网页浏览是目前 Internet 上应用较广泛的一种服务，该服务的运行是基于 B/S 结构的，即用户先通过浏览器向服务器发送一个网页请求，服务器再将该网页数据返回给用户，在这种模式下，下行数据流量远大于上行数据流量。

即时通信是使用相应的即时通信软件实现用户之间实时通信和交流的一种 Internet 服务。在该服务中，用户在发送数据的同时接收数据，双向数据流量基本相同。

网络管理是指网络管理员通过 SNMP 向网络设备发送大量管理命令和管理信息，而命令的接收者并无或只有极少的信息反馈给网络管理员。在这种业务中，上行数据流量远大于下行数据流量。

试题 2 答案：D

12.4 逻辑网络设计

逻辑网络设计主要包括网络结构设计、网络冗余设计和 IP 地址规划等。

12.4.1 网络结构设计

层次化网络设计模型可以帮助设计者按层次设计网络结构，并为不同层次赋予特定的功能，为不同层次选择正确的设备和系统。

在层次化网络设计模型中，比较经典的是三层层次化模型，三层层次化模型主要将网络划分为核心层、汇聚层和接入层，每一层都有特定的作用。

1．核心层

核心层是互联网络的高速骨干，由于核心层对网络互联至关重要，因此在设计中应该采用冗余化的设计。核心层应该具备高可靠性，能够快速适应变化。

在设计核心层设备的功能时，应尽量避免使用数据包过滤、路由策略等降低数据包转发处理速度的策略，以优化核心层获得低时延和良好的可管理性。

核心层应该在控制范围内，如果核心层覆盖的范围过大，连接的设备过多，会导致网络管理性能降低。所以需要在层次设计中增加汇聚层路由器和接入层交换机及用户局域网，这样就可以不扩大核心层的范围。

2. 汇聚层

汇聚层是核心层和接入层的分界点，应在汇聚层中实施对资源访问的控制。为保证层次化的特性，汇聚层应该向核心层隐藏接入层的详细信息。汇聚层设备的可靠性比较重要，某汇聚层设备或链路失效会导致下面所有接入层设备的用户无法访问网络。考虑到成本因素，汇聚层采用的是中端网络设备，采用冗余链路连接核心层和接入层设备，以提高可靠性，必要的时候，也对汇聚层设备采用设备冗余方式来提高可靠性。

在网络中实现大量的复杂策略是由汇聚层负责的，如路由策略、安全策略、QoS 策略、广播域的定义等。

3. 接入层

接入层是在网络中直接面向用户连接或访问的部分，所以接入层应该提供种类丰富、数量多的接口，以提供强大的接入功能。在大中型网络中，接入层还应当负责一些用户管理功能（如地址验证、用户验证、计费管理等），以及用户信息收集工作（如用户的 IP 地址、MAC 地址、访问日志等）。

在设计时，设计者应该尽量控制层次化的程度，一般情况下，有核心层、汇聚层和接入层三个层次就足够了，过多的层次会导致整体网络性能的下降，并且会提高网络的延迟，也不方便网络故障排查和文档编写。

园区网是一种高用户密度的网络，在有限的空间内聚集了大量的终端和用户。扁平化大二层网络的设计注重的是三个“易”：易管理、易部署、易维护。

三层网络架构与二层网络架构的差异在于汇聚层。汇聚层用来连接核心层和接入层，处于中间位置。汇聚层交换机是多台接入层交换机的汇聚点，能够处理来自接入层设备的所有通信量，并提供到核心层的上行链路。在实际应用中，很多时候会采用二层网络架构。在传输距离较短，且核心层有足够多的接口能直接连接接入层的情况下，汇聚层是可以被省略的，这样的做法比较常见，一来可以节省总体成本，二来可以减轻维护负担，网络状况更易监控。

12.4.2 网络冗余设计

网络冗余设计允许通过配置双重网络元素来满足网络的可用性需求，冗余降低了网络的单点失效率，其目标是重复配置网络组件，以避免单个组件的失效而导致应用失效。这些组件可以是一台核心层路由器、交换机，可以是两个设备间的一条链路，也可以是一个广域网连接，还可以是电源、风扇和设备引擎等设备上的模块。对于某些大型网络来说，为了确保网络中的信息安全，在独立的数据中心之外，还配置了冗余的容灾备份中心，以保证数据备份或应用在故障下的切换。

在网络冗余设计中，通信线路常见的设计目标主要有两个：一个是路径备用，另一个是负载分担。

1．路径备用

路径备用主要是为了提高网络的可用性。当一条路径或多条路径出现故障时，为了保障网络的连通，网络中必须存在冗余的备用路径。备用路径由路由器、交换机等设备之间的独立备用链路构成，一般情况下，备用路径仅仅在主路径失效时投入使用。

2．负载分担

负载分担通过冗余的形式来提高网络的性能，是对路径备用方式的扩充。负载分担通过并行链路提供流量分担来提高性能，其主要的实现方法是利用两个或多个网络接口和路径来同时传递流量。

12.4.3 IP 地址规划

IP 地址的合理规划是网络设计中的重要一环，大型网络必须对 IP 地址进行统一规划并实施。IP 地址规划的好坏，影响到网络路由协议算法的效率，影响到网络的性能，影响到网络的扩展，影响到网络的管理。

IP 地址规划的基本原则包括唯一性、连续性、扩展性和实意性。

1．唯一性

一个 IP 网络中不能有两台主机采用相同的 IP 地址。即使使用了支持地址重叠的 MPLS VPN 技术，也尽量不要规划为相同的 IP 地址。

2．连续性

连续地址在层次结构网络中易于进行路由聚合，大大减少路由表的条目，提高路由算法的效率。

3．扩展性

IP 地址分配的时候要留有余地，以适应未来网络发展的需要。

4．实意性

好的 IP 地址规划使每个 IP 地址具有实际含义，看到一个 IP 地址就可以大致判断出该 IP 地址所属的设备。这是 IP 地址规划中最具技巧性和艺术性的部分。

12.4.4 课后检测

1．逻辑网络设计是体现网络设计核心思想的关键阶段，下列选项中不属于逻辑网络设计内容的是（　　）。

A．网络结构设计　　　　B．物理层技术选择

C．结构化布线设计　　　　D．确定路由选择协议

试题 1 解析：

结构化布线设计属于物理网络设计的内容。

试题 1 答案：C

2．确定网络的层次结构及各层采用的协议是网络设计中（　　）阶段的主要任务。

A．网络需求分析　　B．网络体系结构设计

C．网络设备选型　　D．网络安全性设计

试题 2 解析：

网络体系结构设计包括确定网络层次结构及各层采用的协议。

试题 2 答案：B

3．在三层层次化模型中，（　　）是汇聚层的功能。

A．不同区域的高速数据转发

B．用户验证、计费管理

C．终端用户接入网络

D．实现网络的访问策略控制

试题 3 解析：

核心层是互联网络的高速主干网，在设计中应增加冗余组件，使其具备高可靠性，能快速适应通信流量的变化。在设计核心层设备的功能时应避免使用数据包过滤、路由策略等降低转发速度的功能特性，使得核心层具有高速率、低时延和良好的可管理性。核心层设备覆盖的地理范围不宜过大，连接的设备不宜过多，否则会使得网络的复杂度增大，导致网络性能降低。核心层应包括一条或多条连接外网的专用链路，以高效地访问 Internet。

汇聚层是核心层与接入层的分界点，应实现资源访问控制和流量控制等功能。汇聚层应该对核心层隐藏接入层的详细信息，不管划分了多少个子网，汇聚层向核心层路由器发布路由通告时，都只能通告各个子网汇聚后的超网地址。如果局域网中运行了以太网和弹性分组环等不同类型的子网，或者运行了不同路由算法的区域网络，那么可以通过汇聚层设备完成路由汇总和协议转换功能。

接入层提供网络接入服务，并且满足本地网段内用户之间互相访问的需求，应提供足够的带宽，使得本地用户之间可以高速访问；接入层还应提供一部分管理功能，如 MAC 地址验证、用户验证、计费管理等；接入层同时应负责收集用户信息（如用户 IP 地址、MAC 地址、访问日志等），作为计费和排错的依据。

试题 3 答案：D

4．以下关于层次化网络设计模型的描述中，不正确的是（　　）。

A．终端用户网关通常部署在核心层，实现不同区域间的数据高速转发

B．流量负载和 VLAN 间路由在汇聚层实现

C．MAC 地址过滤、路由发现在接入层实现

D．接入层连接无线 AP 等终端设备

试题 4 解析：

终端用户网关通常部署在汇聚层。

试题 4 答案：A

12.5 物理网络设计

物理网络设计的任务是为所设计的逻辑网络设计特定的物理环境平台，主要包括综合布线系统设计、机房环境设计、传输介质和网络设备选择及安装方案、特殊设备安装方案和网络实施方案等，这些内容要有相应的物理设计文档。由于逻辑网络设计是物理网络设计的基础，因此逻辑网络设计的商业目标、技术需求、网络通信特征等因素都会影响物理网络设计。

12.5.1 综合布线系统

综合布线系统分为 6 个子系统：工作区子系统、水平子系统、管理子系统、干线子系统、设备间子系统、建筑群子系统。

1．工作区子系统

工作区子系统（Work Location）是由终端设备到信息插座的整个区域。一个独立的需要安装终端设备的区域划分为一个工作区。工作区应支持电话、计算机、电视机、监视器及传感器等多种终端设备。

信息插座的类型应根据终端设备的种类而定。信息插座的安装分为嵌入式安装（新建筑物）和表面安装（旧建筑物）两种方式，信息插座通常安装在工作间四周的墙壁下方，距离地面 30cm，也有的安装在用户办公桌上。

2．水平子系统

各个楼层接线间的配线架到工作区信息插座之间所安装的线缆属于水平子系统（Horizontal）。从楼层接线间的配线架至工作区的信息插座的最大长度控制在 90m 以内。

水平子系统的作用是将干线子系统线路延伸到用户工作区。在进行水平布线时，传输介质中间不宜有转折点，两端应直接从配线架连接到工作区的信息插座。水平布线的布线方式有两种：一种是暗管预埋、墙面引线方式，另一种是地下管槽、地面引线方式。前者适用于多数建筑系统，一旦敷设完成，就不易更改和维护；后者适用于少墙多柱的环境，更改和维护方便。

3．管理子系统

管理子系统（Administration）配置在楼层的配线间内，由各种交连设备（双绞线跳线架、光纤跳线架）及集线器和交换机等交换设备组成，交连方式取决于网络拓扑结构和工作区设备的要求。交连设备通过水平子系统连接到各个工作区的信息插座，集线器或交换机与交连设备之间通过短线缆互连，这些短线缆被称为跳线。通过调整跳线，可以在工作区的信息插座和交换机接口之间进行连接切换。

高层大楼采用多点管理方式，每一个楼层要有一个配线间，用于放置交换机、集线器及配线架等设备。如果楼层较少，宜采用单点管理方式，管理点就设在大楼的设备间内。

4. 干线子系统

干线子系统（Backbone）是建筑物的主干线缆，实现各楼层设备间子系统之间的互连。干线子系统通常由垂直的铜缆或光缆组成，一头接在设备间的主配线架上，另一头接在楼层配线间的管理配线架上。

干线子系统在设计时，对于旧建筑物，主要采用楼层牵引管方式铺设，对于新建筑物，则利用建筑物的线井进行铺设。

5. 设备间子系统

建筑物的设备间是网络管理人员值班的场所，设备间子系统（Equipment）由建筑物的进户线、交换设备、电话、计算机、适配器及安保设施组成，实现中央主配线架与各种不同设备（如 PBX、网络设备和监控设备等）之间的连接。

在选择设备间的位置时，不仅要考虑连接方便性，还要考虑安装与维护的方便性。设备间通常配置在建筑物的中间楼层。设备间要有防雷击、防过压过流的保护设备，通常还要配备不间断电源。

6. 建筑群子系统

建筑群子系统（Campus）也叫园区子系统，是连接各个建筑物的通信系统。建筑群子系统的布线方法有三种，第一种是地下管道敷设法，管道内敷设的铜缆或光缆应遵循电话管道和入孔的各种规定，安装时至少应预留 1～2 个备用管孔，以备扩充之用；第二种是直埋法，在同一个沟内埋入通信和监控电缆，并设立明显的地面标志；第三种是架空明线法，这种方法需要经常维护。

12.5.2 课后检测

1. 网络设计过程包括逻辑网络设计和物理网络设计两个阶段，各个阶段都要产生相应的文档。下面的选项中，属于逻辑网络设计文档的是（　　），属于物理网络设计文档的是（　　）。

（1）A. 网络 IP 地址分配方案
　　B. 设备列表清单
　　C. 集中访谈的信息资料
　　D. 网络内部的通信流量分布

（2）A. 网络 IP 地址分配方案
　　B. 设备列表清单
　　C. 集中访谈的信息资料
　　D. 网络内部的通信流量分布

试题 1 解析：

逻辑网络设计的任务是根据需求规范和通信规范，实施资源分配和安全规划。逻辑网络设计包括层次网络结构设计、物理层技术选择、局域网技术选择与应用、广域网技术选择与应用、地址设计和命名模型、路由选择协议、网络管理、网络安全、逻辑网络设计文档。

物理网络设计的任务是为所设计的逻辑网络设计特定的物理环境平台，主要包括综合布线系统设计、机房环境设计、传输介质和网络设备选择及安装方案、特殊设备安装方案和网络实施方案等。

试题 1 答案：A、B

2．下面的描述中属于工作区子系统区域范围的是（　　）。

A．实现楼层设备间之间的连接　　B．接线间配线架到工作区信息插座

C．终端设备到信息插座的整个区域　　D．接线间内各种交连设备之间的连接

试题 2 解析：

（1）工作区子系统：连接用户终端设备的子系统，主要包括信息插座、信息插座和设备之间的适配器。通俗地说，工作区子系统是指计算机和网线接口之间的部分。

（2）水平子系统：连接工作区与干线的子系统，主要包括配线架、配线电缆和信息插座。通俗地说，水平子系统是指从楼层弱电井里的配线架到每个房间的网卡接口之间的部分，水平子系统通常在天花板上布线，因此与楼层平行。水平子系统使用星形拓扑结构，即将每个网卡接口（信息模块）接回配线架，每个接口连接一根线。

（3）管理子系统：对布线电缆进行端接及配置管理的子系统，通常在各个楼层都会设立。通俗地说，管理子系统是指配线间中的设备部分。

（4）干线子系统：用来连接管理间、设备间的子系统。通俗地说，干线子系统是指将接入层交换机连接到分布层（或核心层）交换机的网络线路，由于其通常顺着大楼的弱电井而下，是与大楼垂直的，因此也称为垂直子系统。干线经常使用光缆，另外高品质的 5 类/超 5 类及 6 类非屏蔽双绞线也是十分常用的。

（5）设备间子系统：安装在设备间的子系统。设备间是指集中安装大型设备的场所。一般来说，大型建筑物都会有一个或多个设备间。通常核心层交换机所在的位置就是设备间。设备间子系统与管理子系统相比，对于物理环境的要求更高。设备间子系统把各种公共系统的多种不同设备互连起来，其中包括光缆、双绞线电缆、同轴电缆、程控交换机。

（6）建筑群子系统：用来连接楼群的子系统，包括各种通信传输介质和支持设备，由于在户外，因此又称为户外子系统。建筑群子系统的布线方法通常包括地下管道敷设法、直埋法、架空明线法三种。现在许多新的建筑物，通常都会预先留好地下管道。

试题 2 答案：C

3．在综合布线系统中，实现各楼层设备间互连的是（　　）。

A．管理子系统　　B．干线子系统

C．工作区子系统　　D．建筑群子系统

试题 3 解析：

综合布线系统的六大子系统如下。

（1）工作区子系统：由跳线、信息插座、终端设备（计算机、电话、传真机、打印机、

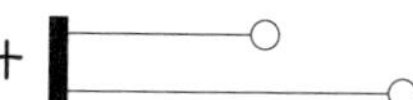

投影仪、摄像头、各种传感器）组成。

（2）水平子系统：由信息插座模块，模块到管理间铺设的线缆、配线架等组成。

（3）管理子系统：由机柜、配线架、接入层交换机等组成。

（4）干线子系统：又称为垂直子系统，连接管理间和设备间，由光缆、大对数电缆组成。

（5）设备间子系统：又称为网络中心机房，由核心层交换机、服务器、防火墙、路由器、程控交换机、UPS、精密空调、各种传感器、监控录像机等组成。

（6）建筑群子系统：由连接不同建筑物的电缆、光缆组成。

实现各楼层设备间互连的是干线子系统。

试题 3 答案：B

第13章

Windows 服务器配置

根据对考试大纲及对以往试题情况的分析，“Windows 服务器配置”章节在上午考试中的分数为 **2** 分左右，偶尔会在下午考试中占据一道大题。从复习时间安排来看，请考生在 3 天之内完成本章的学习，有条件的同学可以在自己的计算机上利用虚拟机搭建实验环境动手学习。

13.1 知识图谱与考点分析

本章是网络工程师考试的一个必考点，根据考试大纲，要求考生掌握以下几个方面的内容。

知识模块	知识点分布	重要程度
Web 服务器配置	• 网站的基本配置 • 虚拟目录的配置 • 虚拟主机的配置 • 网站的安全配置 • HTTPS 网站的配置	★★★ ★★ ★★★ ★★ ★
FTP 服务器配置	• FTP 服务器的基本配置	★★
DNS 服务器配置	• 正向查找区域记录的配置 • 反向查找区域记录的配置	★★★ ★★
DHCP 服务器配置	• DHCP 服务器的基本配置 • DHCP 中继代理	★★★ ★

13.2 Web 服务器配置

在使用 Internet 的过程中，我们经常会浏览各种内容丰富的网页。所谓 Web 服务器，即一台负责提供网页的计算机。Web 服务器通过超文本传输协议将网页传给客户端（该客户端一般是指网页浏览器）。现在市面上的超文本传输协议服务器有 Apache 软件基金会的 Apache、Tomcat，Microsoft 公司的 Internet Information Server（IIS），Google 公司的 Google Web Server 等。

在本节中，我们关注并利用 Microsoft 公司的 IIS 来搭建 Web 服务器以用于浏览网页。需要注意的是，IIS 还可以提供 FTP 服务用于传输文件，FTP 相关内容将在下一节涉及。

13.2.1 安装和配置 Web 网站

通过操作以下步骤学习如何安装和配置 Web 网站。

1. 安装 IIS

Windows Server 2008 R2 默认是没有安装 IIS 的，需要我们添加该服务器角色才能安装。

（1）选择【开始】→【管理工具】→【服务器管理器】选项，如图 13-1 所示。

图 13-1 服务器管理器按键示意图

（2）在【角色】对话框中选择【添加角色】选项，单击【下一步】按钮，如图 13-2 所示。

（3）可以看到在【角色】列表框中，有【Web 服务器(IIS)】复选框。把此复选框勾选上，然后单击【下一步】按钮，如图 13-3 所示。（注意：关于每个服务器角色选项的详细信息，可以在【有关服务器角色的详细信息】中查到）。

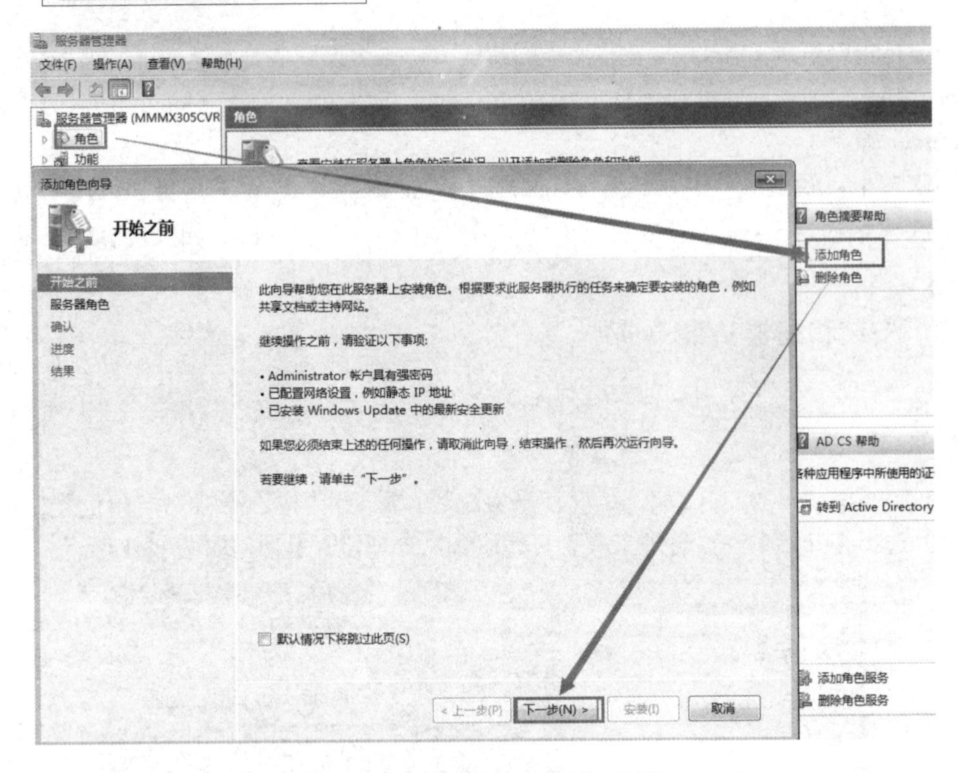

图 13-2　添加角色向导按键示意图

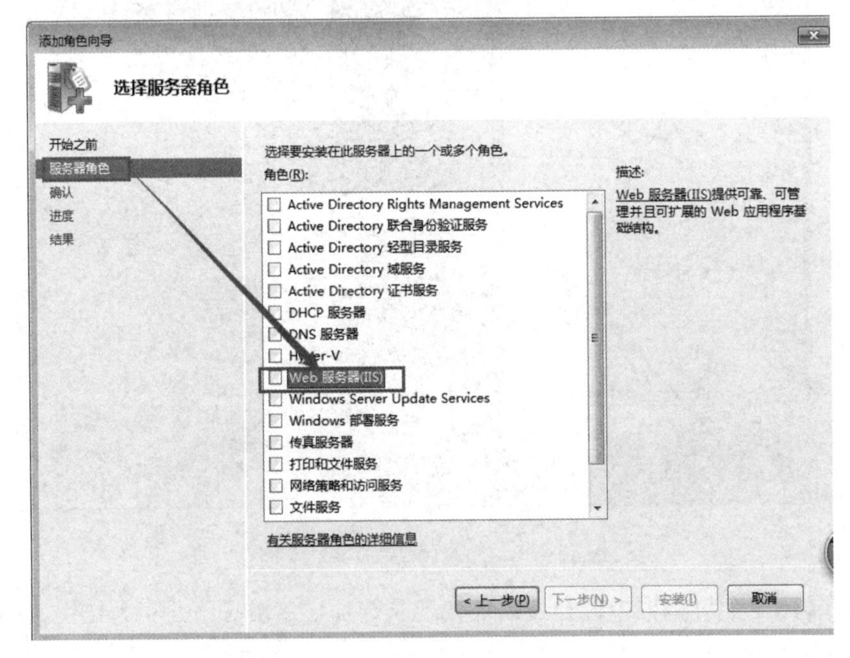

图 13-3　选择服务器角色示意图

（4）在【角色服务】列表框中可以不进行修改，采用默认配置，单击【下一步】按钮，如图 13-4 所示。

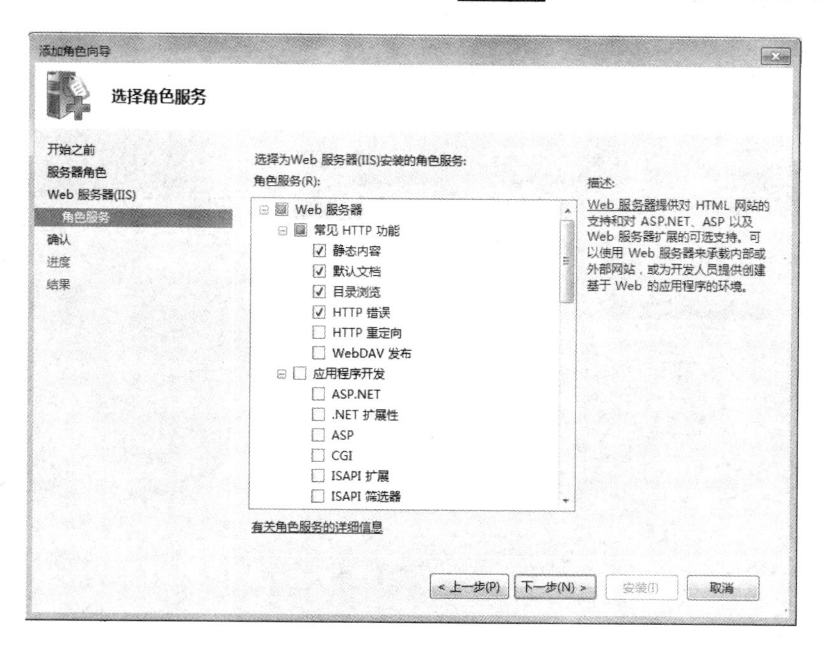

图 13-4　选择角色服务示意图

（5）选择【确认】选项，单击【安装】按钮，如图 13-5 所示。

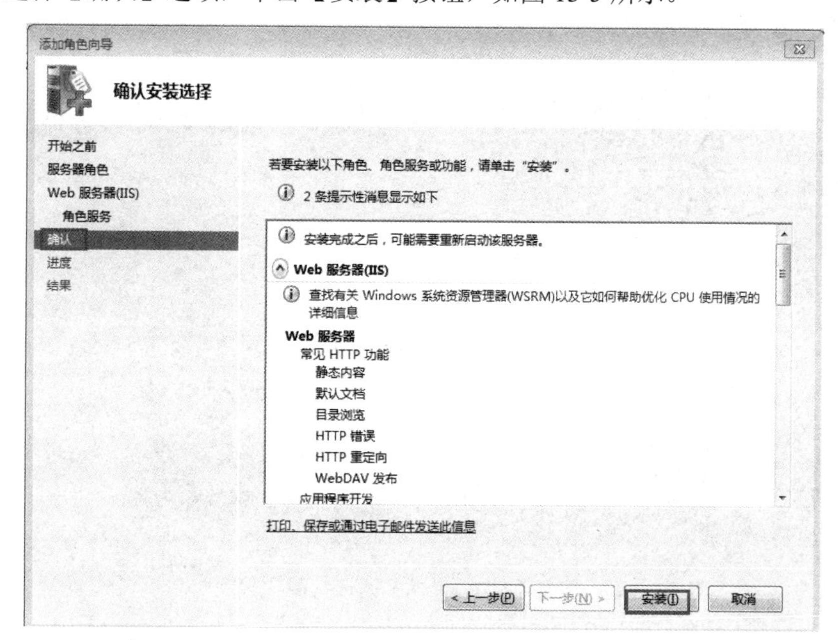

图 13-5　确认安装选择示意图

（6）在安装完成后，可以看到如图 13-6 所示的界面，单击【关闭】按钮，完成 IIS 的安装。

（7）在安装 IIS 时，会自动搭建一个默认网站，可以使用服务器的 IP 地址访问该网站。当出现如图 13-7 所示的界面时，说明安装正常。

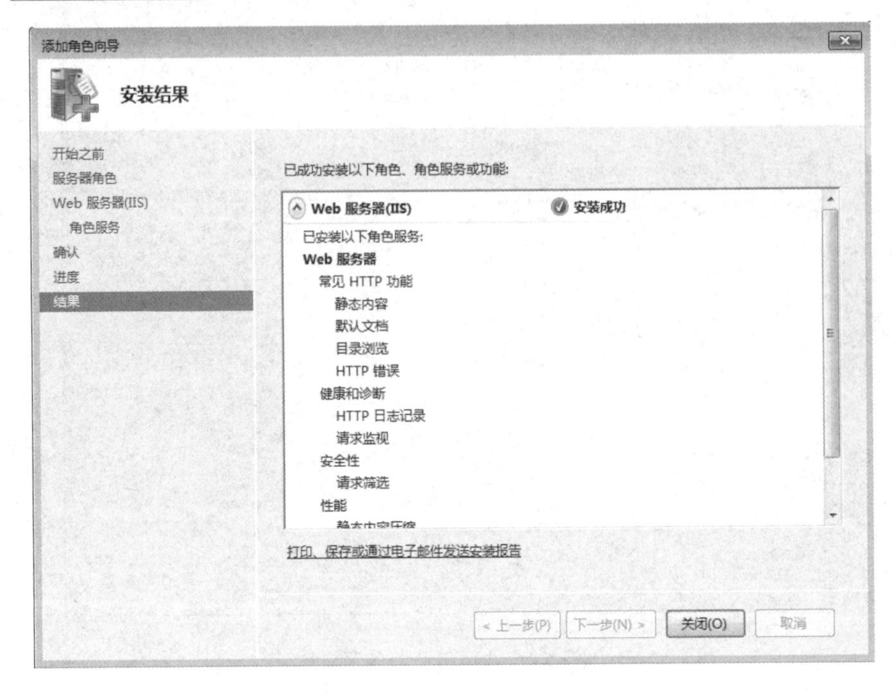

图 13-6　安装结果示意图

图 13-7　网站初始示意图

2．配置网站

在添加 IIS 服务器角色后，可以使用【Internet 信息服务(IIS)管理器】来配置网站。IIS 管理器按键示意图如图 13-8 所示，IIS 管理器界面示意图如图 13-9 所示。

1）配置网站的 IP 地址和 TCP 端口

在目标网站的右边【操作】窗格中，选择【绑定】选项，弹出【网站绑定】对话框。在该对话框中，单击【编辑】按钮，弹出【编辑网站绑定】对话框。

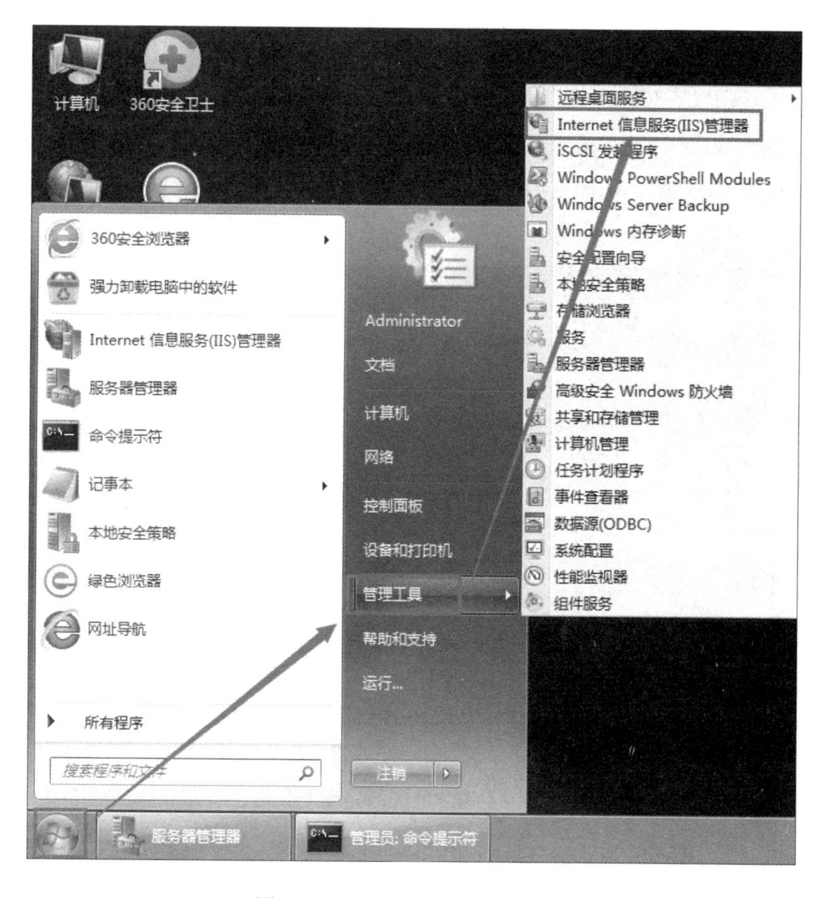

图 13-8　IIS 管理器按键示意图

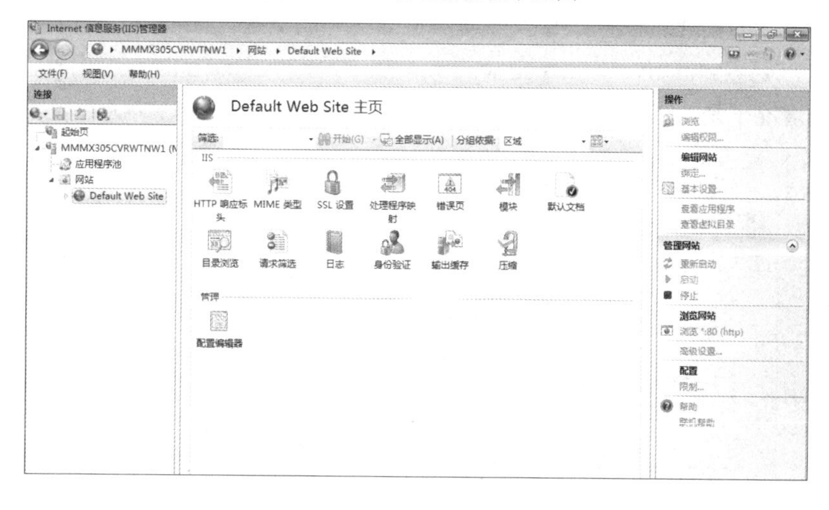

图 13-9　IIS 管理器界面示意图

如图 13-10 所示，IP 地址如果选择【全部未分配】选项，等于把网站绑定在计算机已配置的所有 IP 地址上。在本案例中，我们的以太网网口暂时只配置了一个 IP 地址，即 192.168.215.130，所以使用默认配置即可。

端口指的是 TCP 端口。超文本传输协议（HTTP）在传输层使用 TCP 端口。默认情况下，HTTP 使用 TCP 的 80 端口，如果有需要，可以修改此端口。但是默认情况下可以不进行修改，保持原有配置即可。需要注意的是，在浏览器中使用 HTTP 时，默认补全 80 端口，所以使用“http://IP 地址（域名）”即可访问。如果修改了端口，那么在浏览器中访问网页时必须把端口号添加上，如“http://IP 地址（域名）:端口号”。

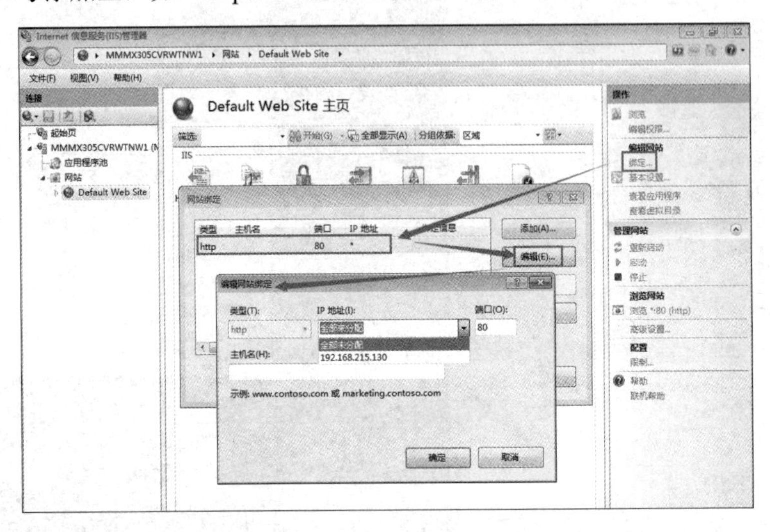

图 13-10　网站绑定示意图

2）配置默认文档

在【操作】窗格中，选择【基本设置】选项，弹出【编辑网站】对话框。在该对话框中可以配置网站的物理路径，即存放该网站页面文件的路径，如图 13-11 所示。网站默认存放路径是“%SystemDrive%\inetpub\wwwroot”，其中“%SystemDrive%”表示操作系统所在盘，一般情况下是 C 盘，即系统盘。从图 13-12 可以看出，网站默认存放路径是 C 盘下的 inetpub 文件夹下的 wwwroot 文件夹。

图 13-11　网站基本配置示意图

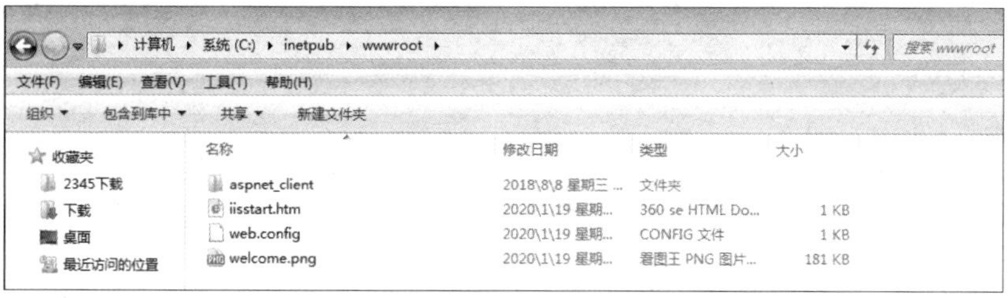

图 13-12　网站默认存放路径示意图

在访问 Web 网站时，用户通常只需要输入 IP 地址或域名即可访问网站中的网页内容，而不需要提供对应的网页名称。原因是网站配置了默认文件，网站可以自动提供主目录下的网页文件给用户。单击网站主页中的【默认文档】图标可以进行配置，如图 13-13 所示。

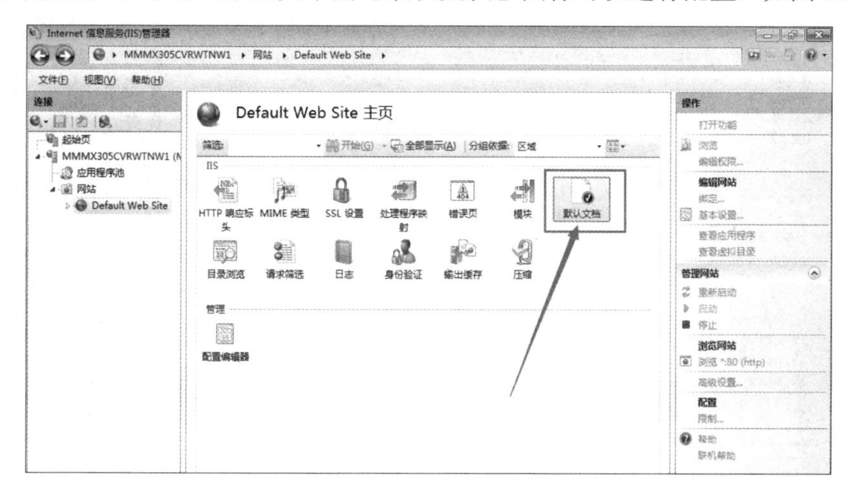

图 13-13　默认文档位置示意图

在图 13-14 中，可以看到网站已经配置了几个默认文件：Default.htm、Default.asp、index.htm、index.html、iisstart.htm。这些文件按从上至下的顺序进行显示，也就是说，若网站存放的物理路径内有相应的文件，则优先显示。具体过程为先检测网站内部有无 Default.htm 文件，如果有则显示该文件内容，如果没有则判断是否有 Default.asp 文件，如果有则显示，以此类推。在图 13-12 中，我们可以看到该网站默认文件只有 iisstart.htm 文件，而没有【默认文档】中配置的其他文件，所以只会匹配【默认文档】中的最后一个条目，显示该文件内容。

同时，我们可以依据自己的实际使用情况来移动【默认文档】中配置文件的上下位置或删除某些文件。

如果【默认文档】中所配置的文件，在网站目录中没有对应的，同时没有启用目录浏览功能。例如，案例中把 iisstart.htm 文件暂时先放到了桌面上（网站目录已经没有网页文件了），如图 13-15 所示。那么我们再次打开网页会报错 403，如图 13-16 所示。

在 403 报错网页中已经提示我们发生故障的原因和可以进行的操作，这些都是有用的信息，在工作中我们是需要留意的。我们启用目录浏览功能，然后打开网页查看效果。

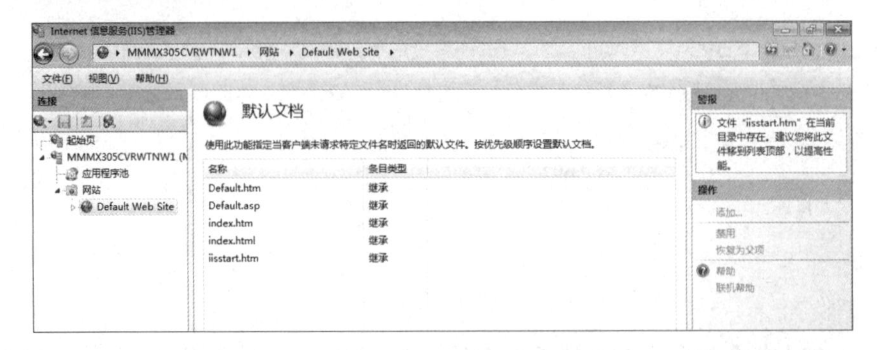

图 13-14　默认文档配置界面示意图

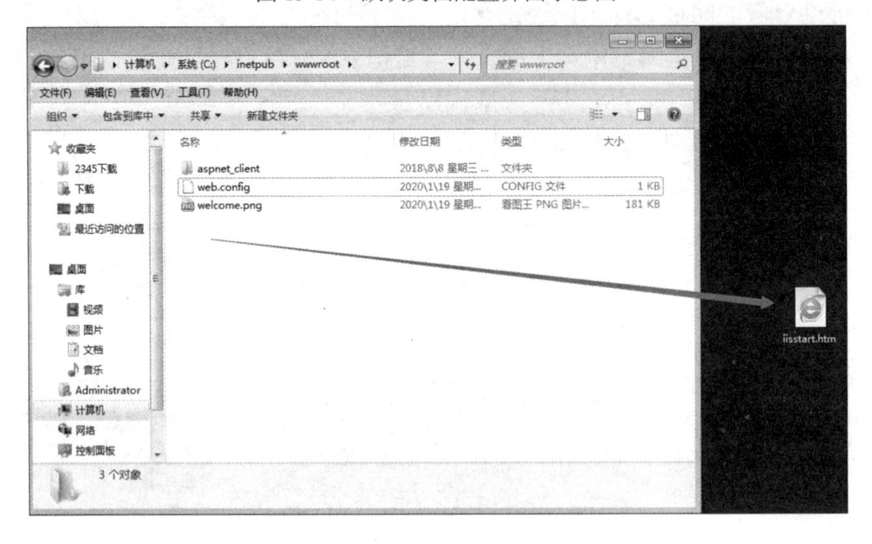

图 13-15　网站文件存放路径示意图

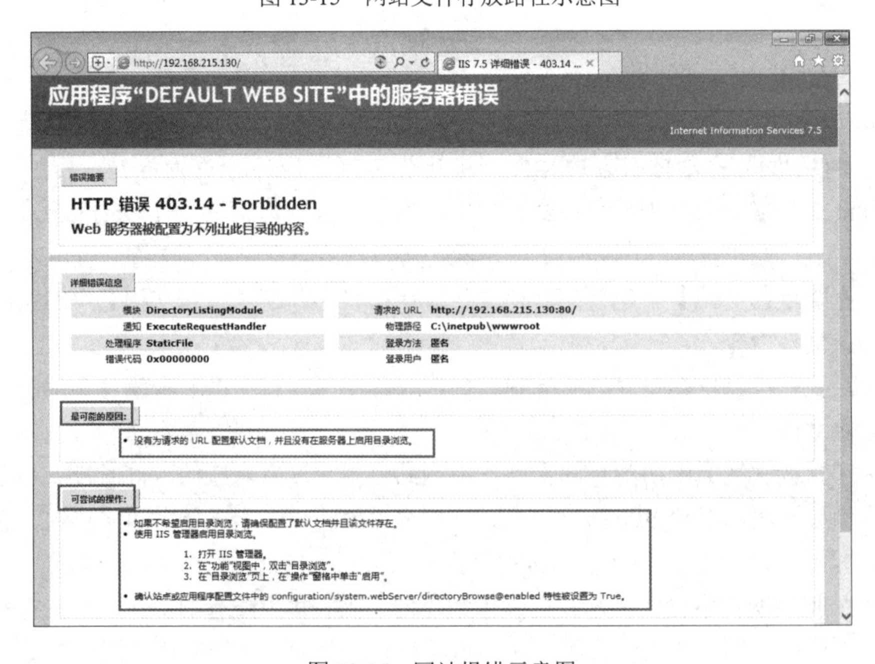

图 13-16　网站报错示意图

首先在【Default Web Site】主页中，单击【目录浏览】图标，如图 13-17 所示。然后在【目录浏览】窗口的右侧【操作】窗格中选择【启用】选项，如图 13-18 所示。

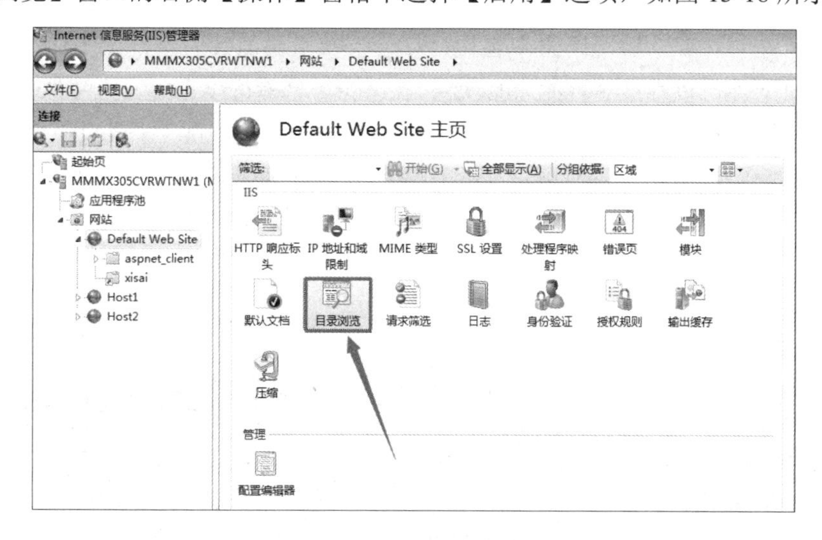

图 13-17 目录浏览图标示意图

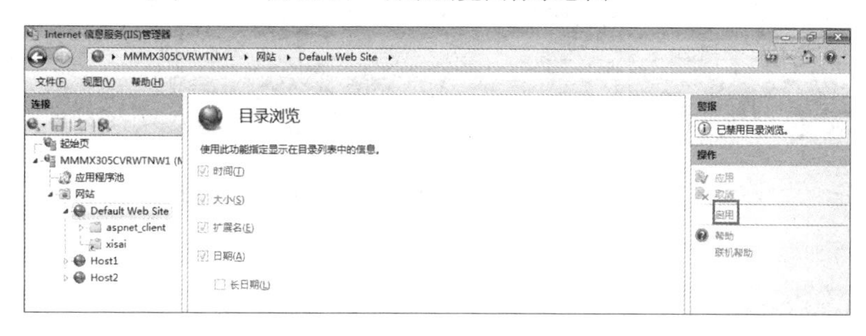

图 13-18 目录浏览配置界面示意图

再次打开网页，我们可以看到，此时展示的是网站目录下的所有文件，可以和真实路径下的文件夹中的文件进行对比，如图 13-19 所示。

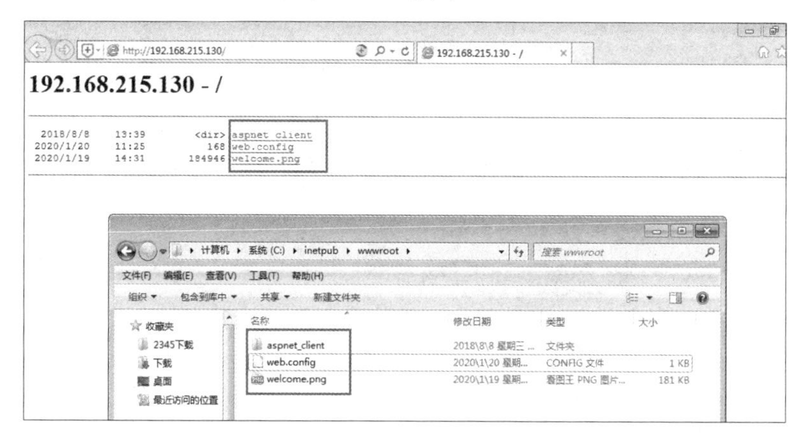

图 13-19 网页显示文件与路径存放文件对比图

13.2.2 配置虚拟目录和虚拟主机

虚拟目录：在一个网站的物理路径下可以有多个子文件夹，分别用来存放不同内容的文件。例如，在“希赛”这个网站中有项目管理、软考通信等内容，如图 13-20 所示。项目管理的网页文件可以存放在网站主目录下的 xmgl（名称可以自定义）文件夹中，软考通信的网页文件可以存放在网站主目录下的 rktx 文件夹中。有时候文件太多，可能网站的主目录能够存放的空间不够，则可以把文件存放在其他分区或其他计算机中。例如，网站的默认物理路径是%SystemDrive%\inetpub\wwwroot，当 C 盘存储空间不够时可以把文件存放在 D 盘或其他计算机中。

图 13-20　希赛官网示意图

对于用户而言，虚拟目录在逻辑上属于本网站。

1．创建虚拟目录

在【Default Web Site】主页中，右击自己搭建的网站，选择【添加虚拟目录】选项，如图 13-21 所示。

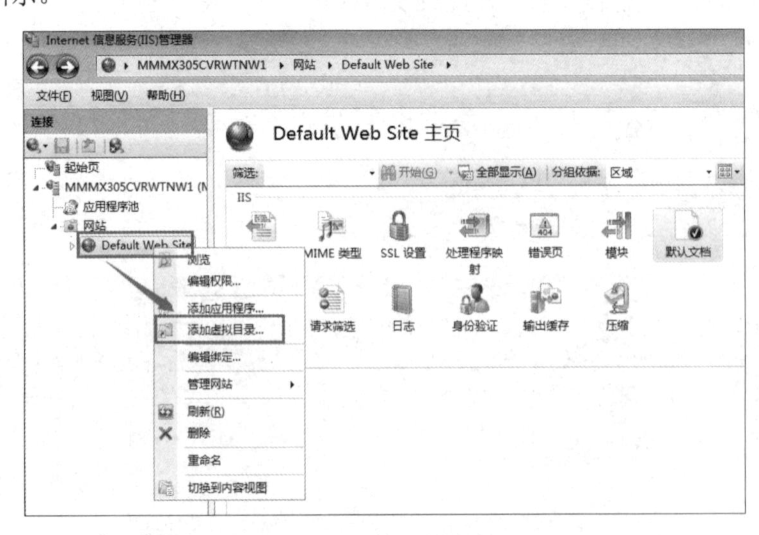

图 13-21　添加虚拟目录按键示意图

在弹出的【添加虚拟目录】对话框中可以进行配置。其中【别名】配置的是在浏览器中需要访问的名称，如图 13-22 所示，将其配置为 xisai，在浏览器中需要输入“http://IP 地址（域名）/xisai”才能访问该虚拟目录下的网页文件。虚拟目录的网页文件存放的物理路径，在该案例中配置为 C:\1.web-test。使用虚拟目录打开网页示意图如图 13-23 所示。

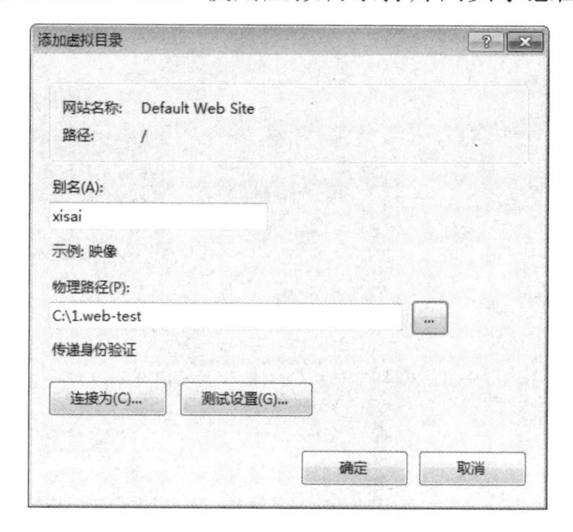

图 13-22　添加虚拟目录配置示意图

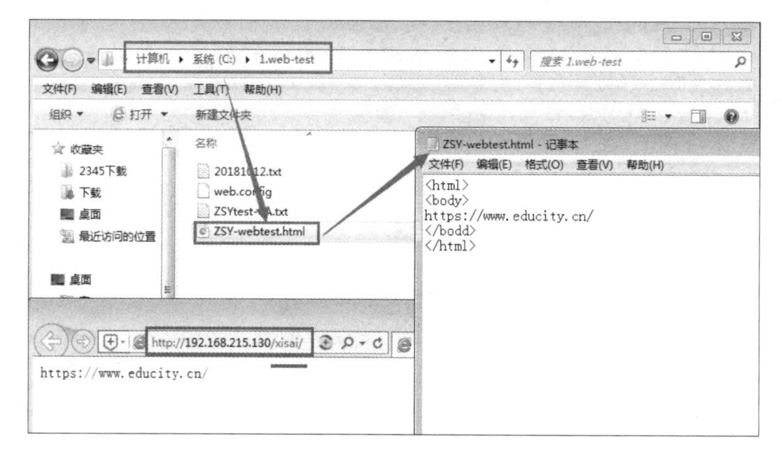

图 13-23　使用虚拟目录打开网页示意图

2. 实现虚拟主机

虚拟主机不同于虚拟目录，在一个网站上把不同的文件存放在不同的位置。虚拟主机是指在一台计算机上可以搭建多个网页站点，这样可以提高设备资源的利用效率。实现虚拟主机的方式通常有以下三种。

1）使用不同 IP 地址

HTTP 默认使用 TCP 的 80 端口，当 TCP 的 80 端口被一个服务占用时，其他服务无法再使用该端口，除非该端口被释放。当在一台计算机上想要同时使用多个 80 端口时，一个解决办法是为网卡配置多个 IP 地址，使用不同的 IP 地址来搭建网页服务器。

配置多 IP 地址示意图如图 13-24 所示。右击网卡，选择【属性】→【本地连接属性】→

【Internet 协议版本 4 (TCP/IPv4)】→【属性】→【高级】→【高级 TCP/IP 设置】→【添加】选项。IP 地址依据实际情况填写，进行测试的时候可以随意。

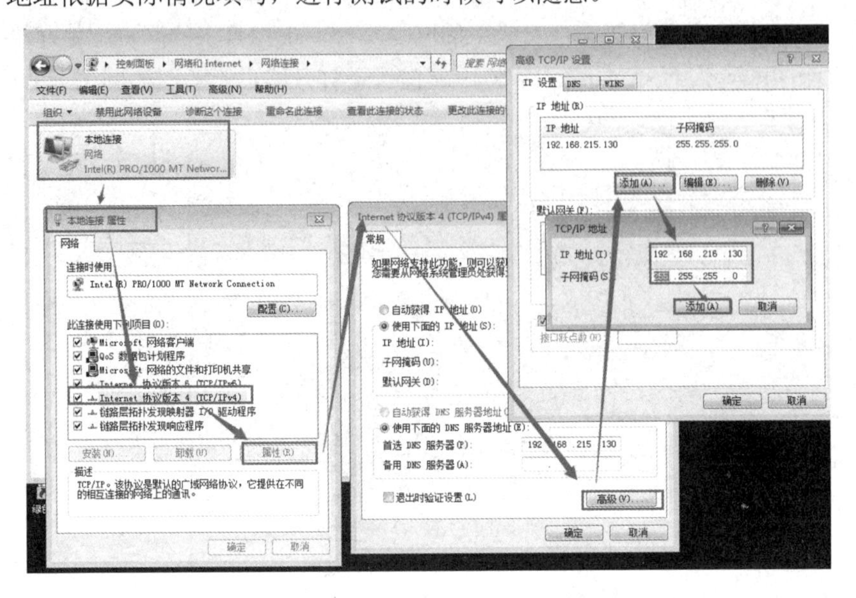

图 13-24　配置多 IP 地址示意图

配置完多个 IP 地址后，在【连接】窗格中找到【网站】并右击，选择【添加网站】选项，如图 13-25 所示。

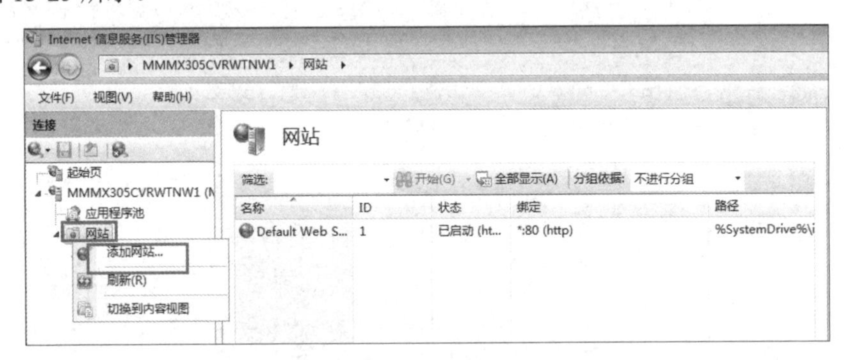

图 13-25　添加网站示意图

当弹出【添加网站】对话框后，在对话框内添加网站名称（名称可以按自己的需要取名）和物理路径，同时选择 IP 地址（该案例中的 IP 地址是 192.168.216.130），如图 13-26 所示。网页访问效果示意图如图 13-27 所示。

2）使用相同 IP 地址，不同 TCP 端口

如果只使用一个 IP 地址来搭建多个不同网页站点，则可以修改每个网站所使用的端口。

超文本传输协议（HTTP）在传输层使用 TCP 端口。默认情况下，HTTP 使用 TCP 的 80 端口，如果有需要，可以修改此端口。需要注意的是，在浏览器中使用 HTTP 时，默认补全 80 端口，所以使用“http://IP 地址（域名）”即可访问。如果修改了端口，那么在浏览器中访问网页时必须把端口号添加上，如“http://IP 地址（域名）:端口号”。

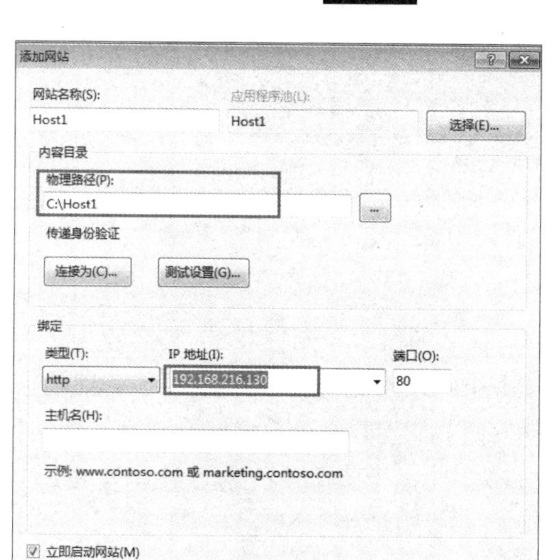

图 13-26　网站配置示意图

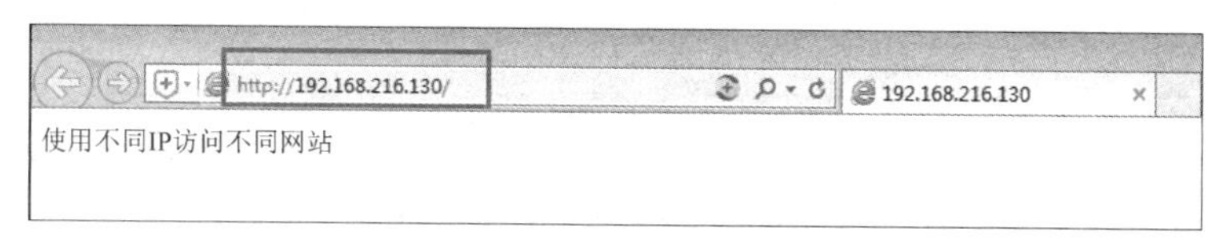

图 13-27　网页访问效果示意图 1

同样在【连接】窗格中找到【网站】并右击，选择【添加网站】选项。在【添加网站】对话框中，按照如图 13-28 所示进行配置，【端口】在此处配置为 8080 端口。网页访问效果示意图如图 13-29 所示。

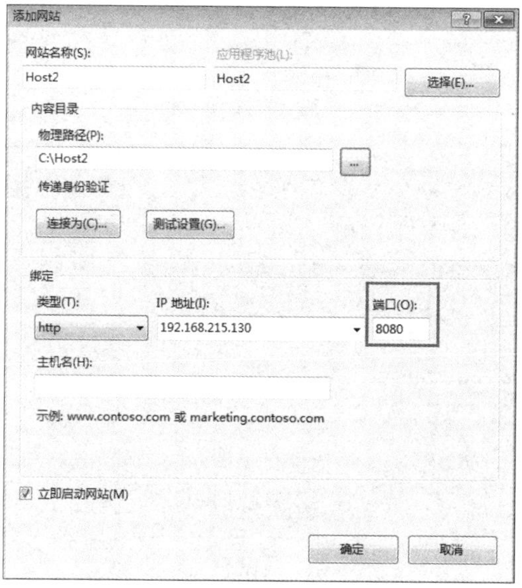

图 13-28　网站端口配置示意图

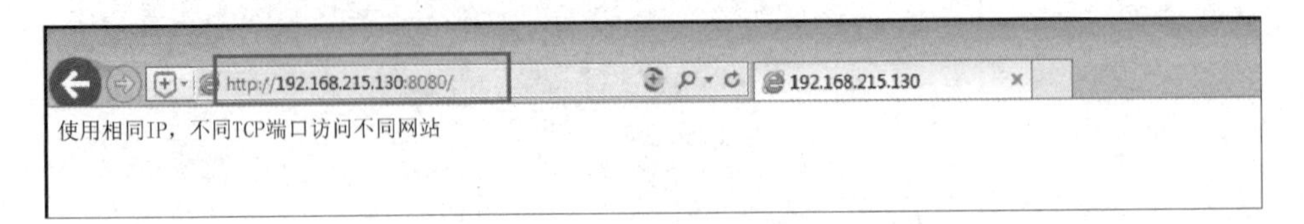

图 13-29　网页访问效果示意图 2

3）使用相同 IP 地址和 TCP 端口，不同域名

使用不同 IP 地址搭建多个网站不免有些浪费宝贵的 IP 地址资源，使用相同 IP 地址不同 TCP 端口搭建网站则不方便普通用户，对很多没有网络知识的普通用户而言，在域名后添加端口号可能会给他们带来困扰，因为他们习惯于在浏览器访问中只输入域名。

进行该实验前，需要在 DNS 服务器上配置好 A 记录，详细配置步骤参考 13.4.2 节。使用相同 IP 地址和 TCP 端口，不同域名搭建网站的过程如图 13-30、图 13-31、图 13-32 所示，网页展示效果图如图 13-33 所示。

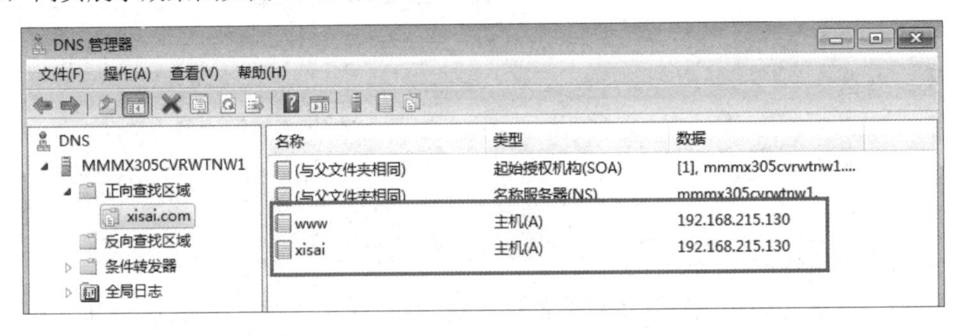

图 13-30　在 DNS 服务器上配置记录示意图

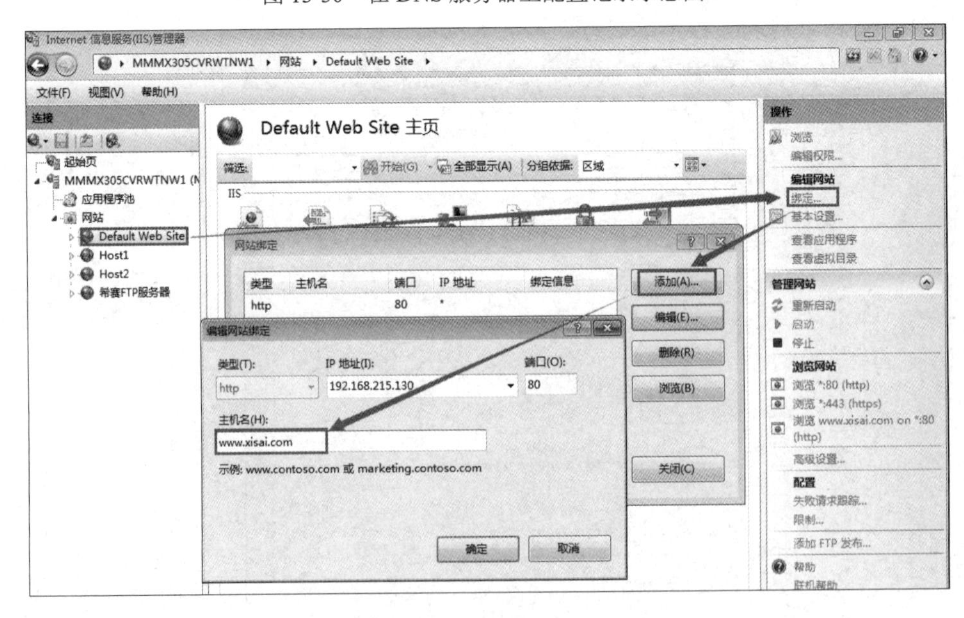

图 13-31　域名绑定示意图

图 13-32　网站绑定示意图

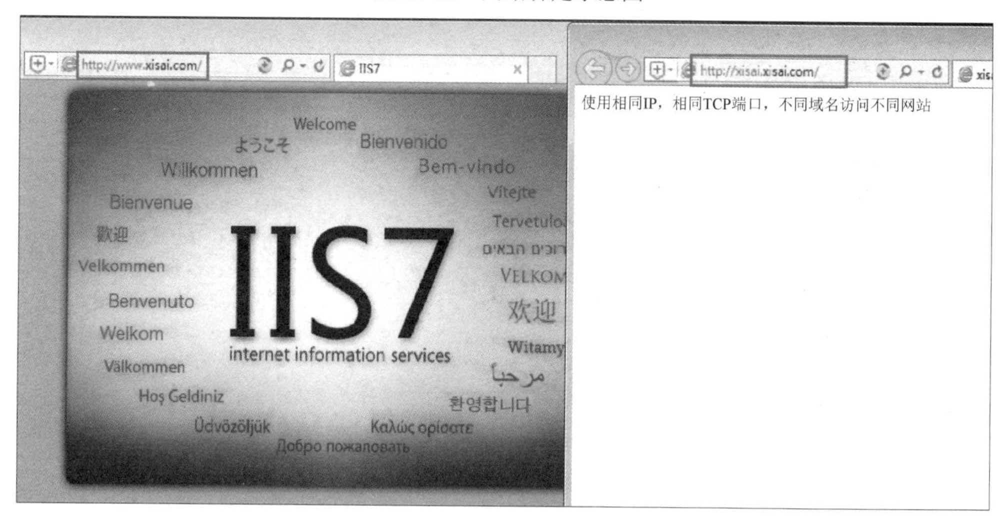

图 13-33　网页展示效果图

13.2.3　网站的安全配置

对于一般网站而言，通常是允许使用匿名方式访问的。但是在某些场合下基于网站安全性的考虑，需要进行特定的配置。例如，需要账号密码才能访问或允许（或禁止）特定的 IP 地址访问。

在之前安装 IIS 时，使用的是默认的基本配置。此时我们需要添加安全性配置，需要在之前的基本配置基础上添加一些角色服务。

在【服务器管理器】界面中，首先选择【角色】→【Web 服务器(IIS)】→【添加角色服务】选项，如图 13-34 所示，然后在【添加角色服务】对话框中，勾选【安全性(已安装)】复选框，最后单击【下一步】按钮，如图 13-35 所示。

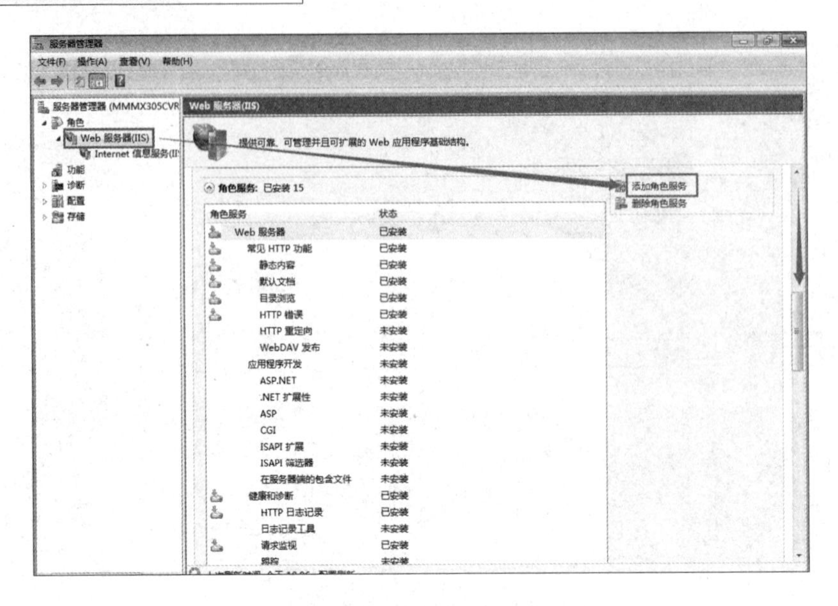

图 13-34　添加角色服务初始按键示意图

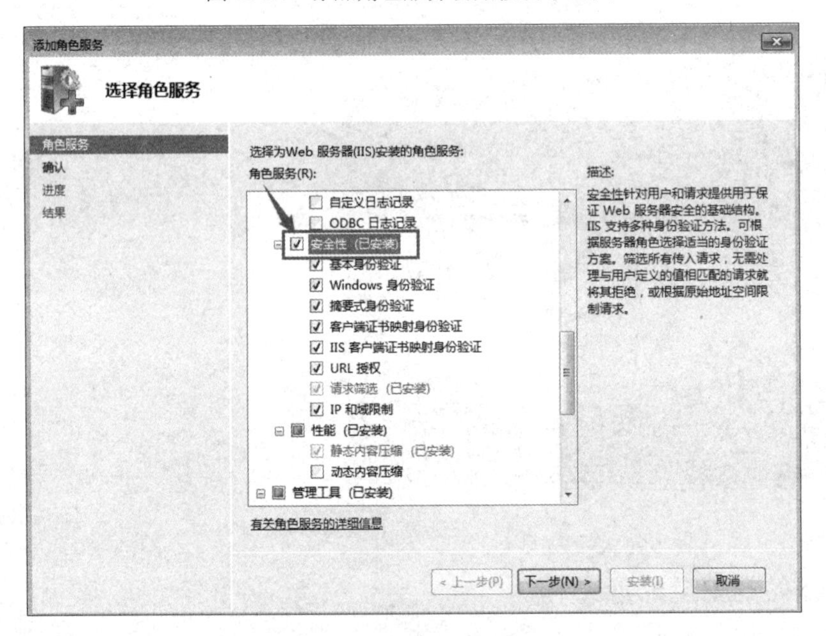

图 13-35　角色服务安装示意图

1. 身份验证

当安全性角色服务添加完成之后，在【Default Web Site】主页中选择自己搭建的网站，单击【身份验证】图标，如图 13-36 所示。

在【身份验证】窗口中，我们可以看到如图 13-37 所示的身份验证方法。

（1）匿名身份验证：启动匿名身份验证后用户不需要输入用户账号和密码，Web 服务器实际给用户分配的是 IUSR 账户。

（2）Windows 身份验证：Windows 身份验证是一种安全的验证方式，要求用户必须输入用户账号和密码，但用户账号和密码在通过网络发送前会经过哈希处理，所以可以确保安全。Windows 身份验证适用于连接内网的网站。

图 13-36　身份验证图标示意图

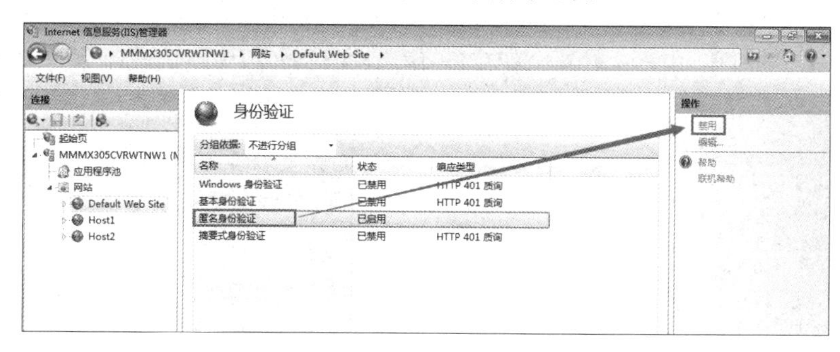

图 13-37　身份验证方法

（3）基本身份验证：这种验证会模仿一个本地用户（实际登录到服务器的用户）。用户必须具有本地登录的权限。基本身份验证会导致密码以没有加密的形式在网络中传播，恶意用户可能会在身份验证过程中使用协议分析程序破译用户账号和密码。

（4）摘要式身份验证：要求输入用户账号和密码，密码不是以明文形式发送的。用户和 IIS 必须是同一个域的成员或被同一个域信任。用户可以通过代理服务器进行摘要式身份验证。

当用户需要使用账号和密码访问网站时，可以在【身份验证】窗口中选择【匿名身份验证】→【禁用】选项，以禁止匿名身份验证方法。需要注意的是，应确保至少使用了一种其他身份验证的方法，否则所有用户都将无法访问该网站。

2. IP 地址和域限制

在【Default Web Site】主页中选择自己搭建的网站，单击【IP 地址和域限制】图标，如图 13-38 所示。

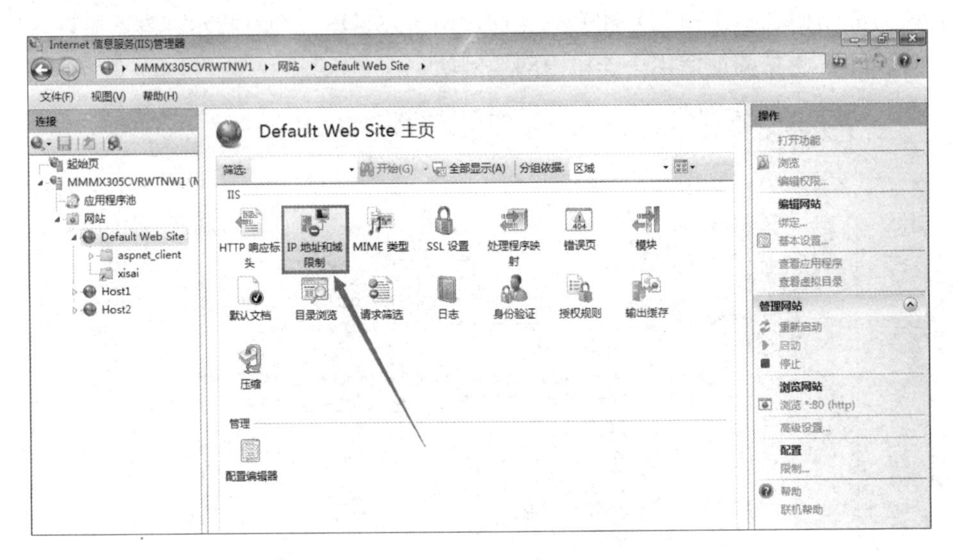

图 13-38 IP 地址和域限制图标示意图

在【IP 地址和域限制】窗口中，在右侧【操作】窗格中可以看到【添加允许条目】和【添加拒绝条目】选项。在此处可以针对特定 IP 地址或 IP 地址范围进行限制，如图 13-39 所示。【特定 IP 地址】用来设置某个特定的 IP 地址，而【IP 地址范围】用来设置一个 IP 地址网段。

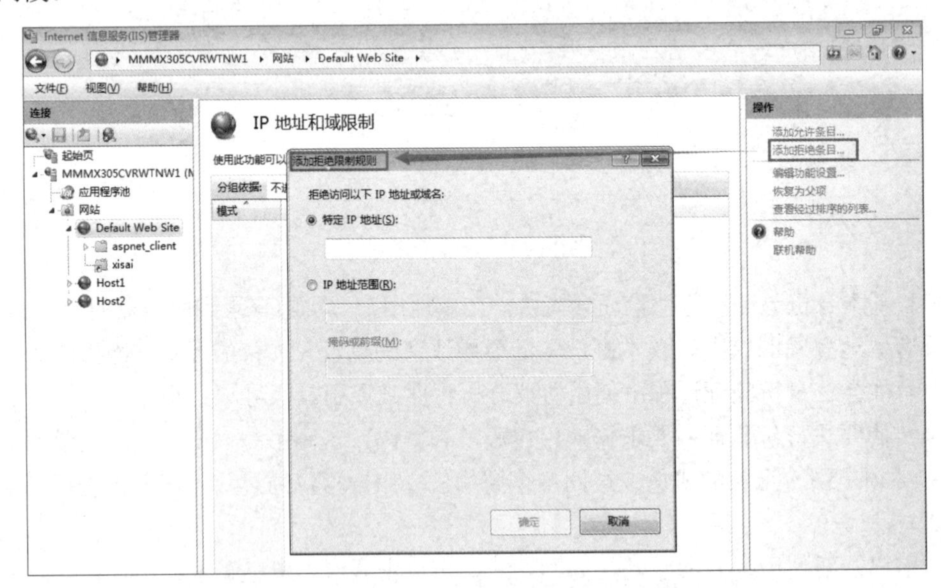

图 13-39 添加拒绝条目规则示意图

在右侧【操作】窗格中还有一个【编辑功能设置】选项。在此处可以设置默认的过滤规则。如果设置为【允许】，那么当有 IP 地址访问网站时，看该 IP 地址是否匹配【添加拒绝条目】中设置的 IP 地址。如果匹配，则拒绝访问；如果不匹配，则允许访问。

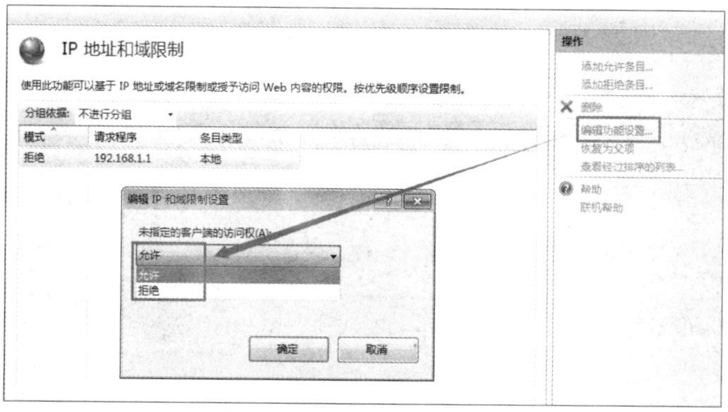

图 13-40　编辑功能设置示意图

13.2.4　HTTPS 网站的配置

之前我们搭建的网站是使用 HTTP 传输数据的。使用 HTTP 传输的数据在链路上以明文形式发送，这意味着数据在传输过程中安全性不够。如果需要传输敏感数据，则可以使用 HTTPS。HTTPS 经常用在 Internet 上的交易支付和企业信息系统中。

1. 配置 CA 证书服务器

CA 用来给企业发行 CA 证书。用户将 CA 证书安装到网站中，即可实现网站的 HTTPS 访问。因为我们目前处于实验环境，所以可以使自己的服务器作为一个 CA，自行发行 CA 证书。

（1）选择【开始】→【管理工具】→【服务器管理器】选项。

（2）选择【添加角色】→【Active Directory 证书服务】→【下一步】选项，如图 13-41 所示。

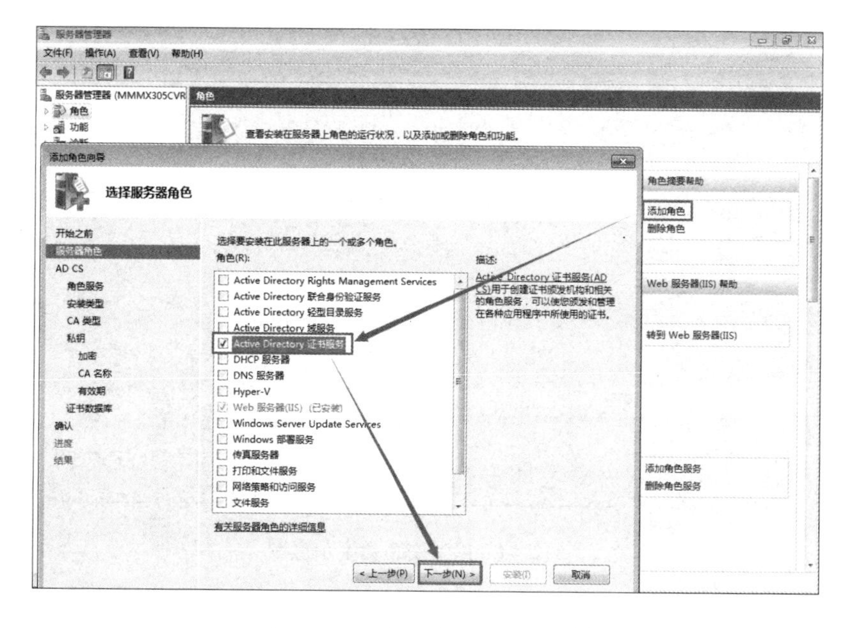

图 13-41　选择服务器角色示意图

（3）在【添加角色向导】→【角色服务】中，勾选如图 13-42 所示的复选框，单击【下一步】按钮。

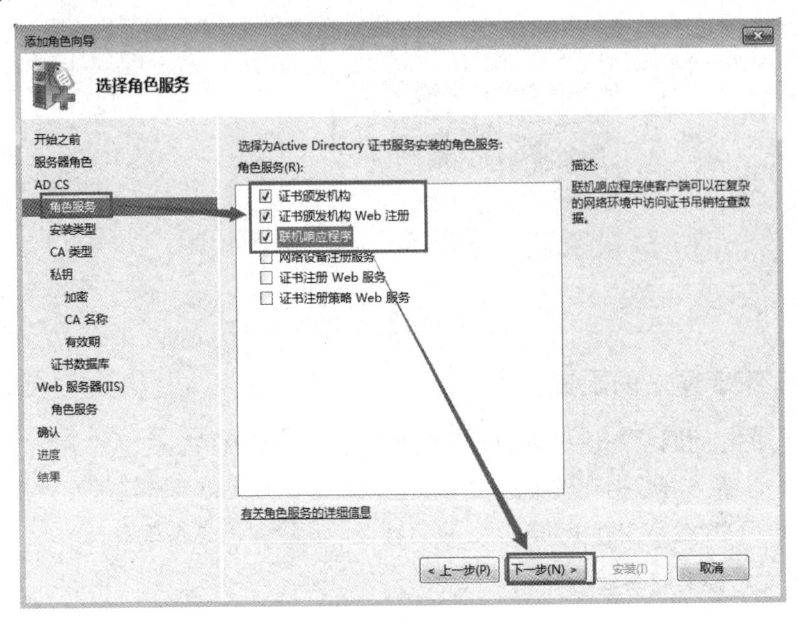

图 13-42　选择角色服务示意图

（4）在【添加角色向导】→【安装类型】中，选择【独立】单选按钮，单击【下一步】按钮，如图 13-43 所示。

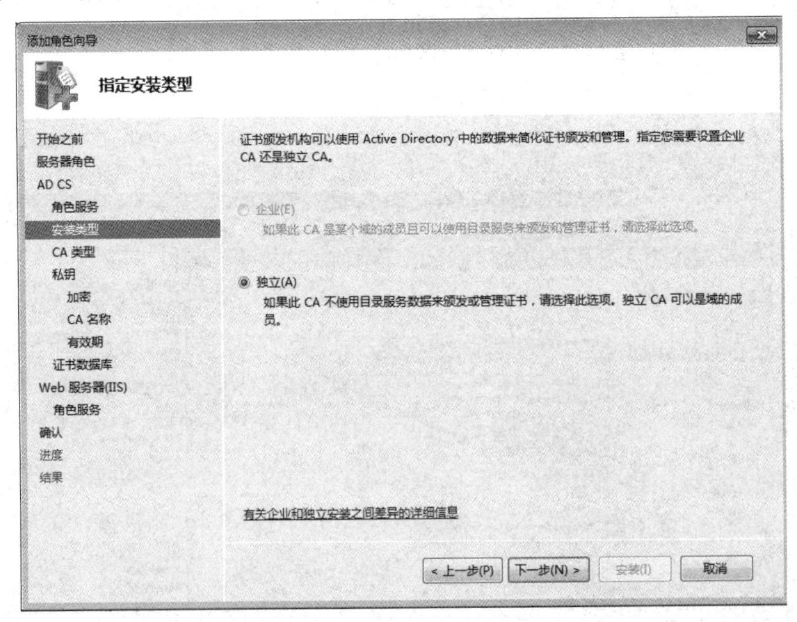

图 13-43　指定安装类型示意图

（5）在【添加角色向导】→【CA 类型】中，选择【根】单选按钮，单击【下一步】按钮，如图 13-44 所示。

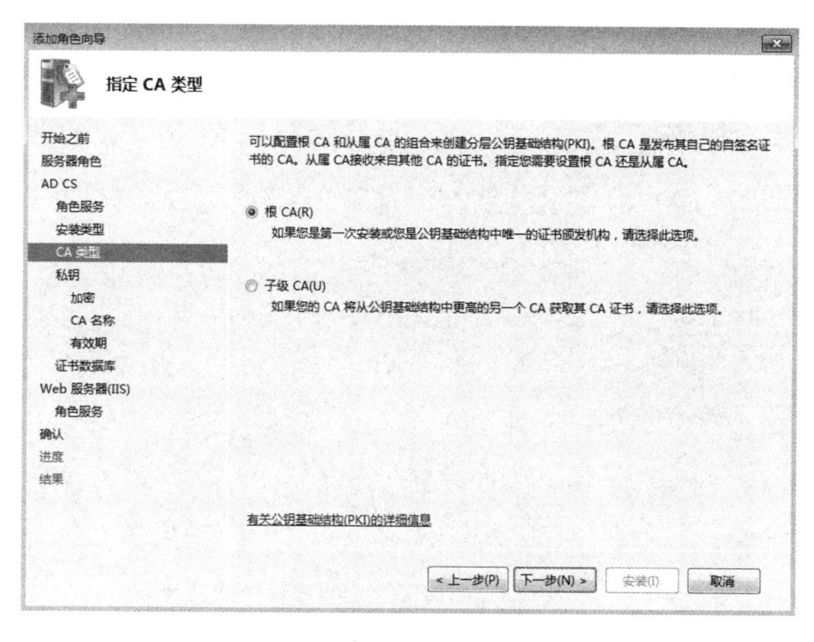

图 13-44　指定 CA 类型示意图

（6）在【添加角色向导】→【私钥】中，选择【新建私钥】单选按钮，单击【下一步】按钮，如图 13-45 所示。

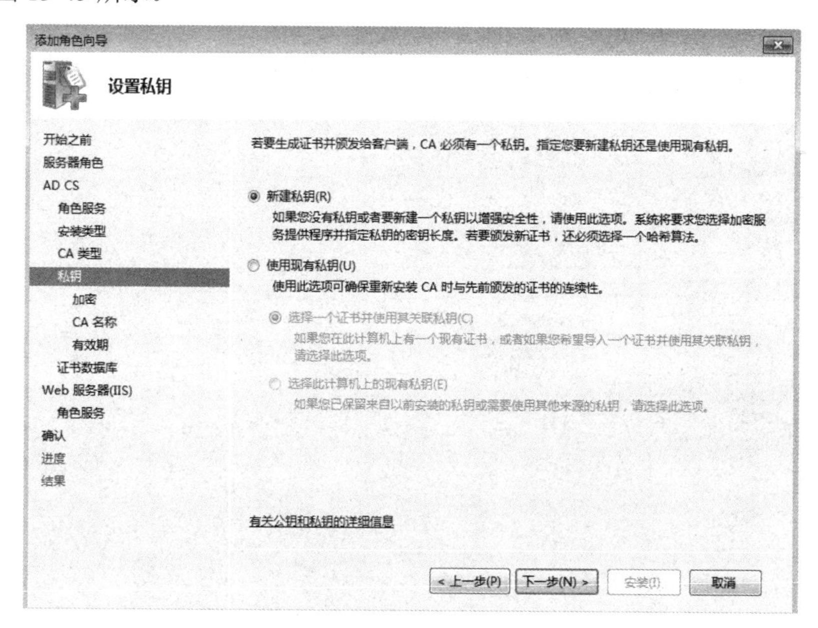

图 13-45　设置私钥示意图

（7）在【添加角色向导】→【私钥】中，【加密】【CA 名称】【有效期】均默认不进行修改，单击【下一步】按钮，如图 13-46 所示。

（8）在【添加角色向导】→【证书数据库】中，可以配置证书的存放路径，我们默认不进行修改，单击【下一步】按钮，如图 13-47 所示。

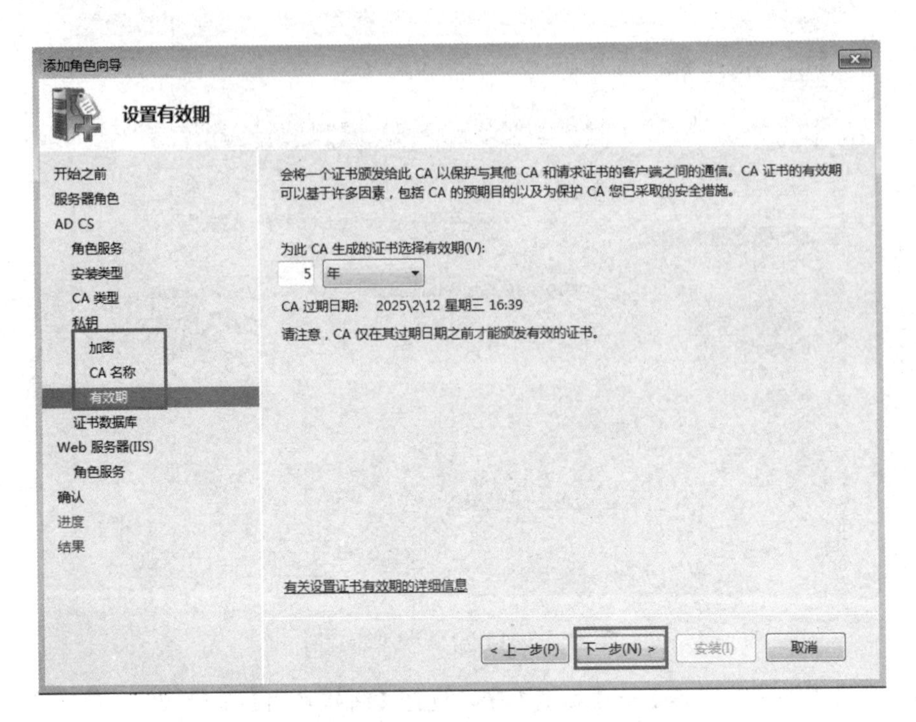

图 13-46　设置有效期示意图

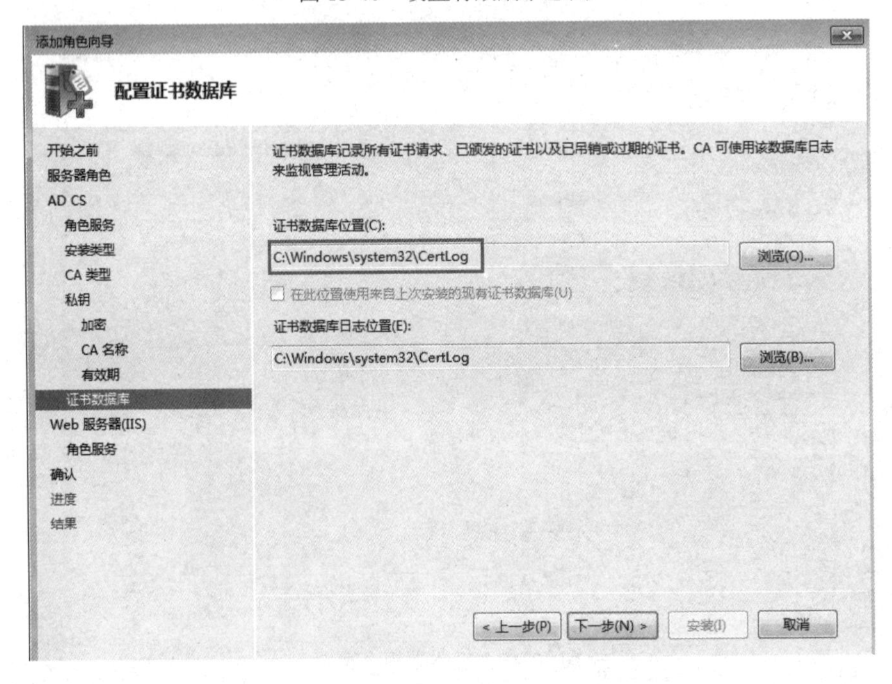

图 13-47　配置证书数据库示意图

（9）在【添加角色向导】→【Web 服务器(IIS)】中，同样默认不进行修改，单击【下一步】按钮。然后选择【确认】选项，单击【安装】按钮，如图 13-48 所示。

（10）安装完成之后单击【关闭】按钮，如图 13-49 所示。

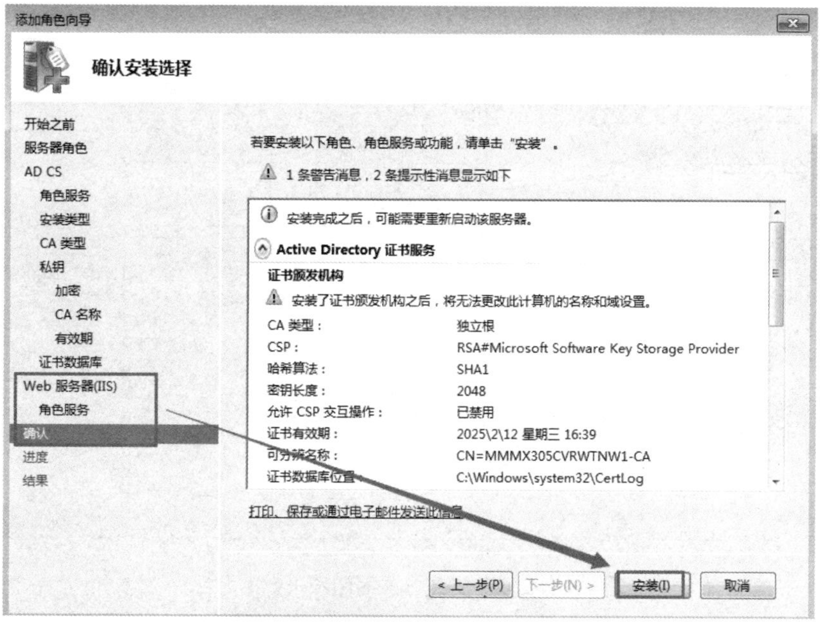

添加角色向导
确认安装选择
开始之前
服务器角色
AD CS
角色服务
安装类型
CA 类型
私钥
加密
CA 名称
有效期
证书数据库
Web 服务器(IIS)
角色服务
确认
进度
结果
若要安装以下角色、角色服务或功能，请单击"安装"。
1 条警告消息，2 条提示性消息显示如下
安装完成之后，可能需要重新启动该服务器。
Active Directory 证书服务
证书颁发机构
安装了证书颁发机构之后，将无法更改此计算机的名称和域设置。
CA 类型：　独立根
CSP：　RSA#Microsoft Software Key Storage Provider
哈希算法：　SHA1
密钥长度：　2048
允许 CSP 交互操作：　已禁用
证书有效期：　2025\2\12 星期三 16:39
可分辨名称：　CN=MMMX305CVRWTNW1-CA
证书数据库位置：　C:\Windows\system32\CertLog
打印、保存或通过电子邮件发送此信息
< 上一步(P)
下一步(N) >
安装(I)
取消

图 13-48　确认安装选择示意图

添加角色向导
安装结果
开始之前
服务器角色
AD CS
角色服务
安装类型
CA 类型
私钥
加密
CA 名称
有效期
证书数据库
Web 服务器(IIS)
角色服务
确认
进度
结果
已成功安装以下角色、角色服务或功能:
Active Directory 证书服务　安装成功
已安装以下角色服务:
证书颁发机构
证书颁发机构 Web 注册
联机响应程序
Web 服务器(IIS)　安装成功
已安装以下角色服务:
Web 服务器
常见 HTTP 功能
HTTP 重定向
应用程序开发
ASP
ISAPI 扩展
健康和诊断
打印、保存或通过电子邮件发送安装报告
< 上一步(P)
下一步(N) >
关闭(O)
取消

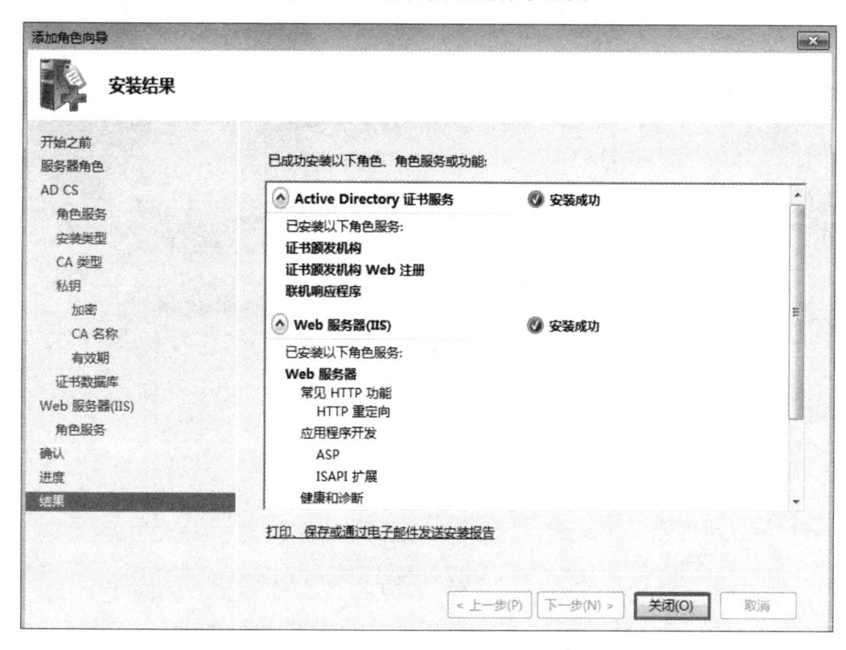

图 13-49　服务安装成功示意图

2．新建自签名证书并配置 HTTPS

有多种方式可以创建证书，在本案例中我们使用较为简单的一种证书，即自签名证书。

（1）在【MMMX305CVRWTNW1】主页中，选中 IIS 根节点，单击【服务器证书】图标，如图 13-50 所示。

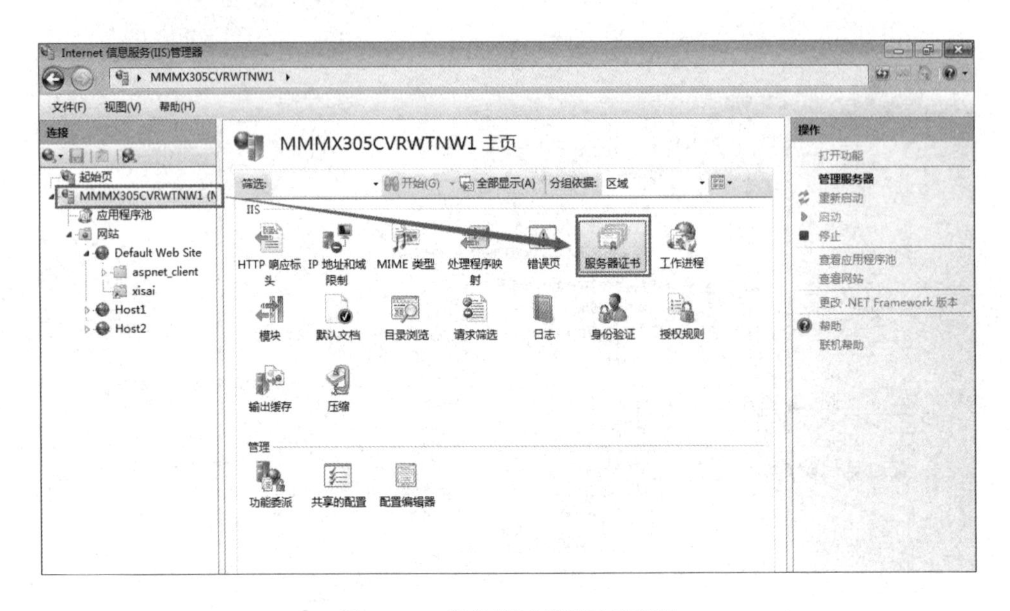

图 13-50　服务器证书图标示意图

（2）选择【创建自签名证书】选项，在弹出的对话框中填写为证书指定好的名称，名称按自己意愿填写即可，在本案例中我们填写为“希赛”，如图 13-51 所示。

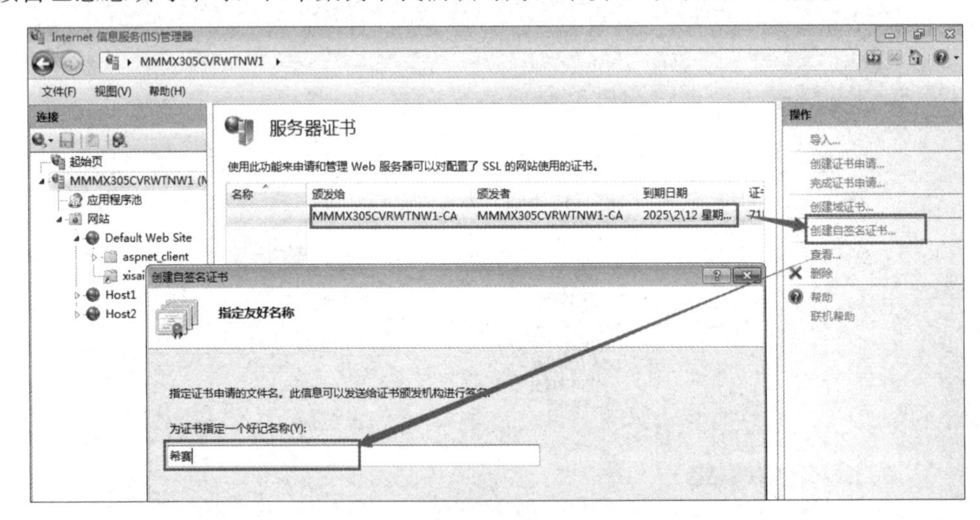

图 13-51　创建自签名证书示意图

（3）自签名证书创建完毕之后，我们可以回到之前搭建好的网站，对网站绑定 SSL 证书。选择【绑定】选项，弹出【网站绑定】对话框，单击【添加】按钮。在弹出的【添加网站绑定】对话框中，【类型】选择 https，【SSL 证书】选择我们之前创建好的“希赛”，最后单击【确定】按钮，如图 13-52 所示。

（4）测试效果示意图如图 13-53 所示。在浏览器地址栏中输入 https 而非 http，可以看到弹出安全警告，直接选择【继续浏览此网站(不推荐)。】选项，即可正常看到网站信息，如图 13-54 所示。

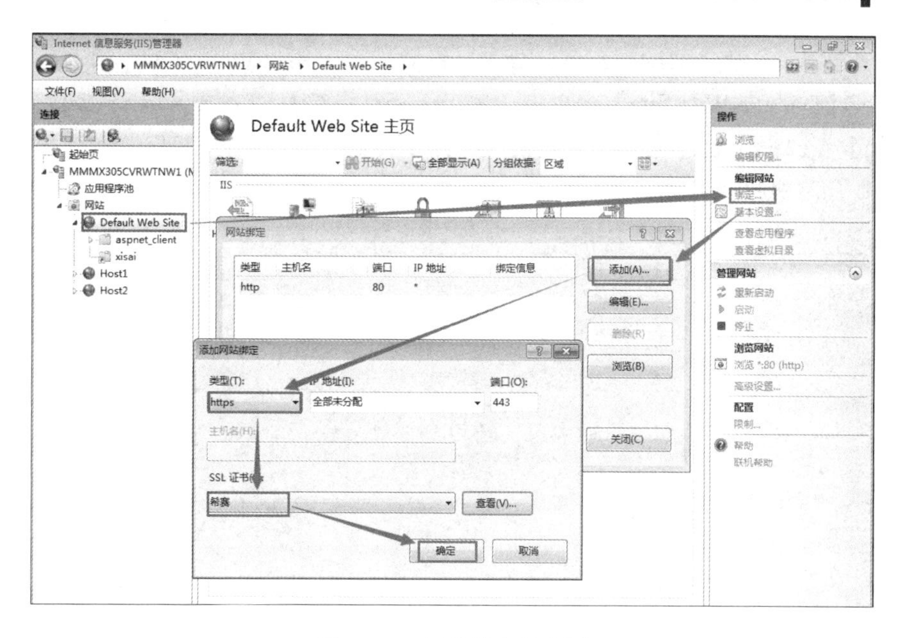

图 13-52　证书绑定示意图

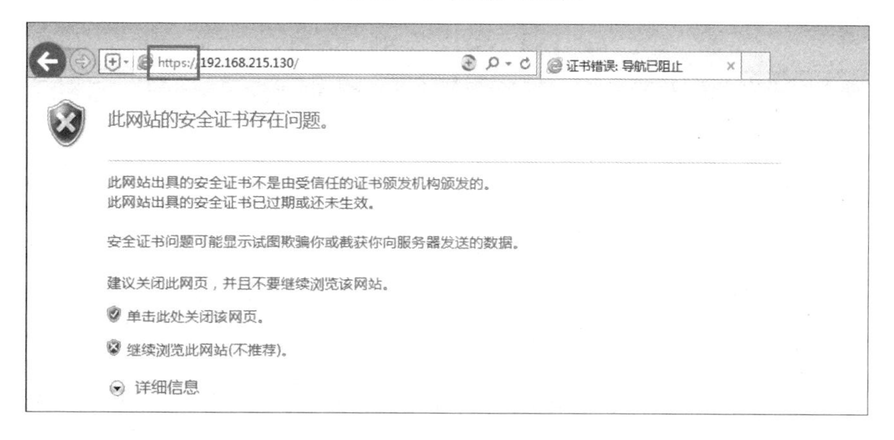

图 13-53　测试效果示意图

图 13-54　网页访问示意图

（5）注意事项：在之前的配置中，在浏览器地址栏中输入 https 和 http 都是能打开网站的。如果在【Default Web Site】主页中，单击【SSL 设置】图标（见图 13-55），勾选【要求 SSL(Q)】复选框（见图 13-56），则后续在浏览器内打开网站只能使用 https 进行访问，使用 http 访问将会报错，如图 13-57 所示。

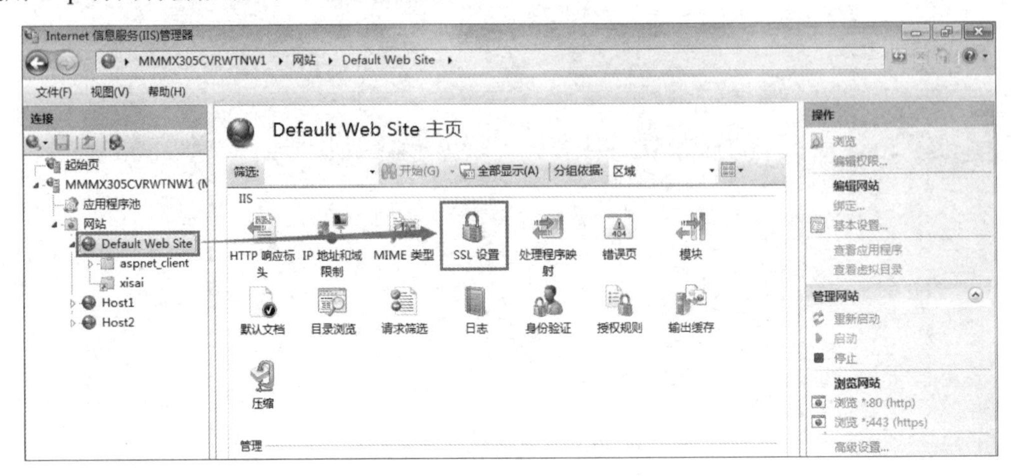

图 13-55　SSL 设置图标示意图

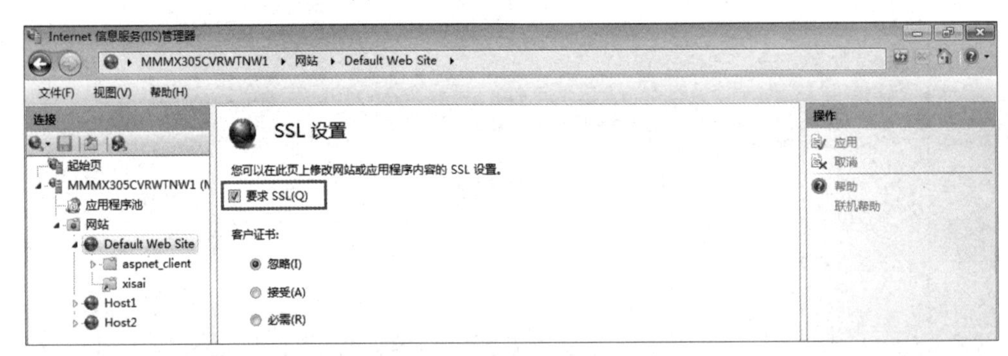

图 13-56　SSL 设置示意图

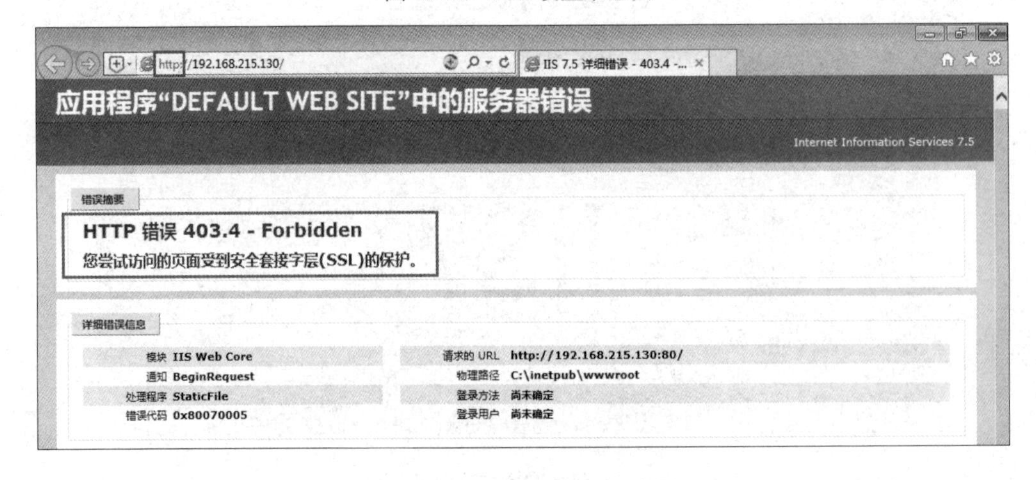

图 13-57　网页访问报错示意图

13.2.5 课后检测

1. 在 Windows Server 2008 系统中，不能使用 IIS 搭建的是（　　）服务器。

A. Web　　B. DNS　　C. SMTP　　D. FTP

试题 1 解析：

IIS 无法搭建 DNS 服务器。

试题 1 答案：B

2. IIS 6.0 支持的身份验证安全机制有 4 种验证方法，其中安全级别最高的验证方法是（　　）。

A. 匿名身份验证　　B. Windows 身份验证

C. 基本身份验证　　D. 摘要式身份验证

试题 2 解析：

IIS 服务是一项经典的 Web 服务，可以为广大用户提供信息发布和资源共享功能。身份验证是保证 IIS 服务安全的基础机制，IIS 支持以下 4 种 Web 身份验证方法。

1）匿名身份验证

如果启用了匿名访问，那么在访问网站时，不要求提供经过身份验证的用户凭据。当需要让大家公开访问那些没有安全要求的信息时，使用匿名身份验证最合适。

2）基本身份验证

使用基本身份验证可限制对 NTFS 格式的 Web 服务器上文件的访问。在使用基本身份验证时，用户必须输入凭据，而且访问是基于用户账号的，用户账号和密码都以明文形式在网络间进行传输。

3）摘要式身份验证

摘要式身份验证需要用户账号和密码，是中等安全级别的验证方法。如果用户要从公共网络上访问安全信息，则可以使用这种方法。这种方法与基本身份验证提供的功能相同。摘要式身份验证克服了基本身份验证的许多缺点。在使用摘要式身份验证时，密码不是以明文形式发送的。

4）Windows 身份验证

Windows 身份验证比基本身份验证更安全，在用户具有 Windows 域账户的内部网环境中能很好地发挥作用。在 Windows 身份验证中，浏览器尝试使用当前用户在域登录过程中使用的凭据，如果此尝试失败，就会提示该用户输入用户账号和密码。如果用户使用 Windows 身份验证，则用户的密码将不发送到服务器。如果用户作为域用户登录到本地计算机，则该用户在访问该域中的网络计算机时不必再次进行身份验证。

试题 2 答案：B

3. 在配置 IIS 时，IIS 的发布目录（　　）。

A. 只能配置在 c:\inetpub\wwwroot 上

B. 只能配置在本地磁盘 C 盘上

C. 只能配置在本地磁盘 D 盘上

D. 既能配置在本地磁盘上，又能配置在连网的其他计算机上

试题 3 解析：

IIS 的发布目录可以配置在本地磁盘上，也可以配置在连网的其他计算机上。

试题 3 答案：D

4．阅读以下说明，回答问题 1～问题 3，将答案填入答题纸对应的解答栏内。

【说明】

某公司的 IDC（Internet 数据中心）服务器 Server1 采用 Windows Server 2008 系统，IP 地址为 172.16.145.128/24，为用户提供 Web 服务和 DNS 服务；配置了 3 个网站，域名分别为 www.company1.com、www.company2.com 和 www.company3.com，其中 company1 使用默认端口。基于安全考虑，不允许用户上传文件和浏览目录。company1.com、company2.com 和 company3.com 对应的网站目录分别为 Company1-web、Company2-web 和 Company3-web，如图 13-58 所示。

【问题 1】（2 分，每空 1 分）

为提供 Web 服务和 DNS 服务，如果是 Windows Server 2003 系统，则 Server1 必须安装的组件有（1）和（2）。

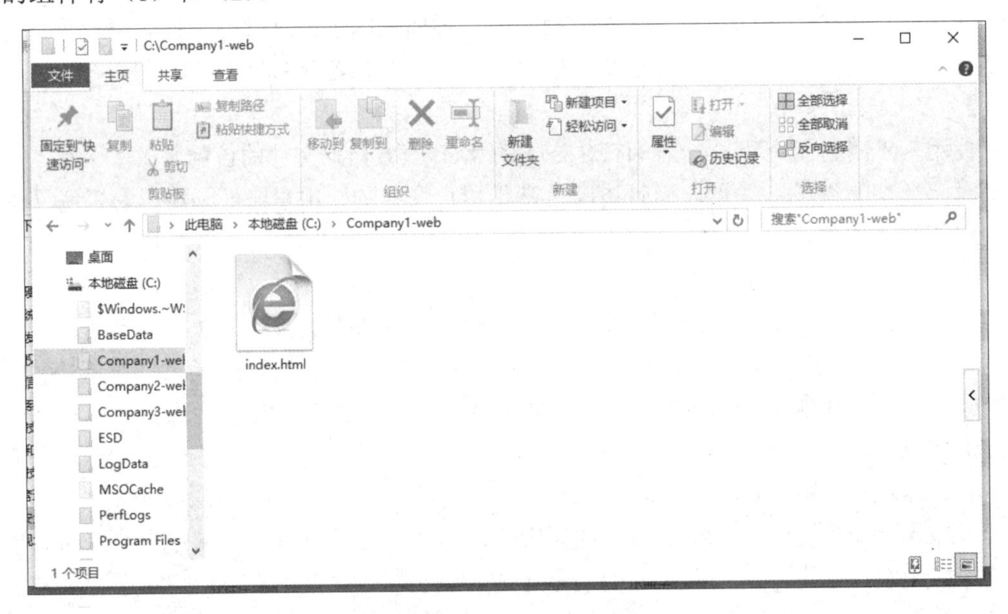

图 13-58　目录

（1）～（2）备选答案：

A．网络服务器　　B．应用程序服务器

C．索引服务器　　D．证书服务器

E．远程终端

【问题 2】（4 分，每空 2 分）

在 IIS 中创建这 3 个网站时，在图 13-59 中勾选【读取】、（3）和【执行(如 ISAPI 应用程序或 CGI)】复选框，并在如图 13-60 所示的【属性】对话框中添加（4）作为默认内容文档。

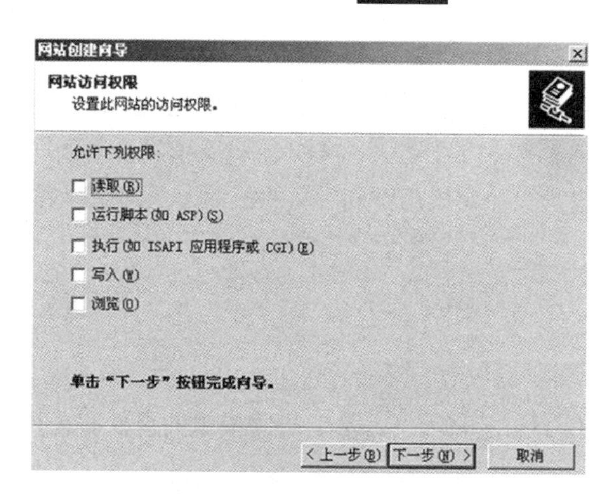

图 13-59 【网站创建向导】对话框

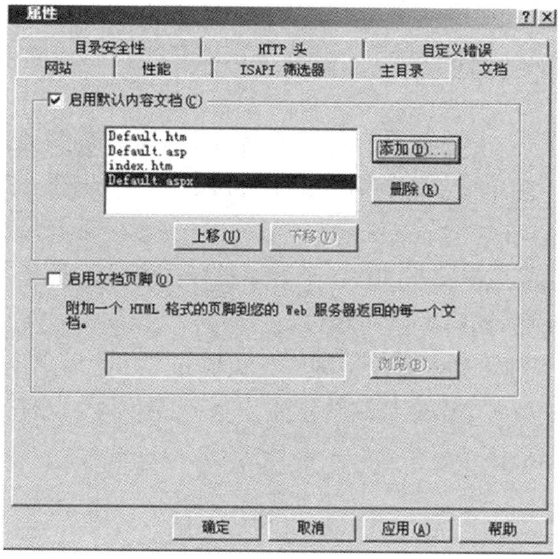

图 13-60 【属性】对话框

【问题 3】(6 分，每空 1 分)

为了节省成本，公司决定在一台计算机上为多类用户提供服务。使用不同端口号来区分不同网站，company1 使用默认端口号（5），company2 和 company3 的端口号应在 1025～（6）范围内任意选择，在访问 company2 或 company3 时需要在域名后添加对应端口号，使用（7）符号连接。配置完成后，管理员对 3 个网站进行了测试，测试结果均如图 13-61 所示，原因是（8）。

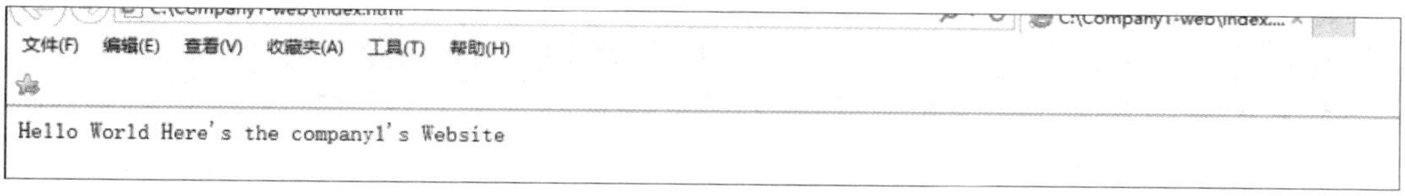

Hello World Here's the company1's Website

图 13-61 测试结果

（8）备选答案：

A．IP 地址对应错误　　B．未指明 company1 的端口号

C．未指明 company2 的端口号　　D．主机头值配置错误

为便于用户访问，管理员决定采用不同主机头值的方法为用户提供服务，则需要在 DNS 服务器正向查找区域中为 3 个网站域名分别添加（9）记录。网站 company2 的主机头值应配置为（10）。

试题 4 解析：

【问题 1】

为提供 Web 服务和 DNS 服务，Server1 必须安装的组件有应用程序服务器、网络服务器。

【问题 2】

在 IIS 中创建这 3 个网站时，在图 13-59 中勾选读取、运行脚本和执行，并在图 13-60 所示的属性对话框中添加 index.htm 作为默认内容文档。

【问题 3】

为了节省成本，公司决定在一台计算机上为多类用户提供服务。使用不同端口号来区分不同网站，companyl 使用默认端口号 80，company2 和 company3 的端口号应在 1025～65535 范围内任意选择，在访问 company2 或 company3 时需要在域名后添加对应端口号，使用:符号连接。配置完成后，管理员对 3 个网站进行了测试，测试结果均如图 13-61 所示，原因是未指明 company2 的端口号。

为便于用户访问，管理员决定采用不同主机头值的方法为用户提供服务，则需要在 DNS 服务器正向查找区域中为 3 个网站域名分别添加 A 记录。网站 company2 的主机头值应配置为 www.company2.com。

试题 4 答案：

【问题 1】

（1）A　　（2）B

【问题 2】

（3）运行脚本　　（4）index.htm

【问题 3】

（5）80　　（6）65535　　（7）:

（8）C　　（9）A　　（10）www.company2.com

5．Windows Server 2008 R2 上 IIS 7.5 能提供的服务有（　　）。

A．DHCP 服务　　B．FTP 服务

C．DNS 服务　　D．远程桌面服务

试题 5 解析：

IIS 7.5 能提供的服务有网页服务和 FTP 服务。

在 Windows 2008 中，如果要用到 DHCP 服务和 DNS 服务，则需要在角色配置中添

加 DHCP 角色和 DNS 角色。远程桌面服务在 Windows 2008 中已经自带，只需要在【计算机】→【属性】中开启。

试题 5 答案：B

13.3 FTP 服务器配置

FTP 主要用于在两台计算机之间传输文件。FTP 使用客户机/服务器架构，在客户机和服务器之间使用单独的控制和数据连接。FTP 用户通常以用户账号和密码的形式进行身份验证，但是如果服务器配置为允许匿名用户，则可以使用匿名方式登录，默认情况下，匿名用户的用户账号是 anonymous。

13.3.1 安装和配置 FTP 网站

在 Windows 2008 中，FTP 服务是集成在 IIS 内的。在搭建 Web 网站的时候，我们安装了 IIS，现在需要把 FTP 服务补充进去。

1. 在 IIS 中添加 FTP 服务

以下步骤展示如何添加 FTP 服务。

（1）在【服务器管理器】→【角色】→【Web 服务器(IIS)】中，选择【添加角色服务】选项，如图 13-62 所示。

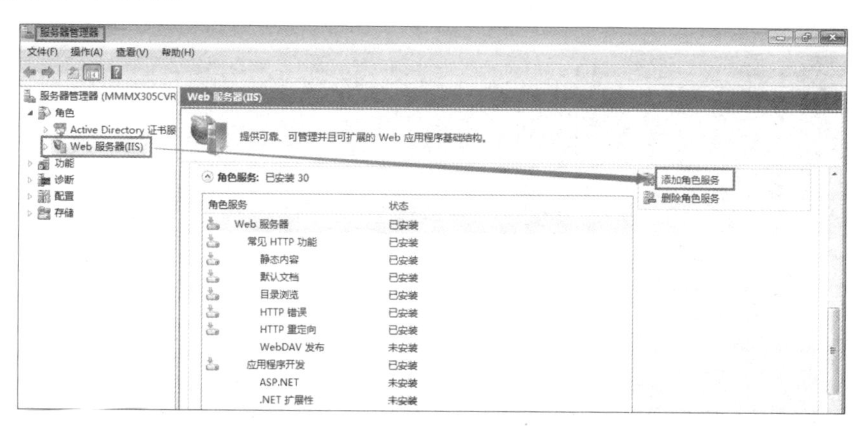

图 13-62 添加角色服务示意图

（2）在【添加角色服务】对话框中，勾选【FTP 服务器】选项，单击【下一步】按钮，然后单击【安装】按钮，如图 13-63 所示。

（3）安装完成后，单击【关闭】按钮关闭对话框，如图 13-64 所示。

2. 配置 FTP 网站

以下步骤展示如何配置 FTP 网站。

（1）在【Internet 信息服务(IIS)管理器】界面中，首先选择【网站】选项，然后在右侧【操作】窗格中选择【添加 FTP 站点】选项，如图 13-65 所示。

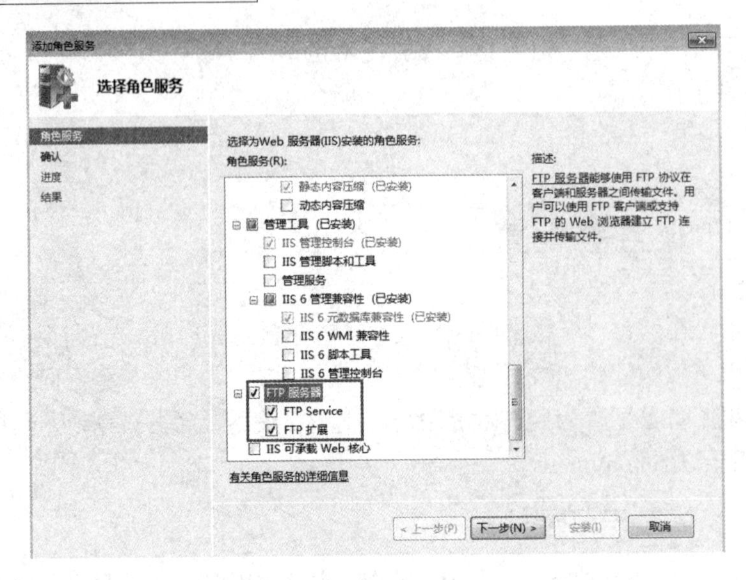

图 13-63 选择角色服务示意图

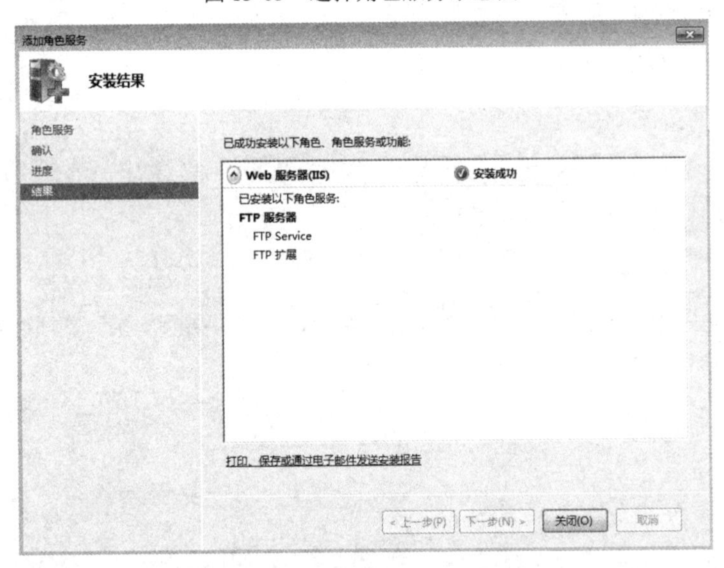

图 13-64 安装结果示意图

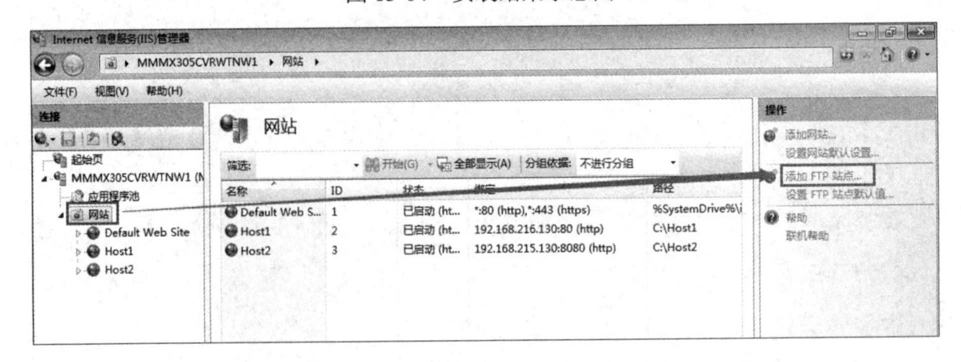

图 13-65 添加 FTP 站点示意图

（2）在【添加 FTP 站点】对话框中，填写 FTP 站点名称和物理路径，然后单击【下一步】按钮，如图 13-66 所示。FTP 站点名称可以依据喜好自行填写，物理路径表示文件存放的位置。

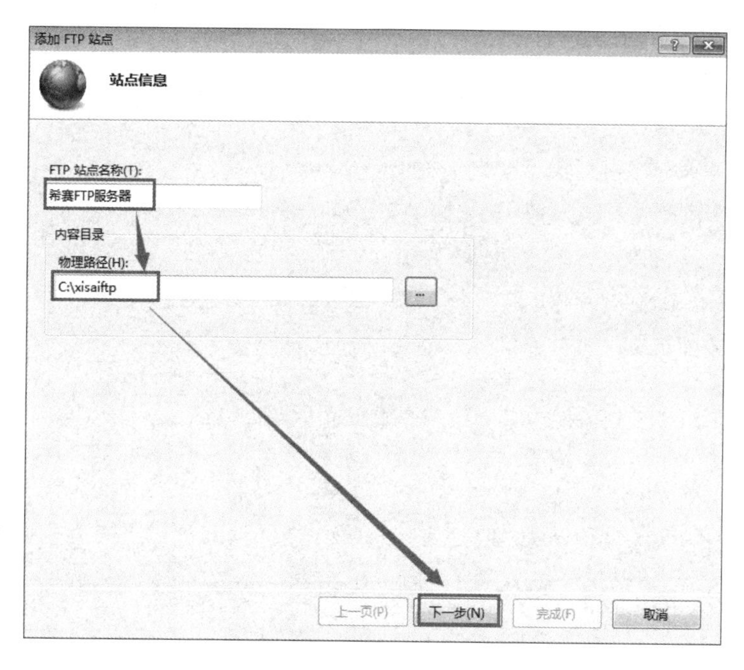

图 13-66　站点信息示意图

（3）绑定 IP 地址和端口号，IP 地址一般为主机的 IP 地址，端口号可以使用默认配置 21。在我们的案例环境中不需要使用 SSL，所以我们可以选择【无】单选按钮，如图 13-67 所示。

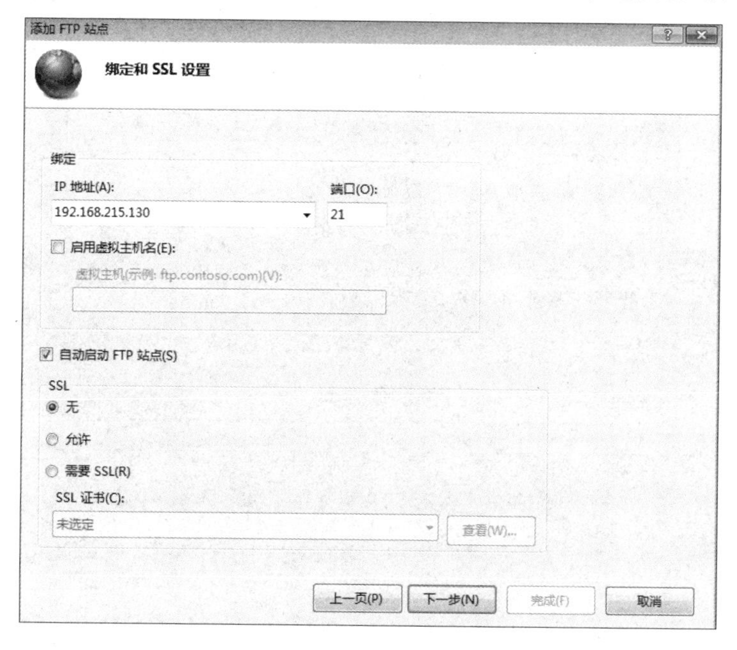

图 13-67　绑定和 SSL 设置示意图

（4）勾选【匿名】和【基本】复选框，同时开放所有用户的读取权限，配置完毕后单击【完成】按钮，如图 13-68 所示。

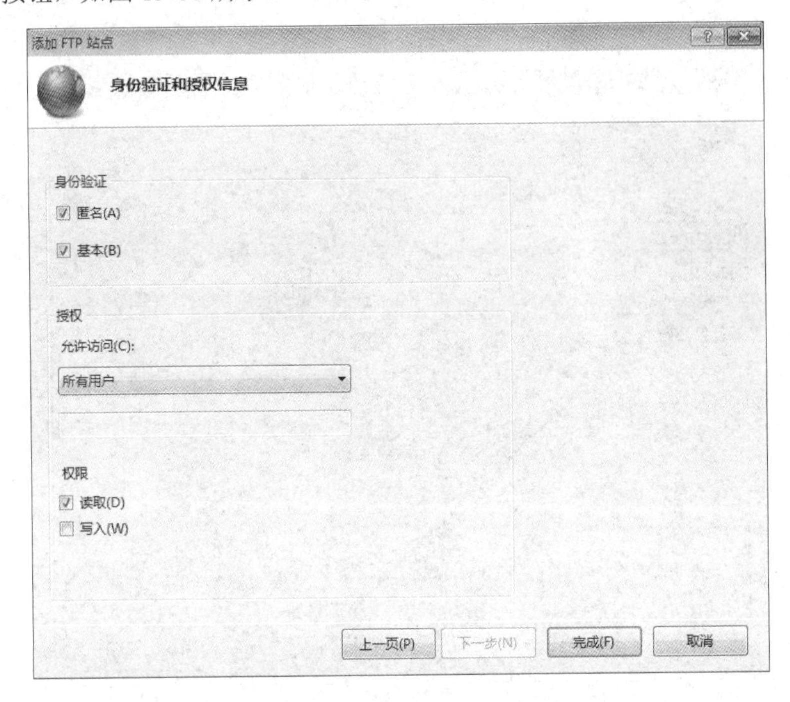

图 13-68　身份验证和授权信息示意图

（5）完成后我们可以看到如图 13-69 所示的界面。

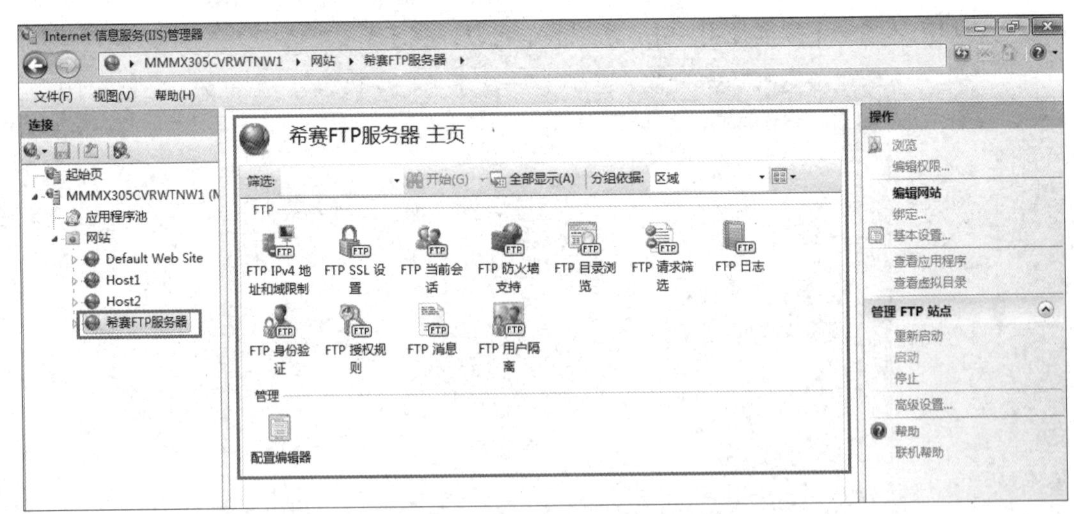

图 13-69　希赛 FTP 服务器主页示意图

（6）在浏览器中输入 ftp://本机 IP 地址，即可看到 FTP 服务器中的资源，如图 13-70 所示，此时使用的是匿名方式登录。

（7）还可以使用命令提示符的方式登录 FTP 服务器，常用命令如表 13-1 所示。命令提示符方式访问 FTP 网站如图 13-71 所示。

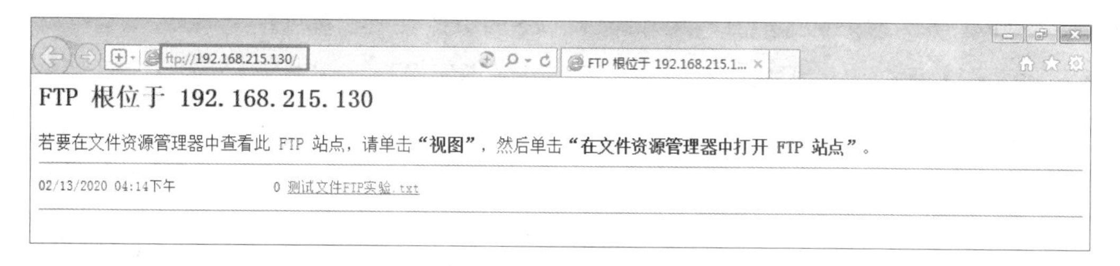

图 13-70 浏览器访问 FTP 网站示意图

表 13-1 常用命令

命令	含义
ftp 服务器 IP 地址	与 FTP 服务器连接
!	从 FTP 子系统退出到外壳
?	显示 FTP 命令说明，？与 help 的功能相同
cd	更改远程计算机上的工作目录
delete	删除远程计算机上的文件
dir	显示远程目录文件和子目录列表
get	使用当前文件转换类型将远程文件复制到本地计算机上
put	使用当前文件传输类型将本地文件复制到远程计算机上
pwd	显示远程计算机上的当前目录
quit	结束与远程计算机的 FTP 会话并退出 FTP

```
管理员: 命令提示符 - ftp 192.168.215.130
Microsoft Windows [版本 6.1.7601]
版权所有 (c) 2009 Microsoft Corporation。保留所有权利。

C:\Users\Administrator>ftp 192.168.215.130
连接到 192.168.215.130。
220 Microsoft FTP Service
用户(192.168.215.130:(none)): anonymous
331 Anonymous access allowed, send identity (e-mail name) as password.
密码:
230 User logged in.
ftp> ls
200 PORT command successful.
125 Data connection already open; Transfer starting.
测试文件FTP实验.txt
226 Transfer complete.
ftp: 收到 21 字节，用时 0.00秒 21000.00千字节/秒。
ftp>
```

图 13-71 命令提示符方式访问 FTP 网站

13.3.2 FTP 网站其他配置

Web 服务和 FTP 服务都在 IIS 组件中，这两个服务的大部分配置操作基本相似。因此以下内容不再进行过多介绍。

（1）虚拟目录：选中 FTP 网站，右击，然后选择【添加虚拟目录】选项，如图 13-72 所示。FTP 服务的虚拟目录配置过程和 Web 服务的虚拟目录配置过程类似。

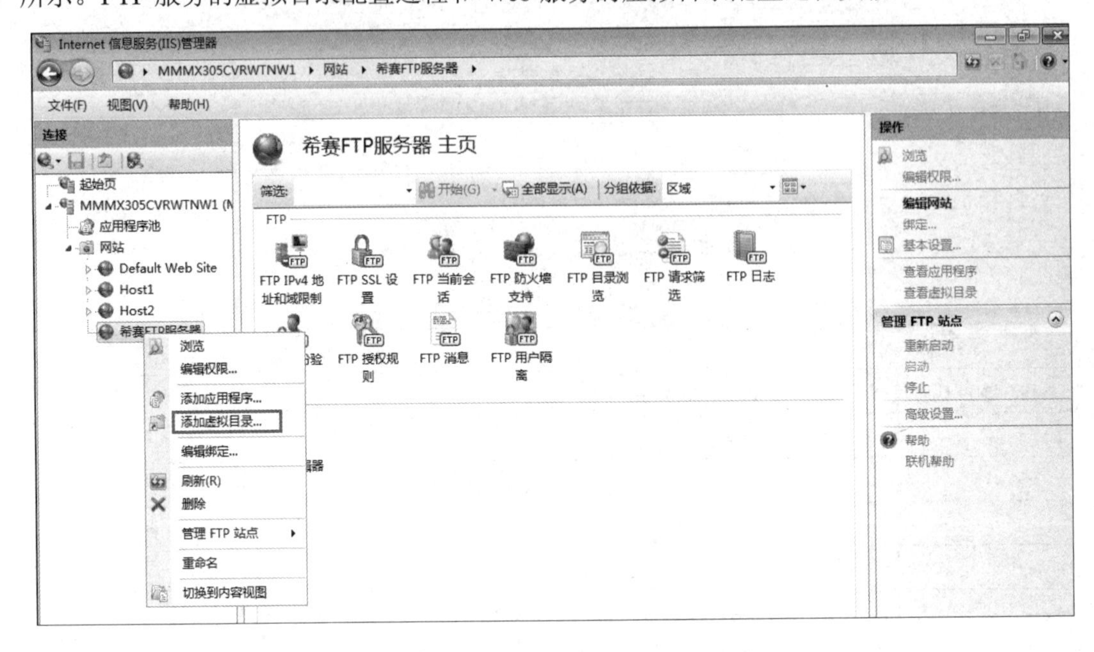

图 13-72　添加虚拟目录按键示意图

（2）IPv4 地址和域限制：FTP IPv4 地址和域限制按键示意图如图 13-73 所示。此处配置过程和 Web 服务的【地址和域限制】配置过程一致。

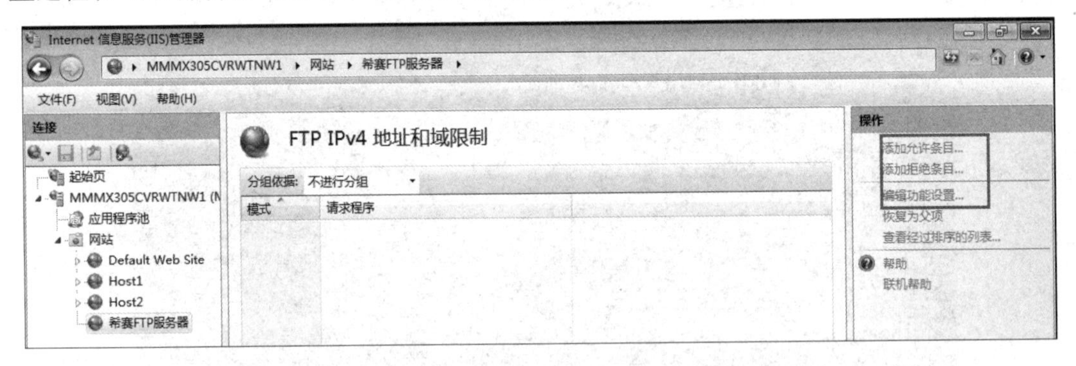

图 13-73　FTP IPv4 地址和域限制按键示意图

13.3.3　课后检测

1．Windows Server 2008 R2 默认状态下没有安装 IIS 服务，必须手动安装。安装（　　）服务前需要先安装 IIS 服务。

A．DHCP　　　　B．DNS

C．FTP　　　　D．传真

试题 1 解析：

安装 FTP 服务需要先安装 IIS 服务。

试题 1 答案：C

2．从 FTP 服务器上下载文件的命令是（　　）。

A．get　　B．dir

C．put　　D．push

试题 2 解析：

从 FTP 服务器上下载文件的命令是 get，上传文件的命令是 put。

试题 2 答案：A

3．Windows Server 2008 R2 上可配置（　　）服务，提供文件的上传和下载服务。

A．DHCP　　B．DNS

C．FTP　　D．远程桌面

试题 3 解析：

FTP（File Transfer Protocol，文件传输协议）是 TCP/IP 协议族中的协议之一。FTP 包括两个组成部分，其一为 FTP 服务器端，其二为 FTP 客户端。其中 FTP 服务器端用来存储文件，用户可以使用 FTP 客户端通过 FTP 访问位于 FTP 服务器端的资源，我们称之为文件上传和下载服务。

试题 3 答案：C

13.4　DNS 服务器配置

在使用 Internet 的过程中，我们经常会打开浏览器浏览各种内容丰富的网页。在浏览器中打开网页时，我们需要在地址栏中输入域名进行访问。例如，访问希赛官网，我们可以输入 https://www.educity.cn/。我们知道，计算机之间进行通信实际是需要用到 IP 地址的，这意味着我们输入的域名会被解析成 IP 地址。

在浏览器中输入域名，主机会向 DNS 服务器发起查询请求，以获得域名所对应的 IP 地址。DNS 服务器收到请求后，会帮助客户端主机查找。

13.4.1　安装 DNS 服务器

DNS 服务器内存储着域名与 IP 地址的映射关系，我们称为区域记录。一台 DNS 服务器可以有一个或多个区域记录。本节我们学习如何搭建 DNS 服务器并进行区域记录的相关配置。

（1）选择【开始】→【管理工具】→【服务器管理器】选项。

（2）在【角色】窗口中选择【添加角色】选项，单击【下一步】按钮。

（3）在【角色】列表框中，勾选【DNS 服务器】复选框，然后单击【下一步】按钮，如图 13-74 所示。

（4）后续直接安装 DNS 服务，安装完毕后可以关闭【添加角色向导】对话框。

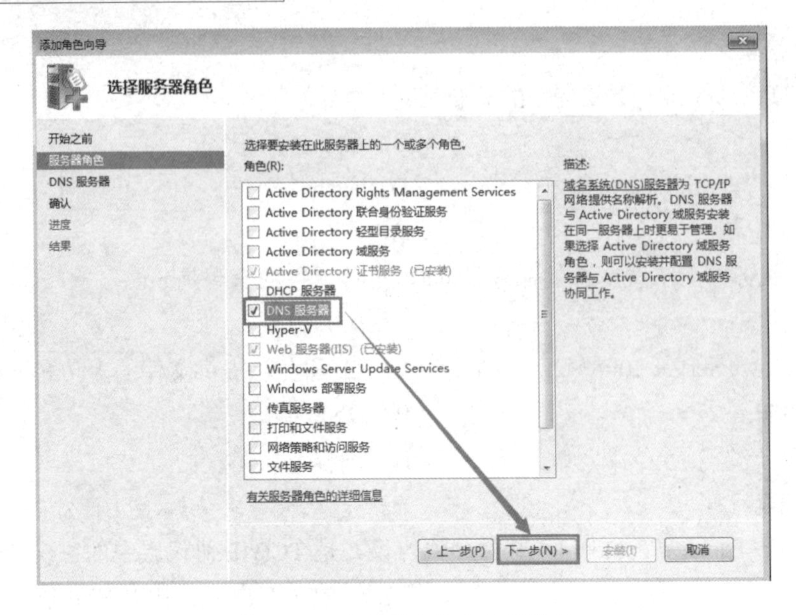

图 13-74　选择服务器角色示意图

13.4.2　配置 DNS 服务器正向查找区域记录

以下步骤展示如何添加正向查找区域记录。

（1）选择【开始】→【管理工具】→【DNS】选项，如图 13-75 所示。

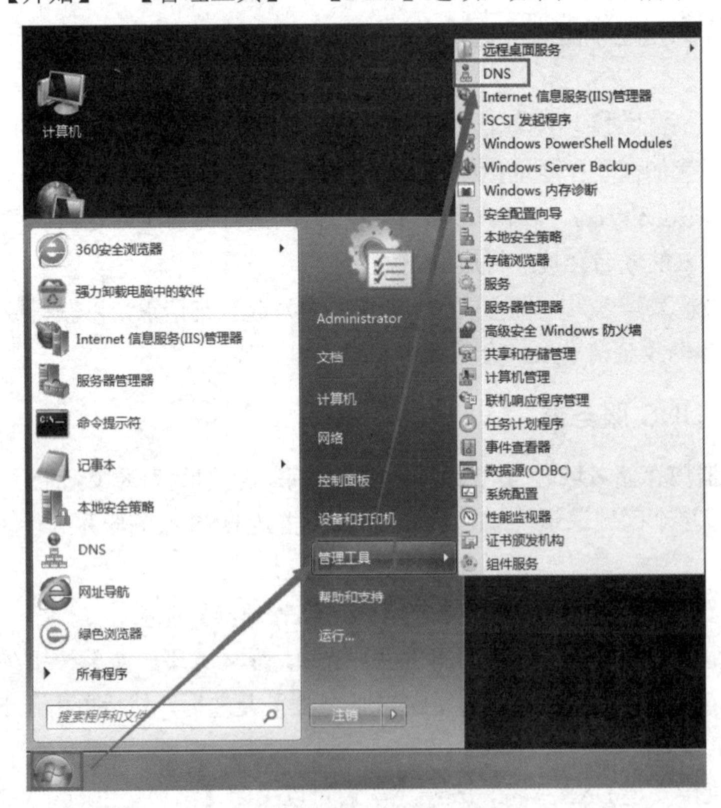

图 13-75　DNS 按键示意图

（2）在【DNS 管理器】界面中，右击【正向查找区域】，选择【新建区域】选项，如图 13-76 所示。

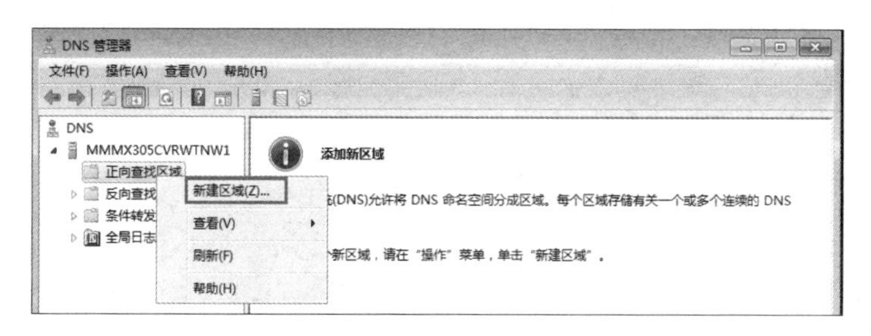

图 13-76 新建区域按键示意图

（3）在弹出的【新建区域向导】对话框中，我们保持默认配置，单击【下一步】按钮，如图 13-77 所示。

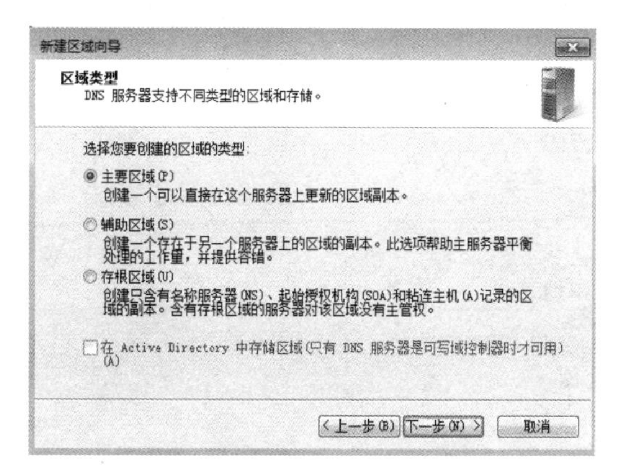

图 13-77 区域类型配置示意图

（4）在【区域名称】文本框内，我们可以填写自己喜欢或组织分配的区域名称。例如，此处我们填写的是 xisai.com，如图 13-78 所示。

（5）后续操作继续保持默认配置，单击【下一步】按钮即可，最后完成新建区域向导，如图 13-79 所示。

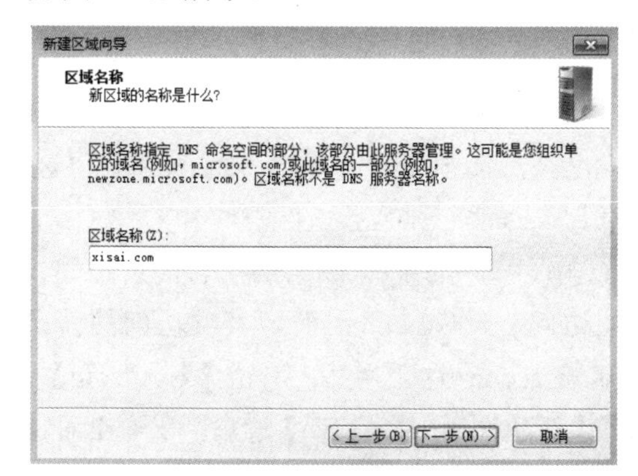

图 13-78 区域名称配置示意图

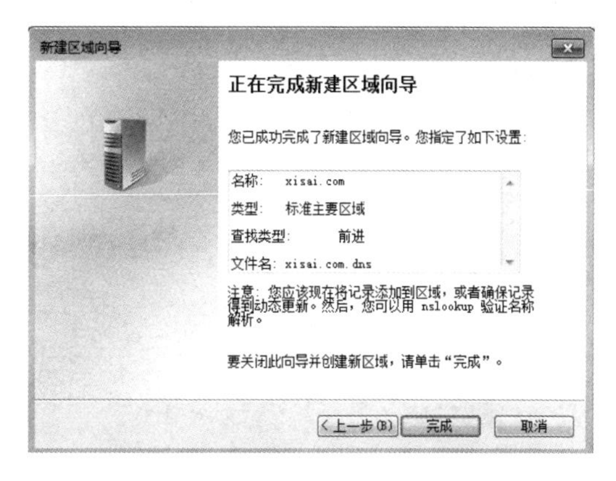

图 13-79 新建区域向导完成示意图

（6）此时我们可以看到，在【正向查找区域】内，有一个名为 xisai.com 的区域，如图 13-80 所示。但是此时 xisai.com 区域内还没有区域记录。

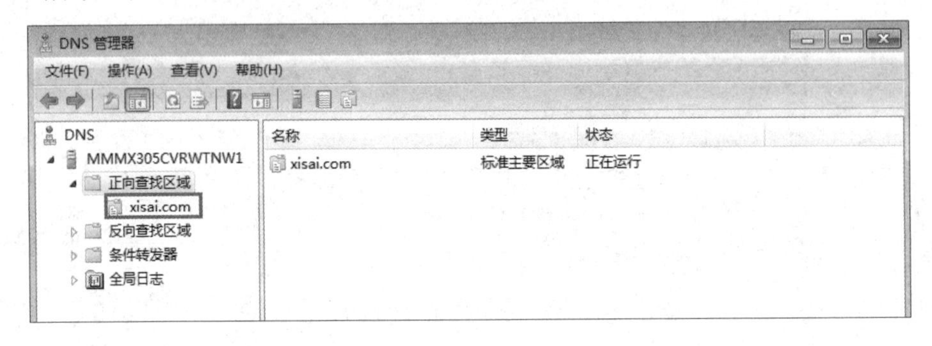

图 13-80 正向查找区域配置完成示意图

（7）右击【xisai.com】，选择【新建主机(A 或 AAAA)】选项，如图 13-81 所示。

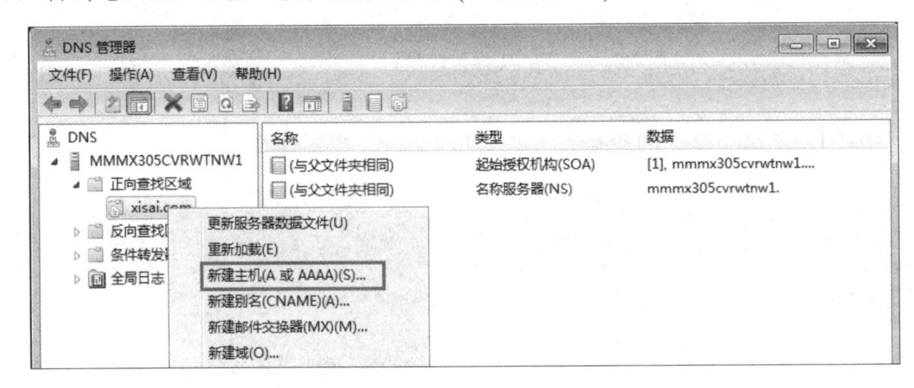

图 13-81 新建 A 记录示意图

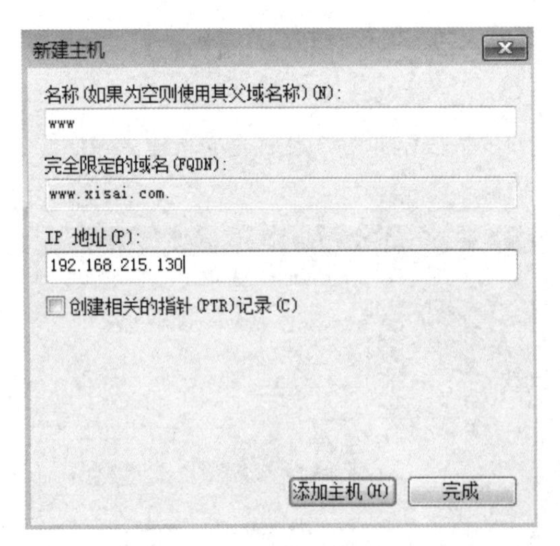

图 13-82 配置 A 记录示意图

（8）在弹出的【新建主机】对话框中，我们填写上区域记录的相关信息。在此例中，我们配置在 xisai.com 区域内，有一个名为 www 的主机，这台主机的 IP 地址是 192.168.215.130。配置完成后，单击【添加主机】按钮，如图 13-82 所示。

（9）此时我们可以看到在 xisai.com 区域内，已经添加上了一条 A 记录，如图 13-83 所示。

（10）此外我们可以添加别名记录，如我们在访问 zsy.xisai.com 时，其实访问的就是 www.xisai.com 这个网站。右击【xisai.com】，选择【新建别名(CNAME)】选项，在弹出对话框中进行如图 13-84 所示的配置。

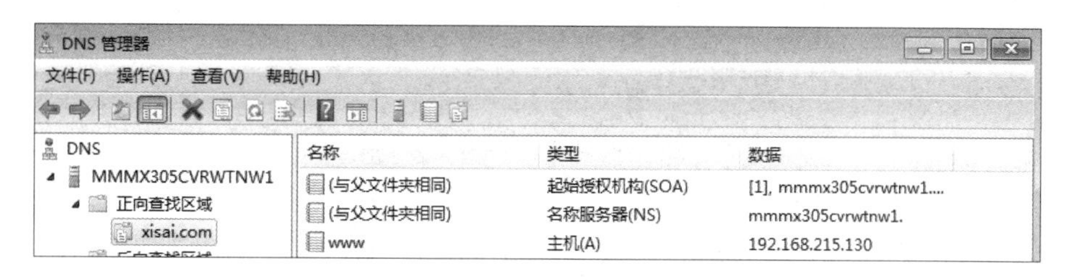

图 13-83　A 记录配置完成示意图

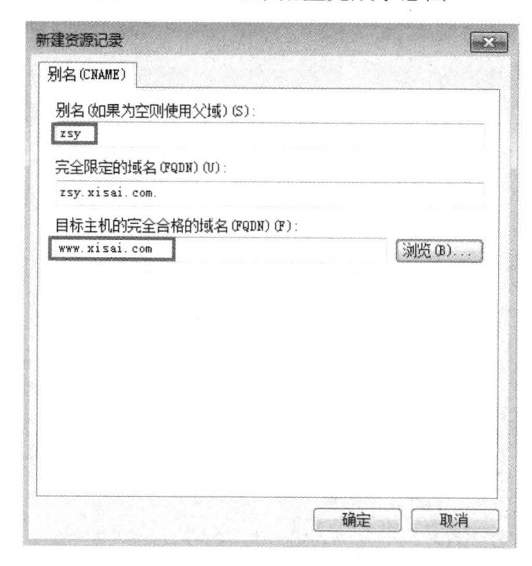

图 13-84　配置别名记录示意图

13.4.3　配置 DNS 服务器反向查找区域记录

以下步骤展示如何添加反向查找区域记录。

（1）右击【反向查找区域】，选择【新建区域】选项，如图 13-85 所示。

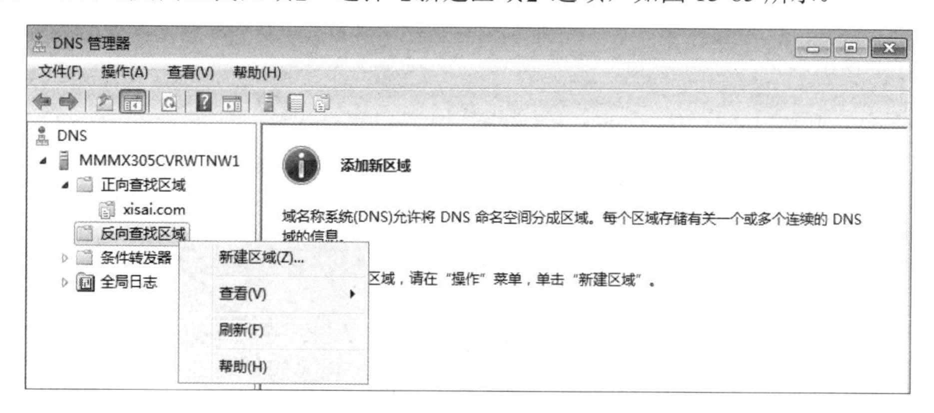

图 13-85　新建区域按键示意图

（2）在【新建区域向导】对话框中，填写好网络 ID，如图 13-86 所示。在此案例中，我们使用的网段是 192.168.215。后续操作都保持默认配置，单击【下一步】按钮直到完成。

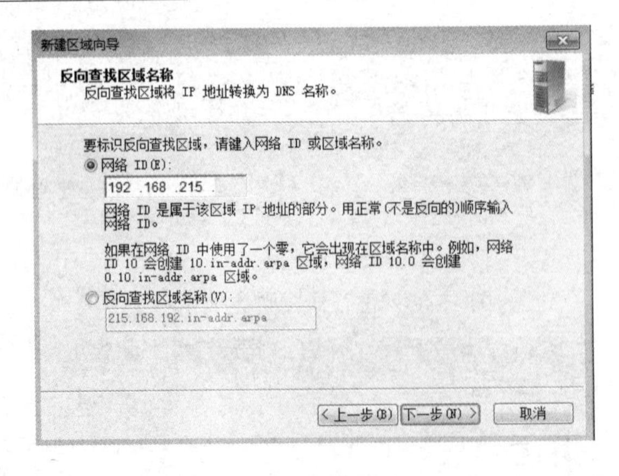

图 13-86　区域名称配置示意图

（3）右击新建的反向区域，选择【新建指针(PTR)】选项，如图 13-87 所示。我们可以添加反向查找区域记录，即添加指针，这样通过 IP 地址可以获得域名，如图 13-88 所示。

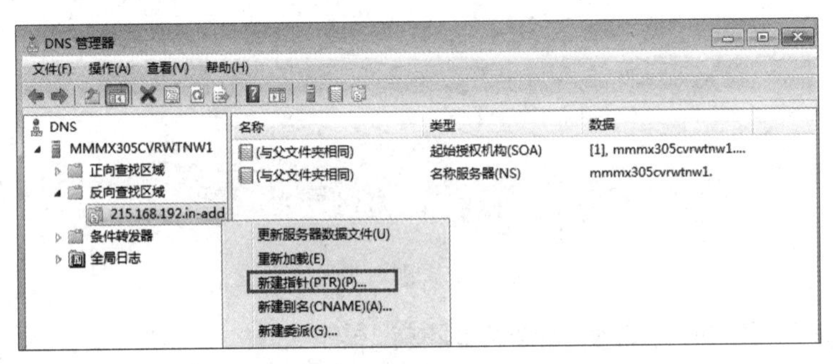

图 13-87　新建指针按键示意图

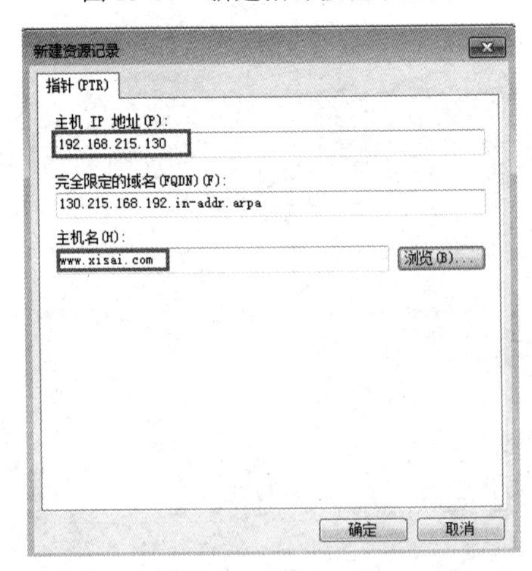

图 13-88　指针配置示意图

（4）添加完成后，可以看到反向查找区域已经存在一条 PTR 记录，如图 13-89 所示。

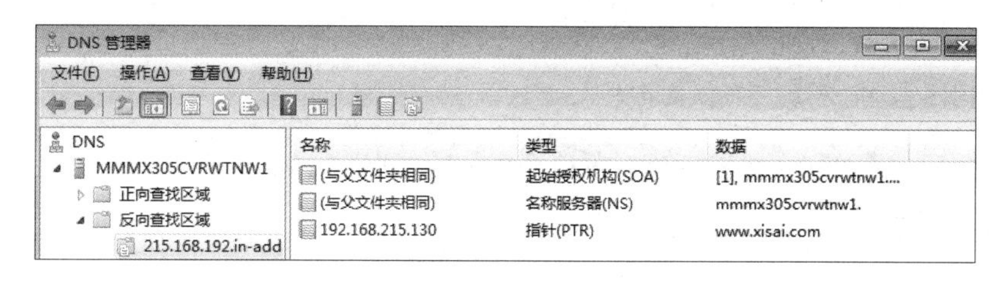

图 13-89 指针配置完成示意图

13.4.4 DNS 转发器配置

DNS 服务器的区域记录是有限的，可能该 DNS 服务器无法解析收到的域名查询请求。此时可以在 DNS 服务器上配置 DNS 转发器，将自己无法解析的查询请求交给 DNS 转发器来帮忙进行域名解析。

（1）右击根主机，选择【属性】选项，如图 13-90 所示。

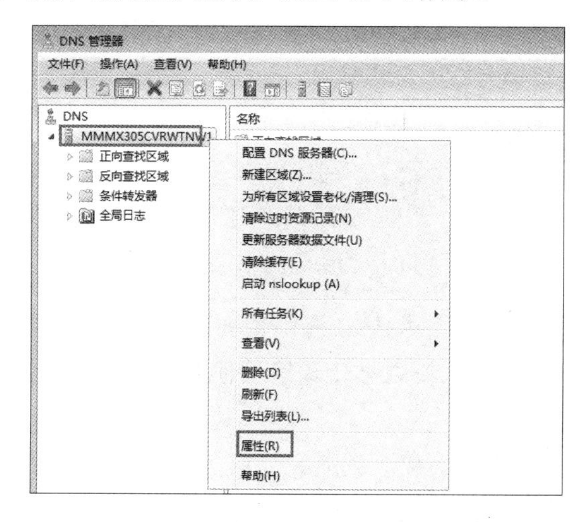

图 13-90 属性按键示意图

（2）在【转发器】→【编辑】→【IP 地址】中，输入可以进行域名解析的其他 DNS 服务器 IP 地址，单击【确定】按钮，即可完成配置，如图 13-91 所示。

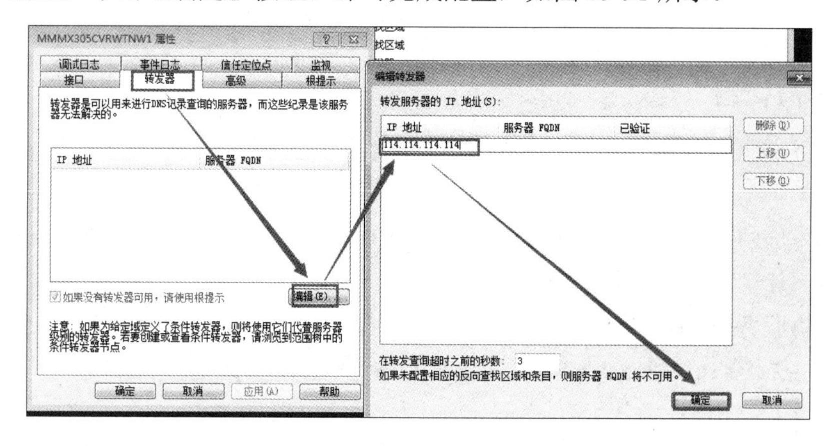

图 13-91 DNS 转发器配置示意图

13.4.5 DNS 其他配置

在属性窗口的【高级】选项卡中，可以在【服务器选项】列表框内进行一些其他和 DNS 相关的配置，如图 13-92 所示。

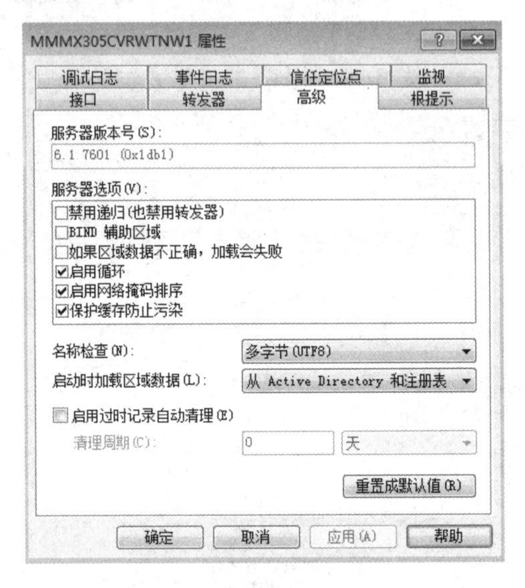

图 13-92　DNS 其他配置示意图

（1）禁用递归（也禁用转发器）：禁止递归查询功能与查询转发功能。

（2）BIND 辅助区域：在将区域数据传输给其他 DNS 服务器时，启用或禁用快速传输模式。

（3）如果区域数据不正确，加载会失败：当服务器的服务记录出错，并且在明确区域文件中的记录数据有错误时，区域文件加载失败。

（4）启用循环：如果有多个相同类型的资源记录，此选项可以让 DNS 服务器使用轮询方式回应查询请求。

（5）启用网络掩码排序：将服务器中的同一资源记录集中的 A 记录重新排序。

（6）保护缓存防止污染：使服务器响应清理请求以避免缓存被破坏。

13.4.6 课后检测

阅读以下说明，回答问题 1～问题 4，将答案填入答题纸对应的解答栏内。

【说明】

某公司内部的网络结构如图 13-93 所示，在 Web Server 上搭建办公网 oa.xyz.com，在 FTP Server 上搭建 FTP 服务器 ftp.xyz.com，DNS Server1 是 Web Server 和 FTP Server 上的授权域名解析服务器，DNS Server2 的 DNS 转发器、Web Server、FTP Server、DNS Server1 和 DNS Server2 均基于 Windows Server 2008 R2 操作系统进行配置。

【问题 1】（6 分）

在 Web Server 上使用 HTTP 及默认端口配置办公网 oa.xyz.com，在安装 IIS 服务时，角色服务列表框中可以勾选的服务包括（1）、管理工具及 FTP 服务器。在图 13-94 所示的【添加网站】对话框中，IP 地址处应填（2），端口处应填（3），主机名处应填（4）。

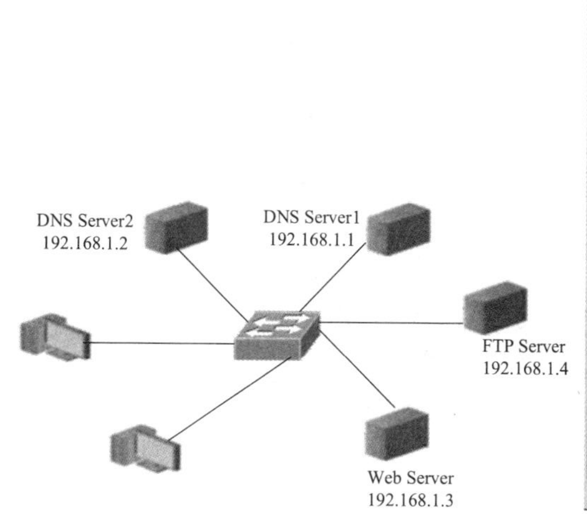

图 13-93 网络结构

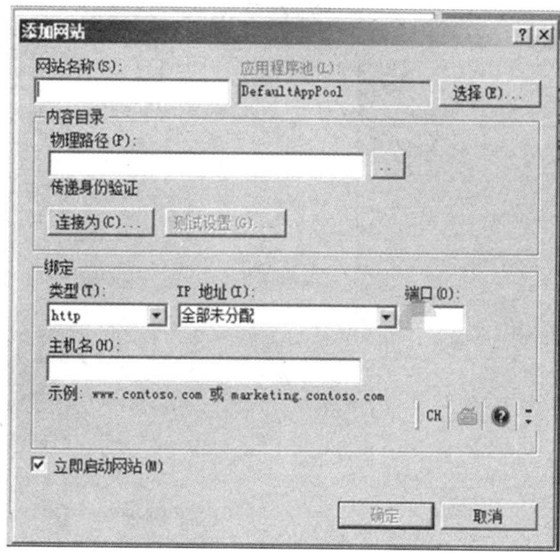

图 13-94 【添加网站】对话框

【问题 2】（6 分）

在 DNS Server1 上为 ftp.xyz.com 配置域名解析时，依次展开 DNS 服务器功能菜单，右击【正向查找区域】选项，选择【新建区域】选项，弹出【新建区域向导】对话框，创建 DNS 解析区域。在创建区域时，图 13-95 所示的区域名称处应填（5），正向查找区域创建完成后，进行域名的创建，图 13-96 所示的名称处应填（6），IP 地址处应填（7）。如果勾选图 13-96 中的【创建相关的指针(PTR)记录】复选框，则增加的功能为（8）。

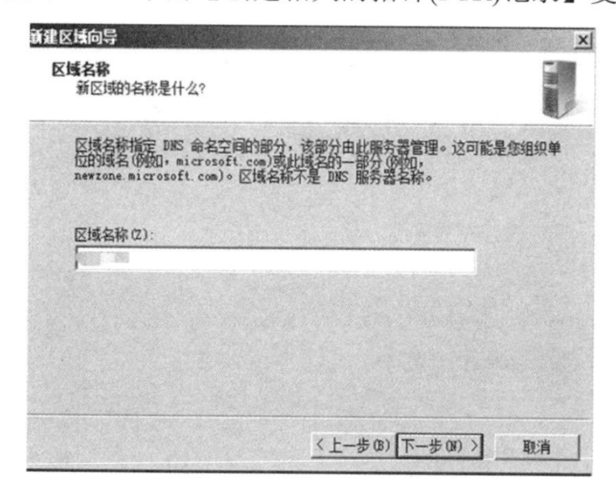

图 13-95 【新建区域向导】对话框

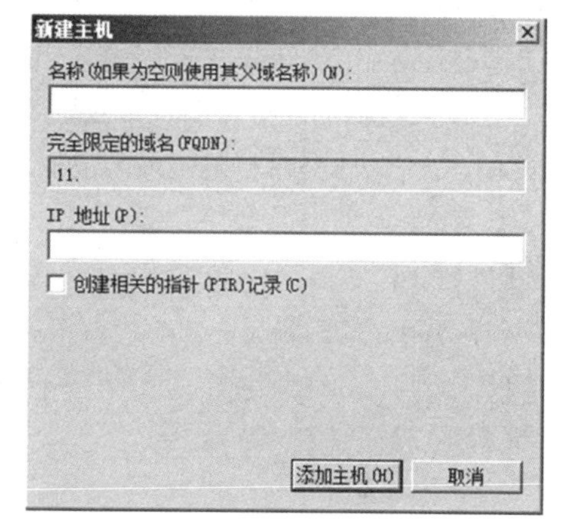

图 13-96 【新建主机】对话框

【问题 3】（4 分）

在 DNS Server2 上配置条件转发器，即将特定域名的解析请求转发到不同的 DNS 服务器上。如图 13-97 所示，为 ftp.xyz.com 新建条件转发器，DNS 域处应填（9），IP 地址处应填（10）。

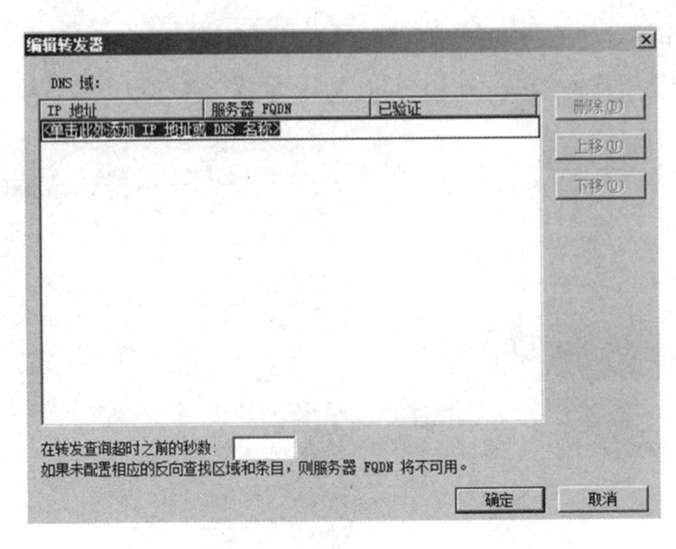

图 13-97 【编辑转发器】对话框

【问题 4】（4 分）

在 DNS 服务器上配置域名解析方式，如果选择（11）查询方式，则表示如果本地 DNS 服务器不能进行域名解析，那么服务器根据它的配置向域名树中的上级服务器进行查询，在最坏的情况下可能要查询到根服务器；如果选择（12）查询方式，则表示本地 DNS 服务器发出查询请求时得到的响应可能不是目标的 IP 地址，而是其他服务器的引用（名字和地址），那么本地服务器就要访问被引用的服务器进行进一步的查询，每次都更加接近目标的授权服务器，直至得到目标的 IP 地址或错误信息。

解析：

本题是对在 Windows 平台上配置 Web 服务及 FTP 服务、DNS 服务的相关考查。

DNS 转发器的配置可以将相应域名的解析请求转发到对应的 DNS 服务器上，由题目可知 DNS Server1 是解析对应域名的服务器。

答案：

【问题 1】

（1）Web 服务器　　（2）192.168.1.3

（3）80　　（4）oa.xyz.com

【问题 2】

（5）xyz.com　　（6）ftp

（7）192.168.1.4　　（8）IP 地址到域名的映射

【问题 3】

（9）ftp.xyz.com　　（10）192.168.1.1

【问题 4】

（11）递归　　（12）迭代

13.5　DHCP 服务器配置

在网络中，每一台主机都至少有一个 IP 地址。通过 IP 地址，主机可以与网络中的其他主机相互通信。在给主机配置 IP 地址时，可以使用管理员手动分配的方式，但是该方式效率较低。我们可以搭建一台 DHCP 服务器，通过 DHCP 服务器给需要获得 IP 地址的主机自动分配 IP 地址。

13.5.1　安装 DHCP 服务器

安装和配置 DHCP 服务器的过程如下。

（1）选择【开始】→【管理工具】→【服务器管理器】选项。

（2）在【角色】窗口中选择【添加角色】选项，单击【下一步】按钮。

（3）在【角色】列表框中，勾选【DHCP 服务器】复选框，然后单击【下一步】按钮，如图 13-98 所示。

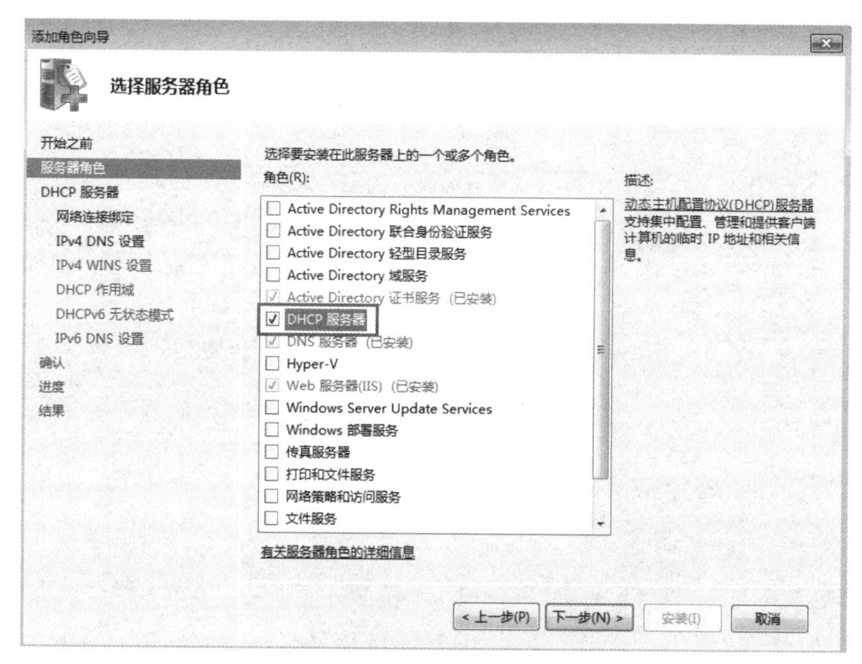

图 13-98　选择服务器角色示意图

（4）在【DHCP 服务器】→【网络连接绑定】中使用默认配置，单击【下一步】按钮，如图 13-99 所示。

（5）在【DHCP 服务器】→【IPv4 DNS 设置】中，需要设置【父域】。以之前的实验为参考，在此处填写 xisai.com。其他部分保持默认，然后单击【下一步】按钮，如图 13-100 所示。

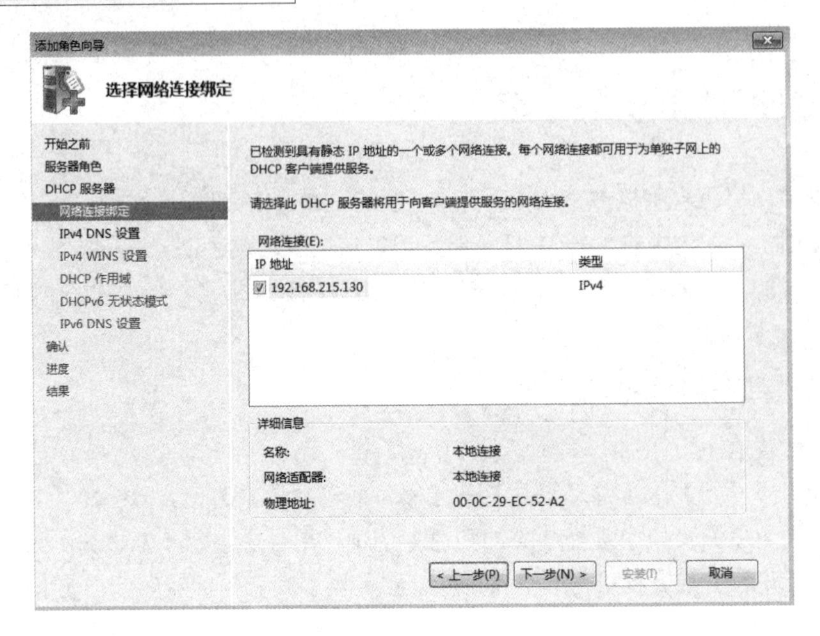

图 13-99　选择网络连接绑定示意图

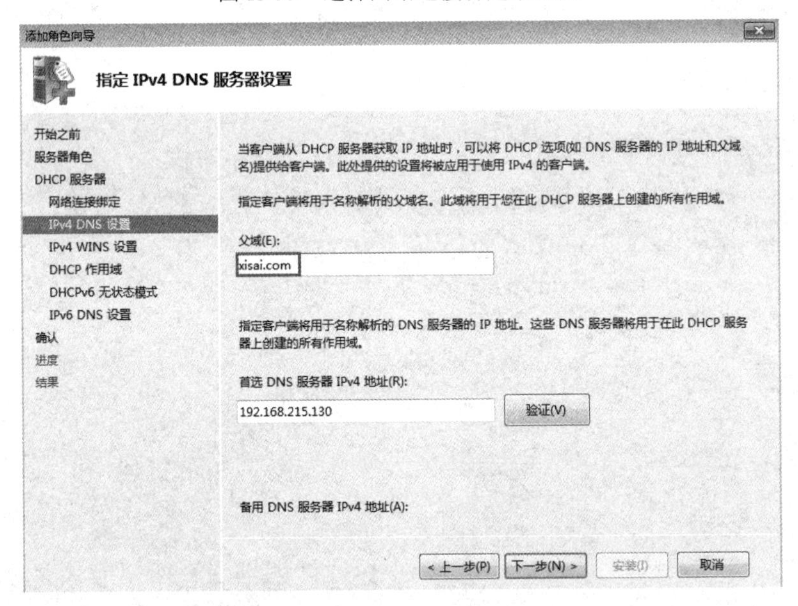

图 13-100　指定 IPv4 DNS 服务器设置示意图

（6）在【DHCP 服务器】→【DHCP 作用域】中，可以提前添加好需要分配 IP 地址的网段信息。在弹出的【添加作用域】对话框中，【作用域名称】可以依据喜好自行填写；【起始 IP 地址】与【结束 IP 地址】表示可以让服务器自动分配 IP 地址的网段范围；【子网掩码】表示分配给客户端 IP 地址的子网掩码；【默认网关(可选)】表示分配给客户端网关的 IP 地址，如图 13-101 所示。

（7）【DHCP 服务器】→【DHCP 作用域】中的其他部分使用默认配置即可，之后单击【安装】按钮，如图 13-102 所示。安装完成后，可以关闭【添加角色向导】对话框。

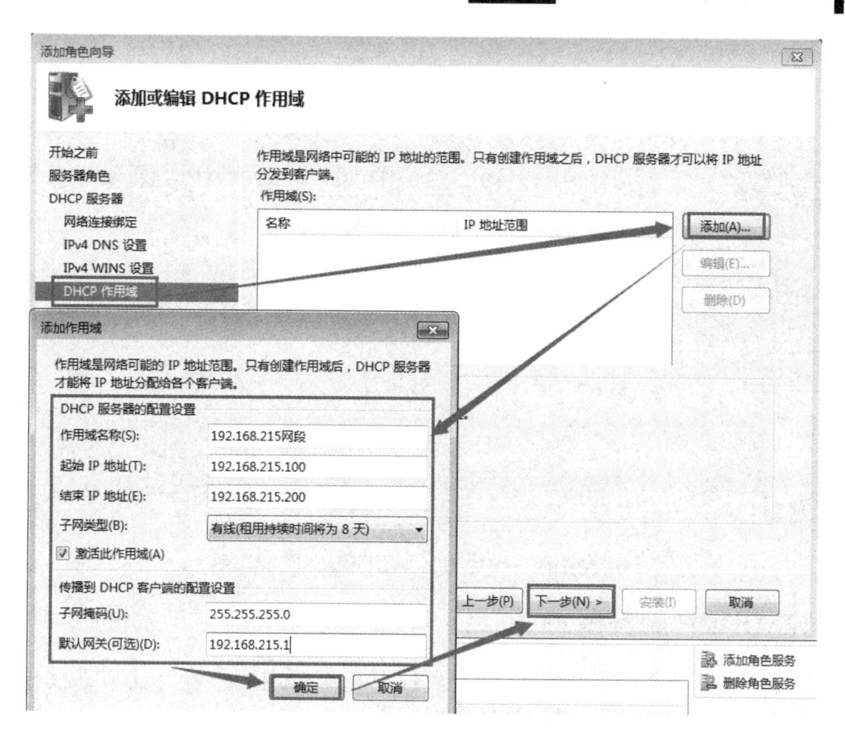

图 13-101　角色向导添加配置示意图

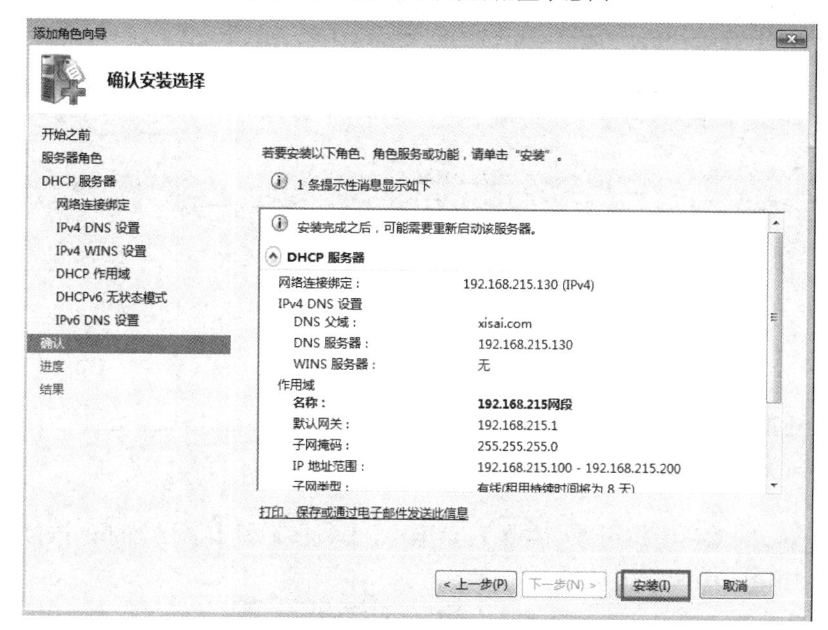

图 13-102　确认安装选择示意图

（8）以上过程基本完成了一次 DHCP 服务器的安装与配置，可以在【开始】→【管理工具】→【DHCP】中进行查看，其中【作用域[192.168.215.0]】是刚刚安装 DHCP 服务器时所配置的内容，如图 13-103 所示。

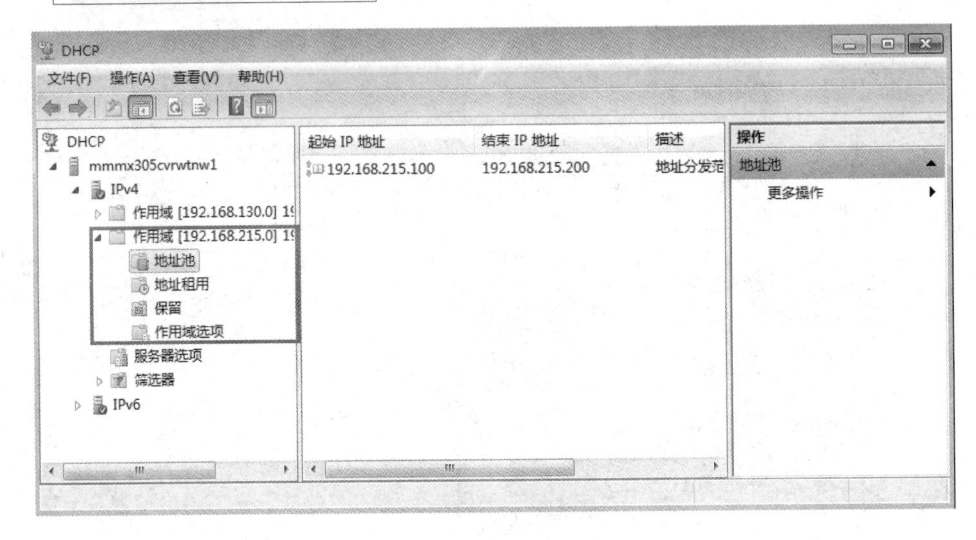

图 13-103 DHCP 服务器配置完成示意图

13.5.2 配置 DHCP 服务器

除可以在安装 DHCP 服务器的过程中大致配置部分内容外，还可以在【DHCP】对话框中进行配置。

（1）右击【IPv4】，选择【新建作用域】选项，如图 13-104 所示。

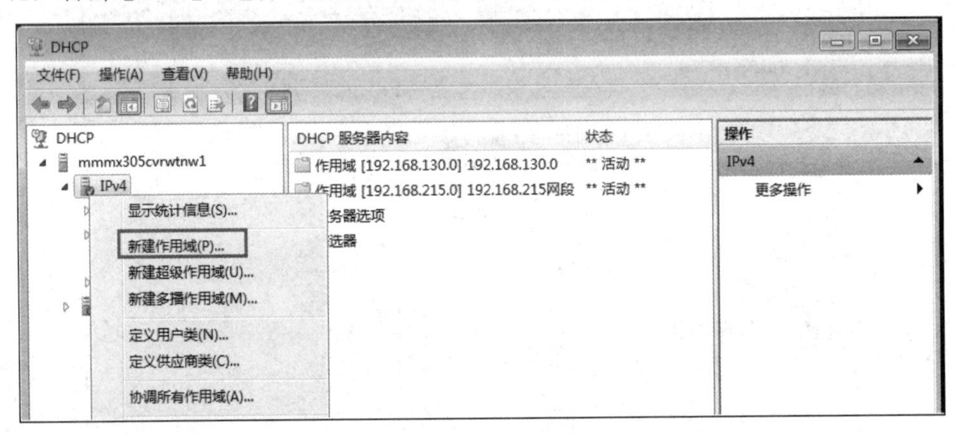

图 13-104 新建作用域选择示意图

（2）在弹出的【新建作用域向导】对话框中，【名称】和【描述】部分按自己的需求进行填写，如图 13-105 所示。

（3）在弹出的【新建作用域向导】→【IP 地址范围】窗口中，【起始 IP 地址】和【结束 IP 地址】表示分配给客户端 IP 地址的范围，【长度】和【子网掩码】表示分配给客户端 IP 地址的长度和子网掩码，如图 13-106 所示。

（4）在弹出的【新建作用域向导】→【添加排除和延迟】窗口中，可以排除在上一步操作中不需要分配给客户端的 IP 地址范围，如图 13-107 所示。

新建作用域向导
作用域名称
您必须提供一个用于识别的作用域名称。您还可以提供一个描述(可选)。
为此作用域输入名称和描述。此信息帮助您快速标识此作用域在网络上的作用。
名称(A):
192.168.1.0网段
描述(D):
此描述只是说明信息，可以随意填写
< 上一步(B)
下一步(N) >
取消

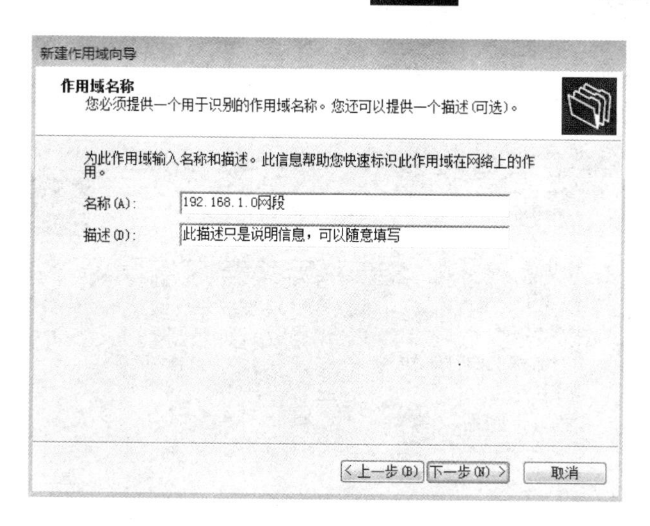

图 13-105　作用域名称配置示意图

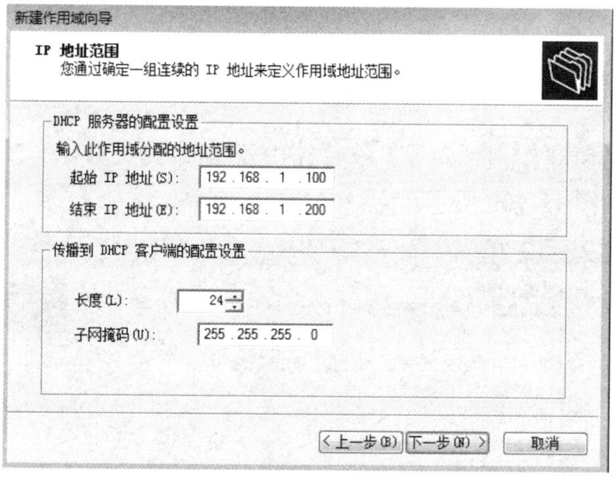

新建作用域向导
IP 地址范围
您通过确定一组连续的 IP 地址来定义作用域地址范围。
DHCP 服务器的配置设置
输入此作用域分配的地址范围。
起始 IP 地址(S):
192 . 168 . 1 . 100
结束 IP 地址(E):
192 . 168 . 1 . 200
传播到 DHCP 客户端的配置设置
长度(L):
24
子网掩码(U):
255 . 255 . 255 . 0
< 上一步(B)
下一步(N) >
取消

图 13-106　IP 地址范围配置示意图

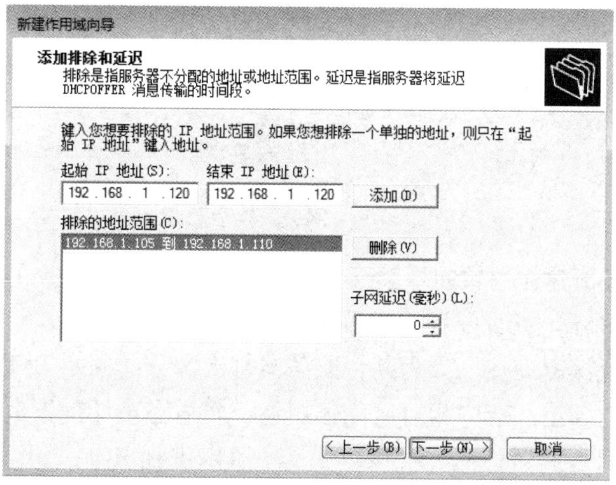

新建作用域向导
添加排除和延迟
排除是指服务器不分配的地址或地址范围。延迟是指服务器将延迟 DHCPOFFER 消息传输的时间段。
键入您想要排除的 IP 地址范围。如果您想排除一个单独的地址，则只在“起始 IP 地址”键入地址。
起始 IP 地址(S):
192 . 168 . 1 . 120
结束 IP 地址(E):
192 . 168 . 1 . 120
添加(D)
排除的地址范围(C):
192.168.1.105 到 192.168.1.110
删除(V)
子网延迟(毫秒)(L):
0
< 上一步(B)
下一步(N) >
取消

图 13-107　添加排除和延迟配置示意图

(5)在弹出的【新建作用域向导】→【租用期限】窗口中，可以指定客户端获得 IP 地址的租用期限，默认是 8 天。

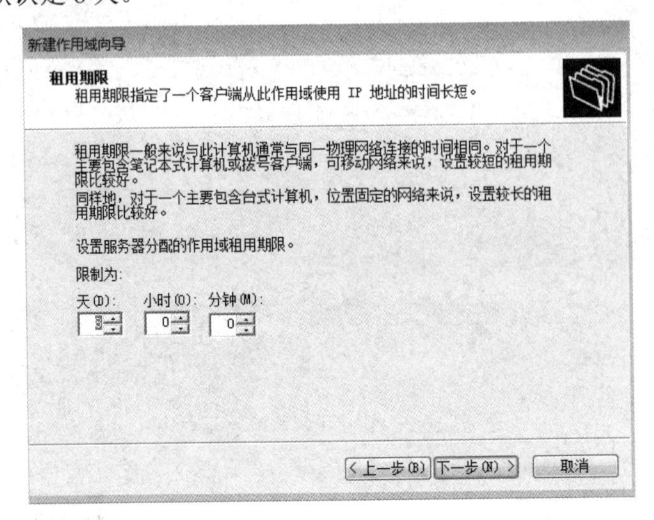

图 13-108　租用期限配置示意图

(6)在弹出的【新建作用域向导】→【路由器(默认网关)】窗口中，可以指定客户端获得的网关地址，如图 13-109 所示。

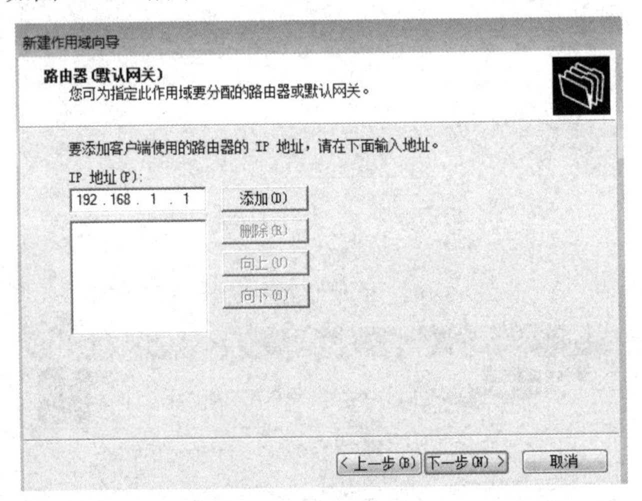

图 13-109　网关配置示意图

(7)在弹出的【新建作用域向导】→【激活作用域】窗口中，可以指定该作用域是否生效，如图 13-110 所示。此处配置完成后，整个流程便全部完成。

(8)如果想配置保留地址，如为某台服务器每次都分配固定 IP 地址，则可以进行 IP 地址与 MAC 地址的绑定。选中相对应的作用域，然后右击【保留】，选择【新建保留】选项，弹出【新建保留】对话框。在该对话框中可以进行 IP 地址和 MAC 地址的绑定，如图 13-111 所示。

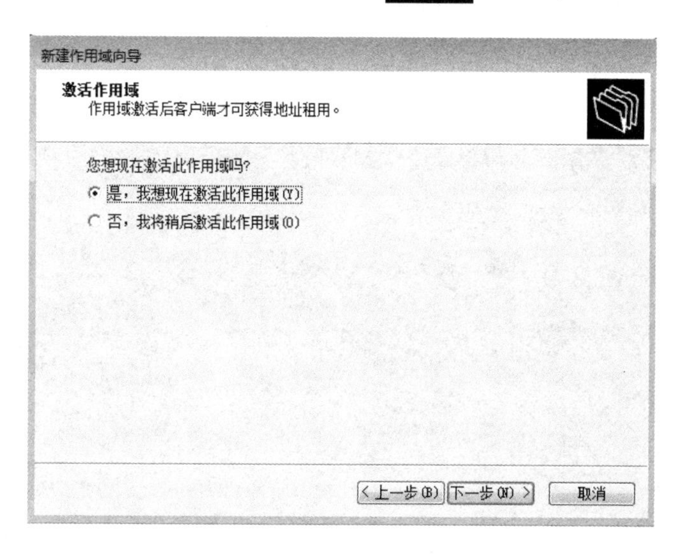

图 13-110　激活作用域配置示意图

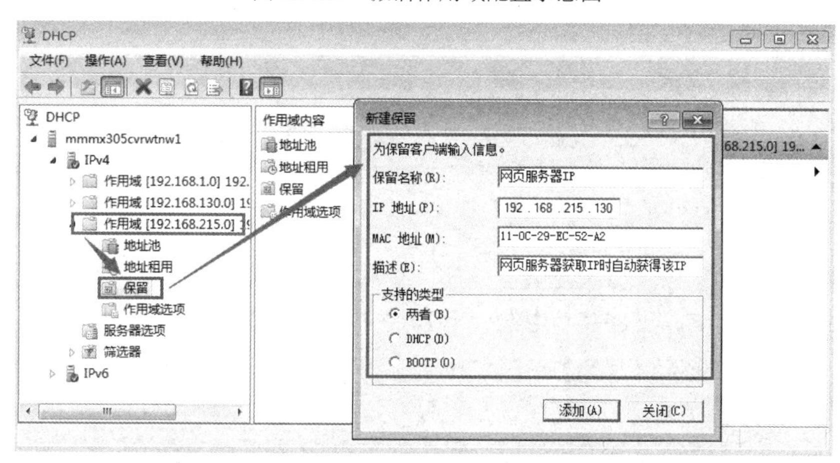

图 13-111　保留地址配置示意图

13.5.3　DHCP 中继代理

当在一个网络环境中存在多个网段，需要给多个网段的客户端主机自动分配 IP 地址时，可以在每个网段中都搭建一台 DHCP 服务器，但显然这种方式是不经济的。我们可以配置 DHCP 中继代理，中继代理可以让一台 DHCP 服务器为多个网段分配 IP 地址。需要注意的是，我们并不是在 DHCP 服务器上配置中继代理的，而是在连接不同网段的路由器设备或一台 Windows 服务器上进行配置的。

此处我们可以配置 Windows 服务器为一个可以转发数据包的路由器。接下来演示如何配置 Windows 服务器为路由器及中继代理。

（1）选择【开始】→【管理工具】→【服务器管理器】选项。

（2）在【角色】窗口中选择【添加角色】选项，单击【下一步】按钮。

（3）在【角色】列表框中，勾选【网络策略和访问服务】复选框，然后单击【下一步】按钮。

(4) 在【角色服务】列表框中，勾选【路由和远程访问服务】复选框，单击【下一步】按钮进行安装，如图 13-112 所示。安装完成后可以关闭【添加角色向导】对话框。

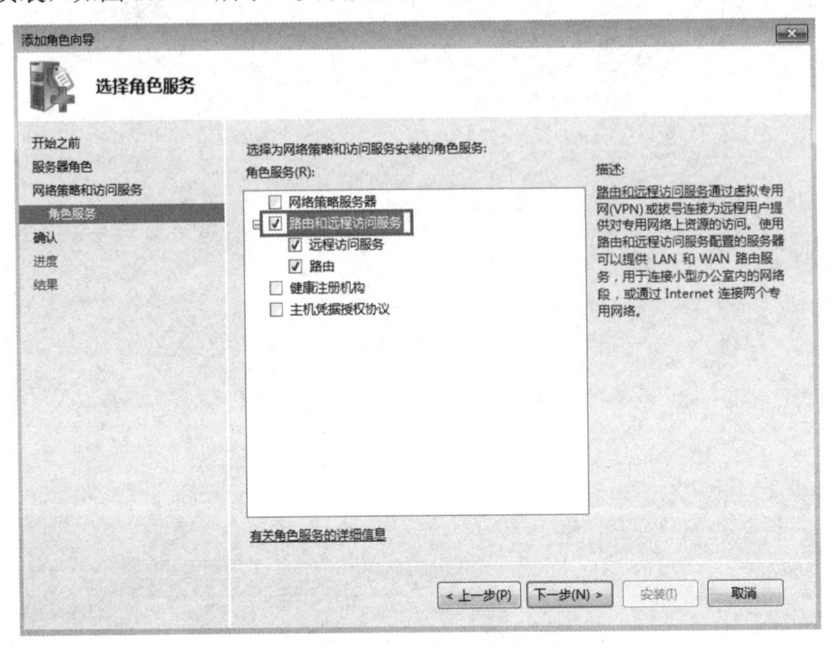

图 13-112　选择角色服务示意图

(5) 选择【开始】→【管理工具】→【路由和远程访问】选项。在弹出的【路由和远程访问】对话框中，右击【DHCP 中继代理】，选择【属性】选项，如图 13-113 所示。

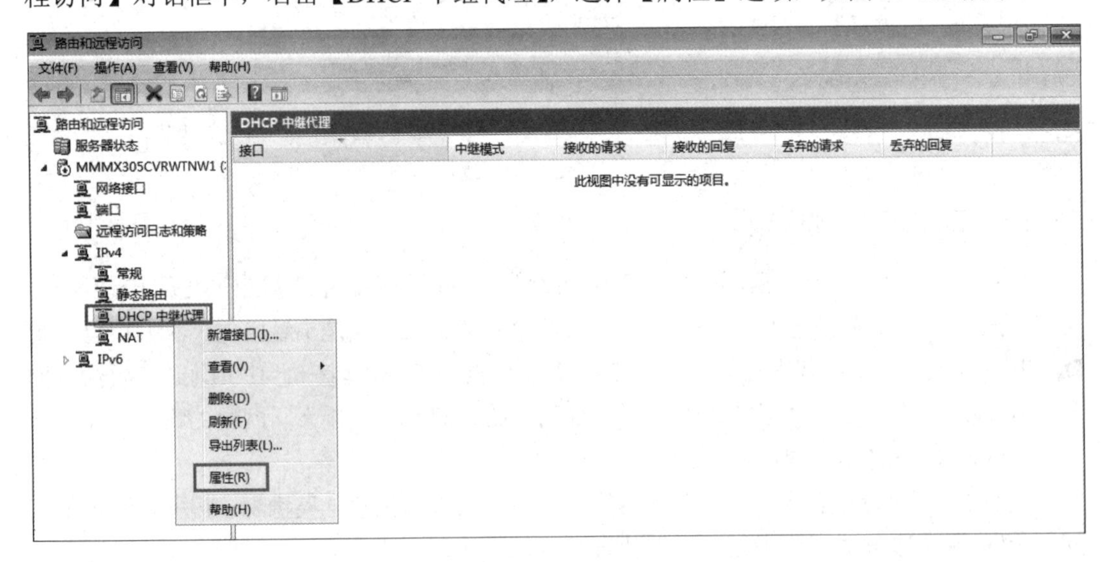

图 13-113　属性示意图

(6) 在【属性】对话框中，可以指定路由器作为中继代理时所指向的 DHCP 服务器，如图 13-114 所示。

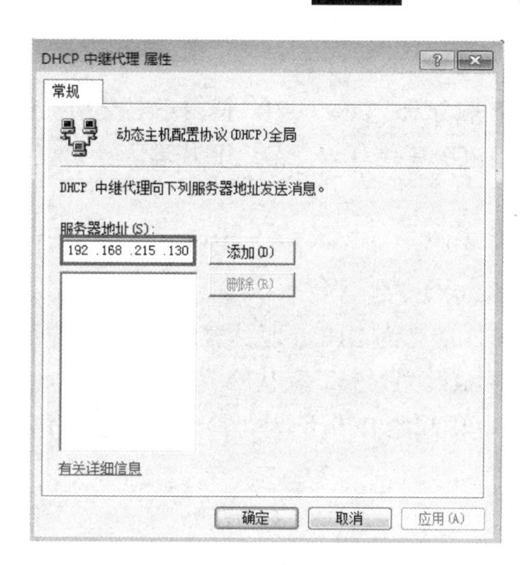

图 13-114　中继代理配置示意图

13.5.4　课后检测

阅读以下说明，回答问题 1～问题 3，将答案填入答题纸对应的解答栏内。

【说明】

某公司网络划分为 2 个子网，其中设备 A 是 DHCP 服务器，如图 13-115 所示。

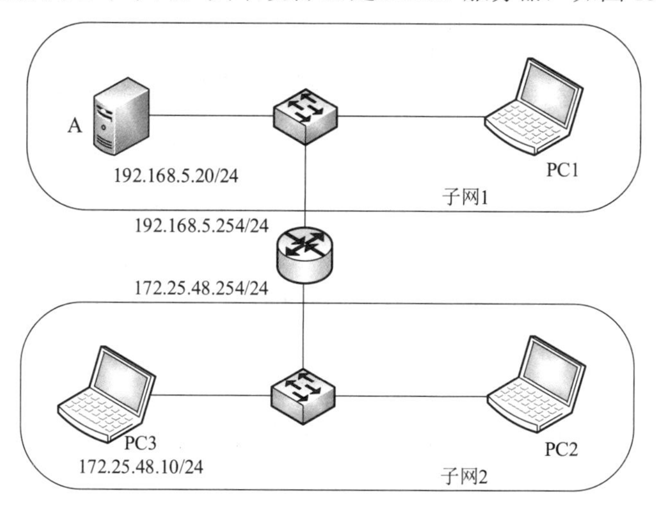

图 13-115　网络结构示意图

【问题 1】（6 分，每空 2 分）

DHCP 服务器在分配 IP 地址时使用（1）的方式，而此方式不能通过路由器，所以子网 2 中的客户机要自动获得 IP 地址，不能采用的方式是（2）。DHCP 服务器向客户机出租的 IP 地址一般有一个租约期，当租约期过去（3）时，客户机会向服务器发送 DHCP Request 报文延续租约期。

（1）备选答案：

A．单播　　B．多播　　C．广播　　D．组播

（2）备选答案：

A．子网2配置DHCP服务器　　B．使用三层交换机作为DHCP中继代理

C．使用路由器作为DHCP中继代理　　D．IP代理

（3）备选答案：

A．25%　　B．50%　　C．75%　　D．87.5%

【问题2】（5分，每空1分）

在配置DHCP服务器时，应当为DHCP服务器添加（4）个作用域。子网1按照图13-116所示添加作用域，其中子网掩码为（5），默认网关为（6）。在此作用域中必须排除某个IP地址，如图13-117所示，其中起始IP地址为（7）。通常无线子网的默认租约期为（8）。

（8）备选答案：

A．8天　　B．6天　　C．2天　　D．6或8小时

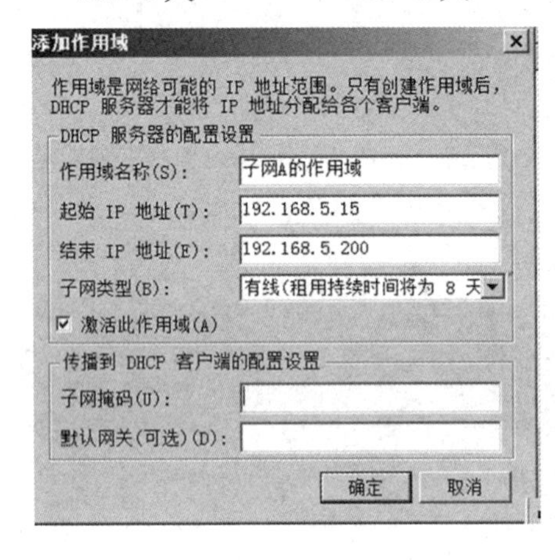

图13-116　作用域

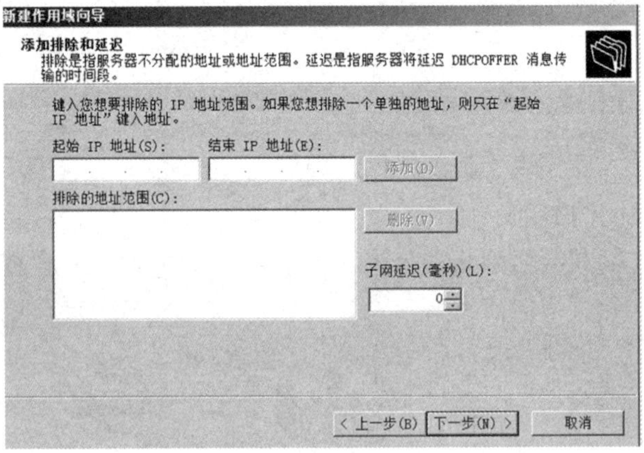

图13-117　地址范围

【问题3】（4分，每空2分）

如果客户端主机无法找到DHCP服务器，那么它将从（9）网段中挑选一个作为自己的IP地址，子网掩码为（10）。

（9）备选答案：

A．192.168.5.0　　B．172.25.48.0　　C．169.254.0.0　　D．0.0.0.0

解析：

【问题1】

（1）A或C（此题有争议），部分书本描述的DHCP服务器分配IP地址的方式是广播方式，但是有些描述是单播方式。实际上根据RFC文档，服务器在回应数据包时，以单播还是广播方式回应取决于数据包中的bootp flag字段是否为1。

（2）D，代理IP地址可以用来隐藏真实IP地址，类似于NAT，被访问网站通过代理服务器来进行中转，所以目标服务器只能看到代理服务器的IP地址。

（3）B，客户端主机获取IP地址后，当租约期过去50%时，会向服务器发送DHCP Request报文延续租约期。

【问题 2】

（4）图 13-115 中有 2 个子网，需要给 2 个子网分配 IP 地址，所以需要 2 个作用域。

（5）可以从图 13-116 中看出子网 A 的掩码是 24 位的，所以子网掩码是 255.255.255.0。

（6）默认网关是路由器的接口地址 192.168.5.254。

（7）分配 IP 地址的范围为 192.168.5.15～192.168.5.200，DHCP 服务器的 IP 地址为 192.168.5.20，该地址在这个范围内，所以需要排除该地址。

（8）通过无线获取的 IP 地址，租约期一般以小时为单位。

【问题 3】

（9）和（10）当获取不到 IP 地址时，会自动获取一个 169.254.0.0 网段中的地址。

答案：

【问题 1】

（1）A/C　　（2）D　　（3）B

【问题 2】

（4）2　　（5）255.255.255.0

（6）192.168.5.254　　（7）192.168.5.20

（8）D

【问题 3】

（9）C　　（10）255.255.0.0

第 14 章

Linux 服务器配置

根据对考试大纲及对以往试题情况的分析，“Linux 服务器配置”章节考查频率相对较低，偶尔在下午考试中考一道关于 Linux 服务器配置的大题，分数为 10～15 分。此外，在上午考试中可能有 2～3 分的选择题。从复习时间安排来看，请考生在 2 天之内完成本章的学习。

14.1 知识图谱与考点分析

目前大部分 Linux 操作系统拥有和 Windows 操作系统类似的图形化配置界面，但是在软考中基本不会考查 Linux 操作系统下的图形化配置步骤，而通过命令行方式来进行考查。搭建不同的服务器需要配置相对应的配置文件。

本章是网络工程师考试的一个次重考点，根据考试大纲，要求考生掌握以下几个方面的内容。

知识模块	知识点分布	重要程度
DHCP 服务器配置	• 配置文件存放路径 • 配置文件语法说明	★★ ★★★
DNS 服务器配置	• 配置文件存放路径 • 配置文件语法说明	★★ ★★★
Samba 服务器配置	• 配置文件存放路径 • 配置文件语法说明	★★ ★★
FTP 服务器配置	• 配置文件存放路径 • 配置文件语法说明	★ ★
Apache 服务器配置	• 配置文件存放路径 • 配置文件语法说明	★★ ★

14.2 DHCP 服务器配置

DHCP 服务器用于给客户机自动配置 IP 地址及其相关参数。

该部分考试内容主要包括配置文件的存放路径及配置文件中的配置用例，考生需要熟悉该部分知识点内容。

14.2.1 配置文件存放路径

在服务器上搭建 DHCP 服务，其配置文件内容通常保存在/etc/dhcp/dhcpd.conf 或/etc/dhcpd.conf 中。通过之前的章节我们知道，客户机自动获取的 IP 地址是有租约期的，租约期信息保存在/var/lib/dhcp/dhcpd.leases 中。

14.2.2 主要配置文件的语法说明

在配置文件 dhcpd.conf 中，管理员需要输入相对应的语句以实现对应的功能。语句遵循一定的语法规则。接下来我们大致了解关于配置文件中的语法。

主要语法为“<参数> <配置内容> ”，例如：

```
default-lease-time 3600;
```

某些项目要用到 option，其语法为“option <参数> <配置内容> ”，例如：

```
option domain-name "educity.cn ";
```

1. 配置案例

```
ddns-update-style none;
subnet 192.168.1.0 netmask 255.255.255.0
{
option routers 192.168.1.254;
option subnet-mask 255.255.255.0;
option domain-name "educity.cn";
option domain-name-servers 192.168.1.1;
range 192.168.1.10 192.168.1.100;
}
host webserver
{
hardware ethernet 08:00:00:4c:58:23;
fixed-address 192.168.1.210;
}
```

2. 配置案例语法说明

ddns-update-style none 表示不要更新 DDNS 的配置。

```
subnet 192.168.1.0 netmask 255.255.255.0
{…}
```

上述语句表示配置一个作用域，括号中的配置内容用于具体指定该作用域下的参数。

option routers 192.168.1.254;表示下发给客户机的网关地址是 192.168.1.254。

option subnet-mask 255.255.255.0;表示下发给客户机的 IP 地址子网掩码是 255.255.255.0。

option domain-name "educity.cn";表示客户机所属域名是 educity.cn。

option domain-name-servers 192.168.1.1;表示下发给客户机的 DNS 服务器地址是 192.168.1.1。

range192.168.1.10 192.168.1.100;表示可以下发给客户机的 IP 地址范围为 192.168.1.10～192.168.1.100。

如果想让某台主机每次开机都能自动获得同一个 IP 地址，则可以使用以下语句。其中，host 是固定写法，后面接上保留名称，该名称可以按需求喜好进行填写，如 webserver。

```
host webserver
{…}
```

括号中是具体的 IP 地址和 MAC 地址的绑定配置。

hardware ethernet 08:00:00:4c:58:23;表示客户机的 MAC 地址是 08:00:00:4c:58:23。

fixed-address 192.168.1.210;表示 MAC 地址是 08:00:00:4c:58:23 的主机获取的 IP 地址是 192.168.1.210。

14.2.3 DHCP 服务器的启动与关闭

在命令行界面输入 service dhcpd start 或 service dhcpd stop，表示启动 DHCP 服务器或关闭 DHCP 服务器。

14.2.4 课后检测

1．在 Linux 系统中，（　　）是默认安装 DHCP 服务器的配置文件。

A．/etc/dhcpd.conf　　B．conf

C．/etc/dhcp.conf　　D．/var/dhcp

试题 1 解析：

默认安装 DHCP 服务器的配置文件是/etc/dhcpd.conf。

试题 1 答案：A

2．某 Linux DHCP 服务器的配置文件 dhcpd.conf 如下。

```
ddns-update-style none;
subnet 192.168.0.0 netmask 255.255.255.0 {
range 192.168.0.200 192.168.0.254;
ignore client-updates;
default-lease-time 3600;
max-lease-time 7200;
```

```
option routers 192.168.0.1;
option domain-name"test.org";
option domain-name-servers 192.168.0.2;
}
host test 1{hardware ethernet 00:E0:4C:70:33:65;fixed-address 192.168.0.8;}
```

客户机 IP 地址的默认租约期为（　　）小时。

A．1　　　B．2　　　C．60　　　D．120

试题 2 解析：

从配置文件中的 default-lease-time 3600 可知，默认的租约期是 3600÷(60×60)=1 小时。

试题 2 答案：A

3．阅读以下说明，回答问题 1～问题 2，将答案填入答题纸对应的解答栏内。

【说明】

某公司内部搭建了一个小型的局域网，拓扑图如图 14-1 所示。公司内部拥有主机 120 台，采用 C 类地址段 192.168.100.0/24。采用一台 Linux 服务器作为接入服务器，服务器内部局域网接口地址为 192.198.100.254，ISP 提供的地址为 202.202.212.62。

【问题 1】（2 分）

在 Linux 系统中，DHCP 服务器的配置文件是（1）。

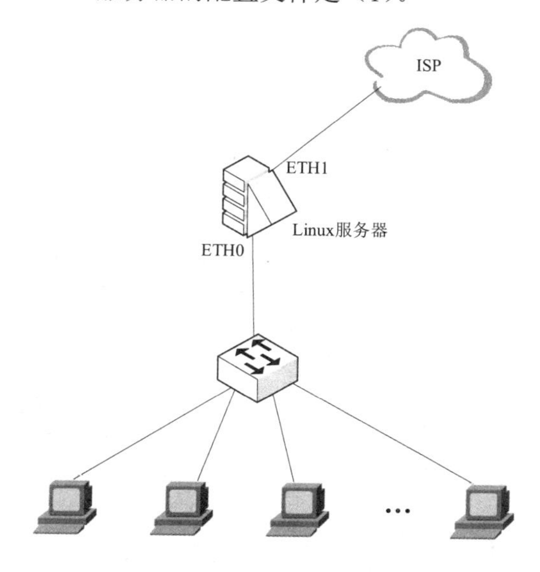

图 14-1　拓扑图

【问题 2】（8 分）

内部邮件服务器的 IP 地址为 192.168.100.253，MAC 地址为 01:A8:71:8C:9A:BB；内部文件服务器的 IP 地址为 192.168.100.252，MAC 地址为 01:15:71:8C:77:BC。公司内网分为 4 个网段。

为方便管理，公司使用 DHCP 服务器为主机动态分配 IP 地址，下面是 Linux 服务器为 192.168.100.192/26 子网配置 DHCP 服务的代码，请将其补充完整。

```
Subnet  (2)  netmask  (3)
{
option routers 192.168.100.254;
option subnet-mask  (4) ;
option broadcast-address  (5) ;
option time-offset -18000;
range  (6)   (7)  ;
default-lease-time 21600;
max-lease-time 43200;
host servers
{
Hardware ethemet  (8) ;
fixed-address 192.168.100.253;
hardware ethemet 01:15:71:8C:77:BC;
fixed-address  (9) ;
}
}
```

试题 3 解析：

【问题 1】

在 Linux 系统中，DHCP 服务器的配置文件是 dhcpd.conf，位于/etc 目录下。

【问题 2】

```
Subnet 192.168.100.192 netmask 255.255.255.192     //配置DHCP服务器分配IP地址的子网
{
option routers 192.168.100.254;                      //配置网关地址
option subnet-mask 255.255.255.192;                  //配置子网掩码
option broadcast-address 192.168.100.255;            //配置子网的广播地址
option time-offset -18000;
range 192.168.100.193 192.168.100.253;               //配置IP地址池，需要将网关地址排除
default-lease-time 21600;                            //配置默认租约期，单位为秒
max-lease-time 43200;                                //配置最长的租约期
host servers
{
Hardware ethemet 01:A8:71:8C:9A:BB;                  //配置保留主机的MAC地址
fixed-address 192.168.100.253;
hardware ethemet 01:15:71:8C:77:BC;
fixed-address 192.168.100.252;                       //配置保留主机的IP地址
}
}
```

试题 3 答案：

【问题 1】

（1）dhcpd.conf

【问题 2】

（2）192.168.100.192　　（3）255.255.255.192

（4）255.255.255.192　　（5）192.168.100.255

（6）192.168.100.193　　（7）192.168.100.253

（8）01:A8:71:8C:9A:BB　　（9）192.168.100.252

14.3 DNS 服务器配置

主机间的通信需要用到 IP 地址，但是 IP 地址不便记忆，因此在生活中我们通常使用域名来访问主机。将域名和 IP 地址关联起来，把域名解析成对应的 IP 地址，这就需要 DNS 服务器的帮忙。

该部分考试内容主要包括配置文件的存放路径及配置文件中的配置用例，考生需要熟悉该部分知识点内容。

14.3.1 配置文件存放路径

在服务器上配置 DNS 服务，其配置文件内容通常保存在/etc/ named.conf 中。

如果客户机使用 Linux 系统，那么需要给客户机配置 DNS 地址。DNS 地址的配置文件是/etc/resolv.conf。类似于 Windows 系统下的 hosts 表，Linux 系统下也有该表，路径是/etc/hosts，同时我们可以在/etc/hosts.conf 配置文件中配置客户机的解析顺序。

14.3.2 主要配置文件的语法说明

在配置文件中，管理员需要输入相对应的语句以实现对应的功能。语句遵循一定的语法规则。接下来我们大致了解关于配置文件的语法。

1．客户机的配置

在 Linux 系统下，默认支持两种方法来进行域名解析：一种是 hosts 表，另一种是 DNS 系统。hosts 表存放在一个简单的文本文件中，文件名是/etc/hosts，当进行 DNS 解析的时候，需要系统指定一台 DNS 服务器，以便当系统要解析域名的时候，可以向所指定的域名服务器进行查询。

1）/etc/hosts

hosts 表存放在一个简单的文本文件中，文件名是/etc/hosts。在/etc/hosts 中，我们可以配置主机名与 IP 地址的对应关系。

例如：

```
[root@ecs-u4x ~]# cat /etc/hosts
```

```
127.0.0.1    localhost
```

上面的语法表示 localhost 这个主机名对应的 IP 地址是 127.0.0.1。

2）/etc/resolv.conf

在/etc/resolv.conf 中，我们可以配置客户机的 DNS 地址。

例如：

```
[root@ecs-u4x ~]# cat /etc/resolv.conf
nameserver 8.8.8.8
```

上面的语法表示客户机的 DNS 地址被配置为 8.8.8.8。

3）/etc/hosts.conf

在/etc/hosts.conf 中，我们可以配置域名解析的顺序。

例如：

```
[root@ecs-u4x ~]# cat /etc/hosts.conf
order hosts,bind
```

上面的语法表示客户机在进行域名解析时，先查询/etc/hosts 文件，如果查询不到则利用 DNS 系统进行解析。

2. 服务器的配置

在配置文件/etc/named.conf 中，管理员需要输入相对应的语句以实现对应的功能。下面我们通过案例的方式来了解关于配置文件的语法内容。

1）named.conf

例如：

```
zone "." IN {
type hint;
file "named.ca";
};
zone " educity.cn" IN {
type master;
file "named. educity.cn";
};
zone "100.168.192.in-addr.arpa" IN {
type master;
file "named.192.168.100";
};
```

配置案例说明：

```
zone "." IN {
type hint;
file "named.ca";
};
```

zone "." IN 中的 zone "."表示根区域，type 表示类型，hint 表示该类型为根。通过之前的章节我们知道，全球有 13 台根域名服务器，当本地 DNS 服务器无法解析的时候就会去找根域名服务器。那么 DNS 服务器如何知道根域名服务器的地址呢？这个地址保存在/var/named/ named.ca 文件中。

```
zone " educity.cn" IN {
type master;
file "named. educity.cn ";
};
```

这段语句表示在 educity.cn 区域中，当前的 DNS 服务器类型是主域名服务器，在 educity.cn 区域中主机的主机名与 IP 地址的映射关系保存在/var/named/named.educity.cn 文件中。

```
zone "100.168.192.in-addr.arpa" IN {
type master;
file "named.192.168.100";
};
```

这段语句配置了反向区域记录文件的存储文件位置。在进行反向解析时，zone 中的名称要将 IP 地址反过来写，并且结尾处需要加上.in-addr.arpa，表示 192.168.100 这个网段的 IP 地址对应的主机名记录存储在/var/named/named.192.168.100 文件中。

2）正向查找区域

在配置文件/var/named/named.educity.cn 中，记录了 educity.cn 区域中主机的主机名与 IP 地址的映射关系，接下来我们学习基本的语法。

例如：

```
www.educity.cn.         IN A        192.168.100.100
xisai.educity.cn.       IN A        192.168.100.101
Linux.educity.cn.       IN CNAME    www.educity.cn.
```

在上面三条语句中，前两条语句是 A 记录，记录了在 educity.cn 区域中，主机名为 www 和 xisai 的主机对应的 IP 地址分别是 192.168.100.100 和 192.168.100.101。

第三条语句是 CNAME 别名记录，表示 Linux.educity.cn 这个域名指向的是 www.educity.cn。访问 Linux.educity.cn 也就是访问了 192.168.100.100 这个 IP 地址。

3）反向查找区域

在配置文件/var/named/named.192.168.100 中，记录了 192.168.100 网段下的主机的 IP 地址与主机名的映射关系，接下来我们学习基本的语法。

例如：

```
101 IN PTR xisai.educity.cn.
```

配置案例说明：

该条语句配置的是 PTR 反向指针记录，表示 192.168.100.101 这个 IP 地址对应的域名是 xisai.educity.cn。

14.3.3 DNS 服务器的启动与关闭

在命令行界面输入 service named start 或 service named stop，表示启动 DNS 服务器或关闭 DNS 服务器。

14.3.4 课后检测

1. 管理员为某个 Linux 系统中的/etc/hosts 文件添加了如下记录，下列说法中正确的是（ ）。

```
127.0.0.1          localhost.localdomain       localhost
192.168.1.100      linumu100.com               web80
192.168.1.120      emailserver
```

A. linumu100.com 是主机 192.168.1.100 的主机名

B. web80 是主机 192.168.1.100 的主机名

C. emailserver 是主机 192.168.1.120 的别名

D. 192.168.1.120 行记录的格式是错误的

试题 1 解析：

本题考查 Linux 系统中 hosts 文件的格式。在/etc/hosts 文件中，第一列是 IP 地址，第二列是主机名，第三列是别名。所以选项 A 是正确的。

试题 1 答案：A

2. 在 Linux 系统中，（ ）文件解析主机域名。

A. /etc/hosts　　B. /etc/host.conf　　C. /etc/hostname　　D. /etc/bind

试题 2 解析：

在 Linux 系统中，/etc/hosts 文件解析主机域名，/etc/host.conf 文件说明解析顺序。

试题 2 答案：A

3. 在 Linux 系统中，DNS 查询文件内容如下所示，该文件的默认存储位置为（ ），当用户进行 DNS 查询时，首选 DNS 服务器的 IP 地址为（ ）。

```
Serach domain.test.cn
Nameserver 210.34.0.14
Nameserver 210.34.0.15
Nameserver 210.34.0.16
Nameserver 210.34.0.17
```

（1）A. /etc/inet.conf　　B. /etc/resolv.conf

C. /etc/inetd.conf　　D. /etc/net.conf

（2）A. 210.34.0.14　　B. 210.34.0.15

C. 210.34.0.16　　D. 210.34.0.17

试题 3 解析：

本题主要考查 DNS 服务器的配置，其中 DNS 查询文件默认存储位置为/etc/resolv.conf，从该文件可以看出，首选 DNS 服务器的 IP 地址为 210.34.0.14。

试题 3 答案：B、A

14.4 Samba 服务器配置

Samba 是为 Linux-Windows 共享资源而设计的程序，主要用于不同操作平台间文件和打印机的共享。

该部分考试内容主要包括配置文件的存放路径及配置文件中的配置用例，考生需要熟悉该部分知识点内容。

14.4.1 配置文件存放路径

Samba 的主要配置文件是/etc/samba/smb.conf。该文件中的主要配置内容分为服务器的全局相关配置（如工作组、NetBIOS 名称与密码等级等）和分享目录相关配置（如实际目录、分享资源名称与权限等）。

14.4.2 主要配置文件的语法说明

smb.conf 文件有三个主要配置参数：全局参数字段（global）、目录共享字段（homes）和打印机共享字段（printers）。

1. 全局参数字段

全局参数字段（global）：主机共享时的整体配置。

配置案例：

```
 [global]
workgroup = CSAIGROUP
netbios name = LinuxSir
server string = Linux Samba
security=[user|share|server|domain]
hosts allow = 192.168.1.0/24
```

配置案例说明：

workgroup 指定了 Samba 服务器所在工作组的名称，此处是 CSAIGROUP。

netbios name 指定了 Samba 服务器主机的 NetBIOS 名称，此处是 LinuxSir。

server string 是 Samba 服务器主机的解释描述，此处可以随意填写。

security 指定了与密码相关的安全性程度，在 user、share、server、domain 参数中四选一。user 表示使用 Samba 服务器本身的用户密码数据库；share 表示任何人都可以访问分享，不需要密码；server 表示需要输入用户账号与密码，验证用户信息由另一台服务器负责，而非 Samba 服务器；domain 表示使用域中的服务器来验证用户信息。

hosts allow 表示允许访问 Samba 服务器的网段，如此处配置的可以访问的网段是 192.168.1.0/24。

2. 目录共享字段

目录共享字段（homes）：定义一般参数，如建立共享文件目录等。

配置案例：

```
[homes]
comment=Home Directories
browseable= [yes|no]
writable= [yes|no]
create mask= 0664
directory mask= 0775
```

配置案例说明：

[homes]中的 homes 表示共享目录的名称，只是一个代号。homes 是特殊的资源共享名称，Linux 系统中的每位用户均有家目录，如 smb1 的家目录位于/home/smb1/。

comment 表示目录的说明，此处可以按需填写。

browseable 表示是否让所有用户看到这个项目，yes 表示是，no 表示否。

writable 表示是否可以写入内容，yes 表示是，no 表示否。

create mask 表示文件创建时的权限，此案例是 664。

directory mask 表示目录创建时的权限，此案例是 775。

3. 打印机共享字段

打印机共享字段（printers）：打印机的配置和共享。

配置案例：

```
[printers]
comment=all printers
path=/var/spool/samba
browseable=[yes|no]
valid users = jack,@root
guest ok=[yes|no]
writable=[yes|no]
```

配置案例说明：

```
[printers]
comment=all printers                #表示打印服务的说明
path=/var/spool/samba               #表示打印机队列位置
browseable=[yes|no]                 #表示是否允许浏览打印机
valid users = jack,@root            #表示哪些用户和用户组可以访问
```

```
guest ok=[yes|no]                    #表示该共享是否允许 guest 用户访问
writable=[yes|no]                    #表示该共享路径是否可写
```

14.4.3 Samba 服务器的启动与关闭

在命令行界面输入 service smb start 或 service smb stop，表示启动 Samba 服务器或关闭 Samba 服务器。

14.4.4 课后检测

1．可以利用（　　）实现 Linux 平台和 Windows 平台之间的数据共享。

A．NetBIOS　　B．NFS　　C．AppleTalk　　D．Samba 服务器

试题 1 解析：

Samba 服务器可以实现 Linux 和 Windows 平台之间的数据共享。

试题 1 答案：D

2．（　　）是 Linux 系统中 Samba 服务器的功能。

A．提供文件和打印机共享服务　　B．提供 FTP 服务

C．提供用户的验证服务　　D．提供 IP 地址分配服务

试题 2 解析：

Samba 服务器可以为不同系统间提供文件和打印机共享服务。

试题 2 答案：A

3．在 Linux 系统中 Samba 服务器的主要配置文件是/etc/samba/smb.conf。请根据以下的 smb.conf 配置文件，在（1）～（5）处填写恰当的内容。

Linux 系统中启动 Samba 服务器后，在客户机的“网上邻居”中显示提供共享服务的 Linux 主机名为（1），其共享的服务有（2）；能够访问 Samba 共享服务的客户机的地址范围为（3）；能够通过 Samba 服务器读写/home/samba 中内容的用户是（4）；该 Samba 服务器的安全级别是（5）。

```
[global]
workgroup = MYGROUP
netbios name=smb-server
server string = Samba Server
;hosts allow = 192.168.1. 192.168.2. 127.
load printers = yes
security = user
[printers]
comment = My Printer
browseable = yes
path = /usr/spool/samba
guest ok = yes
writable = no
printable = yes
```

```
[public]
comment = Public Test
browseable = no
path = /home/samba
public = yes
writable = yes
printable = no
write list = @test
[user1dir]
comment = User1's Service
browseable = no
path = /usr/usr1
valid users = user1
public = no
writable = yes
printable = no
```

试题 3 解析：

smb.conf 文件有以下三个主要部分。

（1）全局参数字段（global）：主机共享时的整体配置。

（2）目录共享字段（homes）：定义一般参数，如建立共享文件目录等。

（3）打印机共享字段（printers）：打印机的配置和共享。

下面对 smb.conf 文件中的主要配置项进行逐一解释说明。

```
[global]
workgroup = MYGROUP             # 此参数配置服务器所要加入工作组的名称，系统默认为
                                  MYGROUP
netbios name=smb-server         # 此参数在配置文件中未列出，需要手动添加，用于配置显示
                                  在"网上邻居"中的主机名
server string = Samba Server    # 此参数描述 Samba 服务器的一些信息，这些信息会显示在
                                  "网上邻居"中
;hosts allow = 192.168.1. 192.168.2. 127.
# 此参数配置哪些 IP 地址允许访问该服务器，本例中因为 hosts allow 被分号注释掉了，所以
代表无限制
load printers = yes             # 允许自动加载打印机列表
security = user                 # 配置 Samba 服务器的安全模式，本例中配置为用户安全级
                                  模式
[printers]
comment = My Printer            # 共享打印服务名称
browseable = yes                # 配置是否允许浏览打印机
path = /usr/spool/samba         # 配置打印机队列位置
guest ok = yes                  # 访问打印机是否需要密码
writable = no                   # 共享路径是否可写
```

```
printable = yes                 # 是否允许打印
[public]
comment = Public Test           # 对共享目录的描述
browseable = no                 # 配置是否允许浏览目录
path = /home/samba              # 配置共享目录位置
public = yes                    # 是否所有用户可访问
writable = yes                  # 用户是否有写入的权限
printable = no                  # 是否允许打印
write list = @test              # 允许写入的用户列表，此处表示只有 test 组用户对该目录
                                  有写入的权限
[user1dir]
comment = user1's service       # 对个人目录的描述
browseable = no                 # 配置是否允许浏览目录
path = /usr/user1               # 配置共享目录位置
valid users = user1             # 允许访问的用户列表
public = no                     # 是否允许所有用户访问
writable = yes                  # 用户是否有写入的权限
printable = no                  # 是否允许打印
```

试题 3 答案：

（1）smb-server

（2）printers 或 My Printer

（3）无限制（因为 hosts allow 被分号注释掉了）

（4）Linux 系统的 test 组用户（仅回答 test 用户不给分）

（5）用户安全级

14.5 FTP 服务器配置

FTP 协议用于在客户机和服务器之间传输文件，该协议使用明文形式传输数据，为了更安全地使用 FTP 服务器，我们主要介绍较为安全的 vsftpd 服务器。

该部分考试内容主要包括配置文件的存放路径及配置文件中的配置用例，考生需要熟悉该部分知识点内容。

14.5.1 配置文件存放路径

vsftpd 服务器的配置文件是/etc/vsftpd/vsftpd.conf，我们可以在该文件中配置语句来实现相应功能。

user_list 文件可以对 vsftpd 服务器进行灵活的用户访问控制，其路径是/etc/vsftpd/user_list。

14.5.2 主要配置文件的语法说明

在 vsftpd.conf 文件中可以进行详细配置。

配置案例：

```
listen=yes
listen_address=192.168.4.1
listen_port=21
write_enable=yes
download_enable=yes
userlist_enable=yes
userlist_deny=yes
max_clients=0
max_per_ip=0
anonymous_enable=yes
local_enable=yes
```

配置案例说明：

listen=yes（no），如果是 yes，那么表示 vsftpd 服务器以独立方式启动。

listen_address 表示本机监听的 IP 地址。

listen_port 表示本机的 FTP 监听接口。

write_enable 表示是否启用写入权限。

download_enable 表示是否允许下载文件。

userlist_enable 表示是否启用 user_list 列表文件，用以拒绝某些用户访问。

userlist_deny 在 userlist_enable=yes 时才会生效，当是 yes 时，用户账号被列入某个文件中，在该文件内的用户将无法登录 vsftpd 服务器。

max_clients 表示如果 vsftpd 服务器是以独立方式启动的，那么可以指定同一时间最多允许多少个用户同时登录 vsftpd 服务器。

max_per_ip 可以配置同一个 IP 地址的并发连接数。

anonymous_enable 表示是否启用匿名登录方式。

local_enable 用来配置本服务器内的用户账号是否允许登录 FTP 服务器。

14.5.3 vsftpd 服务器的启动与关闭

在命令行界面输入 service vsftpd start 或 service vsftpd stop，表示启动 vsftpd 服务器或关闭 vsftpd 服务器。

14.5.4 课后检测

1．若 Linux 用户需要将 FTP 默认的 21 端口修改为 8800 端口，则可以修改（　　）配置文件。

A．/etc/vsftpd/userconf　　B．/etc/vsftpd/vsftpd.conf

C．/etc/resolv.conf　　D．/etc/hosts

试题 1 解析：

vsftpd 服务器的配置文件是/etc/vsftpd/vsftpd.conf，通过该文件可以修改 listen_port 参数改变端口。

试题 1 答案：B

2．阅读以下说明，回答问题 1～问题 4，将答案填入答题纸对应的解答栏内。

【说明】

某公司搭建了一个小型局域网，网络中配置一台 Linux 服务器作为公司内部文件服务器和 Internet 接入服务器，网络结构如图 14-2 所示。

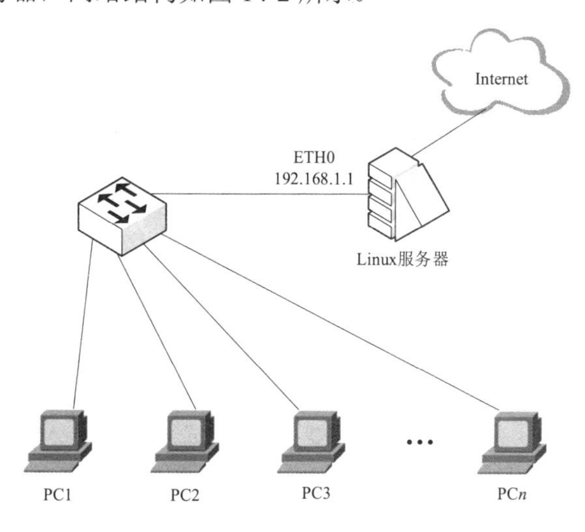

图 14-2 网络结构

【问题 1】（5 分）

Linux 系统的 FTP 服务是 vsftpd 服务器提供的，该服务器使用的应用层协议是（1），传输层协议是（2），默认的传输层端口号为（3）。

vsftpd 服务器可以通过命令行启动或关闭，启动该服务器的命令是（4），关闭该服务器的命令是（5）。

【问题 2】（5 分）

vsftpd 服务器主配置文件的文件名是（6）。若当前配置内容如下所示，请给出对应配置项和配置值的含义。

```
...
listen_address=192.168.1.1
#listen_port=21
#max_per_ip=10
#max_clients=1000
anonymous_enable=yes   (7)
local_enable=yes    (8)
write_enable=yes    (9)
userlist_enable=yes   (10)
...
```

【问题 3】（2 分）

为了让 Internet 用户使用 vsftpd 服务器提供的 FTP 服务，可以简单地修改上述主配置文件，修改的方法是（11）。

【问题4】（3分）

由于Linux服务器的配置较低，因此希望限制同时使用FTP服务的并发用户数为10，每个用户使用FTP服务时可以建立的连接数为5，可以通过简单地修改上述主配置文件来实现，修改的方法是（12）。

试题2解析：

【问题1】

考查Linux系统下FTP服务器的基本知识。FTP服务采用的应用层协议为FTP，该协议对应的数据包需要封装在传输层TCP包头中，开放的端口为TCP的21端口。Linux系统下用得较多的是vsftpd服务器，该服务器安装后，可以通过service vsftpd start、restart或/etc/rc.d/init.d/vsftpd start、restart实现启动和重启，可以通过service vsftpd stop或/etc/rc.d/init.d/vsftpd stop实现关闭。

【问题2】

本题考查在Linux系统下搭建vsftpd服务器时，其配置文件/etc/vsftpd/vsftpd.conf下的常规配置项。

常用的全局配置项如下。

listen=yes：以独立运行的方式监听服务。

listen_address=x.x.x.x：配置监听的IP地址。

listen_port=21：配置监听FTP服务的端口号。

write_enable=yes：启用写入权限。

download_enable＝yes：允许下载文件。

userlist_enable=yes：启用user_list列表文件。

userlist_deny=yes：禁止user_list列表文件中的用户访问。

max_clients=0：限制并发用户连接数。

max_per_ip=0：限制同一IP地址的并发连接数。

常用的匿名FTP配置项如下。

anonymous_enable=yes：启用匿名访问方式。

anon_umask=022：匿名用户所上传文件的权限掩码。

anon_root=/var/ftp：匿名用户的FTP根目录。

anon_upload_enable=yes：允许上传文件。

anon_mkdir_write_enable=yes：允许创建目录。

anon_other_write_enable=yes：开放其他人的写入权限。

anon_max_rate=0：限制最大传输速率，单位为bit/s。

常用的本地用户FTP配置项如下。

local_enable=yes：启用本地系统用户访问方式。

local_umask=022：本地用户所上传文件的权限掩码。

local_root=/var/ftp：配置本地用户的 FTP 根目录。

chroot_local_user=yes：将本地用户禁锢在主目录中。

local_max_rate=0：限制最大传输速率，单位为 bit/s。

【问题 3】

配置文件中配置项“listen_address=x.x.x.x”的功能是配置监听的 IP 地址。若注释该行或删除该行，则 vsftpd 服务器可以监听来自任何主机的 FTP 请求，Internet 上的用户可以使用 vsftpd 服务器提供的 FTP 服务。

【问题 4】

参考问题 2 的解析。

试题 2 答案：

【问题 1】

（1）FTP　　（2）TCP　　（3）21

（4）service vsftpd start　　（5）service vsftpd stop

【问题 2】

（6）vsftpd.conf　　（7）允许匿名用户访问

（8）允许本地用户访问　　（9）允许启用写入权限

（10）允许启用 user_list 列表

【问题 3】

（11）注释或删除“listen_address=192.168.1.1”配置项

【问题 4】

（12）改“#max-per-ip=10”为“max_per_ip=5”，改“#max_clients=1000”为“max_clients=10”

14.6 Apache 服务器配置

在目前的网络世界中，对 WWW 服务器的软件市场占有率较高的是 IIS 和 Apache。IIS 是 Windows 操作系统上的软件，仅支持在 Windows 操作系统上安装和运行。Apache 是一款自由软件，可以在任何操作系统平台上安装。此节我们将简单展示 Linux 操作系统下关于 Apache 服务器的配置。

该部分考试内容主要包括配置文件的存放路径及配置文件中的配置用例，考生需要熟悉该部分知识点内容。

14.6.1 配置文件存放路径

Apache 服务器的配置文件是/etc/httpd/conf/httpd.conf，我们可以通过在该文件中配置语句来实现相应功能。

14.6.2 主要配置文件的语法说明

在第 13 章中，我们学习了如何在 Windows 服务器中搭建虚拟主机，有三种方法：基于不同 IP 地址、基于相同 IP 地址不同端口、基于相同 IP 地址不同域名。此处我们需要关注的是如何利用配置文件在 Linux 服务器中搭建虚拟主机。

1. 基于不同 IP 地址的虚拟主机

配置案例：

```
<VirtualHost 173.17.17.11>
DocumentRoot  /home/csai.com
ServerName    www.csai.com
</VirtualHost>
<VirtualHost 192.168.4.11>
DocumentRoot  /home/educity.cn
ServerName    www.educity.cn
</VirtualHost>
```

配置案例说明：

```
<VirtualHost 173.17.17.11>
DocumentRoot  /home/csai.com
ServerName    www.csai.com
</VirtualHost>
```

配置案例中的上半段语句表示，对于 173.17.17.11 这个 IP 地址所搭建的虚拟主机，其文件的存放路径是/home/csai.com，其服务器名称为 www.csai.com。配置案例中的下半段语句含义类似，不再赘述。

2. 基于相同 IP 地址不同端口的虚拟主机

配置案例：

```
Listen 173.17.17.11:80
Listen 173.17.17.11:8080
<VirtualHost 173.17.17.11:80>
DocumentRoot  /home/csai.com
ServerName    www.csai.com
</VirtualHost>
<VirtualHost 173.17.17.11:8080>
DocumentRoot  /home/educity.cn
ServerName    www.educity.cn
</VirtualHost>
```

配置案例说明：

Listen 后接监听的主机 IP 地址及其端口号。

```
<VirtualHost 173.17.17.11:80>
DocumentRoot  /home/csai.com
```

```
ServerName    www.csai.com
</VirtualHost>
```

配置案例中的上半段语句表示，对于监听端口号是 80 的这台虚拟主机，文件的存放路径是/home/csai.com，其服务器名称为 www.csai.com。配置案例中的下半段语句含义类似，不再赘述。

3. 基于相同 IP 地址不同域名（主机名）的虚拟主机

配置案例：

```
<VirtualHost 173.17.17.11>
DocumentRoot  /home/csai.com
ServerName    www.csai.com
</VirtualHost>
<VirtualHost 173.17.17.11>
DocumentRoot  /home/educity.cn
ServerName    www.educity.cn
</VirtualHost>
```

配置案例说明：

```
<VirtualHost 173.17.17.11>
DocumentRoot  /home/csai.com
ServerName    www.csai.com
</VirtualHost>
```

配置案例中的上半段语句表示，对于 173.17.17.11 这台虚拟主机，文件的存放路径是/home/csai.com，其服务器名称为 www.csai.com，当访问该域名时会自动到/home/csai.com 目录下寻找主页文件。配置案例中的下半段语句含义类似，不再赘述。

14.6.3 Apache 服务器的启动与关闭

在命令行界面输入 service httpd start 或 service httpd stop 表示启动 Apache 服务器或关闭 Apache 服务器。

14.6.4 课后检测

1．在 Linux 系统中，使用 Apache 服务器时默认的 Web 根目录是（　　）。

A．..\htdocs　　B．/var/www/html

C．/var/www/usage　　D．..\conf

试题 1 解析：

在 Linux 系统中，使用 Apache 服务器时默认的 Web 根目录是/var/www/html。

试题 1 答案：B

2．在一台 Apache 服务器上通过虚拟主机可以实现多个 Web 网站。虚拟主机可以是基于（1）的虚拟主机，也可以是基于名字的虚拟主机。若某公司搭建名字为 www.business.com

的虚拟主机，则需要在（2）服务器中添加地址记录。在 Linux 系统中，该地址记录的配置信息如下，请补充完整。

```
NameVirtualHost 192.168.0.1
<VirtualHost 192.168.0.1>
 (3) www.business.com
 DocumentRoot /var/www/html/business
</VirtualHost>
```

（1）A. IP　　B. TCP
　　C. UDP　　D. HTTP

（2）A. SNMP　　B. DNS
　　C. SMTP　　D. FTP

（3）A. WebName　　B. HostName
　　C. ServerName　　D. WWW

试题 2 解析：

Apache 服务器可以实现基于 IP 地址和基于名字的虚拟主机。基于 IP 地址的虚拟主机需要在计算机上配置 IP 地址别名，如在一台计算机的网卡上绑定多个 IP 地址去服务多台虚拟主机。这种基于 IP 地址的虚拟主机有一个缺点，就是需要很多个 IP 地址去服务各自的虚拟主机，若 IP 地址不够，则不可采用此方式。基于名字的虚拟主机只需要在 Apache 服务器的配置文件中，对 NameVirtualHost 域中的 DocumentRoot 和 ServerName 分别设定其对应的虚拟主机的文件路径即可。必须修改 DNS 服务器上的 A 记录，让不同的名字的域都指向同一个服务器 IP 地址。

试题 2 答案：A、B、C

3．某 Apache 服务器的配置文件 httpd.conf 包含如下所示的配置项。在（1）处选择合适的选项，使得用户可通过 http://www.test.cn 访问该 Apache 服务器；当用户访问 http://111.25.4.30:80 时，会访问（2）虚拟主机。

```
NameVirtualHost 111.25.4.30:80
ServerName www.othertest.com
DocumentRoot /www/othertest
ServerName (1)
DocumentRoot /www/otherdate
ServerName www.test.com
ServerAlias test.com *.test.com
DocumentRoot /www/test
```

（1）A. www.othertest.com　　B. www.test.com
　　C. www.test.cn　　D. ftp.test.com

（2）A. www.othertest.com　　B. www.test.com
　　C. www.test.cn　　D. ftp.test.com

试题 3 解析：

本题考查 Apache 服务器的配置。

在 Apache 服务器的配置文件 httpd.conf 中，NameVirtualHost 用来指定虚拟主机使用的 IP 地址，这个 IP 地址将对应多个 DNS 名字。如果 Apache 服务器使用 Listen 参数控制了多个端口，那么就可以在这里加上端口号以进一步区分对不同端口的不同连接请求。此后，使用 VirtualHost 语句，使用 NameVirtualHost 指定的 IP 地址作参数，对每个名字都定义对应的虚拟主机。

按照题目要求，用户可通过 http://www.test.cn 访问该 Apache 服务器，而配置文件中 ServerName 缺少 www.test.cn，所以（1）处应填写 www.test.cn，当用户访问 http://111.25.4.30:80 时，会访问配置文件中定义的第一个虚拟主机地址 www.othertest.com。

试题 3 答案：C、A

第15章 网络设备配置

根据对考试大纲及对以往试题情况的分析，“网络设备配置”章节主要在下午考试中考查，分数为**20～30分**，此外在上午考试中有**5分左右**的选择题。从复习时间安排来看，请考生在5天之内完成本章的学习。

15.1 知识图谱与考点分析

本章是网络工程师考试的一个次重考点，根据考试大纲，要求考生掌握以下几个方面的内容。

知识模块	知识点分布	重要程度
交换机配置	• 设备参数配置	★★
	• 交换机路由器的基本配置	★★★
	• MAC地址表绑定	★
	• 接口隔离	★
	• VLAN配置	★★★
	• GVRP配置	★★★
	• STP配置	★★
	• 链路聚合功能配置	★★
路由器配置	• 静态路由配置	★★★
	• 动态路由配置	★★★
	• VRRP配置	★
	• ACL配置	★★★
	• NAT配置	★★★
	• IPSec VPN配置	★★
	• IPv6配置	★★

15.2 交换机配置

对于网络设备的配置命令和方式，不同厂商的产品可能会有差异，即便是同一厂商的产品，不同型号设备也可能有区别。虽然配置命令和方式可能存在差异，但是其配置的基本原理大体是相同的。根据 2018 版的考试大纲，考试会对华为设备的 VRP 系统进行考查，所以本章以华为网络设备为对象，介绍华为网络设备的常见功能配置。

15.2.1 常见的设备配置方式

想要对设备进行配置，主要有三种方式：①利用 console 接口进行登录配置；②利用 Telnet 或 SSH 方式远程登录设备进行配置；③通过图形化配置界面进行登录配置。

对于刚出厂的设备，通常来说是没有进行任何配置的，也没有配置 IP 地址。在此情况下，需要直连设备进行配置。首先通过 console 线缆连接主机的 COM 端口与设备的 console 接口，然后在主机上利用仿真终端软件，配置好和设备的 console 接口对应的端口参数，即可成功登录到设备上进行配置。

配置参数如下，如图 15-1 所示。

- 波特率：9600（单位为 Baud）。
- 数据位：8。
- 奇偶校验：None。
- 停止位：1。
- 流控：无。

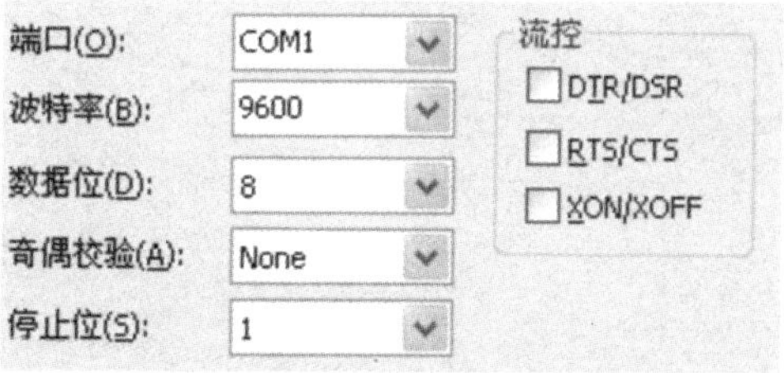

端口(O): COM1
波特率(B): 9600
数据位(D): 8
奇偶校验(A): None
停止位(S): 1
流控
DTR/DSR
RTS/CTS
XON/XOFF

图 15-1 仿真终端端口配置参数

对于已经进行配置的设备，如已经给交换机配置好了管理 IP 地址，则可以使用 Telnet 或 SSH 方式直连或远程登录到交换机设备上进行新的配置。该方式要求设备拥有 IP 地址，同时要确保该 IP 地址是路由可达的。

使用 Telnet 或 SSH 方式登录设备，通常利用命令行方式进行配置。如果交换机设备内置了 Web（网页），那么可以在浏览器中输入 IP 地址，利用图形化界面进行操作。我们家中常见的无线路由器配置基本使用的就是图形化配置方式。这种方式也要求设备拥有 IP 地址，并确保 IP 地址路由可达，只是相对于命令行配置方式而言，图形化配置方式更人性化，可以降低管理员配置难度。

15.2.2 交换机的基本配置命令

交换机的常见命令视图有用户视图、系统视图、以太网接口视图、VLAN 视图、VLAN 接口视图等。在不同的命令视图下，使用的配置命令是不同的。

用户视图是登录交换机后进入的第一个命令视图，在该视图下可以查看设备的运行状态和统计信息。用户视图的命令提示符是<switch>。

在用户视图下输入 system-view 可以进入系统视图。在系统视图下，可以配置交换机的系统参数。系统视图的命令提示符是[switch]。如果想从系统视图退回用户视图，那么可以在系统视图下输入 quit。

在系统视图下输入相应的命令，可以进入以太网接口视图、VLAN 视图、VLAN 接口视图。以太网接口视图可以配置以太网接口的参数信息，VLAN 视图可以配置 VLAN 的参数信息，VLAN 接口视图可以配置 VLAN 的 IP 接口信息。

1. 交换机的基本配置

```
<HUAWEI>                                         //用户视图提示符
<HUAWEI>system-view                              //进入系统视图
[HUAWEI]sysname R1                               //设备命名为R1
[R1]interface gigabitethernet 0/0/1              //进入以太网接口视图
[R1-Gigabitethernet0/0/1]auto speed 1000    //配置以太网接口可自协商的速率
[R1-Gigabitethernet0/0/1]quit                    //退出系统视图
[R1]
```

2. 启用 Telnet 并配置 vty 线路登录的验证方式

```
[HUAWEI]telnet server enable                          //开启 Telnet 功能
[HUAWEI]user-interface vty 0 4
//开启 vty 线路模式，其中“0 4”表示允许同时有 0～4，一共 5 个用户登录到设备上
[HUAWEI-ui-vty0-4]protocol inbound telnet   //配置 vty 支持 Telnet 协议
[HUAWEI-ui-vty0-4]authentication-mode  aaa|password|none
//配置验证模式为 aaa 验证或密码验证或不进行验证
[HUAWEI-ui-vty0-4]quit
[HUAWEI]aaa
//如果验证模式配置成 aaa 验证，则需要进入 aaa 视图创建账号和密码
[HUAWEI-aaa] local-user user1 password irreversible-cipher Huawei
//配置用户账号和密码，此处用户账号是 user1，密码为 Huawei
[HUAWEI-aaa] local-user user1 privilege level 3     //配置账号的权限为 3
[HUAWEI-aaa]return
//如果从 aaa 视图直接退回用户视图，则输入 return；如果退回上级系统视图，则输入 quit
<HUAWEI> save                                         //在用户视图下保存上述配置
```

3. 配置 console 用户验证方式

```
[HUAWEI]user-interface console 0                    //进入 console 0 接口
[HUAWEI-ui-console0] authentication-mode {aaa|password|none}
//当采用本地验证时，配置密码
[HUAWEI-ui-console0] Set authentication password [cipher password]
//cipher password 为可选参数，若不使用，则采用交互方式输入明文密码
指定 cipher password，可输入密文密码
```

4. 交换机 VLAN 接口配置

当用户需要远程管理设备时，该设备需要将管理 IP 地址提供给用户，以便用户进行远程登录管理。管理 IP 地址可以在物理接口上进行配置，也可以在逻辑接口上进行配置。对于交换机，我们通常在其 VLAN 接口上配置管理 IP 地址，配置过程如下。

```
<HUAWEI> system-view
[HUAWEI] interface Vlanif 10
[HUAWEI-Vlanif10] ip address 192.168.1.1  24
```

15.2.3　MAC 地址表绑定

交换机中的 MAC 地址与接口映射表可以自动进行学习，同时管理员可以手动给设备绑定 MAC 地址防止可能遭受到的欺骗攻击。

假设现在有一台主机 Host A 连接到了交换机上，Host A 的 MAC 地址为 0000-1111-2222，所属 VLAN 为 VLAN 1，所连的交换机设备接口为 G0/0/1。为防止欺骗攻击，在设备的 MAC 地址表中为 Host A 添加一条静态表项，配置命令如下。

```
<Sysname> system-view
[Sysname] mac-address static 0000-1111-2222 interface Gigabitethernet 0/0/1
VLAN 1
```

15.2.4　接口隔离

在之前我们学习过，为了实现报文之间的二层隔离，可以把接口加入不同的 VLAN 中，但采用 VLAN 的方式来隔离用户会浪费有限的 VLAN 资源。VLAN 资源总数是 4096 个，但在一个大规模网络中，接入用户的数量可能会远远大于 4096 个，那么用 VLAN 进行隔离就不现实了。这时候我们可以采用接口隔离技术，在一个 VLAN 中的接口之间实现隔离。

假设在同一个 VLAN 中存在 A、B、C 三台主机，现在想要实现 A 和 B 无法通信，但是 A 和 C、B 和 C 可以通信，此时可以使用接口隔离的功能。

配置命令举例：

```
<Switch1>system-view
[Switch1] port-isolate mode l2              //配置全局接口隔离模式为二层隔离
[Switch1]interface gigabitethernet 1/0/1
```

```
[Switch1-Gigabitethernet1/0/1]port-isolate enable group1
//使用接口隔离功能，并将 G1/0/1 接口加入隔离组 group1
[Switch1-Gigabitethernet1/0/2]port-isolate enable group1
//使用接口隔离功能，并将 G1/0/2 接口加入隔离组 group1
[Switch1-Gigabitethernet1/0/2]quit
```

上述命令可以使得交换机 G1/0/1 接口和 G1/0/2 接口所连接的主机无法实现二层通信，从而达到接口隔离的目的。

15.2.5 VLAN 配置

在局域网章节中，我们学习了 VLAN 的相关原理，本章不再赘述。本节讲述基于接口划分 VLAN 和基于 MAC 地址划分 VLAN。

1．基于接口划分 VLAN

实验环境：如图 15-2 所示，主机 A 和主机 C 属于 VLAN 2，主机 B 和主机 D 属于 VLAN 3。现要求同一 VLAN 内的主机能够互通，即主机 A 和主机 C 能够互通，主机 B 和主机 D 能够互通。

（1）配置交换机 A 所连接的 PC 接口所属 VLAN。

```
<HUAWEI>system-view
[HUAWEI]sysname SwitchA                              //将设备命名为 SwitchA
[SwitchA] VLAN batch 2 3                             //批量创建 VLAN 2 和 VLAN 3
[SwitchA] interface gigabitethernet 0/0/1            //进入以太网接口视图
[SwitchA-Gigabitethernet0/0/1]port link-type access //配置接口为 access 类型
[SwitchA-Gigabitethernet0/0/1]port default VLAN 2   //把接口划入 VLAN 2
[SwitchA-Gigabitethernet0/0/1]quit
[SwitchA] interface gigabitethernet 0/0/2
[SwitchA-Gigabitethernet0/0/2]port link-type access //配置接口为 access 类型
[SwitchA-Gigabitethernet0/0/2]port default VLAN 3   //把接口划入 VLAN 3
```

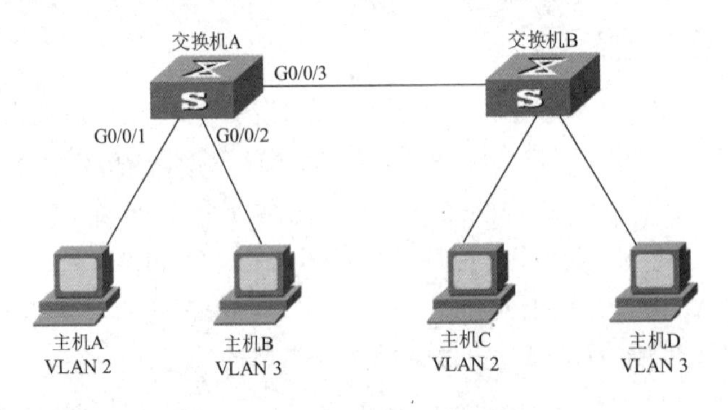

图 15-2　基于接口的 VLAN 组网图

（2）配置交换机 A 和交换机 B 连接的接口为 trunk 类型，同时允许所有 VLAN 通过。

```
[SwitchA] interface gigabitethernet 0/0/3
```

```
[SwitchA-Gigabitethernet0/0/3]port link-type trunk  //配置接口为 trunk 类型
[SwitchA-Gigabitethernet0/0/3]port trunk allow-pass VLAN all
```

（3）交换机 B 上的配置与交换机 A 上的配置一致，不再赘述。

2. 基于 MAC 地址划分 VLAN

实验环境：在某个公司的网络中，网络管理员将同一部门的员工划分到同一 VLAN。为了提高部门内的信息安全性，要求只有本部门员工的 PC 才可以访问公司网络。如图 15-3 所示，PC1、PC2、PC3 为本部门员工的 PC，要求这三台 PC 可以通过交换机访问公司网络，如果换成其他 PC，则不能访问。

可以配置基于 MAC 地址划分的 VLAN，将本部门员工 PC 的 MAC 地址与 VLAN 绑定，从而实现上述需求。

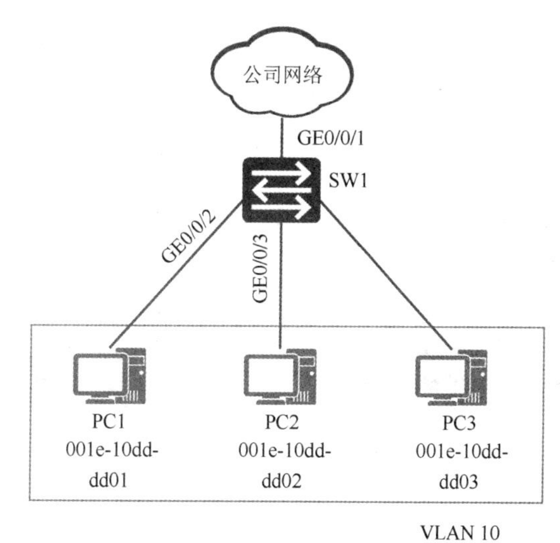

图 15-3　基于 MAC 地址的 VLAN 组网图

（1）创建 VLAN。

```
[SW1] vlan 10
[SW1-vlan10] quit
```

（2）关联 MAC 地址和 VLAN。

```
[SW1] vlan 10
[SW1-vlan10] mac-vlan mac-address 001e-10dd-dd01
[SW1-vlan10] mac-vlan mac-address 001e-10dd-dd02
[SW1-vlan10] mac-vlan mac-address 001e-10dd-dd03
[SW1-vlan10] quit
```

（3）加入 VLAN。

```
[SW1] interface gigabitethernet 0/0/1
[SW1-GigabitEthernet0/0/1] port link-type hybrid
```

```
[SW1-GigabitEthernet0/0/1] port hybrid tagged vlan 10
[SW1] interface gigabitethernet 0/0/2
[SW1-GigabitEthernet0/0/2] port link-type hybrid
[SW1-GigabitEthernet0/0/2] port hybrid untagged vlan 10
```

（4）使能接口的基于 MAC 地址划分 VLAN 功能。

```
[SW1] interface gigabitethernet 0/0/2
[SW1-GigabitEthernet0/0/2] mac-vlan enable
[SW1-GigabitEthernet0/0/2] quit
```

GE0/0/3、GE0/0/4 的配置与 GE0/0/2 类似。

15.2.6 GVRP 配置

管理员可以手动给交换机配置 VLAN，但如果网络环境比较复杂或网络规模比较庞大，那么管理员手动给交换机配置 VLAN 就会比较复杂。GVRP 可以实现管理员只配置一台或少数几台交换机的 VLAN，然后把配置的 VLAN 传递到其他交换机，自动注册完成 VLAN 的配置。

实验环境：如图 15-4 所示，在交换机 A 上配置了 VLAN 2 和 VLAN 3。现在需要通过 GVRP，实现在交换机 B 上的 VLAN 的动态注册。

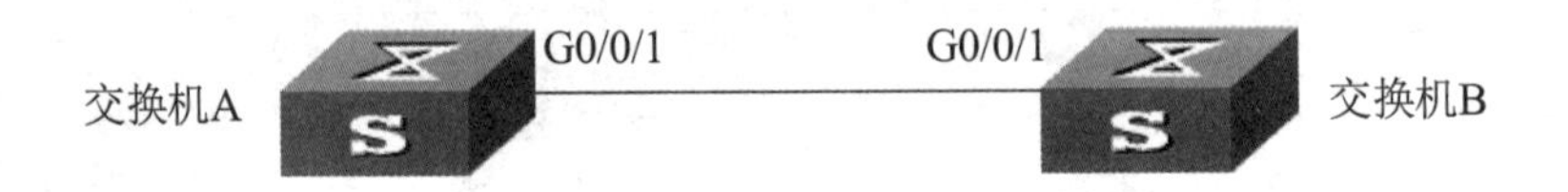

图 15-4　GVRP 组网示意图

1．交换机 A 的配置

```
<HUAWEI>system-view
[HUAWEI]sysname SwitchA
[SwitchA] VLAN batch 2 3                          //批量创建 VLAN 2 和 VLAN 3
[SwitchA] gvrp                                    //全局使用 GVRP
[SwitchA] interface gigabitethernet 0/0/1
[SwitchA-Gigabitethernet0/0/1] port link-type trunk   //配置接口为 trunk 类型
[SwitchA-Gigabitethernet0/0/1] port trunk allow-pass VLAN all
//允许所有注册 VLAN 通过
[SwitchA-Gigabitethernet0/0/1] gvrp           //在接口处使用 GVRP
[SwitchA-Gigabitethernet0/0/1] gvrp registration normal
//接口 G0/0/1 的 GVRP 注册模式为 normal
[SwitchA-Gigabitethernet0/0/1] quit
```

2．交换机 B 的配置

```
<HUAWEI>system-view
[HUAWEI]sysname SwitchB
```

```
[SwitchB] gvrp                                    //全局使用 GVRP
[SwitchB] interface gigabitethernet 0/0/1
[SwitchB-Gigabitethernet0/0/1] port link-type trunk  //配置接口为 trunk 类型
[SwitchB-Gigabitethernet0/0/1] port trunk allow-pass VLAN all
//允许所有注册 VLAN 通过
[SwitchB-Gigabitethernet0/0/1] gvrp          //在接口处使用 GVRP
[SwitchB-Gigabitethernet0/0/1] gvrp registration normal
//接口 G0/0/1 的 GVRP 注册模式为 normal
[SwitchB-Gigabitethernet0/0/1] quit
```

15.2.7　STP 配置

因为单核心网络容易出现单链路故障和单点故障，所以在对网络稳定性和安全性要求比较高的业务中，会引入多核心和多链路网络。物理环路给网络带来了广播风暴、MAC 地址表抖动、多帧重复等问题，这些问题需要通过生成树协议（STP）技术来解决。

在一个物理环路网络中，通过运行 STP，可以逻辑地阻塞一个或多个接口，从而形成一种无环的树状的网络结构。当主干链路出现故障时，被阻塞的接口会重新打开。

实验环境：如图 15-5 所示，交换机 A、交换机 B、交换机 C 两两相连形成物理环路。在三台交换机上运行 STP，从而消除网络中的环路，避免网络环路造成的故障。

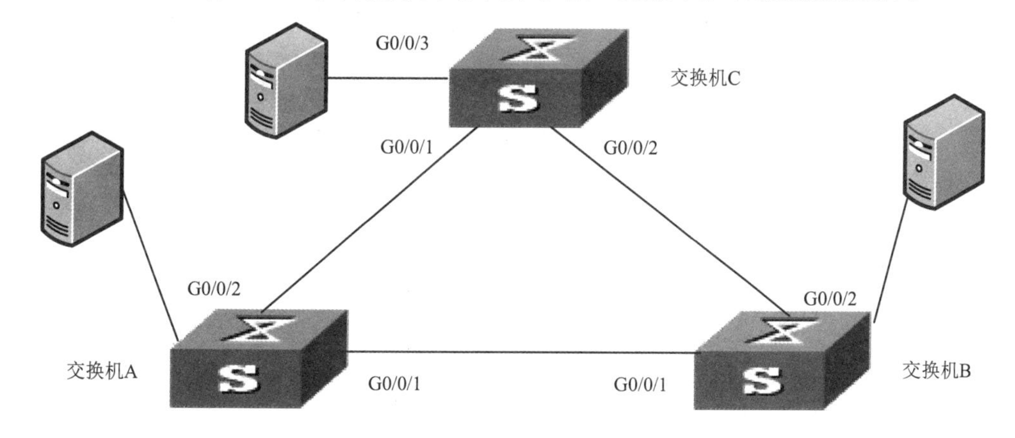

图 15-5　配置 STP 功能组网图

1．配置交换机 A 的 STP 模式

```
<HUAWEI>system-view
[HUAWEI]sysname SwitchA
[SwitchA] stp mode stp                       //运行 STP
[SwitchA] stp root primary                   //配置交换机 A 为根交换机
//其他交换机配置类似
```

2．交换机 B 的配置

```
[SwitchB] stp root secondary                 //配置交换机 B 为备份根交换机
```

3. 配置接口的路径开销

```
[SwitchC] interface gigabitethernet 1/0/1
[SwitchC-GigabitEthernet1/0/1] stp cost 20000
```

4. 配置连接 PC 的接口为边缘接口

```
[SwitchC-Gigabitethernet0/0/3] stp edged-port enable   //配置接口为边缘接口
[SwitchC-Gigabitethernet0/0/3] stp bpdu-filter enable  //启用接口 BPDU 报文
                                                          过滤功能
```

其他交换机配置类似。

15.2.8 链路聚合功能配置

链路聚合功能是指将交换机之间的多对物理链路捆绑在一起，形成逻辑上的一条通道。该功能可以增大链路带宽、提升链路可靠性和实现负载均衡。

实验环境：如图 15-6 所示，交换机 A 和交换机 B 用两条物理链路连接在一起，现在需要通过链路聚合功能把这两条物理链路手动捆绑成一条逻辑链路。

图 15-6 链路聚合功能配置组网图

在交换机 A 上创建 Eth-Trunk 逻辑接口，同时把一些物理接口加入 Eth-Trunk 逻辑接口。交换机 B 的配置与交换机 A 类似，不再赘述。

```
<HUAWEI> system-view
[HUAWEI] sysname SwitchA
[SwitchA] interface eth-trunk 1                          //创建 eth-trunk1 接口
[SwitchA-Eth-Trunk1] trunkport gigabitethernet 0/0/1 to 0/0/2//加入接口成员
[SwitchA-Eth-Trunk1] port link-type trunk               //配置 eth-trunk1 接口类型
[SwitchA-Eth-Trunk1] port trunk allow-pass VLAN all      //配置 eth-trunk1 接
                                                           口放行流量
[SwitchA-Eth-Trunk1] quit
```

15.2.9 VLAN 间通信

VLAN 间通信主要有两种方式，分别是通过单臂路由和通过三层交换机。

单臂路由是指在路由器的一个接口上通过配置子接口的方式，实现属于不同 VLAN 且位于不同网段的用户之间的互通。但由于单臂路由出现单点故障后对网络影响非常大，且单臂链路负载过重，容易出现流量瓶颈，影响通信效率，因此目前主要采用三层交换机来实现不同 VLAN 间的通信。

三层交换机上划入了多个 VLAN，由于三层交换机上拥有路由表，路由表内存储着直连三层交换机的网段，所以当内网中不同 VLAN 的主机接入三层交换机后，能实现跨网段的通信。VLAN 间通信组网图如图 15-7 所示。

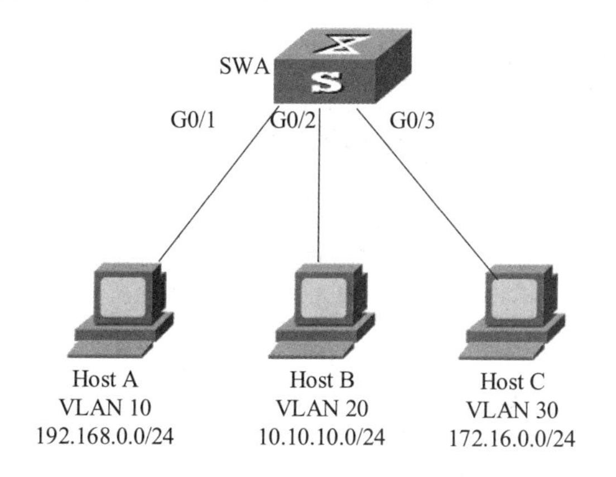

图 15-7　VLAN 间通信组网图

```
[HUAWEI]interface VLANif 10
[HUAWEI-VLANif 10]ip address 192.168.0.1 24
[HUAWEI]interface VLANif 20
[HUAWEI-VLANif 20]ip address 10.10.10.1 24
[HUAWEI]interface VLANif 30
[HUAWEI-VLANif 30]ip address 172.16.0.1 24
```

15.2.10　课后检测

1．阅读以下说明，回答问题 1～问题 3，将答案填入答题纸对应的解答栏内。

【说明】

某园区的网络结构图如图 15-8 所示，数据规划如表 15-1 所示。

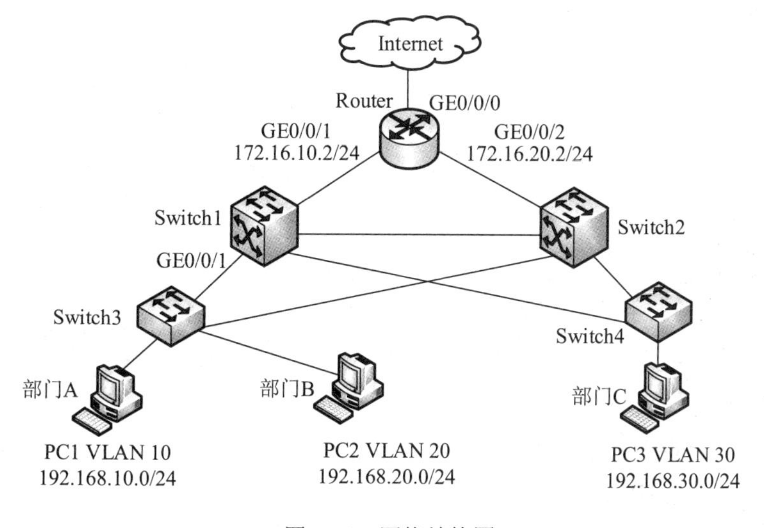

图 15-8　网络结构图

表 15-1　数据规划

操作	准备项	数据	说明
配置接口和 VLAN	Eth-Trunk 类型	静态 LACP	Eth-Trunk 链路有手动负载分担和静态 LACP 负载分担两种工作模式
	接口类型	连接交换机的接口配置为 trunk 类型，连接 PC 的接口配置为 access 类型	
	VLAN ID	Switch3：VLAN 10、VLAN 20 Switch1：VLAN 10、VLAN 20、VLAN 30、VLAN 100、VLAN 300	为了二层隔离部门 A、B，将部门 A 划到 VLAN 10，部门 B 划到 VLAN 20，Switch1 通过 VLANif 100 连接出口路由器
配置核心层交换机路由	IP 地址	Switch1： VLANif 100　172.16.10.1/24 VLANif 300　172.16.30.1/24 VLANif 10　192.168.10.1/24 VLANif 20　192.168.20.1/24	VLANif 100 用于 Switch1 与出口路由器对接，VLANif 300 用于 Switch1 与 Switch2 对接，Switch1 上配置 VLANif 10、VLANif 20 的 IP 地址后，部门 A 与部门 B 之间可以通过 Switch1 互访。Switch1 上需要配置一条默认路由，下一跳指向出口路由器；配置一条备用路由，下一跳指向 Switch2
配置出口路由器	公网接口 IP 地址	GE0/0/0：202.101.111.2/30	GE0/0/0 为出口路由器连接 Internet 的接口，一般称为公网接口
	公网网关地址	202.101.111.1/30	该地址是与出口路由器对接的运营商设备 IP 地址，出口路由器上需要配置一条默认路由，用于将内网流量转发到 Internet
	内网接口 IP 地址	GE0/0/1：172.16.10.2/24 GE0/0/2：172.16.20.2/24	GE0/0/1、GE0/0/2 为出口路由器连接内网的接口，GE0/0/1 用于连接主设备，GE0/0/2 用于连接备份设备

【问题 1】（8 分，每空 2 分）

以 Switch3 为例配置接入层交换机，补充下列命令片段。

```
<HUAWEI>（1）
[HUAWEI] sysname Switch3
[Switch3] VLAN batch（2）
[Switch3] interface gigabitethernet 0/0/3
[Switch3-GigabitEthernet0/0/3] port link-type（3）
[Switch3-GigabitEthernet0/0/3] port trunk allow-pass VLAN 10 20
[Switch3-GigabitEthernet0/0/3] quit
[Switch3] interface gigabitethernet 0/0/1
[Switch3-GigabiEthernet0/0/1] port link-type（4）
[Switch3-GigabitEthernet0/0/1] port default VLAN 10
[Switch3-GigabitEthernet/0/1] quit
[Switch3] stp bpdu-protection
```

【问题 2】（8 分，每空 2 分）

以 Switch1 为例配置核心层交换机，创建其与接入层交换机、备份设备及出口路由器的互通 VLAN，补充下列命令片段。

```
<HUAWEI>system-view
```

```
[HUAWEI] sysname Switch1
[Switch1] VLAN batch (5)
[Switch1] interface gigabitethernet0/0/1
[Switch1-GigabitEthernet0/0/1] port link-type trunk
[Switch1-GigabitEthernet0/0/1] port trunk allow-pass (6)
[Switch1-GigabitEthernet0/0/1] quit
[Switch1] interface VLANif 10
[Switch1-VLANif 10] ip address 192.168.10.1 24
[Switch1-VLANif 10] quit
[Switch1] interface VLANif 20
[Switch1-VLANif 20] ip address 192.168.20.1 24
[Switch1-VLANif 20] quit
[Switch1] interface gigabitethernet 0/0/7
[Switch1-GigabitEthernet0/0/7] port link-type trunk
[Switch1-GigabitEthernet0/0/7] port trunk allow-pass VLAN 100
[Switch1-GigabitEthernet0/0/7] quit
[Switch1] interface VLANif 100
[Switch1-VLANif 100] ip address (7)
[Switch1-VLANif 100] quit
[Switch1] interface gigabitethernet 0/0/5
[Switch1-GigabitEthernet0/0/5] port link-type access
[Switch1-GigabitEthernet0/0/5] port default VLAN 300
[Switch1-GigabitEthernet0/0/5] quit
[Switch1] interface VLANif 300
[Switch1-VLANif 300] ip address (8)
[Switch1-VLANif 300] quit
```

【问题 3】（4 分，每空 2 分）

如果配置静态路由实现网络互通，请补充在 Switch1 和 Router 上配置的命令片段。

```
[Switch1] ip route-static (9) //默认优先级
[Switch1] ip route-static 0.0.0.0 0.0.0.0 172.16.30.2 preference 70
[Router] ip route-static (10) //默认优先级
[Router] ip route-static 192.168.10.0 255.255.255.0 172.16.10.1
[Router] ip route-static 192.168.10.0 255.255.255.0 172.16.20.1 preference70
[Router] ip route-static 192.168.20.0 255.255.255.0 172.16.10.1
[Router] ip route-static 192.168.20.0 255.255.255.0 172.16.20.1 preference70
```

试题 1 解析：

【问题 1】

（1）system-view 进入系统视图。

（2）创建 VLAN 10 和 VLAN 20。

（3）配置接口为 trunk 类型。

（4）配置接口为 access 类型。

【问题 2】

（5）批量创建 VLAN 10、VLAN 20、VLAN 30、VLAN 100、VLAN 300。

（6）配置允许的 VLAN 通过。

（7）配置 VLAN 100 的接口 IP 地址。

（8）配置 VLAN 300 的接口 IP 地址。

【问题 3】

（9）配置核心层交换机的默认路由，正常情况下将数据包直接发往路由器的 G0/0/1 接口，当链路出现问题时，将数据包发往 Switch2。

（10）在路由器上配置默认路由，下一跳指向 Internet 接口，即公网网关地址 202.101.111.1。

试题 1 答案：

【问题 1】

（1）system-view　（2）10、20　（3）trunk　（4）access

【问题 2】

（5）10 20 30 100 300　（6）VLAN all 或 VLAN 10 20

（7）172.16.10.124　（8）172.16.30.124

【问题 3】

（9）0.0.0.0 0.0.0.0 172.16.10.2　（10）0.0.0.0 0.0.0.0 202.101.111.1

2．阅读以下说明，回答问题 1～问题 2，将答案填入答题纸对应的解答栏内。

【说明】

某企业的网络结构图如图 15-9 所示。

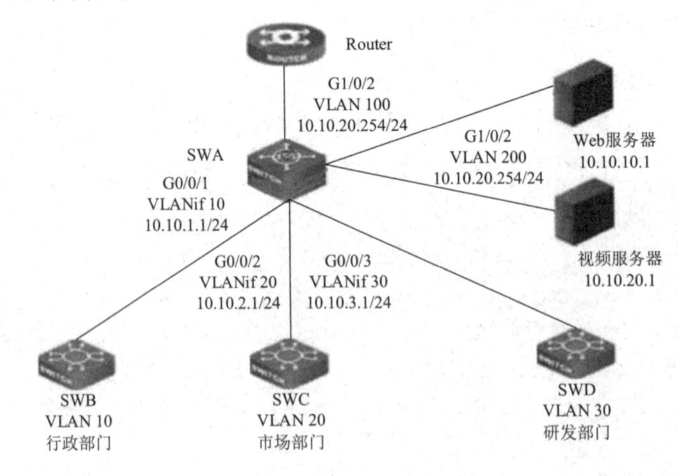

图 15-9　某企业的网络结构图

【问题 1】（6 分）

根据图 15-9，完成交换机的基本配置。请根据描述，将以下配置代码补充完整。

```
<HUAWEI>（1）
[HUAWEI]（2）Switch
[Switch]VLAN（3）10 20 30 100 200
[Switch]（4）gigabitethernet 0/0/1
[Switch-GigabitEthernet0/0/1]port link-type（5）
[Switch-GigabitEthernet0/0/1]port trunk allow-pass VLAN（6）
[Switch-GigabitEthernet0/0/1]quit
[Switch]interface VLANif 10
[Switch-VLANif 10]ip address 10.10.1.1.255.255.255.0
[Switch-VLANif 10]quit
...
VLAN 20 30 100 200 配置略
...
```

【问题 2】（9 分）

按照公司规定，禁止市场部门和研发部门在工作日 8:00—18:00 访问公司视频服务器，其他部门和用户不受此限制。请根据描述，将以下配置代码补充完整。

```
...
[Switch]（7）satime 8:00 to 18:00 working-day
[Switch]acl 3002
[Switch-acl-adv-3002]rule deny IP source 10.10.2.0.0.0.0.255 destination
10.10.20.10.0.0.0 time-range satime
[Switch-acl-adv-3002]quit
[Switch]acl 3003
[Switch-acl-adv-3003]rule deny IP source 10.10.3.0.0.0.0.255 destination
10.10.20.10.0.0.0 time-range satime
[Switch-acl-adv-3003]quit
[Switch]traffic classifier c_market            //（8）
[Switch-classifier-c_market]（9）acl 3002      //将 ACL 与流分类关联
[Switch-classifier-c_market]quit
[Switch]traffic classifier c_rd
[Switch-classifier-c_rd]if-match acl 3003      //将 ACL 与流分类关联
[Switch-classifier-c_rd]quit
[Switch]（10）b_market                         //创建流行为
[Switch-behavior-b_market]（11）               //配置流行为动作为拒绝报文通过
[Switch-behavior-b market]quit
[Switch]traffic behavior b_rd
[Switch-behavior-b_rd]deny
[Switch-behavior-b_rd]quit
[Switch]（12）p_market                         //创建流策略
[Switch-trafficpolicy-p_market]classifier c_market behavior b_market
[Switch-trafficpolicy-p_market]quit
[Switch]traffic policy p_rd                    //创建流策略
```

```
[Switch-trafficpolicy-p_rd]classifier c_rd behavior b_rd
[Switch-trafficpolicy-p_rd]quit
[Switch]interface (13)
[Switch-GigabitEthernet0/0/2]traffic-policy p_market (14)
[Switch-GigabitEthernet0/0/2]quit
[Switch]interface gigabitethernet 0/0/3
[Switch-GigabitEthernet0/0/3]traffic-policy (15) inbound
[Switch-GigabitEthernet0/0/3]quit
```

试题 2 解析：配置命令参考答案。

试题 2 答案：

【问题 1】

（1）system-view （2）sysname

（3）batch （4）interface

（5）trunk （6）all 或 10

【问题 2】

（7）time-range （8）创建一个 c_market 的流分类

（9）If-match （10）traffic behavior

（11）Deny （12）traffic policy

（13）gigabitethernet 0/0/2 （14）inbound

（15）p_rd

3．阅读以下说明，回答问题 1～问题 3，将答案填入答题纸对应的解答栏内。

【说明】

某单位网络拓扑结构如图 15-10 所示。

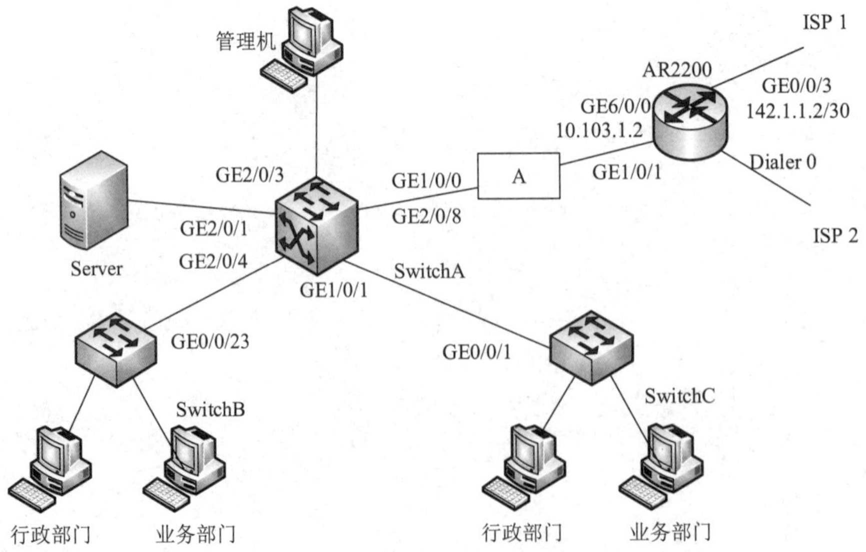

图 15-10 某单位网络拓扑结构

【问题 1】（10 分）

结合图 15-10，将表 15-2 中的内容补充完整。

表 15-2　SwitchA 业务数据规划表

项目	VLAN	IP 地址	接口
上行三层接口	VLAN 100	10.103.1.1	GE2/0/8
业务部门接入网关	VLAN 200	10.107.1.1	GE2/0/4、GE1/0/1
行政部门接入网关	VLAN 203	10.106.1.1	GE2/0/4、GE1/0/1
管理机接入网关	VLAN 202	10.104.1.1	（1）
默认路由	目的地址/掩码：（2）；下一跳：（3）		
DHCP	接口地址池 VLANif 200：10.107.1.1/24 VLANif 202：10.104.1.1/24 VLANif 203：10.106.1.1/24		
DNS	114.114.114.114		
ACL	编号：3999；名称：control 规则：所有匹配源 IP 地址和目的 IP 地址的数据流都拒绝 协议类型：IP 源 IP 地址：10.106.1.1/24；10.107.1.1/24 目的 IP 地址：10.104.1.1/24 应用接口：（4）		

根据表 15-2 中的 ACL 策略，业务部门不能访问（5）网段。

【问题 2】（4 分）

根据表 15-2 及图 15-10 可知，在图 15-10 中为了保护内网，实现包过滤功能，位置 A 应部署（6）设备，其工作在（7）模式。

【问题 3】（6 分）

如图 15-10 所示，公司采用两条链路接入 Internet，其中，ISP 2 是（8）链路。路由器 AR2200 的部分配置如下。

```
detect-group 1
detect-list 1 ip address 142.1.1.1
timer loop 5
ip route-static 0.0.0.0 0.0.0.0 Dialer 0 preference 100
ip route-static 0.0.0.0 0.0.0.0 142.1.1.1 preference 60 detect-group 1
```

由以上配置可知，用户默认通过（9）访问 Internet，该配置片段实现的网络功能是（10）。

（8）备选答案：

A．以太网　　B．PPPoE

（9）备选答案：

A．ISP 1　　B．ISP 2

试题 3 解析：

【问题 1】结合图 15-10，填写数据规划表，其中（1）为 GE2/0/3。

默认路由的目的地址/掩码是（2）0.0.0.0/0/0.0.0，下一跳是（3）10.103.1.2。

ACL 拒绝业务部门和行政部门访问（5）管理机，那么 ACL 应用的接口应该是（4）GE2/0/3。

【问题 2】为了保护内网，实现包过滤功能，位置 A 应该部署（6）防火墙，由于接口不配置 IP 地址，所以工作在（7）透明模式。

【问题 3】通过关键词 Dialer 0 分析，判断 ISP 2 是（8）B 选项 PPPoE 拨号链路，通过 AR2220 默认路由的优先级分析，用户默认通过（9）A 选项 ISP 1 访问 Internet。双 ISP 的配置实现了（10）网络冗余备份的功能。

试题 3 答案：

【问题 1】

（1）GE2/0/3　　（2）0.0.0.0/0.0.0.0

（3）10.103.1.2　　（4）GE2/0/3

（5）管理机

【问题 2】

（6）防火墙　　（7）透明模式

【问题 3】

（8）B　　（9）A

（10）网络冗余备份

4．VLAN 配置命令 port-isolate enable 的含义是（　　），配置命令 port trunk allow-pass vlan10 to 30 的含义是（　　）。

（1）A．不同 VLAN 二层互通　　B．同一 VLAN 下二层隔离

C．同一 VLAN 下三层隔离　　D．不同 VLAN 三层互通

（2）A．配置接口属于 VLAN 10～VLAN 30

B．配置接口属于 VLAN 10、VLAN 30

C．配置接口不属于 VLAN 10～VLAN 30

D．配置接口不属于 VLAN 10、VLAN 30

试题 4 解析：

port-isolate 的含义是配置接口隔离功能，默认是二层隔离，可实现虽属于同一 VLAN 但依然能二层隔离。

port trunk allow-pass vlan10 to 30，中间有 to，表明允许连续的 VLAN 通过，即 VLAN 10～VLAN 30 共 21 个 VLAN 通过。

试题 4 答案：B、A

5．在网络管理中，使用 display port vlan 命令可查看交换机的（　　）信息，使用 port link-type trunk 命令可修改交换机的（　　）。

（1）A．ICMP 报文处理方式　　B．接口状态

C．VLAN 和 Link Type　　D．接口与 IP 地址对应关系

（2）A．VLAN 地址　　B．接口状态

C．接口类型　　D．ICMP 报文处理方式

试题 5 解析：

display port vlan 命令用来查看 VLAN 中包含的接口信息，port link-type trunk 命令用来修改交换机的接口类型。

试题 5 答案：C、C

15.3 路由器配置

在局域网中经常使用的设备是交换机，交换机用来连接各种终端设备。路由器用来连接不同类型的网络，如局域网与局域网的连接、局域网与广域网的连接等。不同网络中的主机想要相互通信，需要路由器帮忙转发数据。

路由器工作于 OSI 参考模型的第三层（网络层），交换机工作于 OSI 参考模型的第二层（数据链路层）。路由器与交换机的差别——路由器是 OSI 参考模型第三层的产品，交换机是 OSI 参考模型第二层的产品。交换机的主要功能在于，将网络上各主机的 MAC 地址记录在 MAC 地址表中，当局域网中的主机要利用交换机发送数据帧给其他终端主机时，交换机在转发数据帧的过程中就要查询 MAC 地址表。路由器处理的是 IP 数据包，在转发数据时利用路由表，根据 IP 数据包的目的地址选择最优路由进行转发。

注意：对于相同的目的地址，不同的路由协议（包括静态路由协议）可能会发现不同的路由。当存在多个路由信息源时，具有较高优先级（数值较小）的路由协议发现的路由将成为最优路由，并将最优路由放入本地路由表中。为了判断最优路由，各路由协议（包括静态路由协议）都被赋予了一个优先级。华为设备路由协议的优先级如下，Direct：0；OSPF：10；IS-IS：15；Static：60；RIP：100；IBGP：255；EBGP：255。

15.3.1 静态路由配置

路由表包含静态路由表和动态路由表。静态路由表中的路由表项是由管理员静态手工配置的，而动态路由表中的路由表项是由路由器通过协议自动学习到的。

通常在小型网络中，网络结构比较简单，那么配置静态路由就可以使网络正常工作。但是静态路由存在缺陷，那就是当网络中的拓扑结构发生变化时，需要由管理员重新修改静态路由信息，设备无法自动适应网络拓扑结构的变化来修改信息。

默认路由是在路由器没有找到匹配的路由表项时使用的路由。默认路由的一种生成方式是管理员手动配置，此时可以把默认路由看作静态路由，只是此时这条默认路由的目的地址和子网掩码是用全 0 来表示的，而不像其他静态路由的目的地址和子网掩码是一个具体的网段（或主机地址）。

实验环境：如图 15-11 所示，有路由器 A、路由器 B、路由器 C，IP 地址及网段配置。现在需要在路由器 A 上进行配置，希望打通去往 192.168.3.0/24 和 192.168.5.0/24 的网段路由，同时去往其他任一网段的路由从 192.168.6.2 这个接口转发出去。

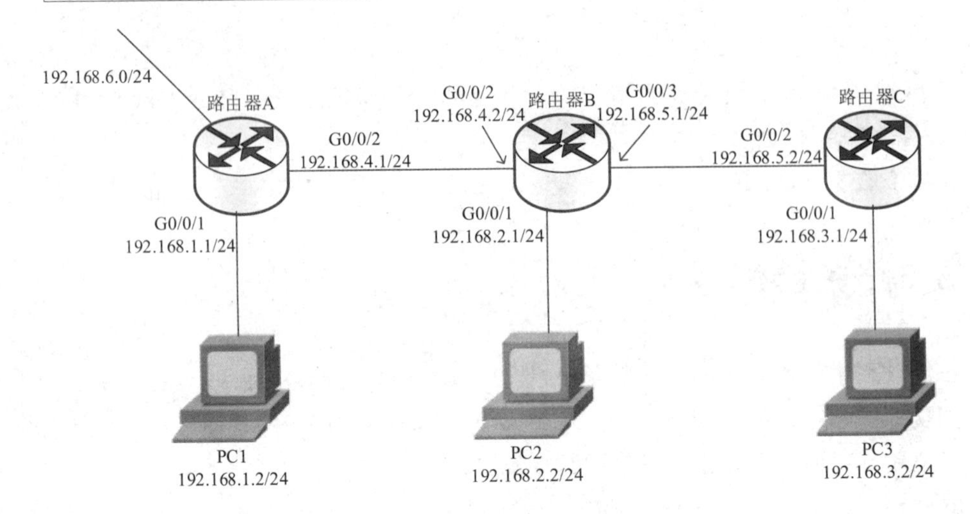

图 15-11　静态路由组网图

（1）在路由器 A 上配置去往 192.168.3.0/24 和 192.168.5.0/24 网段的路由如下。

```
<HUAWEI>system-view
[HUAWEI]sysname RA
[RA] interface gigabitethernet 0/0/1
[RA-Gigabitethernet0/0/1] ip address 192.168.1.1 255.255.255.0
//配置接口的 IP 地址
[RA]ip route-static 192.168.3.0 255.255.255.0 192.168.4.2
//配置去往 192.168.3.0 网段的静态路由,去往该网段的数据包交给下一跳,地址是 192.168.4.2
[RA]ip route-static 192.168.5.0 255.255.255.0 192.168.4.2
//配置去往 192.168.5.0 网段的静态路由，去往该网段的数据包交给下一跳，地址是 192.168.4.2
```

（2）在路由器 A 上配置去往其他任一网段的路由（默认路由）如下。

```
[RA]ip route-static 0.0.0.0 0.0.0.0 192.168.6.2
//配置去往其他任一网段的默认路由，数据包交给下一跳，地址是 192.168.6.2
```

注意：

通过对静态路由的优先级进行配置，可以灵活应用路由管理策略。例如，在配置到达目的网络的多条路由时，如果指定相同的优先级，则可以实现负载均衡；如果指定不同的优先级，则可以实现路由备份。

15.3.2　动态路由配置

在小型网络中，配置静态路由使网络正常运转是没有任何问题的。但是在大型网络中，如果配置静态路由，则可能给管理员带来巨大的工作量，同时管理和维护路由表会变得十分困难。

通过配置动态路由，路由器可以动态学习到其他路由器的网络信息，自动生成路由表项，并且在网络拓扑结构发生变化时自动更新路由表，而不需要管理员重新手动干预，大大降低了管理员的管理维护难度且减少了工作量。

常见的动态路由协议按照工作原理分为距离矢量路由协议和链路状态路由协议；按照工作范围可分为内部网关路由协议和外部网关路由协议。

1. 距离矢量路由协议

距离矢量路由协议可以计算网络中所有链路的距离和矢量值，并以此为依据来确认网络中的最优路径，该协议中的典型代表是 RIP。

RIP（路由信息协议）是一种内部网关路由协议，属于应用层协议。RIP 主要应用于小型网络，运行了 RIP 的路由器通过不断交换信息让路由器动态地适应网络连接的变化，这些信息包括每台路由器所拥有的路由表项及去往这些网络的距离等。

当前 RIP 主要有三个版本，在考试中我们需要关注的是 RIPv1 和 RIPv2。

RIPv1 是一种基于 UDP 520 接口的路由协议，使用分类路由器，无法支持可变长度子网掩码，通过广播方式来传输信息。需要注意的是，无法支持可变长度子网掩码这个限制使得在运行了 RIPv1 的路由器网络中，在同级（A、B、C 三类）网络下无法继续使用不同的子网掩码。

RIPv2 在 RIPv1 的基础上进行了一些改进，如 RIPv2 支持路由聚合和 CIDR；支持以组播方式（组播地址使用 224.0.0.9）发送更新报文，只有运行了 RIPv2 的设备才能收到协议报文，这样可以减少资源消耗。

RIP 的工作原理如下。

（1）以 30s 为周期，通过使用 UDP 520 接口向邻居路由器发送报文（报文中包含整个路由表）。邻居路由器收到报文后，会在其自身路由表中生成路由表项。如果超过 180s 没有收到邻居路由器发来的更新信息，就认为路由失效，跳数值会标记为 16。当路由器的路由失效后，该路由成为一条无效路由，如果在 120s 时间内没收到该路由的更新信息，则计时结束后清除这条路由。

（2）以跳数为唯一度量值，根据跳数来选择最优路径。

（3）最大跳数为 15 跳，16 跳不可达。

（4）经过一系列路由更新，网络中的每台路由器都具有一个完整的路由表的过程，称为收敛。

RIP 工作原理上的一些特性，可能导致路由器收到它自己发送的路由信息而形成网络环路，为防止形成网络环路可以使用以下措施。

（1）水平分割：RIP 从某个接口学到的路由，不会从该接口发回邻居路由器。

（2）路由下毒：当链路断开或路由失效时，把无效路由告知邻居路由器。

（3）毒性逆转（或称为反向下毒）：当 RIP 从某个接口学到路由后，将该路由的跳数配置为 16 跳（该路由不可达），并从原接口发回邻居路由器。水平分割和毒性逆转这两个措施通常二选一即可。

（4）抑制时间：当路由器学习到某个网段出现故障时，如果自己路由表里关于该网段的路由度量值变成 16，则进入抑制状态。在抑制状态下只有来自同一邻居路由器且度量值小于 16 的路由才会被路由器接收，取代不可达路由。

（5）触发更新：当路由信息发生变化时，立即向邻居路由器发送更新报文，而非等到默认的 30s 的更新时间到来再发送更新报文，从而及时通知变化的路由信息。

实验环境：如图 15-12 所示，要求在路由器 A 和路由器 B 的所有接口上开启 RIP 功能，实现网络互联。

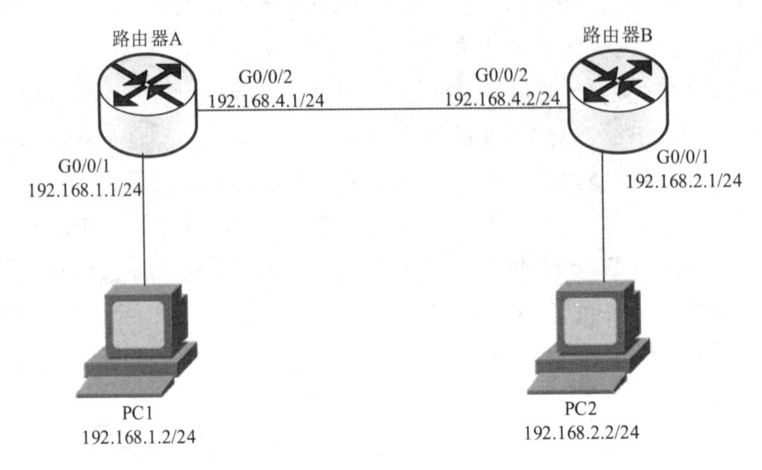

图 15-12　RIP 路由组网图

（1）在路由器 A 上配置 IP 地址（略）。

（2）在路由器 A 上配置 RIP。路由器 B 的配置类似，不再赘述。

```
<R1>system-view
[R1]rip                              //进入 RIP 视图，默认开启进程 1
[R1-rip-1]version 2                  //配置 RIP 的版本号为 2,不写该语句则默认为版本号 1
[R1-rip-1]undo summary
//取消路由聚合功能，不写该语句则默认聚合成标准的 A、B、C 类网络并告知邻居路由器
[R1-rip-1] network 192.168.1.0 //宣告直连网络 192.168.1.0
[R1-rip-1] network 192.168.4.0 //宣告直连网络 192.168.4.0
[R1-rip-1] quit
```

2．链路状态路由协议

对于 RIP 而言，以跳数来评估的路由可能并非最优路由，并且 RIP 中的最大跳数为 15 跳，超过 15 跳则认为路由不可达，这意味着网络覆盖范围小，同时 RIP 收敛速度慢，更新时发送全部路由表会浪费链路带宽和网络资源。

链路状态路由协议中的典型代表是 OSPF 协议。OSPF（开放式最短路径优先）协议也是一种内部网关路由协议。不同于 RIP 使用跳数作为度量值，OSPF 协议使用带宽作为度量值。OSPF 协议使用 SPF 算法（Dijkstra 算法）计算路由，从算法层面保证没有网络环路。OSPF 协议通过邻居关系维护路由，避免了 RIP 定期更新带来的对带宽的消耗，并且 OSPF 协议更新效率高，网络收敛速度快，所以比较适合于大中型网络。

OSPF 协议的工作原理如下。

（1）在一个区域内部，每台运行了 OSPF 协议的路由器会结合自己的网络拓扑结构信息生成 LSA（链路状态通告），然后发送 LSU 包（链路状态更新包，里面包含了 LSA）给该网络区域内的其他运行了 OSPF 协议的路由器。

（2）运行了 OSPF 协议的路由器会把其他路由器发送过来的 LSA 收集起来存放到 LSDB（链路状态数据库）中。所有的路由器都可以利用 LSDB 中的 LSA 信息自行生成一张完整的网络拓扑图。

（3）基于该网络拓扑图，再结合 SPF 算法，各路由器可以算出一棵以自己为根节点的最短路径树，这棵树给出了到网络中各节点的路由。

（4）利用这棵树可以形成一个 OSPF 路由表。

OSPF 协议使用了 LSDB 和复杂的算法，另外 HELLO 包和 LSU 包随着网络规模的扩大，会消耗路由器更多的内存和 CPU 资源，带来难以承受的负担，造成性能的下降。为了使 OSPF 协议用于规模很大的网络，OSPF 协议提出了区域（Area）的概念，一个网络可以由单个区域或多个区域组成。区域分为骨干区域和非骨干区域。骨干区域有一个，是整个 OSPF 网络的核心区域，其他区域是非骨干区域，所有的非骨干区域都与骨干区域直接相连。因为所有的内部路由都通过骨干区域传递到其他非骨干区域，所以所有的非骨干区域都必须直接连接到骨干区域。

在 OSPF 网络中，划分区域之后，可以将 OSPF 路由器分为以下三类。

内部路由器：当一台 OSPF 路由器上的所有接口都处于同一个区域（不直接与其他区域相连）时，称这种路由器为内部路由器。内部路由器上仅仅运行其所属区域的 OSPF 运算法则，仅生成区域内部的路由表项。

区域边界路由器（Area Border Router，ABR）：当一台路由器有多个接口，其中至少有一个接口与其他区域相连时，称这种路由器为区域边界路由器。区域边界路由器的各对应接口运行与其相连区域共同定义的 OSPF 运算法则，其中有相连的每个区域的网络结构数据，并且了解如何将该区域的 LSA 通告至骨干区域，由骨干区域转发至其余区域。

AS 边界路由器（Autonomous System Boundary Router，ASBR）：AS 边界路由器是与 AS 外部的路由器互相交换路由信息的 OSPF 路由器。该路由器在 AS 内部通告其所得到的 AS 外部路由信息，这样 AS 内部的所有路由器都知道 AS 边界路由器的路由信息。AS 边界路由器的定义是与前面几种路由器的定义相独立的，一台 AS 边界路由器可以是一台内部路由器，也可以是一台区域边界路由器。

OSPF 协议根据数据链路层协议类型将网络分为广播型网络、非广播型网络、点对点网络和点对多点网络。一般情况下，链路两端的 OSPF 接口网络类型必须一致，否则双方无法建立邻居关系或无法正常学习路由。OSPF 网络类型可以在接口下通过命令手动修改以适应不同网络场景，如可以将广播型网络修改为点对点网络。

注意：在广播型网络中，任意两台路由器之间都要交换路由信息。这使得任何一台路由器的路由信息都可能会多次传输，浪费了带宽资源。为解决这一问题，OSPF 协议规定需要选举出一台 DR（指定路由器），所有路由器的 LSA 信息发送给 DR，由 DR 将 LSA 信息发送给其他路由器。

除 DR 外，还需要有 BDR（备份指定路由器），BDR 是对 DR 的一个备份。正常情况下，DR 进行工作，当 DR 失效后，BDR 会立即代替 DR 进行工作。

关于 DR 和 BDR 的选举，路由器会相互比较它们的优先级，优先级高的会成为 DR，第二高的会成为 BDR，如果一台路由器的优先级被配置为 0，则表示它不具备选举资格。

当 DR 和 BDR 选举完毕后，所有启动 OSPF 协议的路由器会向组播地址 224.0.0.5 默认每隔 10s 发送 HELLO 数据包去寻找邻居。当其他路由器需要向 DR 和 BDR 发送链路状态更新信息时，使用的目的地址是 224.0.0.6。DR 和 BDR 示意图如图 15-13 所示。

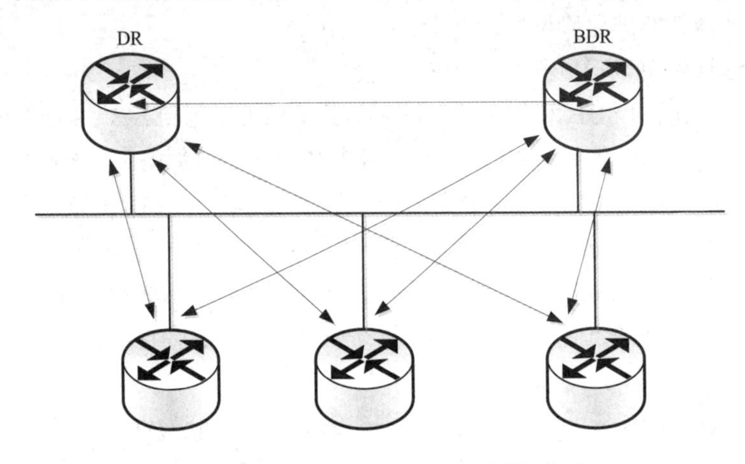

图 15-13　DR 和 BDR 示意图

实验环境：如图 15-14 所示，路由器分别在两个不同的区域内。现在需要实现各台路由器之间的路由互通。

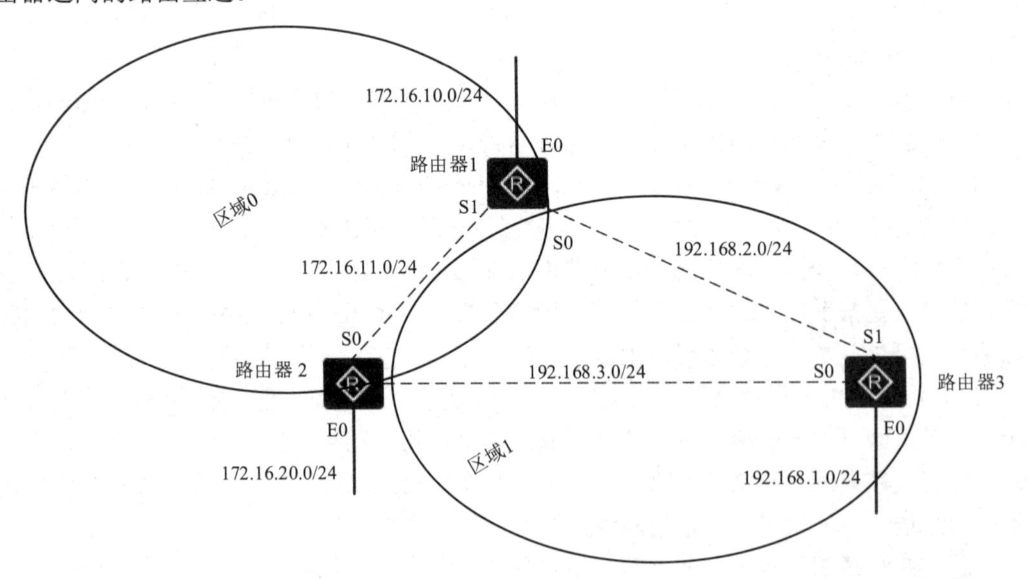

图 15-14　OSPF 配置组网图

路由器 1 的配置如下，路由器 2、路由器 3 的配置类似，不再赘述。

```
<R1>system-view                     //进入系统视图
[R1] router-id 1.1.1.1              //指定路由器 1 的 Router ID 为 1.1.1.1
[R1] ospf                           //进入 OSPF 视图
[R1-ospf-1]area 0                   //进入区域 0
[R1-ospf-1-area-0.0.0.0]network 172.16.10.0 0.0.0.255
[R1-ospf-1-area-0.0.0.0]network 172.16.11.0 0.0.0.255
//宣告和自己相邻的网络，注意此处使用了反掩码
[R1-ospf-1-area-0.0.0.0] quit
[R1-ospf-1]area 1
[R1-ospf-1-area-0.0.0.1]network 192.168.2.0 0.0.0.255
```

在进行网络设计时，一般都只会选择一种路由协议，以降低网络的复杂性，容易管理和维护，但在现实中，当需要对允许不同路由协议的网络进行合并的时候，就会出现一个网络多种路由协议的情况。由于不同路由协议之间的算法不一致，度量值也不一致，因此不同路由协议学习到的路由信息不能直接互通，一种路由协议学习到的路由不能直接传送到另一种路由协议中去。

路由器可以使用路由引入技术将其学习到的一种路由协议的路由通过另一种路由协议广播出去，以达到网络互通的目的。路由引入是在 ASBR 上面进行的。不同的路由协议，度量值算法不同，所以在进行路由引入的时候，无法把路由信息的原度量值引入。例如，RIP 的度量值是基于跳数来计算的，但是 OSPF 协议使用的度量值是 COST（开销）。这个时候协议会给引入的路由信息一个新的默认度量值（种子度量值）。路由信息在路由器间传送时，会以新的默认度量值进行度量值的计算。执行 import-route 命令实现路由引入。

注意在引入多边界路由时，如果引入规划配置不当，则可能导致环路问题，原因在于某区域内始发的路由被错误地引回此区域中，我们可以在边界路由器上有选择性地进行路由引入（可以使用路由属性中的标记值来实现）。

路由引入可能导致次优路由的产生，原因在于路由引入时原路由属性度量值丢失，需要重新设定一个默认的度量值或手动配置度量值，在网络规划不合理的情况下，就会出现次优路由。为适应网络需求，引入路由的度量值一般配置为大于域内已有路由信息的最大度量值，表示是从域外引入的路由，以避免可能出现的次优路由。

注意：OSPF 协议引入的外部路由分为以下两类：第 1 类外部路由（E1）和第 2 类外部路由（E2）。两种类型的差别在于路由的 OSPF 开销在每台路由器上的计算方式不同。当 E1 路由在整个 OSPF 区域内传播时，OSPF 协议会累计路由的开销。此过程与普通 OSPF 内部路由的计算过程相同。然而，E2 路由的开销始终只看外部开销，与通向该路由的内部开销无关。默认情况下 OSPF 协议引入的外部路由为 E2 路由。

3. 外部网关路由协议

RIP、OSPF、IS-IS 属于内部网关路由协议，用于 AS 内部。目前外部网关路由协议的典型代表是 BGP。BGP 是一种用于不同 AS 之间的动态路由协议。当前使用的 BGP 版本是

BGP-4。BGP-4 目前被运营商广泛应用。

BGP 作为外部网关路由协议，与 OSPF 协议、RIP 等内部网关路由协议不同，其重心并不在于发现和计算路由，而在于控制路由的传输和选择最优路由。BGP 在传输层使用 TCP 179 接口，提高了可靠性。此外 BGP 支持 CIDR，并且在路由更新时，BGP 只发送更新的路由信息，这样可以在传输 BGP 路由信息时减少占用的带宽，非常适合于在 Internet 上传输大量的路由信息。

BGP 定义了几种消息类型，如 Open、Update、Keepalive 和 Notification 等。

（1）Open：TCP 连接建立后发送的第一条消息，用于在 BGP 对等体之间建立会话。

（2）Update：用于在对等体之间交换路由信息。

（3）Keepalive：BGP 周期性地向对等体发送 Keepalive 消息，以保持会话的有效性。

（4）Notification：用于处理 BGP 进程中的各种错误。

BGP 常见配置命令如下。

（1）bgp as-number：启动 BGP（指定本地 AS 编号），进入 BGP 视图。

（2）router-id ipv4-address：配置 BGP 的 Router ID。

（3）peer { ipv4-address | ipv6-address | group-name } as-number as-number：配置对等体的 IP 地址及其所属的 AS 编号。

15.3.3　虚拟路由冗余协议

通常同一个网段内的所有主机都拥有一条相同的、以网关为下一跳的默认路由。主机在发送报文时，如果发往其他网段则将报文交给网关，再由网关进行转发。当网关出现故障时，本网段内的所有以网关为下一跳的默认路由的主机无法和外部进行通信。为防止网关出现故障后，网络无法使用，可以增加出口网关以确保可靠性，但是如何在多个出口网关间进行选择就成了我们需要考虑的问题。

虚拟路由冗余协议（VRRP）可以把承担网关功能的多个物理路由器逻辑捆绑成一台虚拟路由器，由 VRRP 的选举机制来决定在多台路由器中选择哪台作为主要承担转发功能的主路由器，当这台主路由器出现故障时，其他备份路由器接替主路由器完成转发任务。这一组路由器经过捆绑后形成的虚拟路由器会有一个虚拟 IP 地址和虚拟 MAC 地址，我们只需要在局域网内部的主机中把这个虚拟 IP 地址配置为网关 IP 地址即可，不需要配置物理路由器的真实 IP 地址。

一般根据优先级决定哪台路由器是主路由器，VRRP 利用优先级决定哪台路由器成为主路由器。如果一台路由器的优先级比其他路由器的优先级高，则该路由器成为主路由器。路由器的默认优先级是 100。优先级的取值范围是 0～255，其中 0 为系统保留（表示这个 VRRP 路由器接口停止参与这个 VRRP 组），255 保留给 IP 地址的拥有者，也就是直接成为 VRRP 组的主路由器。如果没有配置优先级，那么将选备份组接口 IP 地址大的路由器为主路由器。VRRP 中定义了三种状态：初始状态（Initialize）、活动状态（Master）、备份状态（Backup）。其中，只有处于活动状态的设备才可以转发那些发送到虚拟 IP 地址的报文。

VRRP 路由器利用 VRRP 报文来互相监听各自的存在。当 VRRP 路由器长时间没有接收到 VRRP 报文时，就认为主路由器故障，备份路由器就会成为活动路由器。VRRP 报文间隔默认为 1s，保持时间默认为 3s。

实验环境：路由器 R1 和路由器 R2 通过 VRRP 捆绑成一台虚拟路由器，R1 为主路由器，VRRP 配置组网图如图 15-15 所示。内网主机所配置的网关 IP 地址是虚拟路由器的 IP 地址。

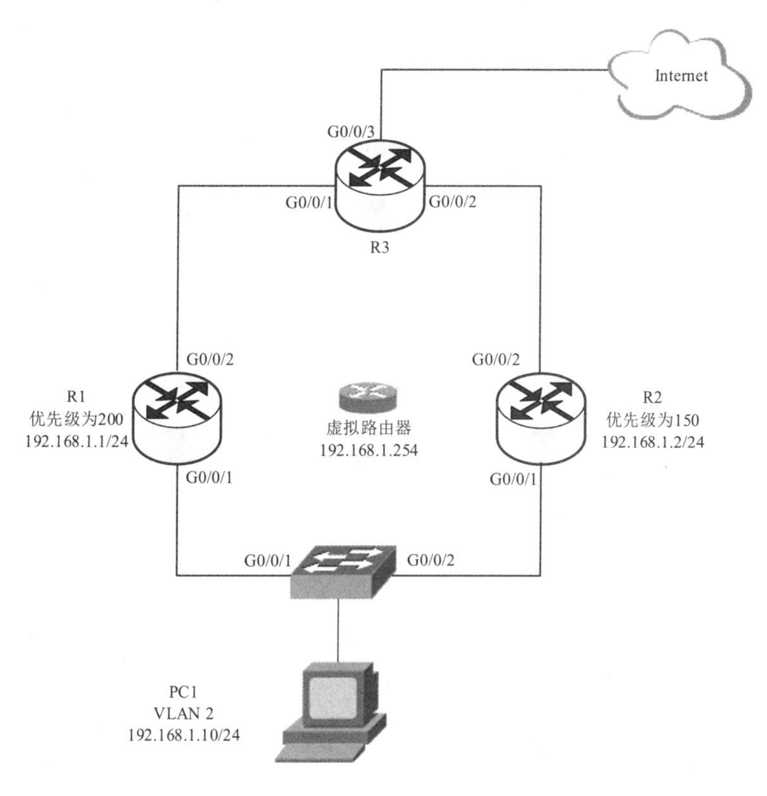

图 15-15　VRRP 配置组网图

配置 R1：

```
<HUAWEI>system-view
[HUAWEI]Sysname R1
[R1] interface gigabitethernet 0/0/1
[R1-Gigabitethernet0/0/1] ip address 192.168.1.1 255.255.255.0
[R1-Gigabitethernet0/0/1] vrrp vrid 10 virtual-ip 192.168.1.254
//配置 VRRP 组号为 10，并指定虚拟网关 IP 地址
[R1-Gigabitethernet0/0/1] vrrp vrid 10 priority 200
//配置 R1 的优先级为 200，默认优先级为 100，优先级高低决定主备路由器角色
[R1-Gigabitethernet0/0/1] vrrp vrid 10 preempt-mode timer delay 10
//配置 R1 为延迟抢占方式，延迟时间为 10s
```

R2 的配置与 R1 类似，指定其优先级为 150，使之成为备份路由器。

另外，可以配置 VRRP 与上行接口状态联动：

```
[R1-Gigabitethernet0/0/1] vrrp vrid 10 track interface gigabitethernet 0/0/2
reduced 60
// VRRP 备份组只能感知其所在接口状态的变化，当 VRRP 设备上行接口或直连链路发生故障时，
   VRRP 无法感知，此时会引起业务流量中断。通过部署 VRRP 与接口状态联动监视上行接口可以
   有效地解决上述问题，当 G 0/0/2 接口出现故障后，R1 的优先级减去 60
```

15.3.4 访问控制列表

访问控制列表（ACL）用于识别报文。在 ACL 中存在一条或多条规则，这些规则可以对流入接口的数据包进行匹配。ACL 可以应用于多种场景，如包过滤、策略路由、防火墙、流分类等。需要注意的是，ACL 不是用来进行数据包过滤的，ACL 只是一个规则集合，无法对识别出的报文进行处理。在不同场合下利用 ACL 可以实现各种功能，只是其中常见的是包过滤功能而已。

1. ACL 包过滤工作原理

ACL 包过滤的工作原理如下。

（1）每个 ACL 都由一条或多条规则组成，这些规则包含匹配条件和执行动作。

（2）将 ACL 绑定到设备的接口上，进行数据包的过滤。当匹配到一个报文后，permit（允许）则允许通过，deny（拒绝）则禁止通过。

（3）在华为设备中，默认情况下，如果数据包没有匹配上 ACL 中的任意一条规则，则允许数据包通过。

（4）需要注意的是，接口有两个方向，一个出方向，一个入方向。类似于一个人经过一道大门，可以从外到内，也可以从内到外。在接口的两个方向上都可以绑定 ACL。

（5）在设备内可以创建多个 ACL，但是接口的每个方向上最多绑定一个 ACL。

对于 ACL 中的规则，由于这些规则中的匹配条件各有不同，因此这些规则放在一起时可能有重复或矛盾的地方，所以当一个报文流入接口与 ACL 中的各条规则进行匹配时，需要有明确的匹配顺序，一旦匹配上某条规则就不再继续匹配。系统将依据该规则来执行相应的动作。默认情况下，将会按照规则编号从小到大进行匹配。

2. ACL 的分类

根据规则制定依据的不同，可以将 ACL 分为如表 15-3 所示的两种类型。

表 15-3　ACL 的分类

分类	编号范围	规则描述
基本 ACL	2000～2999	使用报文的源 IP 地址来定义规则
高级 ACL	3000～3999	使用报文的源 IP 地址、目的 IP 地址、协议类型、TCP/UDP 源/接口号等来定义规则

基本 ACL 应该尽量放置在接近数据流的目的地址的地方，因为基本 ACL 只能匹配源 IP 地址，如果将其放在接近源地址的地方，则可能会对其他的通信造成影响。

高级 ACL 应该尽量放置在接近数据流的源地址的地方，因为高级 ACL 可以基于五元

组进行精准匹配，即使放在接近源地址的地方也不会对其他的通信造成影响，并且当接近源地址的时候，还可以尽快对该报文进行匹配。

3. 基本 ACL 配置

基本 ACL 语法规则如下。

```
acl [number] acl-number (2000-2999) [match-order] {auto | config}
rule [rule-id] permit | deny source IP地址 反向子网掩码
```

其中，config 是指按照用户配置规则的先后顺序进行规则匹配。系统默认的匹配顺序是 config。auto 是指按照“深度优先”的顺序进行规则匹配。系统优先考虑地址范围小的规则。

实验要求：允许源 IP 地址为 202.110.10.0/24 的报文通过，拒绝源 IP 地址为 192.110.10.0/24 的报文通过。

```
[HUAWEI] acl number 2002                //创建基本ACL，其表号是2002
[HUAWEI-acl-basic-2002] rule permit source 202.110.10.0 0.0.0.255
//在基本ACL中配置规则，允许源IP地址是202.110.110.0/24的报文通过，注意此处用到了反掩码
[HUAWEI-acl-basic-2002] rule deny source 192.110.10.0 0.0.0.255
//在基本ACL中配置规则，拒绝源IP地址是192.110.10.0/24的报文通过，注意此处用到了反掩码
[HUAWEI-Gigabitethernet1/0/3]traffic-filter inbound acl 2002
//在路由器接口上调用基本ACL 2002，接口存在两个方向，此时是在入方向调用的
```

4. 高级 ACL 配置

高级 ACL 语法规则如下。

```
acl [number] acl-number (3000-3999) [match-order] {auto | config}
rule [rule-id] permit | deny {protocol} source 源IP地址 反掩码 destination
目的IP地址 反掩码 destination-port eq 接口号
```

其中，protocol 为指定对应的协议，如 TCP、UDP、ICMP、IP 等；destination-port 为目的接口，若是源接口，则为 source-port；eq 为等于；接口号可直接写接口号或写协议对应的关键字，如 telnet/www/dns。

实验要求：允许 202.110.10.0/24（源 IP 地址）～179.100.17.10（目的 IP 地址）的 HTTP 报文通过。

```
[HUAWEI] acl number 3000          //创建高级ACL，其表号是3000
[HUAWEI-acl-adv-3000] rule permit tcp source 202.110.10.0 0.0.0.255 destination
179.100.17.10 0.0.0.0 eq 80
//在高级ACL中配置规则，允许202.110.10.0/24（源IP地址）～179.100.17.10（目的IP
  地址）的HTTP报文通过。注意此处用到了反掩码。eq后面接接口号或协议名称，通过TCP和
  80两个关键词可以知道协议是HTTP。如果表示一个主机地址，则反掩码是0.0.0.0
[HUAWEI-Gigabitethernet 1/0/3]traffic-filter outbound acl 3000
//最后把高级ACL 3000调用在路由器接口的出方向上
```

5．基于时间的 ACL

在上述的实验案例中，配置的 ACL 是全天生效的。我们还可以配置只在某些特定的时间段内生效的 ACL，即基于时间的 ACL，从而提升 ACL 的应用灵活性。

如果需要配置基于时间的 ACL，用户首先需要配置一个或多个时间段，然后在 ACL 的规则中引用这些时间段。一旦给规则引用了生效时间段，那么规则将只在指定的时间段内生效。ACL 的生效时间段可分为周期时间段和绝对时间段。周期时间段表示规则以一周为周期（如每周一的 8:00—12:00）循环生效。绝对时间段表示规则在指定时间范围内（如 2020 年 1 月 1 日 8:00—2021 年 1 月 1 日 18:00）生效。

用户在同一名称时间段下可以配置多个时间段，所配置的各周期时间段之间及各绝对时间段之间分别取并集之后，各并集的交集将成为最终生效的时间范围。

例如，给时间段取一名称为“educity”，并且配置以下三个时间段。

（1）2024 年 1 月 1 日 00:00—2024 年 12 月 31 日 23:59 生效，这是一个绝对时间段。

（2）在周一到周五每天 8:00—18:00 生效，这是一个周期时间段。

（3）在周六、周日 14:00—18:00 生效，这是一个周期时间段。

则时间段“educity”最终的时间范围是 2024 年的周一到周五的 8:00—18:00 及周六和周日的 14:00—18:00。

配置举例说明如下。

```
[HUAWEI]time-range educity 09:00 to 12:00 working-day
[HUAWEI]time-range educity 14:00 to 17:00 working-day
//创建一个名称时间段，名称是“educity”。在该名称时间段下有两个周期时间段，周一到周五
  的 9:00—12:00 及 14:00—17:00，其中 working-day 表示工作日（周一到周五）
[HUAWEI]acl 2000
[HUAWEI-acl-basic-2000]rule permit source 192.168.10.0 0.0.0.255
[HUAWEI-acl-basic-2000]rule permit source 192.168.20.1 0 time-range educity
//在基本 ACL 2000 中，配置规则，并对该规则指定生效时间。使用的时间名称是上述配置的“educity”，
  即在工作日的 9:00—12:00、14:00—17:00 生效
[HUAWEI-acl-basic-2000]rule deny source any    //配置规则，拒绝任意源地址的数据流
[HUAWEI-acl-basic-2000]quit
[HUAWEI]interface gigabitethernet 0/0/2
[HUAWEI-Gigabitethernet0/0/2]traffic-filter outbound acl 2000
//配置完毕后，192.168.20.1 这台主机的数据流可以通过路由器 G0/0/2 接口在工作日的 9:00—
  12:00、14:00—17:00 对外转发。192.168.10.0/24 的数据流全天都可以转发
```

6．基于流策略的 ACL

上述的配置案例采用了基于 ACL 的简化流策略方式。我们不需要单独创建流分类、流行为或流策略，配置更为简洁，可以直接将 ACL 调用在接口上。但是华为的某些设备不支持基于 ACL 的简化流策略方式，所以只能使用基于流策略的 ACL。

配置案例如下。

```
[HUAWEI] acl number 3000                          //创建高级 ACL，其表号是 3000
[HUAWEI-acl-adv-3000] rule deny ip source 192.168.1.0 0.0.0.255 destination
192.168.2.0 0.0.0.255                              //配置表中的规则
```

（1）基于 ACL 的流分类，流分类是指把流量分类过滤出来。

```
[HUAWEI] traffic classifier traclass              //创建流分类，其名称是 traclass
[HUAWEI-classifier-c_xs] if-match acl 3000
//该流分类匹配高级 ACL 3000 中所匹配的流量，即源 IP 地址是 192.168.1.0/24 的主机访问
  目的 IP 地址是 192.168.2.0/24 的流量
```

（2）配置流行为，行为动作为拒绝报文通过。

```
[HUAWEI] traffic behavior trabehav                //创建流行为，其名称是 trabehav
[HUAWEI-behavior-b_xs] deny                       //其行为动作是拒绝报文通过
```

（3）配置流策略，将流分类与流行为进行关联。

```
[HUAWEI] traffic policy trapolic                  //创建流行为，其名称是 trapolic
[HUAWEI-trafficpolicy-p_xs] classifier traclass behavior trabehav
```

（4）调用流策略，实现相应的访问控制。

```
[HUAWEI]interface ethernet 0/0/1
[HUAWEI-Ethernet0/0/1] traffic-policy trapolic inbound
//在接口的入方向上调用流策略
```

15.3.5 网络地址转换

IPv4 地址分为公有 IPv4 地址和私有 IPv4 地址。为了缓解 IPv4 地址紧缺的问题，我们在家庭或企业内部使用私有 IPv4 地址进行通信，但是使用私有 IPv4 的主机无法和 Internet 上的主机进行通信。家庭或企业内部的主机要想和 Internet 上的主机通信，需要拥有公有 IPv4 地址，但是公有 IPv4 地址比较稀缺，申请时需要较高费用，普通企业通常只能申请到少量的公有 IPv4 地址。

若企业申请到一个或一小段公有 IPv4 地址，那么如何帮助企业内部使用私有 IPv4 地址的主机与 Internet 上的主机进行通信呢？此时可以使用网络地址转换（NAT）技术。

NAT 技术是一种将 IP 地址从一个地址空间转换到另一个地址空间的技术，它可以将私网私有地址转换为合法公网公有地址。将私网 IP 地址转换为公网 IP 地址是常见的做法，此外我们可以把私网 IP 地址转换成另外的私网 IP 地址。

使用 NAT 技术可以解决使用私网 IP 地址上公网的问题，也缓解了 IPv4 地址紧缺的问题。此外，由于进行了 NAT，因此外部主机并不清楚与内部通信的主机的真实 IP 地址，这起到了隐藏内网的作用。

NAT 技术通常使用在企业内外网交界处的路由器上，其工作原理是在路由器接收到数据包后，对数据包的包头进行处理：改变 IP 数据包包头，使 IP 数据包包头中的目的地址、源地址或两个地址在包头中被不同地址替换。

NAT 设置可以分为静态 NAT、动态 NAT、复用网络地址转换（NAPT）、Easy-IP、NAT-Server 等。

1．基本网络地址转换

基本网络地址转换又称静态网络地址转换（静态 NAT）。静态 NAT 要求每一个私网 IP 地址都对应一个公网 IP 地址，即实现一对一映射，因此要维护一个公网的地址池。

静态 NAT 要维护一个无接口号 NAT 置换表，如表 15-4 所示。

表 15-4　无接口号 NAT 转换表

私网 IP 地址	公网 IP 地址
10.1.1.2	192.1.1.2
10.1.1.3	192.1.1.3
10.1.1.4	192.1.1.4

实验环境：如图 15-16 所示，在路由器上配置静态 NAT，使得内网主机能正常与公网主机进行通信。

```
<HUAWEI>system-view
[HUAWEI]interface ethernet 0/0/1
[HUAWEI-Ethernet0/0/1] ip address 192.1.1.1 30      //配置路由器接口 IP 地址
[HUAWEI-Ethernet0/0/1] nat static global 192.1.1.2 inside 10.1.1.2
//配置静态 NAT，使得路由器要从 E0/0/1 接口转发数据包出去时，需要把源 IP 地址是 10.1.1.2
  的数据包中的源 IP 地址转换成 192.1.1.2 后再转发出去
```

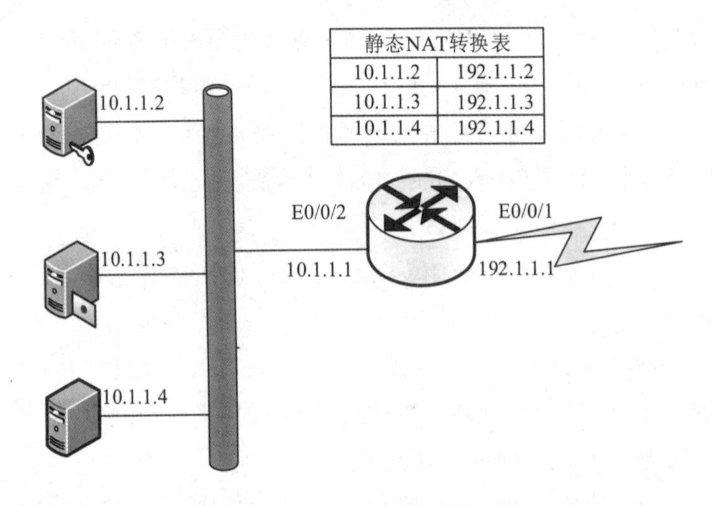

图 15-16　静态 NAT 配置组网图

2．动态网络地址转换

动态网络地址转换（动态 NAT）是将本地地址与合法地址进行一对一转换的转换，它从合法地址池中动态地选择一个未使用的地址对本地地址进行转换。

由于申请到的公网 IP 地址有限，而内网主机较多，因此当多数主机都有访问公网的需求时，可能部分主机就要等待，所以动态 NAT 技术在实际中使用得并不多。

实验环境：如图 15-17 所示，在路由器上配置动态 NAT，使得内网主机能正常与公网主机进行通信。

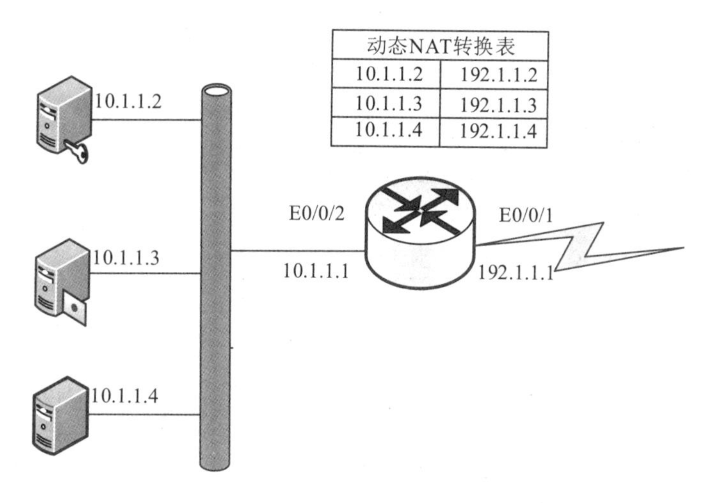

图 15-17　动态 NAT 配置组网图

```
[HUAWEI] nat address-group 1 192.1.1.2 192.1.1.4
//定义公网地址池名称为 1，其地址范围是 192.1.1.2~192.1.1.4
[HUAWEI] acl 2000
//定义 ACL 2000
[HUAWEI-acl-basic-2000]rule permit source 10.1.1.0 0.0.0.255
//定义访问公网的内网主机网段
[HUAWEI-acl-basic-2000] quit
[HUAWEI] interface ethernet 0/0/1
[HUAWEI-Ethernet0/0/1] nat outbound 2000 address-group 1 no-pat
//在接口处调用 ACL 2000，同时执行基于接口的动态 NAT，使得经过接口的内网流量在访问公网
  时，其包头中的源 IP 地址可以与公网地址池中的 IP 地址进行转换
```

3．复用网络地址转换

企业内部的普通主机有上网需求，但是公有 IPv4 地址资源有限，所以通常企业只能申请到一个或少量的公有 IPv4 地址。此时可以使用复用网络地址转换（NAPT）技术。该技术允许将多个内部地址映射到同一个公有地址上，该技术不仅转换了包头中的 IP 地址，还转换了包头中的接口号，所以也可称为“多对一地址转换”技术。NAPT 技术通常能满足一个企业内部所有主机同时上网的需求。

NAPT 转换表如表 15-5 所示。

表 15-5 NAPT 转换表

NAPT 转换前	NAPT 转换后
192.168.1.2:1000	219.152.168.2:2000
192.168.1.3:1001	219.152.168.3:2001
192.168.1.4:1002	219.152.168.4:2003

NAPT 的配置命令和动态 NAT 的配置命令类似，只是命令中少了 no-pat。配置示例如下。

```
[HUAWEI] nat address-group 1 192.1.1.2 192.1.1.4
//定义公网地址池名称为 1，其地址范围是 192.1.1.2～192.1.1.4
[HUAWEI] acl 2000
//定义 ACL 2000
[HUAWEI-acl-basic-2000]rule permit source 192.168.1.0 0.0.0.255
//定义访问公网的内网主机网段
[HUAWEI-acl-basic-2000] quit
[HUAWEI] interface ethernet 0/0/1
[HUAWEI-Ethernet0/0/1] nat outbound 2000 address-group 1
//在接口处调用 ACL 2000，同时执行基于接口的动态 NAT，使得经过接口的内网流量在访问公网
  时，其包头中的源 IP 地址可以与公网地址池中的 IP 地址进行转换
```

另外，在标准的 NAPT 配置中是需要创建公网地址池的，也就是必须得到确定的公网 IP 地址。但在拨号接入这种环境下，公网 IP 地址是运营商动态分配的，无法事先确定，标准的 NAPT 无法为地址做转换，要解决这个问题，就需要 Easy-IP。Easy-IP 也叫作基于接口的地址转换。在地址转换的时候和 NAPT 一致，但 Easy-IP 可以直接使用相应公网接口的 IP 地址作为转换后的源 IP 地址，所以不需要创建公网地址池，路由器公网接口的地址可以是手动配置的，也可以是动态分配的，因此 Easy-IP 的配置只需要配置 ACL 和 nat outbound 命令即可。

4．NAT-Server

在某些场合下，私网内部有一些服务器需要向公网提供服务，如一些私网内的 Web 服务器、FTP 服务器等，NAT 可以支持这样的应用。通过配置 NAT-Server，即定义“公网 IP 地址+接口号”与“私网 IP 地址+接口号”间的映射关系，位于公网的主机能够通过该映射关系访问位于私网的服务器。

例如，某公司在网络边界处部署了 Device A 作为安全网关。为了使私网 Web 服务器和 FTP 服务器能够对外提供服务，需要在设备上配置 NAT-Server 功能。除公网接口的 IP 地址外，企业还向 ISP 申请了一个 IP 地址（1.1.1.10）作为内网服务器对外提供服务的地址。

```
    [DeviceA] nat server policy_web protocol tcp global 1.1.1.10 8080 inside
10.2.0.7 www
    [DeviceA] nat server policy_ftp protocol tcp global 1.1.1.10 ftp inside
10.2.0.8 ftp
```

15.3.6　IPSec VPN 配置

关于 IPSec VPN 的基本原理已经在网络安全章节描述过，所以本节只介绍 IPSec VPN 的配置。

实验环境：如图 15-18 所示，在路由器 A 和路由器 B 之间建立一个 IPSec VPN 隧道，实现二者之间的安全通信。

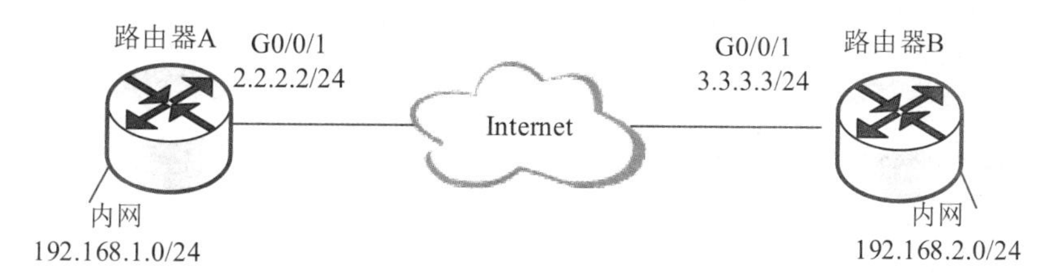

图 15-18　IPSec VPN 配置组网图

1. 通过 ACL 定义需要保护的数据流

在路由器 A 上进行配置，配置一个 ACL，定义路由器 A 和路由器 B 之间的感兴趣流，也就是定义需要保护的数据流。

```
[Router A] acl number 3000
[Router A-acl-adv-3000] rule permit ip source 192.168.1.0 0.0.0.255 destination 192.168.2.0 0.0.0.255
//该规则允许源 IP 地址是 192.168.1.0/24 的主机访问目的 IP 地址是 192.168.2.0/24 的主机
```

路由器 B 的配置类似于路由器 A 的配置，只是源 IP 地址和目的 IP 地址交换了。

2. 配置 IPSec 安全协议（封装模式、安全协议、加密算法和验证算法）

```
[Router A] ipsec proposal tran1
//创建安全协议，安全协议命名为 tran1
[Router A-ipsec-proposal-tran1] encapsulation-mode tunnel
//报文封装模式采用隧道模式
[Router A-ipsec-proposal-tran1] transform esp
//安全协议采用 ESP 协议
[Router A-ipsec-proposal-tran1] esp encryption-algorithm aes 128
//选择加密算法为 AES
[Router A-ipsec-proposal-tran1] esp authentication-algorithm sha1
//选择验证算法为 SHA-1
```

路由器 B 配置类似。

3. 配置 IKE 对等体

```
[Router A]ike peer peer
[Router A-ike-peer-peer] pre-shared-key 123456
//配置预共享密钥为 123456
```

```
[Router A-ike-peer-peer] remote-address 3.3.3.3
//配置对端的 IP 地址，若是在路由器 B 上配置的，则对端 IP 地址为路由器 A 的接口 IP 地址
```

4. 配置 IPSec 安全策略

```
[Router A] ipsec policy map1 10 isakmp
//创建一条安全策略，协商方式为 isakmp，安全策略命名为 map1
[Router A-ipsec-policy-isakmp-map1-10] security acl 3000
//引用之前创建的 ACL
[Router A-ipsec-policy-isakmp-map1-10] proposal tran1
//引用之前创建的安全协议 tran1
[Router A-ipsec-policy-isakmp-map1-10] ike-peer peer
//引用之前创建的 IKE 对等体
```

路由器 B 的配置类似。

5. 在接口上应用 IPSec 安全策略

```
[Router A] interface gigabitethernet 0/0/1
[Router A- Gigabitethernet0/0/1] ipsec policy map1
//在 G0/0/1 接口上应用刚刚创建的安全策略 map1
```

路由器 B 的配置类似。

15.3.7 IPv6 配置

目前网络中以 IPv4 协议为主流，使用了 IPv6 协议的网络如果想要进行通信，就需要依靠 IPv4 网络帮忙传输数据。隧道技术是其中一种方案，它可以利用 IPv4 协议来传输 IPv6 报文，也就是将 IPv6 协议产生的报文封装在 IPv4 报文中，然后在网络中传输。

实验环境：如图 15-19 所示，路由器 A 和路由器 B 之间使用 IPv4 网络连接。路由器 A 和路由器 B 的内网接口使用 IPv6 协议。现需要在路由器 A 和路由器 B 之间配置 IPv6 over IPv4 自动隧道，使两个 IPv6 网络可以互通。

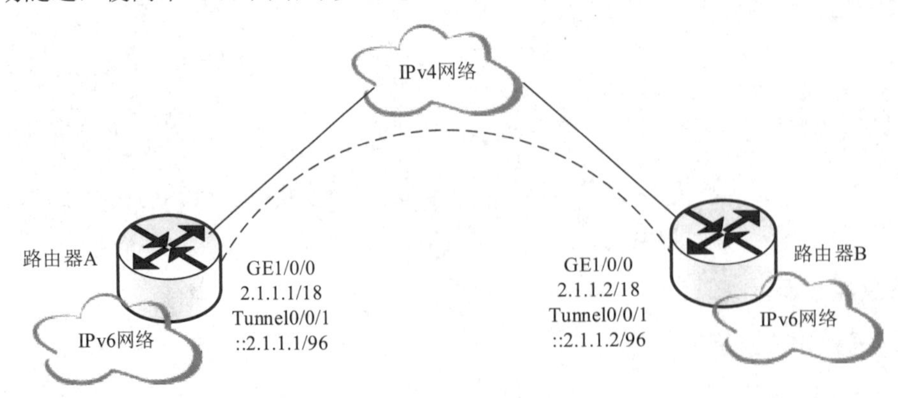

图 15-19　IPv6 配置组网图

配置路由器 A 的命令如下，路由器 B 的配置类似，不再赘述。配置 IPv4/IPv6 双协议

栈，在路由器 A 上启用 IPv6 功能。

```
<HUAWEI> system-view
[HUAWEI] sysname RouterA
[RouterA] ipv6                                              //全局启用 IPv6 功能
[RouterA] interface gigabitethernet 1/0/0
[RouterA-GigabitEthernet1/0/0] ip address 2.1.1.1 255.0.0.0
```

配置自动隧道：

```
[RouterA] interface tunnel 0/0/1                            //进入 tunnel 口
[RouterA-Tunnel0/0/1] tunnel-protocol ipv6-ipv4 auto-tunnel
                                                            //配置隧道为 IPv6 over
                                                              IPv4 自动隧道
[RouterA-Tunnel0/0/1] ipv6 enable                           //在接口上启用 IPv6 功能
[RouterA-Tunnel0/0/1] ipv6 address::2.1.1.1/96 //配置接口 IPv6 地址
[RouterA-Tunnel0/0/1] source gigabitethernet 1/0/0 //指定隧道的源接口
[RouterA-Tunnel0/0/1] quit
```

15.3.8 策略路由配置

数据包到达路由器后，会依据设备中的路由表进行常规的路由转发。配置策略路由可以使得数据包在转发的过程中依据管理员制定的策略进行路由选择。当配置策略路由后，若接收的报文匹配策略路由的规则，则按照规则转发；若匹配失败，则基于目的 IP 地址按照正常转发流程转发。

实验环境：如图 15-20 所示，在路由器 A 上配置策略路由，让所有的 TCP 报文转发到 2.2.2.2 接口上，其他报文则根据路由表转发。

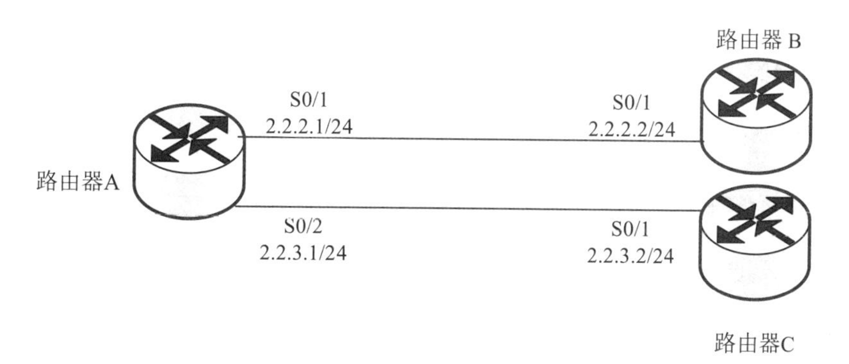

图 15-20　策略路由组网图

路由器 A 配置如下。

```
[RouterA] acl number 3000
[RouterA-acl-adv-3000] rule permit tcp
[RouterA-acl-adv-3000] quit
//制定 ACL，过滤出需要匹配的流量
```

```
[RouterA] policy-based-route aaa permit node 5
[RouterA-pbr-aaa-5] if-match acl 3000
[RouterA-pbr-aaa-5] apply next-hop 2.2.2.2
[RouterA-pbr-aaa-5] quit
//配置策略，其名称为 aaa。指定匹配的流量转发到 2.2.2.2 接口上
[RouterA] ip local policy-based-route aaa
//在路由器 A 上配置策略路由，调用 aaa 策略
```

15.3.9 路由器中的 DHCP 配置

（1）华为路由器和三层交换机可以充当 DHCP 服务器，其配置如下。

```
[HUAWEI]dhcp enable                          //全局启用路由器的 DHCP 功能
[HUAWEI]ip pool pool1                        //创建全局地址池，地址池名称为 pool1
[HUAWEI-ip-pool-pool1]network  192.168.1.0 mask  255.255.255.0
//配置全局地址池的 IP 地址范围
[HUAWEI-ip-pool-pool1]gateway-list 192.168.1.1
//配置自动分配给 DHCP 客户机的网关 IP 地址
[HUAWEI-ip-pool-pool1]dns-list 192.168.1.2
//配置自动分配给 DHCP 客户机的 DNS 地址
[HUAWEI-ip-pool-pool1] excluded-ip-address 192.168.1.2
//配置不分配的排除 IP 地址
[HUAWEI-ip-pool-pool1]lease day 1 hour 10
//配置租约期信息
[HUAWEI-Gigabitethernet 0/0/1] dhcp select global
//使接口启用全局地址池的 DHCP 功能
```

（2）DHCP 中继相关配置。

```
[HUAWEI-Gigabitethernet 0/0/1]dhcp select relay
[HUAWEI-Gigabitethernet 0/0/1]dhcp relay server-ip ip-address
//配置 DHCP 中继所连接的 DHCP 服务器 IP 地址，ip-address 表示服务器 IP 地址
```

15.3.10 路由策略配置

路由策略是通过一系列工具或方法对路由进行各种控制的策略。该策略能够影响路由的产生、发布、选择等，进而影响报文的转发路径。常见工具包括 ACL、route-policy、ip-prefix、filter-policy 等，常见方法包括对路由进行过滤、配置路由的属性等。当路由协议在发布、接收和引入路由信息时，根据实际组网需求实施一些策略，以便对路由信息进行过滤和改变路由信息的属性。

1. filter-policy 工具

如图 15-21 所示，在运行 OSPF 协议的网络中，路由器 A 从 Internet 接收路由，并为 OSPF 网络提供了 Internet 路由。要求 OSPF 网络只能访问 172.16.17.0/24、172.16.18.0/24 和

172.16.19.0/24 三个网段的网络，其中路由器 C 连接的网络只能访问 172.16.18.0/24 网段。

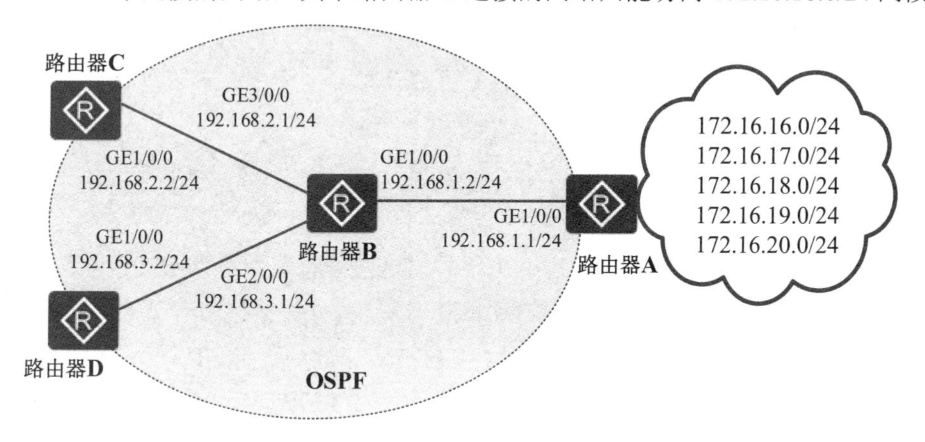

图 15-21　路由策略案例 1

具体操作步骤如下。

（1）配置各接口的 IP 地址。

```
# 配置路由器 A 的各接口的 IP 地址
<Huawei> system-view
[Huawei] sysname RouterA
[RouterA] interface gigabitethernet 1/0/0
[RouterA-GigabitEthernet1/0/0] ip address 192.168.1.1 255.255.255.0
[RouterA-GigabitEthernet1/0/0] quit
```

路由器 B、路由器 C 和路由器 D 的配置同路由器 A，此处略。

（2）配置 OSPF 基本功能。

```
# 路由器 A 的配置
[RouterA] ospf
[RouterA-ospf-1] area 0
[RouterA-ospf-1-area-0.0.0.0] network 192.168.1.0 0.0.0.255
[RouterA-ospf-1-area-0.0.0.0] quit
[RouterA-ospf-1] quit
# 路由器 B 的配置
[RouterB] ospf
[RouterB-ospf-1] area 0
[RouterB-ospf-1-area-0.0.0.0] network 192.168.1.0 0.0.0.255
[RouterB-ospf-1-area-0.0.0.0] network 192.168.2.0 0.0.0.255
[RouterB-ospf-1-area-0.0.0.0] network 192.168.3.0 0.0.0.255
[RouterB-ospf-1-area-0.0.0.0] quit
# 路由器 C 的配置
[RouterC] ospf
[RouterC-ospf-1] area 0
[RouterC-ospf-1-area-0.0.0.0] network 192.168.2.0 0.0.0.255
```

```
[RouterC-ospf-1-area-0.0.0.0] quit
[RouterC-ospf-1] quit
# 路由器 D 的配置
[RouterD] ospf
[RouterD-ospf-1] area 0
[RouterD-ospf-1-area-0.0.0.0] network 192.168.3.0 0.0.0.255
[RouterD-ospf-1-area-0.0.0.0] quit
```

（3）在路由器 A 上配置 5 条静态路由，并将这些静态路由引入 OSPF 协议中。

```
[RouterA] ip route-static 172.16.16.0 24 NULL 0
[RouterA] ip route-static 172.16.17.0 24 NULL 0
[RouterA] ip route-static 172.16.18.0 24 NULL 0
[RouterA] ip route-static 172.16.19.0 24 NULL 0
[RouterA] ip route-static 172.16.20.0 24 NULL 0
[RouterA] ospf
[RouterA-ospf-1] import-route static
[RouterA-ospf-1] quit
```

此时在路由器 B 上查看 IP 路由表，可以看到 OSPF 协议中引入的 5 条静态路由。

（4）配置路由发布策略。

```
# 在路由器 A 上配置地址前缀列表 a2b
[RouterA] ip ip-prefix a2b index 10 permit 172.16.17.0 24
[RouterA] ip ip-prefix a2b index 20 permit 172.16.18.0 24
[RouterA] ip ip-prefix a2b index 30 permit 172.16.19.0 24
# 在路由器 A 上配置路由发布策略，引用地址前缀列表 a2b 进行过滤
[RouterA] ospf
[RouterA-ospf-1] filter-policy ip-prefix a2b export static
```

此时在路由器 B 上查看 IP 路由表，可以看到路由器 B 仅接收到列表 a2b 中定义的 3 条路由。

（5）配置路由接收策略。

```
# 在路由器 C 上配置地址前缀列表 in
[RouterC] ip ip-prefix in index 10 permit 172.16.18.0 24
# 在路由器 C 上配置路由接收策略，引用地址前缀列表 in 进行过滤
[RouterC] ospf
[RouterC-ospf-1] filter-policy ip-prefix in import
```

此时查看路由器 C 的 IP 路由表，可以看到在路由器 C 的本地核心路由表中，仅接收了列表 in 中定义的 1 条路由。

查看路由器 D 的 IP 路由表，可以看到在路由器 D 的本地核心路由表中，接收了路由器 B 发送的所有路由。

查看路由器 C 的 OSPF 路由表，可以看到 OSPF 路由表中接收到 3 条列表 a2b 中定义

的路由。因为在链路状态路由协议中，filter-policy import 命令用于过滤从协议路由表加入本地核心路由表的路由。

2. route-policy 工具

route-policy 是一种比较复杂的过滤器，它不仅可以匹配给定路由信息的某些属性，还可以在条件满足时改变路由信息的属性。

route-policy 由节点号、匹配模式、if-match 子句（条件语句）和 apply 子句（执行语句）这 4 个部分组成。

路由策略案例如图 15-22 所示。

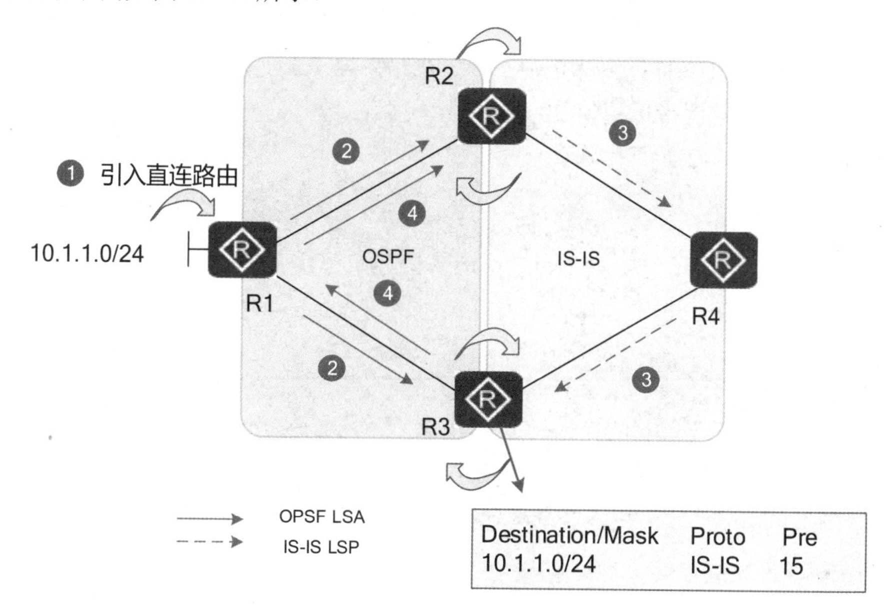

图 15-22 路由策略案例 2

场景描述：

路由器 R1 将直连路由 10.1.1.0/24 引入 OSPF 协议中。

路由器 R1、路由器 R2、路由器 R3 运行 OSPF 协议，10.1.1.0/24 网段路由在全 OSPF 区域内通告。

路由器 R2 进行了双向路由重发布。

路由器 R2、路由器 R3、路由器 R4 运行 IS-IS 协议，10.1.1.0/24 网段路由在全 IS-IS 区域内通告。

路由器 R3 进行了双向路由重发布。

10.1.1.0/24 网段路由再次被通告进 OSPF 区域内，形成路由环路。

解决方案一：

在路由器 R3 的 OSPF 协议中引入 IS-IS 路由时，通过 route-policy 过滤掉 10.1.1.0/24 路由。

在路由器 R3 上执行如下操作。

```
[R3] acl 2001
[R3-acl-basic-2001] rule 5 deny source 10.1.1.0 0
[R3-acl-basic-2001] rule 10 permit
[R3] route-policy RP permit node 10
[R3-route-policy] if-match 2001
[R3-route-policy] quit
[R3] ospf
[R3-ospf-1] import-route isis 1 route-policy RP
```

解决方案二：

使用标记值实现有选择性的路由引入。在路由器 R2 上，将路由 10.1.1.0/24 从 OSPF 协议中引入 IS-IS 协议中时打上标记值 200；在路由器 R3 上，将 IS-IS 协议中的路由引入 OSPF 协议中时，过滤携带标记值 200 的路由。

在路由器 R2 上执行如下操作。

```
[R2]acl 2000
[R2-acl-basic-2000]rule permit source 10.1.1.0 0
[R2-acl-basic-2000]quit
[R2]route-policy hcip permit node 10
[R2-route-policy]if-match acl 2000
[R2-route-policy]apply tag 200
[R2-route-policy]quit
[R2]isis 1
[R2-isis-1]import-route ospf route-policy hcip
```

在路由器 R3 上执行如下操作。

```
[R3]route-policy hcip deny node 10
[R3-route-policy]if-match tag 200
[R3-route-policy]quit
[R3]route-policy hcip permit node 20
[R3]ospf 1
[R3-ospf-1]import-route isis route-policy hcip
```

注意：

策略路由与路由策略（Routing Policy）存在以下不同。

策略路由的操作对象是数据包，在路由表已经产生的情况下，不按照路由表进行转发，而是根据需要，按照某种策略改变数据包转发路径。

路由策略的操作对象是路由信息。路由策略主要实现了路由过滤和路由属性配置等功能，它通过改变路由属性（包括可达性）来改变网络流量所经过的路径。

15.3.11 BFD 配置

BFD（Bidirectional Forwarding Detection，双向转发检测）是一个通用的、标准化的、

介质无关、协议无关的毫秒级快速故障检测机制，用于快速检测、监控网络中链路或 IP 路由的转发连通状况。通常，BFD 不能独立运行，而是作为辅助工具与接口状态或与路由协议（如静态路由协议、OSPF、IS-IS、BGP 等）联动使用。

例如，配置 RIP 与动态 BFD 联动的命令：

```
    [设备名] bfd                                    //使能全局 BFD 能力
    [设备名-bfd] quit
    [设备名] rip 1
    [设备名-rip-1] bfd all-interfaces enable //使能 RIP 进程的 BFD 特性，建立 BFD 会话
    [设备名-rip-1] bfd all-interfaces min-tx-interval 100 min-rx-interval 100
detect-multiplier 10 //配置 BFD 参数，指定用于建立 BFD 会话的各个参数值
```

BFD 的检测机制是两个系统建立 BFD 会话，并沿它们之间的路径周期性地发送 BFD 控制报文，如果一方在规定的时间内没有收到 BFD 控制报文，则认为路径上发生了故障。

15.3.12 课后检测

1．阅读以下说明，回答问题 1～问题 2，将答案填入答题纸对应的解答栏内。

【说明】

图 15-23 所示为某学校网络拓扑图，运营商分配的公网 IP 地址为 113.201.60.1/29，运营商网关 IP 地址为 113.201.60.1，内部用户通过路由器代理上网，代理地址为 113.201.60.2。核心层交换机配置基于全局的 DHCP 服务，在办公楼和宿舍楼为用户提供 DHCP 服务。内网划分为 3 个 VLAN，其中 VLAN 10 的地址为 10.0.10.1/24，VLAN 20 的地址为 10.0.20.1/24，VLAN 30 的地址为 10.0.30.1/24，请回答相关问题。

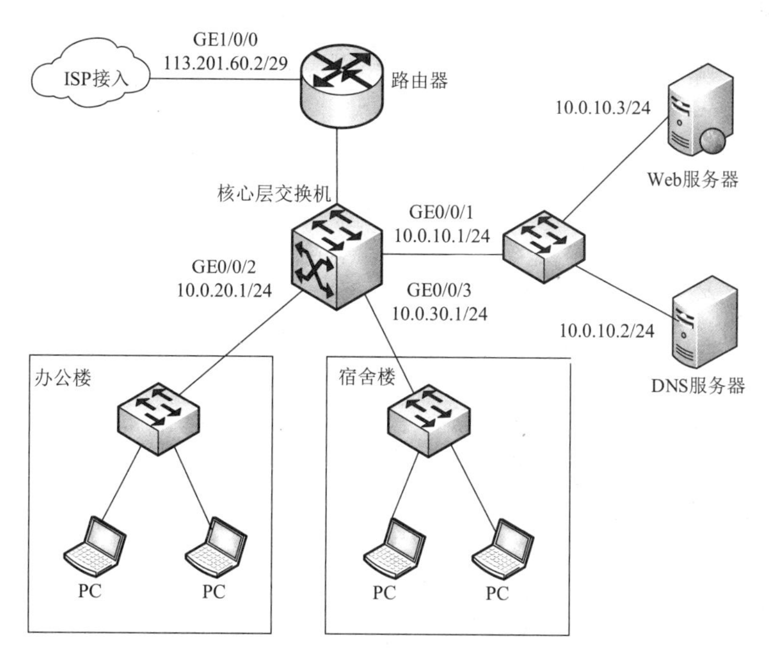

图 15-23 某学校网络拓扑图

【问题 1】（9 分）

路由器的配置片段如下，根据图 15-23，补齐（1）～（6）空缺的命令。

```
#配置广域网接口和内网上网代理
<HUAWEI>system-view
[HUAWEI] sysname (1)
[Router] interface (2)
[Router-GigabitEthernet1/0/0] ip address (3)
[Router-GigabitEthernet1/0/0] quit
[Router] ip route-static 0.0.0.0 0.0.0.0 (4)
[Router-acI-basic-2000]
[Router-acI-basic-2000] rule 5 permit source 10.0.0.0 (5)
[Router-acl-basic-2000] quit
[Router] interface gigabitethernet 1/0/0
[Router-GigabitEthernet1/0/0] nat outbound (6)
[Router-GigabitEthernet1/0/0] quit
...
```

其他配置略。

【问题 2】（6 分）

核心层交换机的配置片段如下，根据图 15-23，补齐（7）～（10）空缺的命令。

```
#配置 GE0/0/2 接口，将其加入 VLAN 20，并配置对应 VLAN 接口地址
[Switch]VLANbatch20
[Switch]interface gigabitethernet 0/0/2
[Switch-GigabitEthernet0/0/2]port link-type (7)
[Switch-GigabitEthernet0/0/2]port hybrid pvid VLAN20
[Switch-GigabitEthernet0/0/2]port hybrid untagged VLAN20
[Switch-GigabitEthernet0/0/2]quit
[Switch] interface VLANif 20
[Switch-VLANif 20] ip address (8)
[Switch-VLANif 20] quit
...
```

其他配置略。

```
#配置 DHCP 服务，租约期为 3 天
[Switch] dhcp (9)
[Switch] ip pool pool1
[Switch-ip-pool-pool1] network 10.0.20.0 mask 225.225.255.0
[Switch-ip-pool-pool1] dns-list 10.0.10.2
[Switch-ip-pool-pool1] gateway-list 10.0.20.1
[Switch-ip-pool-pool1] lease day (10)
```

```
[Switch-ip-pool-pool1] quit
[Switch] interface VLANif 20
[Switch-VLANif 20] dhcp select global
[Switch-VLANif 20] quit
...
```

其他配置略。

试题 1 解析：

【问题 1】

（1）对设备进行重命名。

（2）进入接口子模式。

（3）给接口配置 IP 地址和掩码。

（4）配置默认路由，下一跳指向 ISP 地址。

（5）配置反掩码。

（6）把符合 ACL 2000 规则的地址进行 NAT 转换。

【问题 2】

（7）除 access 类型和 trunk 类型外，交换机还支持 hybrid 类型的接口。这种接口可以接收和发送多个 VLAN 数据帧，同时能对指定 VLAN 数据帧进行标签剥离操作。

（8）配置接口 IP 地址和掩码。

（9）dhcp enable：启用 DHCP 服务。

（10）lease day 3：配置租约期为 3 天。

试题 1 答案：

【问题 1】

（1）Router

（2）gigabitethernet 1/0/0

（3）113.201.60.2 255.255.255.248

（4）113.201.60.1

（5）0.255.255.255（0.255.255.255～0.0.31.255 中任意一个合适的掩码均正确）

（6）2000

【问题 2】

（7）hybrid

（8）10.0.20.1 255.255.255.0

（9）enable

（10）3

2．RIPv2 与 RIPv1 相比，（　　）。

A．RIPv2 的最大跳数扩大了，可以适应规模更大的网络

B．RIPv2 变成无类别的协议，必须配置子网掩码

C．RIPv2 用跳数和带宽作为度量值，可以有更多的选择

D．RIPv2 可以周期性地发送路由更新信息，收敛速度比 RIPv1 快

试题 2 解析：

RIPv1 是有类别路由协议，它只支持以广播方式发布协议报文。RIPv1 的协议报文无法携带掩码信息，它只能识别 A 类、B 类、C 类这样的标准分类网段的路由。RIPv2 是一种无类别路由协议，使用 224.0.0.9 的组播地址，支持 MD5 认证方式。

试题 2 答案：B

3．运行 OSPF 协议的路由器在选举 DR/BDR 之前，DR 是（　　）。

A．路由器自身

B．直连路由器

C．IP 地址最大的路由器

D．MAC 地址最大的路由器

试题 3 解析：

在运行 OSPF 协议的广播多路型网络中，在初始阶段，OSPF 路由器会在 HELLO 包中将 DR 和 BDR 的优先级指定为 0.0.0.0，当路由器收到邻居的 HELLO 包时，就会先检查 HELLO 包中携带的路由器优先级、DR 和 BDR 等字段，然后列举出所有具备 DR 和 BDR 资格的路由器。

试题 3 答案：A

4．以下关于 OSPF 路由协议的说法中，正确的是（　　）。

A．OSPF 路由协议是一种距离矢量路由协议

B．OSPF 路由协议中的进程号全局有效

C．OSPF 路由协议的不同进程之间可以进行路由重分布

D．OSPF 路由协议的骨干区域为区域 1

试题 4 解析：

OSPF 路由协议是链路状态路由协议，进程号只具备本地意义，骨干区域号为 0，不同的 OSPF 进程之间可以进行路由重分布。

试题 4 答案：C

5．阅读以下说明，回答问题 1～问题 4，将答案填入答题纸对应的解答栏内。

【说明】

图 15-24 所示为某大学的校园网络拓扑图，其中出口路由器 R4 连接了三个 ISP 网络，分别是电信网（网关地址为 218.63.0.1/28）、联通网（网关地址为 221.137.0.1/28）和教育网（网关地址为 210.25.0.1/28）。路由器 R1、路由器 R2、路由器 R3、路由器 R4 在内网一侧运行 RIPv2 协议实现动态路由的生成。

PC 的地址信息如表 15-6 所示，路由器部分接口地址信息如表 15-7 所示。

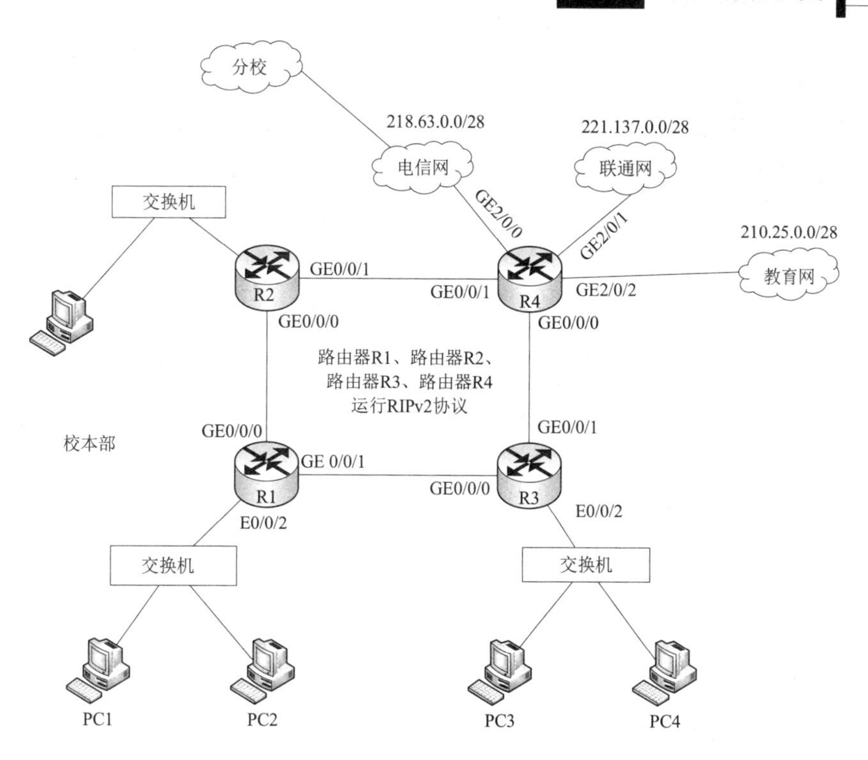

图 15-24 某大学的校园网络拓扑图

表 15-6 PC 的地址信息

配置项	数据	IP 地址	网关地址
PC1	VLAN 10	10.10.0.2/24	10.10.0.1/24
PC2	VLAN 8	10.8.0.2/24	10.8.0.1/24
PC3	VLAN 3	10.3.0.2/24	10.3.0.1/24
PC4	VLAN 4	10.4.0.2/24	10.4.0.1/24

表 15-7 路由器部分接口地址信息

路由器	接口	IP 地址
R1	VLANif 8	10.8.0.1/24
	VLANif 10	10.10.0.1/24
	GE0/0/0	10.21.0.1/30
	GE0/0/1	10.13.0.1/30
R2	GE0/0/0	10.21.0.2/30
	GE0/0/1	10.42.0.1/30
R3	VLANif 3	10.3.0.1/24
	VLANif 4	10.4.0.1/24
	GE0/0/0	10.13.0.2/30
	GE0/0/1	10.34.0.1/30
R4	GE0/0/0	10.34.0.2/30
	GE0/0/1	10.42.0.2/30
	GE2/0/0	218.63.0.4/28
	GE2/0/1	221.137.0.4/28

【问题 1】（2 分）

如图 15-24 所示，校本部与分校之间搭建了 IPSec VPN。IPSec 的功能可以分为验证头（AH）、封装安全负载（ESP）及密钥管理（IKE）。其中用于数据完整性验证和数据源身份验证的是（1）。

【问题 2】（2 分）

为路由器 R4 添加默认路由，实现校园网接入 Internet 的默认出口为电信网，请将下列命令补充完整。

```
[R4]ip route-static（2）
```

【问题 3】（5 分）

在路由器 R1 上配置 RIP 协议，请将下列命令补充完整。

```
[R1]（3）
[R1-rip-1]network（4）
[R1-ip-1]version2
[R1-rip-1]undo summary
```

各路由器上均完成了 RIP 协议的配置，在路由器 R1 上执行 display ip routing-table 命令，由 RIP 协议生成的路由信息如下。

```
Destination/Mask     Proto   Pre     Cost  Flags  NextHop      Interface
10.3.0.0/24          RIP     100      1      D    10.13.0.2    GE0/0/1
10.4.0.0/24          RIP     100      1      D    10.13.0.2    GE0/0/1
10.34.0.0/24         RIP     100      1      D    10.13.0.2    GE0/0/1
10.42.0.0/24         RIP     100      1      D    10.21.0.2    GE0/0/0
```

根据以上路由信息可知，下列 RIP 路由信息是由（5）路由器通告的。

```
10.3.0.0/24     RIP 100 1   D   10.13.0.2   GE0/0/1
10.4.0.0/24     RIP 100 1   D   10.13.0.2   GE0/0/1
```

请问 PC1 此时是否可以访问电信网？为什么？

答：（6）。

【问题 4】（11 分）

在图 15-24 中，要求 PC1 访问 Internet 时导向联通网，禁止 PC3 在工作日的 8:00—18:00 访问电信网。

请在下列配置步骤中补全相关命令。

第 1 步：在路由器 R4 上创建所需 ACL。

创建用于 PC1 策略的 ACL：

```
[R4]acl 2000
[R4-acl-basic-2000] rule 1 permit source（7）
[R4-acl-basic-2000] quit
```

创建用于 PC3 策略的 ACL：

```
[R4] time-range satime (8) working-day
[R4]acl number 3001
[R4-acl-adv-3001] rule deny source(9)destination 218.63.0.0 240.255.255.255
time-range satime
```

第 2 步：执行如下命令的作用是（10）。

```
[R4]traffic classifer 1
[R4-classifier-1]if-match acl 2000
[R4-classifier-1]quit
[R4]traffic classifier 3
[R4-classifier-3]if-match acl 3001
[R4-classifier-3]quit
```

第 3 步：在路由器 R4 上创建流行为并配置重定向。

```
[R4]traffic behavior 1
[R4-bchavior-1]redirect (11) 221.137.0.1
[R4-behavior-1]quit
[R4]traffic behavior 3
[R4-behavior-3] (12)
[R4-behavior-3]quit
```

第 4 步：创建流策略，并在接口上应用（仅列出了路由器 R4 上 GE0/0/0 接口的配置）。

```
[R4]traffic policy 1
[R4-trafficpolicy-1]classifier 1 (13)
[R4-trafficpolicy-1]classifier 3 (14)
[R4-trafficpolicy-1]quit
[R4]interface gigabitethernet 0/0/0
[R4-GigabitEthernet0/0/0]traffic-policy 1 (15)
[R4-GigabitEthernet0/0/0]quit
```

试题 5 解析：

【问题 1】

本题考查 IPSec 基础知识。

IP 安全（IP Security）简称 IPSec，是 IETF IPSec 工作组于 1998 年制定的一组基于密码学的安全的开放网络安全协议。IPSec 工作在 IP 层，为 IP 层及其上层协议提供保护。IPSec 提供访问控制、无连接的完整性、数据来源验证、防重放保护、保密性、自动密钥管理等安全服务。

AH（验证头）为 IP 报文提供数据完整性验证和数据源身份认证服务，使用的是 HMAC 算法。

ESP（封装安全负载）通过加密负载实现机密性保护。

IKE（密钥管理）利用 ISAKMP 语言来定义密钥交换，是对安全服务进行协商的手段。

【问题 2】

本题考查静态路由、默认路由的配置命令。

静态路由的配置要点是正确确定目标网络和下一跳地址。本题需要配置默认路由，而题目要求默认出口为电信网。根据题干描述，电信网网关地址为 218.63.0.1/28。因此，配置命令如下。

```
[R4]ip route-static 0.0.0.0 0.0.0.0 218.63.0.1
```

【问题 3】

本题考查 RIP 路由协议的配置命令及通过 RIP 路由表判断网络状态的能力。

第（3）空和第（4）空直接考查命令。启动或开启 RIP 协议的命令即 rip；题干要求配置 RIPv2，但执行 version2 命令之前先执行了 network 命令，此时通告网络中只需要包含路由器 R1 的直连路由即可。根据表 15-7，第（4）空的答案应为 10.0.0.0。

通过路由器 R1 的 RIP 路由信息，结合题目给出的拓扑图可得出第（5）空的答案为 R3。

对于第（6）空，进一步判断得知路由器 R1 的路由表中并未包含通往电信网的路由，因此 PC1 不能访问电信网。此空考查考生对 RIP 协议配置的熟悉程度。此时路由器 R4 并未将本地直连路由（到达任意一个 ISP 网络的路由）导入 RIP 协议并通告，因此不可能有通往电信网的路由。

【问题 4】

本题考查策略路由的配置过程和命令。

策略路由配置的一般过程和步骤是：

① 配置各设备基本参数；

② 创建 ACL 用于匹配策略要求的网段；

③ 创建流分类，匹配 ACL 命中的流；

④ 创建流行为，配置重定向；

⑤ 创建流策略，在接口上应用流策略。

本题有两个策略要求，要求 PC1 访问 Internet 时导向联通网，禁止 PC3 在工作日的 8:00—18:00 访问电信网。

第（7）空题干明确指出创建用于 PC1 策略的 ACL，因此提供 PC1 的 IP 地址即可，10.10.0.2 255.255.255.255。

第（8）空题干明确指出时间段为 8:00—18:00，因此按要求填写 8:00 to 18:00 即可。

第(9)空题干明确指出创建用于 PC3 策略的 ACL，因此提供 PC3 的 IP 地址即可，10.3.0.2 255.255.255.255。

第（10）空答案为在路由器 R4 上创建流分类，匹配相关 ACL。

第（11）空为标准命令，填写 ip-nexthop 用于指示重定向下一跳地址。

第（12）空，流行为 behavior 3 用于识别匹配 PC3 的流，因此应该拒绝通过，填写 deny 即可。

创建流策略后，classifier 1 匹配 behavior 1［第（13）空］；classifier 3 匹配 behavior 3［第（14）空］。

在路由器 R4 的 GE0/0/0 接口上应用流策略 traffic-policy 1，显然应该为入方向，因此第（15）空填写 inbound。

试题 5 答案：

【问题 1】

（1）验证头 AH，仅回答验证头或仅回答 AH 都得分

【问题 2】

（2）0.0.0.0 0.0.0.0 218.63.0.1

【问题 3】

（3）rip 1 或 rip　　（4）10.0.0.0　　（5）R3

（6）不可以。因为路由器 R1 的路由表中没有能够到达任意一个 ISP 网络的路由或路由器 R4 未将其关于三个 ISP 网络的静态路由导入 RIP 协议

【问题 4】

（7）10.10.0.2 255.255.255.255 或 10.0.0.2 0.0.0.0

（8）8:00 to 18:00

（9）10.3.0.2 255.255.255.255 或 10.3.0.2 0.0.0.0

（10）在路由器 R4 上创建流分类，匹配相关 ACL

（11）ip-nexthop　　（12）deny　　（13）behavior 1

（14）behavior 3　　（15）inbound

6．阅读以下说明，回答问题 1～问题 3，将答案填入答题纸对应的解答栏内。

【说明】

图 15-25 所示为某公司网络拓扑片段，从 R1 到 R2 有两条转发路径，下一跳分别为 R2 和 R3。由于 R1 和 R2 之间物理距离较远，因此通过一台二层交换机 S1 作为中继器。假设图 15-25 中的设备已完成接口 IP 地址配置。

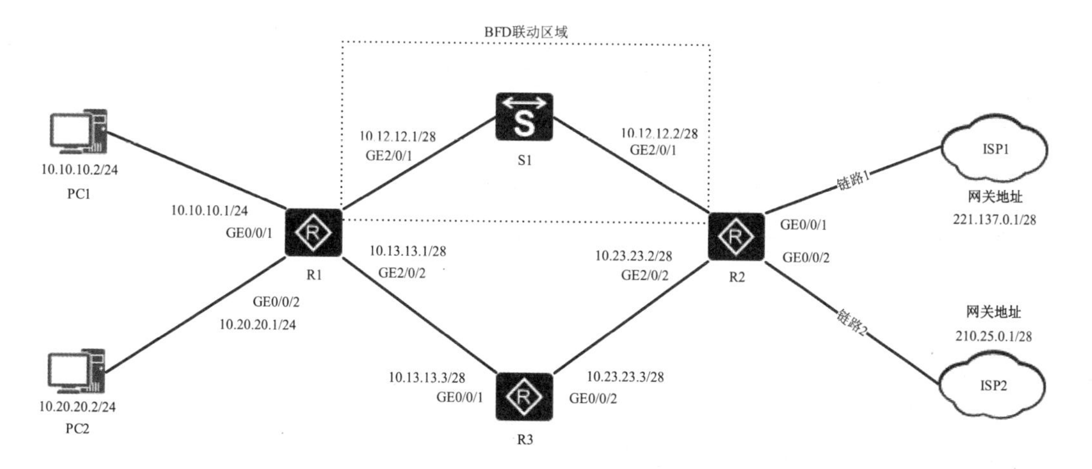

图 15-25　某公司网络拓扑片段

【问题 1】（2 分）

从 PC1 发出目的地址为 ISP1 的 IP 报文默认将转发至 R2 的接口 GE2/0/1，PC1 在构造帧时，是否需要获得该接口的 MAC 地址？请说明原因。

【问题 2】（10 分）

假设 R2 不支持 BFD（双向转发检测），要求在 R1 上使用静态路由与 BFD 联动技术，实现当 R2 与 S1 之间的链路出现故障时，R1 能快速感知，并将流量切换到 R3 的链路上。

补全下列命令片段完成 R1 的相关配置。

```
[R1]bfd                                //启动 BFD 功能
[R1]quit
[R1]bfd R1toR2 bind peer-ip （1） interface GigabitEthemet2/0/1 one-arm-echo
                                       //配置 R1 和 R2 之间的 BFD 会话
[R1-R1toR2]discriminator local 1       //BFD 本地标识符 1
[R1-R1toR2] （2）                       //提交配置
[R1]quit
[R1]ip route-static 0.0.0.0 0.0.0.0 GigabitEthemet2/0/1 （3） track （4） R1 to R2
//配置 R1 的默认路由，联动 BFD 使得 R1 到 R2 的流量优先走 R1→S1→R2 链路，当此链路发生故
障时，流量切换到 R1→R3→R2 链路上
[R1]ip  route-static  0.0.0.0  0.0.0.0  GigabitEthernet2/0/2  10.13.13.3
preference 100
```

最后一条命令的功能是（5）。

【问题 3】（8 分）

R2 作为公司接入网关，为内网用户提供双链路服务，两条链路都通过静态 IP 地址的方式接入运营商。要求在 R2 的两个上行接口配置 NAT，使内网用户可以访问 Internet。

补全下列命令片段完成 R2 的相关配置。

```
[R2]acl number 3001  //允许内部所有网段通过 NAT 访问外网
[R2-acl-adv-3001]rule 5 permit ip source 10.0.0.0 （6）
[R2-acl-adv-3001]quit
[R2]interface gigabitethernet 0/0/1
[R2-GigabitEthernet0/0/1]nat （7） 3001  //在 GE0/0/1 接口上配置 NAT
[R2-GigabitEthernet0/0/1]quit
......
[R2]ip route-static 0.0.0.0 0 221.137.0.1
[R2]ip route-static 0.0.0.0 0 210.25.0.1
[R2]ip load-balance hash src-ip
```

最后三条命令的功能是（8）。

试题 6 解析：

【问题 1】

在局域网中，当主机或其他三层网络设备有数据要发送给另一台主机或三层网络设备时，它需要知道对方的网络层地址（IP 地址）。但是仅有 IP 地址是不够的，因为 IP 报文必

须封装成帧才能通过物理网络发送，因此发送方还需要知道接收方的物理地址（MAC 地址），这就需要一个从 IP 地址到 MAC 地址的映射。由于从 PC1 发出目的地址为 ISP1 的 IP 报文默认将转发至 R2 的接口 GE2/0/1，源地址和目的地址不在同一局域网中，所以源主机的 ARP 表中不会存在目的网络的 MAC 地址。

【问题 2】

在两个直接相连的设备中，其中一个设备支持 BFD 功能，另一个设备不支持 BFD 功能，只支持基本的网络层转发。为了能够快速地检测这两个设备之间的故障，可以在支持 BFD 功能的设备上创建具备单臂回声功能的 BFD 会话。支持 BFD 功能的设备主动发起回声请求，不支持 BFD 功能的设备接收到该报文后直接将其环回，从而实现转发链路的连通性检测功能。

【问题 3】

NAT 相关配置，允许内部所有网段通过 NAT 访问外网，所以这里的 ACL 必须同时匹配 PC1 和 PC2 的网段。

试题 6 答案：

【问题 1】

不需要，MAC 地址是数据链路层封装以太帧的地址标识。PC1 访问其他网络只需要知晓 R1 设备的 G0/0/1 接口 MAC 地址即可完成以太帧的封装。以太帧被 R1 转发到 R2 后的数据封装由 R1 完成。

【问题 2】

（1）10.12.12.2　　（2）commit

（3）10.12.12.2　　（4）bfd-session

（5）配置 R1→R3→R2 的静态路由，并降低优先级，变备用路由

【问题 3】

（6）0.255.255.255　（7）outbound

（8）基于 R2 配置等价路由并基于源 IP 地址进行负载分担

7. 阅读以下说明，回答问题 1～问题 4，将答案填入答题纸对应的解答栏内。

【说明】

某企业网络拓扑结构如图 15-26 所示，企业内部有两部分用户：生产部、研发部，全网 IP 地址由 DHCP 服务器统一分配。

【问题 1】（4 分）

在 Agg-SW 与 Core-SW 之间采用 OSPF 协议，网络工程师小明负责方案实施，配置完成后，Agg-SW 和 Core-SW 之间无法学习路由。图 15-27 所示为小明的检查结果，请分析故障原因，并简要说明在 Core-SW 上如何调整配置以解决该故障。

【问题 2】（4 分）

在网络运行过程中，经常出现网络终端获取到非规划的私有地址而导致无法上网和 IP 地址冲突的情况。请分析出现这两种现象的原因，并给出解决方案。

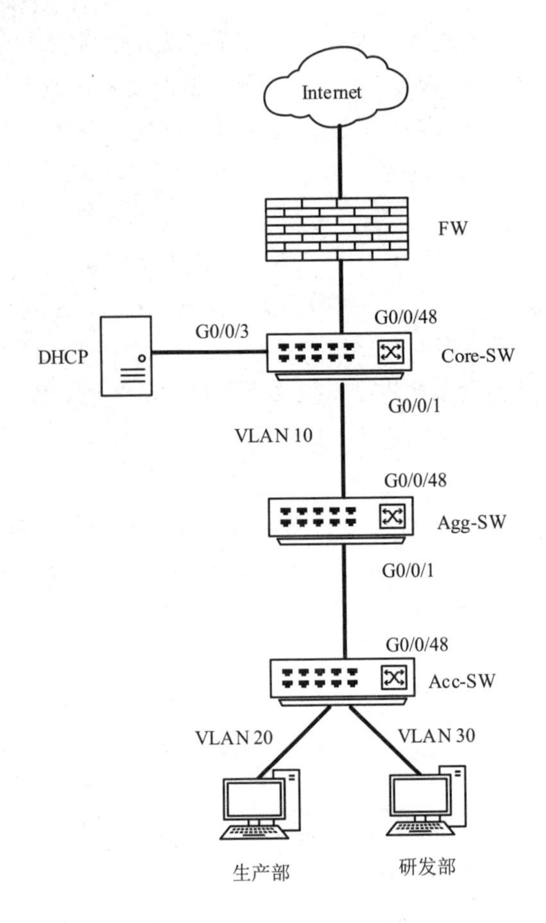

图 15-26　某企业网络拓扑结构

```
[Agg-SW]display ospf peer brief
                OSPF Process 100 with Router ID 2.2.2.2
                      Peer statistic Information
    ---------------------------------------------------------------------------
Area Id              Interface              Neighbor id          State
0.0.0.0              Vlanif10        1.1.1.1          Full
---------------------------------------------------------------------------
[Agg-SW]display ospf interface Vlanif 10
                OSPF Process 100 with Router ID 2.2.2.2
                            Interfaces
Interface:10.10.10.2 (Vlanif10)
Cost: 1             state: DR                 Type: Broadcast   MTU:1500
priority: 1
Designated Router: 10.10.10.2
Backup Designated Router: 10.10.10.1
Timers: Hello 10 , Dead 40 , Poll 120  , Retransmit 5 , Transmit Delay 1
```

图 15-27　检查结果

```
[Core-SW]display ospf peer brief
                    OSPF Process 100 with Router ID 1.1.1.1
                         Peer statistic Information
  ----------------------------------------------------------------------------
Area Id          Interface          Neighbor id          State
0.0.0.0          Vlanif10 2.2.2.2                   Full
------------------------------------------------------------------------------
[Core-SW]display ospf interface vlan10
                    OSPF Process 100 with Router ID 1.1.1.1
                              Interfaces
Interface: 10.10.10.1(Vlanif10)--> 10.10.10.2
Cost: 1          State: P-2-P          Type: P2P          MTU:1500
Timers: Hello 10, Dead 40, Poll120 , Retransmit5, Transmit Delay 1
```

图 15-27 检查结果（续）

【问题 3】（6 分）

该企业在网络中使用了 VLAN 技术，VLAN 是将一个物理的 LAN 在逻辑上划分成多个（1）的通信技术，实现网络隔离。当同一 VLAN 内也需要网络隔离时，我们可采用交换机的（2）功能，若在配置了二层隔离后，部分主机有互通的需求，则可在需求主机的网关上配置（3）功能。

【问题 4】（6 分）

该企业计划将原存储系统升级为分布式存储系统，原存储设备依旧作为新建分布式存储系统的一个节点，为保证数据不丢失，采用 3 个副本冗余，新建的分布式存储系统至少应规划（4）个节点（含原存储设备），将原存储设备磁盘的 RAID 模式修改为（5）模式加入新建的分布式存储系统，该存储系统通过（6）技术实现数据冗余。

试题 7 解析：

【问题 1】

不同的 OSPF 网络类型有不同的邻居发现和维护机制。如果连接的接口配置了不同的网络类型，则邻居关系可能无法建立或路由学习不正常。

【问题 2】

原因：DHCP 服务器的仿冒及 DHCP 服务器的拒绝服务攻击。

解决方案：部署 DHCP Snooping 功能，防止 DHCP 服务器仿冒攻击。DHCP Snooping 将交换机接口划分为如下两类。

非信任接口：通常为连接终端设备的接口，如用户主机等。

信任接口：连接合法 DHCP 服务器的接口或连接汇聚交换机的上行接口，通过开启 DHCP Snooping 特性，信任接口可以接收所有的 DHCP 报文。

【问题 3】

为了实现报文之间的二层隔离，用户可以将不同的接口加入不同的 VLAN，但这样会浪费有限的 VLAN 资源。采用接口隔离功能，可以实现同一 VLAN 内接口之间的隔离。接口隔离功能为用户提供了更安全、更灵活的组网方案。当 VLAN 内配置了接口隔离功能时，属于相同 VLAN 的用户间无法实现互通。在关联了 VLAN 的接口上使能 VLAN 内 ARP 代理功能，可以实现用户间三层互通。

【问题 4】

分布式存储系统采用多副本机制和纠删码技术来保证数据的可靠性，即针对某份数据，默认将数据分为 1MB 大小的数据块，每一个数据块被复制为多个副本，然后按照一定的分布式存储算法将这些副本保存在集群中的不同节点上。分布式存储系统自动确保 3 个数据副本分布在不同服务器的不同物理磁盘上，单个硬件设备的故障不会影响业务。

纠删码是一种纠正数据丢失信息的校验码，纠删码技术主要通过纠删码算法将原始的数据进行编码得到冗余，并将数据和冗余一并存储起来，以达到容错的目的。

试题 7 答案：

【问题 1】

原因：本端设备与邻居设备的 OSPF 接口网络类型不匹配。一个为 Broadcast 网络，一个为 P2P 网络，它们之间能建立 OSPF 邻居关系，但是学习不到路由。

解决方案：在 OSPF 接口视图下执行 ospf network-type 命令将本端设备与邻居设备的 OSPF 接口网络类型配置为一致即可，即在 Core-SW 上将 Vlanif10 接口网络类型修改为 Broadcast。

```
<HUAWEI> system-view
[HUAWEI] interface vlanif10
[HUAWEI- vlanif10] ospf network-type broadcast
```

【问题 2】

原因：DHCP 服务器的仿冒及 DHCP 服务器的拒绝服务攻击。

解决方案：部署 DHCP Snooping 功能，防止 DHCP 服务器仿冒攻击。DHCP Snooping 将交换机接口划分为如下两类。

非信任接口：通常为连接终端设备的接口，如用户主机等。

信任接口：连接合法 DHCP 服务器的接口或连接汇聚交换机的上行接口，通过开启 DHCP Snooping 特性，信任接口可以接收所有的 DHCP 报文。

【问题 3】

（1）广播域　　（2）接口隔离　　（3）ARP 代理

【问题 4】

（4）3　　（5）副本　　（6）多副本和纠删码